一. 忌松懈

二. ①预习（半h）
　　②复习（2h）总结性复习
　　　　第二天晚上做练习，做所有

三. 1. 概念 ✓
　　方法：勤于思考，构造反例
　　2. 公式与意义

MATLAB

 面向21世纪课程教材

 普通高等教育"十五"
国 家 级 规 划 教 材

北 215

面向21世纪课程教材
Textbook Series for 21st Century

微 积 分

第三版 上 册

同济大学数学系 编

高等教育出版社
HIGHER EDUCATION PRESS

内容提要

本书参照新修订的"工科类本科数学基础课程教学基本要求",结合当前的教学实际,在原书第二版的基础上修订而成。在保持同济编教材优秀传统的同时,努力贯彻教学改革的精神,加强对微积分的基本概念、理论、方法和应用实例的介绍,突出微积分的应用。本书结构严谨,逻辑清晰,文字表述详尽通畅,平易近人,易教易学,改编后的内容编排也更利于教学的组织和安排。所选用的习题突出数学基本能力的训练而不过分追求技巧,既有传统的优秀题目,又从国外教材中吸取或改编了一些有较高训练效能的新颖习题。通过数学实验将微积分与数学软件的应用有机结合起来是本书的一个特色,经过改编,数学实验与教学内容的结合更加紧密,有利于培养学生的数学建模能力。书中有些内容用楷书排印或加了"＊"号,教师可灵活掌握。本书可作为工科和其他非数学类专业的高等数学(微积分)教材或参考书。

全书分上、下两册出版。上册的内容为函数、极限与连续,一元函数微分学,一元函数积分学和微分方程,四个与一元函数微积分相关的数学实验,附录中有数学软件 Mathematica 的简介。下册内容为向量代数与空间解析几何,多元函数微分学,重积分,曲线积分与曲面积分,无穷级数,三个与多元微积分和级数有关的数学实验。书末附有习题答案与提示。

图书在版编目(CIP)数据

微积分.上册/同济大学数学系编.—3 版.—北京:高等教育出版社,2009.6

ISBN 978－7－04－026638－2

Ⅰ.微… Ⅱ.同… Ⅲ.微积分－高等学校－教材 Ⅳ. O172

中国版本图书馆 CIP 数据核字(2009)第 062409 号

出版发行	高等教育出版社	购书热线	010－58581118
社　　址	北京市西城区德外大街 4 号	免费咨询	800－810－0598
邮政编码	100120	网　　址	http://www.hep.edu.cn
总　　机	010－58581000		http://www.hep.com.cn
经　　销	蓝色畅想图书发行有限公司	网上订购	http://www.landraco.com
印　　刷	北京中科印刷有限公司		http://www.landraco.com.cn
		畅想教育	http://www.widedu.com
开　　本	787×960　1/16	版　　次	1999 年 9 月第 1 版
			2009 年 6 月第 3 版
印　　张	23.5	印　　次	2009 年 6 月第 1 次印刷
字　　数	440 000	定　　价	25.40 元

前　　言

本书第一版出版于 1999 年 9 月，是国内出版较早的高等教育面向 21 世纪课程教材。第二版出版于 2003 年 8 月，属普通高等教育"十五"国家级规划教材。在国内的微积分教材改革中，本书有一定影响。

根据第二版出版以来五年多的使用情况，参照教育部高等学校教学与统计学教学指导委员会新修订的"工科类本科数学基础课程教学基本要求"，结合编者在教学实践中的新的体会和同行反馈的宝贵意见，决定再次修订。

本书前两版的主要特色是在保持传统教材、特别是同济大学编《高等数学》的优点的基础上，努力贯彻改革精神，体现教改成果。本次修订时注意保持这一特色，同时使教材进一步贴近广大学生的实际，更便于教学和学生自学。为此在保持原有框架和内容、风格不变的前提下，对部分内容作了修改和重写。比如对函数的凸性，尽管其有近代数学的应用背景，但同行反映实际教学时有不便之处，容易使学生在阅读参考材料时产生混淆，故这次重新处理为曲线的凹凸性。又如对曲面的切平面和法向量的导出，这次作了修订，更加突出其几何直观，便于学生掌握。再如对"傅里叶级数与最佳均方逼近"这一节打 * 号的内容的处理，作了进一步的精简，突出主要思想，简化细节。这样的修订都是围绕如何有利于学生学习这一目标进行的。对数学记号和逻辑符号的使用，在保持适当介绍的做法下，这次修订时确定在定义、定理的叙述中一般采用语言表述，适当限制使用范围，以降低内容的抽象度，减少初学者的困难。

为了便于教学，我们对个别节、目的内容进行了重新组合。比如原来把极限的性质单列一节，这样做有它的优点，但实际教学时发现教学安排不甚方便，故这次把数列极限的性质和函数极限的性质适当简化处理，并分列到"数列极限的定义"和"函数极限的定义"两节中，充实后的这两节，正好作为各一次授课的内容。按照同样的精神，对少数例题和习题作了调整，引入了一些被教学实践证明有较高效能的较为新颖的概念题和练习题，删除了少数并不十分必要的习题，以更加符合学生的认识规律和学习需求。

将数学建模融入主干课程，是数学教育界对当前进一步深化教学改革的一个共识。本书较早地将数学实验引入教材，与微积分教学相结合，成为本书的特色之一。在第二版的基础上，这次修订时我们按照简便、易用的原则，又对个别实验作了调整，使之与教学基本学要求贴得更紧，以进一步提高它们在培养数学建模能力方面的作用。改编后,上册有四个实验,下册有三个实验。习题中少数需要借助计算机完成的题,在题号前用符号 表示。

　　参加本书第一版编写的有郭镜明、应明、邵国梁和朱晓平,黄珏也参加了第一版上册部分初稿的编写。本书第二版由郭镜明、应明、朱晓平和邵国梁等完成。参加本次修订的有郭镜明、应明和朱晓平。对书中存在的问题和不足,我们热诚欢迎广大同仁和读者批评指正。

编者

2009 年 2 月

目　　录

预 备 知 识

PRELIMINARIES

一、集 合

1. 集合的概念

在数学中,我们把任意指定的有限多个或无限多个事物所组成的总体称为一个集合(或简称集)(set).组成这个集合的事物称为该集合的元素.如果 a 是集合 A 的元素,就说 a 属于 A,记作 $a \in A$;如果 a 不是集合 A 的元素,就说 a 不属于 A,记作 $a \notin A$.一个集合,若其元素的个数是有限的,则称作有限集,否则就称作无限集.习惯上,全体实数的集合记作 $\mathbf{R}$.全体非负整数(即自然数)的集合记作 $\mathbf{N}$,即

$$\mathbf{N} = \{0, 1, 2, 3, \cdots, n, \cdots\},$$

全体整数的集合记作 $\mathbf{Z}$,即

$$\mathbf{Z} = \{0, 1 - 1, 2, -2, \cdots, n, -n, \cdots\}.$$

全体有理数的集合记作 $\mathbf{Q}$,即

$$\mathbf{Q} = \left\{ \frac{p}{q} \,\middle|\, p, q \in \mathbf{Z}, q \neq 0, \text{且 } p \text{ 与 } q \text{ 互素} \right\}.$$

全体复数的集合记作 $\mathbf{C}$,即

$$\mathbf{C} = \{a + bi \mid a, b \in \mathbf{R}, \quad i^2 = -1\}.$$

由数组成的集合简称数集.对于数集,有时我们在表示数集的字母的右上方加上"$*$"、"$+$"、"$-$"等上标,来表示该数集的几个特定子集.以实数集为例,$\mathbf{R}^{*}$ 表示排除了数 0 的实数集;$\mathbf{R}^{+}$ 表示全体正实数之集;$\mathbf{R}^{-}$ 表示全体负实数之集.其他数集的情况类似,不再赘述.

如果集合 A 的每一个元素都是集合 B 的元素,则称 A 是 B 的子集,或者称 A 包含于 B,或 B 包含 A,记作 $A \subset B$ 或 $B \supset A$.

不含任何元素的集合称为空集,记作 $\varnothing$.例如集合 $\{x \mid x \in \mathbf{R}, x^2 + 1 = 0\}$ 就是一个空集.规定空集是任何集合的子集.

如果集合 A 与集合 B 互为子集,即 $A \subset B$ 且 $B \subset A$,就称 A 与 B 相等,记作 $A = B$ 或 $B = A$.

2. 集合的运算

设 A 和 B 是两个集合,由所有属于 A 或者属于 B 的元素组成的集合称为 A 与 B 的并集,记作 $A \cup B$;由所有既属于 A 又属于 B 的元素组成的集合称为 A 与 B 的交集,记作 $A \cap B$;由所有属于 A 而不属于 B 的元素组成的集合称为 A 与 B 的差集,记作 $A \setminus B$. 有时我们把研究某一问题时所考虑的对象的全体叫做全集,记作 I,并把差集 $I \setminus A$ 特别称为 A 的余集或补集,记作 A^c. 例如在实数集 $\mathbf{R}$ 中,集合 $A = \{x \mid 0 \leqslant x \leqslant 1\}$ 的余集

$$A^c = \{x \mid x < 0 \text{ 或 } x > 1\}.$$

集合的并、交、余运算满足如下运算律:

交换律 $A \cup B = B \cup A$,

           $A \cap B = B \cap A$;

结合律 $(A \cup B) \cup C = A \cup (B \cup C)$,

           $(A \cap B) \cap C = A \cap (B \cap C)$;

分配律 $A \cap (B \cup C) = (A \cap B) \cup (A \cap C)$,

           $A \cup (B \cap C) = (A \cup B) \cap (A \cup C)$;

对偶律 $(A \cup B)^c = A^c \cap B^c$,

           $(A \cap B)^c = A^c \cup B^c$.

以上这些运算律都容易根据集合相等的定义验证.

在两个集合之间还可以定义直积. 设 A、B 是任意两个集合,则 A 与 B 的直积,记作 $A \times B$,定义为如下的由有序对 (a, b) 组成的集合:

$$A \times B = \{(a, b) \mid a \in A, b \in B\}.$$

例如,$\mathbf{R} \times \mathbf{R} = \{(x, y) \mid x \in \mathbf{R}, y \in \mathbf{R}\}$ 即为 xOy 面上全体点的集合,$\mathbf{R} \times \mathbf{R}$ 常记作 $\mathbf{R}^2$.

3. 区间和邻域

在微积分中最常用的一类实数集是区间. 设 a 和 b 都是实数且 $a < b$,实数集 $\{x \mid a < x < b\}$ 称为开区间(open interval)并记作 (a, b),即

$$(a, b) = \{x \mid a < x < b\}^{①}.$$

a 和 b 称为区间的端点,它们均不属于 (a, b). 类似地可定义以 a、b 为端点的闭区间(closed interval)、半开区间等. 它们的记号和定义如下所列:

---

① 记号 (a, b) 表示开区间还表示有序对,这从上下文可以明白,一般不会产生异义.

闭区间　　　$[a,b] = \{x \mid a \leqslant x \leqslant b\}$,

半开区间　　$[a,b) = \{x \mid a \leqslant x < b\}$,

　　　　　　$(a,b] = \{x \mid a < x \leqslant b\}$.

以上这些区间都称为有限区间(或有界区间),数 $b-a$ 称为这些区间的长度.有限区间都可以用数轴上长度有限的线段来表示,如图 1(a)、(b) 分别表示闭区间 $[a,b]$ 与开区间 (a,b). 此外还有无限区间(或无穷区间),引进记号 $+\infty$(读作正无穷大)及 $-\infty$(读作负无穷大)后,则可用类似的记号表示无限区间,例如

$$[a, +\infty) = \{x \mid x \geqslant a\},$$
$$(-\infty, b) = \{x \mid x < b\},$$
$$(-\infty, +\infty) = \{x \mid x \in \mathbf{R}\}.$$

前两个无限区间在数轴上的表示如图 1(c)、(d)所示.

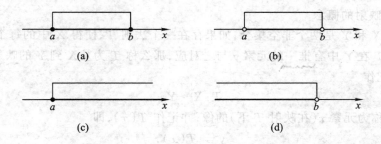

图 1

　　以后在不需要指明所论区间是否包含端点,以及是有限区间还是无限区间的场合,就简单地称它为"区间",且常用字母 I 表示.

　　邻域(neighborhood)是一种常用的集合.设 a、δ 是实数且 $\delta > 0$,则定义点 a 的 δ 邻域,记作 $U(a,\delta)$,为下列集合:

$$U(a,\delta) = \{x \mid |x - a| < \delta\},$$

或写作

$$U(a,\delta) = \{x \mid a - \delta < x < a + \delta\},$$

可见 $U(a,\delta)$ 就是开区间 $(a - \delta, a + \delta)$. 点 a 叫做邻域的中心,δ 叫做邻域的半径(图2).如果把邻域的中心去掉,所得到的集合称为点 a 的去心 δ 邻域,记作 $\overset{\circ}{U}(a,\delta)$,即

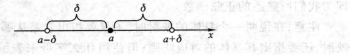

图 2

$$\mathring{U}(a,\delta) = \{x \mid 0 < \mid x - a \mid < \delta\}.$$

为了方便,有时把开区间 $(a - \delta, a)$ 称为 a 的左 δ 邻域,把开区间 $(a, a + \delta)$ 称为 a 的右 δ 邻域.

两个闭区间的直积表示 xOy 平面上的矩形区域,例如

$$[a,b] \times [c,d] = \{(x,y) \mid x \in [a,b], y \in [c,d]\}$$

即为 xOy 平面上的一个矩形区域,其相邻两边各自平行于 x 轴与 y 轴,并且在 x 轴与 y 轴上的投影分别为区间 $[a,b]$ 和 $[c,d]$.

二、映　射

1. 映射的概念

设 X 和 Y 是两个非空集合,如果存在一个法则 T,使得 X 中的每个元素 x 按法则 T 在 Y 中有惟一的元素 y 与之对应,那么称 T 为从 X 到 Y 的映射(mapping),记作

$$T: X \to Y,$$

元素 y 称为元素 x(在映射 T 下)的像,并记作 $T(x)$,即

$$y = T(x),$$

而元素 x 称为元素 y(在映射 T 下)的一个原像.

集合 X 称为映射 T 的定义域(domain),T 的定义域常记作 $\mathscr{D}(T)$. X 中所有元素的像所组成的集合称为映射 T 的值域(range),T 的值域常记作 $\mathscr{R}(T)$. T 的值域有时也称为集合 X(在映射 T 下)的像并记作 $T(X)$,即

$$\mathscr{R}(T) = T(X) = \{T(x) \mid x \in X\}.$$

根据集合 X、Y 的不同情况,在不同的数学分支中,术语"映射"有着不同的惯用名称,例如"函数"、"泛函"、"变换"、"算子"等等. 如果 X 是非空集合,Y 是一个数集(实数集或复数集),那么从 X 到 Y 的映射通常称为定义在 X 上的函数. 我们在中学数学中所接触的函数实际上是实数集(或其子集)到实数集的映射. 例如,映射

$$f: \mathbf{R} \to \mathbf{R}, \text{对每个 } x \in \mathbf{R}, y = f(x) = \sin x$$

即为我们所熟悉的正弦函数.

注意,在说明一个具体的映射时,不仅要指出它是从哪个集合到哪个集合的映射,还要指出其具体的对应法则;但使用什么字母来表示所讨论的映射、集合和元素,是可以根据需要(当然也要注意习惯用法)自由选取的.

我们指出,在讨论函数时,为方便起见,常用 $y = f(x)$ 或 $f(x)$ 来表示函数

f,比如正弦函数可表示为 $y = \sin x, x \in \mathbf{R}$.

2．几类重要的映射

设 T 是从集合 X 到集合 Y 的映射,若 $T(X) = Y$,即 Y 中任一元素均是 X 中某元素的像,则称 T 为 X 到 Y 上的满射;若对任意的 x_1、$x_2 \in X, x_1 \neq x_2$,必有 $T(x_1) \neq T(x_2)$,则称 T 为 X 到 Y 的单射;若 T 既是满射又是单射,则称 T 为 X 到 Y 上的一一映射,或称 T 为 X 与 Y 之间的一一对应.

例 1　设 $X_1 = (-\infty, +\infty)$, $X_2 = \left[-\dfrac{\pi}{2}, \dfrac{\pi}{2}\right]$, $Y_1 = (-\infty, +\infty)$, $Y_2 = [-1, 1]$.考虑 $f_1 : X_1 \rightarrow Y_1$, $f_2 : X_1 \rightarrow Y_2$, $f_3 : X_2 \rightarrow Y_1$, $f_4 : X_2 \rightarrow Y_2$,其中 f_i $(i = 1, 2, 3, 4)$ 均为如下的对应法则:对定义域内的任一 $x, f_i(x) = \sin x$. 易知 f_1 是 X_1 到 Y_1 的映射,但既非满射,又非单射;f_2 是 X_1 到 Y_2 上的满射,但非单射;f_3 是 X_2 到 Y_1 的单射,但非满射;f_4 是 X_2 到 Y_2 上的满射,又是单射,即为一一映射.

3．逆映射与复合映射

逆映射　设映射 T 为 X 到 Y 上的一一映射,则由定义,对每个 $y \in Y$,有惟一的 $x \in X$ 适合 $T(x) = y$,于是我们可得到一个从 Y 到 X 的映射,它将每个 $y \in Y$ 映为 X 中的元素 x,这里的 x 满足 $T(x) = y$.我们把这个映射称为 T 的逆映射,记作 T^{-1}.即,T^{-1} 为从 Y 到 X 的映射,对每个 $y \in Y$,如果 $T(x) = y$,则规定 $T^{-1}(y) = x$.

注意,只有一一映射才存在逆映射,因此也把一一映射称为可逆映射.比如在例 1 中,只有 f_4 才存在逆映射 f_4^{-1},f_4^{-1} 即为大家熟悉的反正弦函数:$f_4^{-1}(x) = \arcsin x$,其定义域为 $[-1, 1]$,值域为 $\left[-\dfrac{\pi}{2}, \dfrac{\pi}{2}\right]$.

复合映射　设有映射 $T_1 : X \rightarrow Y_1$, $T_2 : Y_2 \rightarrow Z$,且 $T_1(X) \subset Y_2$,则由 T_1 和 T_2 可确定从 X 到 Z 的一个对应法则,它将每个元素 $x \in X$,映为 Z 中的元素 $z = T_2[T_1(x)]$,显然这个对应法则是从 X 到 Z 的一个映射,我们把这个映射称为由 T_1、T_2 构成的复合映射,并记作 $T_2 \circ T_1$,即

$T_2 \circ T_1 : X \rightarrow Z$,对每个 $x \in X$, $(T_2 \circ T_1)(x) = T_2[T_1(x)]$.

例如,设有映射 $T_1 : \mathbf{R} \rightarrow [-1, 1]$,对每个 $x \in \mathbf{R}, u = T_1(x) = \sin x$,和映射

$T_2 : [-1, 1] \rightarrow [0, 1]$,对每个 $u \in [-1, 1], y = T_2(u) = u^2$,

则可构成复合映射 $T_2 \circ T_1 : \mathbf{R} \rightarrow [0, 1]$,对每个 $x \in \mathbf{R}$,

$(T_2 \circ T_1)(x) = T_2[T_1(x)] = T_2(\sin x) = (\sin x)^2$.

三、一 元 函 数

1. 概念

设数集 $D \subset \mathbf{R}$,则把从 D 到 $\mathbf{R}$ 的任一映射 f 称为定义在 D 上的一元函数,简称为函数(function).通常把这个函数简记为

$$y = f(x), x \in D, \text{ 或 } f(x), x \in D.$$

x 称为函数的自变量,y 称为函数的因变量,习惯上也称 y 为 x 的函数.前面定义的与映射有关的一些概念,如定义域、值域等,也适用于函数.对于函数 $y = f(x), x \in D$,我们把 $\mathbf{R} \times \mathbf{R}$ 中的集合 $\{(x, y) \mid y = f(x), x \in D\}$ 称为函数 $y = f(x)$ 的图形(或图像)(graph).

表示函数的符号是任意选取的,除了常用的 f 外,还可以用其他的英文字母或希腊字母,如"g","F","φ","Φ",等等.相应地,函数可记作 $y = g(x), y = F(x), y = \varphi(x), y = \Phi(x)$,等等.有时还可直接用因变量的记号来表示函数,即把函数记作 $y = y(x)$.如果在同一个问题中讨论到几个不同的函数,则必须用不同的记号分别表示这些函数,以示区别.

在一些实际问题中,函数的定义域是根据问题的实际意义确定的.例如自由落体运动中,设物体下落的时间为 t,下落的距离为 s.如果开始下落的时刻是 $t = 0$,落地时刻是 $t = T$,那么 s 与 t 之间的对应关系是

$$s = s(t) = \frac{1}{2} g t^2, \quad t \in [0, T].$$

这个函数的定义域是区间 $[0, T]$.

在数学中,有时不考虑函数的实际意义,而抽象地研究用算式表达的函数,这时约定函数的定义域就是使得算式有意义的一切实数组成的集合,称为函数的自然定义域.例如 $s = \frac{1}{2} g t^2$ 的自然定义域是 $(-\infty, +\infty)$,$y = \dfrac{1}{\sqrt{1 - x^2}}$ 的自然定义域是区间 $(-1, 1)$.

按照函数的定义,对定义域 D 中的每个 x,总有惟一的函数值 y 与之对应.这就是说,作为函数的对应法则,必需满足"单值性"的要求.但往往会遇到这样的对应法则,在此法则下,对每个 $x \in D$,有多于一个的 y 值与之对应,尽管这样的对应法则不符合函数的定义,但为应用方便,习惯上仍称这种法则在 D 上确定了一个多值函数.例如,如果将"满足方程 $x^2 + y^2 = a^2$"作为 x 与 y 之间的对应法则,那么当 $x = a$ 或 $-a$ 时,对应 $y = 0$ 一个值;但当 x 取开区间 $(-a, a)$ 内任一个值时,对应的 y 有两个值.因此这个方程就确定了一个多值函数.对于多

值函数,可以通过附加条件的方法,使得在附加条件下,原来的对应法则就满足单值性的要求,从而确定了一个函数.称这样得到的函数为多值函数的单值分支.例如,对由方程 $x^2 + y^2 = a^2$ 给出的对应法则,如果附加"$y \geqslant 0$"的条件,就可得到一个单值分支:$y = \sqrt{a^2 - x^2}$;如果附加"$y \leqslant 0$"的条件,就可得到另一个单值分支:$y = -\sqrt{a^2 - x^2}$.

具体表示一个函数时,可以用表格法、图形法、解析法(即算式表示法),有时也可用语言描述,这些是大家在中学里已熟悉的内容,这里就不再详细说明了.

下面举几个函数的例子,例中的定义域均指自然定义域.

例 2　(1)常数函数 $y = 3$ 的定义域是 $(-\infty, +\infty)$,值域是 $\{3\}$;

(2)绝对值函数 $y = |x|$ 的定义域是 $(-\infty, +\infty)$,值域是 $[0, +\infty)$.

例 3　符号函数

$$y = \operatorname{sgn} x = \begin{cases} 1 & \text{当 } x > 0, \\ 0 & \text{当 } x = 0, \\ -1 & \text{当 } x < 0 \end{cases}$$

的定义域是 $(-\infty, +\infty)$,值域是 $\{-1, 0, 1\}$.它的图形如图 3 所示.对任何 $x \in \mathbf{R}$,有 $x = \operatorname{sgn} x \cdot |x|$ 或 $|x| = x \operatorname{sgn} x$.

例 4　取整函数

对任意的 $x \in \mathbf{R}$,用记号 $[x]$ 表示不超过 x 的最大整数,从而得到定义在 $\mathbf{R}$ 上的函数

$$y = [x],$$

称此函数为取整函数,$[x]$ 称为 x 的整数部分.例如 $\left[\dfrac{5}{7}\right] = 0, [\sqrt{2}] = 1, [\pi] = 3, [-1] = -1, [-3.5] = -4$.

$y = [x]$ 的定义域是 $\mathbf{R}$,值域是 $\mathbf{Z}$.图 4 是它的图形.取整函数还可以表示成

$$y = [x] = n, \text{ 当 } x \in [n, n+1), n = 0, \pm 1, \pm 2, \cdots.$$

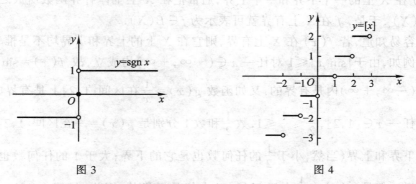

图 3　　　　　　　　　　　　　　　图 4

在例 3、例 4 中看到,有些函数在其定义域的不同部分,对应法则由不同的

算式表达,这种函数叫做<u>分段函数</u>.在科学技术和日常生活中,经常会遇到分段函数.分段函数在实际问题中是经常出现的.

例 5　某市出租车按如下规定收费:当行驶里程不超过 3 km 时,一律收起步费 10 元;当行驶里程超过 3 km 时,除起步费外,对超过 3 km 且不超过 10 km 的部分,按每千米 2 元计费,对超过 10 km 的部分,按每千米 3 元计费.试写出车费 C 与行驶里程 s 之间的函数关系.

解　以 $C = C(s)$ 表示这个函数,其中 s 的单位是 km,C 的单位是元.按上述规定,当 $0 < s \leqslant 3$ 时,$C = 10$;当 $3 < s \leqslant 10$ 时,$C = 10 + 2(s - 3) = 2s + 4$;当 $s > 10$ 时,$C = 10 + 2(10 - 3) + 3(s - 10) = 3s - 6$.或写作

$$C(s) = \begin{cases} 10 & \text{当 } 0 < s \leqslant 3, \\ 2s + 4 & \text{当 } 3 < s \leqslant 10, \\ 3s - 6 & \text{当 } s > 10. \end{cases}$$

$C(s)$ 就是一个分段函数.

2．函数的几种特性

有界性　设函数 $f(x)$ 的定义域为 D,数集 $X \subset D$.如果存在正数 M,使对<u>任一 $x \in X$</u>,都满足

$$|f(x)| \leqslant M,$$

就称函数 f 在 X 上<u>有界</u>(bounded).

如果这样的 M 不存在,就称 f 在 X 上<u>无界</u>.换言之,若对任意给定的一个正数 M(不论它多么大),总有某个 $x \in X$,使得 $|f(x)| > M$,那么称 f 在 X 上无界.

函数有界的定义也可以等价地表述为:如果存在常数 M_1 和 M_2,使得对任一 $x \in X$,都有 $M_1 \leqslant f(x) \leqslant M_2$,就称 f 在 X 上有界,并分别称 M_1 和 M_2 为 $f(x)$ 在 X 上的一个<u>下界</u>和一个<u>上界</u>,通常把在 X 上全体有界函数所成之集记作 $B(X)$.于是,f 在 X 上有界就可表示为 $f \in B(X)$.

容易知道,若 $f(x)$ 在 X 上有界,则它在 X 上的上界和下界均不是惟一的.例如,由于 $|\sin x| \leqslant 1$ 对任一 $x \in (-\infty, +\infty)$ 均成立,故 $f(x) = \sin x$ 在区间 $(-\infty, +\infty)$ 内是有界的.又如函数 $g(x) = \dfrac{1}{x}$ 在区间 $[1, 2]$ 上是有界的,因为对任一 $x \in [1, 2]$,$\dfrac{1}{2} \leqslant \dfrac{1}{x} \leqslant 1$.数 $\dfrac{1}{2}$ 和数 1 分别是 $g(x) = \dfrac{1}{x}$ 在区间 $[1, 2]$ 上的一个下界和上界(当然,小于 $\dfrac{1}{2}$ 的任何数也是它的下界;大于 1 的任何数也是它的上界).但是 $g(x) = \dfrac{1}{x}$ 在区间 $(0, 1)$ 内却是无界的.因为,尽管 $g(x) = \dfrac{1}{x}$ 在

$(0,1)$内有下界$(1$就是它的一个下界$)$,但当x向0靠近时,$\dfrac{1}{x}$的增大是没有限止的,即不存在任何确定的正数M_2,使得$\dfrac{1}{x}\leqslant M_2$对任一$x\in(0,1)$均成立.这说明$g(x)=\dfrac{1}{x}$在$(0,1)$内无上界,从而是无界的.

单调性　设函数$f(x)$的定义域是D,区间$I\subset D$.如果对任意的$x_1,x_2\in I$,当$x_1<x_2$时总有
$$f(x_1)<f(x_2),$$
就称函数$f(x)$在区间I上是单调增加$($或称递增$)$的;如果当$x_1<x_2$时,总有
$$f(x_1)>f(x_2),$$
就称函数$f(x)$在区间I上是单调减少$($或称递减$)$的.

单调增加或单调减少的函数均称为单调函数$($monotonic function$)$①.

奇偶性　设函数$f(x)$的定义域D关于原点对称$($即当$x\in D$时必有$-x\in D)$,如果对任意的$x\in D$,总有
$$f(x)=f(-x),$$
就称$f(x)$是偶函数$($even function$)$;如果对任意的$x\in D$,总有
$$f(x)=-f(-x),$$
就称$f(x)$是奇函数$($odd function$)$.

偶函数的图形关于y轴是对称的;奇函数的图形关于原点是对称的.

周期性　设函数$f(x)$的定义域为D.如果存在不为0的数T,使得对每一个$x\in D$,有$x\pm T\in D$,且总有
$$f(x+T)=f(x),$$
就称$f(x)$是周期函数$($periodic function$)$,T称作$f(x)$的周期.通常我们说的周期指的是最小正周期.

熟知$y=\sin x,y=\cos x$是周期为2π的周期函数,$y=\tan x$是周期为π的周期函数.显然,周期函数的定义域必是无界集.$($集合$A\subset\mathbf{R}$称为有界集,是指存在有限区间(a,b),使得$A\subset(a,b)$.若集合不是有界的,就称为无界集.$)$

例6　狄利克雷②函数
$$D(x)=\begin{cases}1 & \text{当 }x\in\mathbf{Q},\\ 0 & \text{当 }x\in\mathbf{Q}^c.\end{cases}$$

容易验证,$D(x)$是周期函数,任何有理数r都是它的周期,然而它没有最小正周期.这个函数的图形是无法画出的.

---

① 有的教科书把函数单调性定义中的不等式写作非严格的不等式,即$\leqslant$或$\geqslant$,而在本书中,除非另行说明,函数单调均指严格不等式意义上的单调,即严格单调.

② 狄利克雷$($P.G.L.Dirichlet$)$,1805—1859,德国数学家.

3. 反函数和复合函数

相应于前面的逆映射与复合映射的概念,在一元函数中有反函数与复合函数的概念.

反函数　设一元函数 $f: D \to f(D)$ 为一一映射,则称逆映射 $f^{-1}: f(D) \to D$ 为函数 f 的反函数(inverse function), f^{-1} 的对应法则由 f 的对应法则所确定,即对每个 $y \in f(D)$,如果 $y = f(x)$,则规定 $x = f^{-1}(y)$.由于改变自变量和因变量的字母并不改变函数的对应关系,而且习惯上总是以 x 表示自变量,因此常把 $x = f^{-1}(y)$ 写作 $y = f^{-1}(x)$.例如函数 $y = x^3$ 是一个从 **R** 到 **R** 的一一映射,故有反函数 $x = y^{\frac{1}{3}}, y \in \mathbf{R}$.互换 x 和 y 的符号,将这个反函数写作 $y = x^{\frac{1}{3}}, x \in \mathbf{R}$.

一般地, $y = f(x) \ (x \in D)$ 的反函数记作 $y = f^{-1}(x) \ (x \in f(D))$.

容易证明,若 $f(x)$ 为定义在区间 I 上的单调函数,则 $f(x)$ 是从 I 到 $f(I)$ 的一一映射,其反函数必定存在,且 $f(x)$ 与 $f^{-1}(x)$ 有相同的单调性,即如果 $f(x)$ 是单调增加(单调减少)的,则 $f^{-1}(x)$ 也是单调增加(单调减少)的.

函数 $y = f(x)$ 与它的反函数 $y = f^{-1}(x)$ 的图形在同一坐标平面上是关于直线 $y = x$ 对称的(图 5).

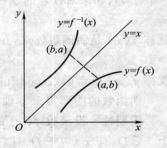

图 5

复合函数　复合函数是一种特殊的复合映射.如果把复合映射定义中的相关集合均取作实数集,就可得到复合函数的定义.为了便于应用,下面我们利用通常的函数记号来把复合函数的定义重新叙述一遍.

设函数 $y = f(u)$ 的定义域是 D_1,函数 $u = g(x)$ 的定义域为 D_2 且 $g(D_2) \subset D_1$,则将由下式

$$y = f[g(x)] \ (x \in D_2)$$

定义的函数称为由函数 $u = g(x)$、 $y = f(u)$ 构成的复合函数(composite function).变量 u 称为中间变量, $u = g(x)$ 称为中间函数.用 $f \circ g$ 来记这个复合函数,即对每个 $x \in D_2$,有

$$(f \circ g)(x) = f[g(x)].$$

例如, $y = f(u) = u^2$ 的定义域 D_1 是 **R**, $u = g(x) = \sin x$ 的定义域 D_2 也是 **R**,且 $g(x)$ 的值域 $g(D_2) = [-1, 1] \subset D_1$,故 $g(x)$ 与 $f(u)$ 可构成复合函数

$$y = f[g(x)] = \sin^2 x, x \in \mathbf{R}.$$

要注意的是,两个函数复合时,常遇到中间函数 $u = g(x)$ 的值域 $g(D_2)$ 并

不完全包含在 $y = f(u)$ 的定义域 D_1 内的情况. 这时, 只要 $g(D_2) \bigcap D_1 \neq \phi$, 则当 x 属于 D_2 的子集 $D_2' = \{x \in D_2 \mid g(x) \in D_1\}$ 时, 对应法则 $y = f[g(x)]$ ($x \in D_2'$) 仍可确定一个函数. 为简便起见, 习惯上仍称函数 $y = f[g(x)]$ ($x \in D_2'$) 为由函数 $u = g(x)$ 和 $y = f(u)$ 构成的复合函数. 但是这里的 $u = g(x)$ 应理解为定义在 D_2' (而不是 D_2) 上的函数. 例如我们称函数 $y = \sqrt{1 - x^2}$ 是由函数 $y = \sqrt{u}$ 和 $u = 1 - x^2$ 构成的复合函数. 它的定义域不是中间函数 $u = 1 - x^2$ 的自然定义域 **R**, 而是 **R** 的一个子集 $D = \{x \mid 1 - x^2 \geqslant 0\} = \{x \mid -1 \leqslant x \leqslant 1\}$.

复合函数也可以由两个以上的函数经过复合构成. 例如, 设 $y = u^2$, $u = \cot v$, $v = \dfrac{x}{2}$, 则得复合函数 $y = \cot^2 \dfrac{x}{2}$, 这里 u 和 v 都是中间变量.

4. 函数的运算

设函数 $y = f(x)$ 和 $y = g(x)$ 均在集合 D 上有定义, α、β 为实数, 则在 D 上可定义这两个函数的下列各种运算:

函数的和, 记作 $f + g$, 定义为 $(f + g)(x) = f(x) + g(x)$, $x \in D$;

函数的差, 记作 $f - g$, 定义为 $(f - g)(x) = f(x) - g(x)$, $x \in D$;

函数的积, 记作 $f \cdot g$, 定义为 $(f \cdot g)(x) = f(x) \cdot g(x)$, $x \in D$;

函数的商, 记作 $\dfrac{f}{g}$, 定义为 $\left(\dfrac{f}{g}\right)(x) = \dfrac{f(x)}{g(x)}$, $x \in D$ 且 $g(x) \neq 0$;

函数的线性组合, 记作 $\alpha f + \beta g$ (α、β 为实数), 定义为
$$(\alpha f + \beta g)(x) = \alpha f(x) + \beta g(x), x \in D.$$

例 7 设 f、g 均为定义在 $(-l, l)$ 上的偶函数, α、β 为实数. 证明这两个函数的线性组合 $\alpha f + \beta g$ 也为 $(-l, l)$ 上的偶函数.

证 对任一 $x \in (-l, l)$,
$$\begin{aligned}(\alpha f + \beta g)(-x) &= \alpha f(-x) + \beta g(-x) \\ &= \alpha f(x) + \beta g(x) = (\alpha f + \beta g)(x).\end{aligned}$$
由偶函数的定义可知, $\alpha f + \beta g$ 为定义在 $(-l, l)$ 上的偶函数.

类似可证明奇函数的线性组合为奇函数.

5. 基本初等函数

在微积分中常见的函数都是由五类所谓的 "基本初等函数" 构成的, 大家在中学数学教材里已不同程度地接触过这五类函数. 我们在这里对这些函数作一些简要的说明, 便于大家复习.

(1) 幂函数
$$y = x^\alpha \quad (\alpha \text{ 是常数})$$

称作**幂函数**(power function).其中常数 α 叫做幂指数.

对不同的指数 α,幂函数 $y = x^\alpha$ 的自然定义域是不同的.当 $\alpha \in \mathbf{Z}^+$ 时,$y = x^\alpha$ 的定义域是 $\mathbf{R}$.当 $\alpha \in \mathbf{Z}^-$ 时,$y = x^\alpha$ 的定义域是 $\mathbf{R}^*$.当 $\alpha = \dfrac{1}{2}$ 时,$y = x^{\frac{1}{2}}$,它的定义域是 $[0, +\infty)$;当 $\alpha = -\dfrac{1}{2}$ 时,$y = x^{-\frac{1}{2}}$,它的定义域是 $(0, +\infty)$.但不论 α 是什么数,$y = x^\alpha$ 的定义域都包含 $\mathbf{R}^+$.

图 6 是 $y = x^3$,$y = x^{\frac{1}{3}}$ 的图形;图 7 是 $y = \dfrac{1}{x}$ 的图形.

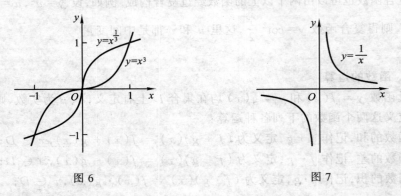

图 6   图 7

(2) 指数函数

设常数 $a > 0$,且 $a \neq 1$,

$$y = a^x$$

称作**指数函数**(exponential function).它的定义域是 $\mathbf{R}$.

对任意的 $x \in \mathbf{R}$,有 $a^x > 0$,且 $a^0 = 1$,故指数函数的图形在 x 轴上方且通过点 $(0, 1)$.

当 $a > 1$ 时,$y = a^x$ 是单调增加函数,当 $0 < a < 1$ 时,$y = a^x$ 是单调减少函数(图 8).

工程技术上常用以常数 $e = 2.718\ 281\ 8\cdots$ 为底的指数函数

$$y = e^x.$$

我们将在第一章第五节中介绍这个常数 e.

(3) 对数函数

对数函数(logarithmic function)是指数函数 $y = a^x$ 的反函数,记作

$$y = \log_a x \quad (a \text{ 是常数且 } a > 0, a \neq 1).$$

对数函数的定义域是 $\mathbf{R}^+$.它的图形与指数函数 $y = a^x$ 的图形关于直线 $y = x$ 对称,总位于 y 轴的右方且通过点 $(1, 0)$(图 9).当 $a > 1$ 时,函数 $y = \log_a x$ 是单调增加的.当 $0 < a < 1$ 时,它是单调减少的.当 a 取常数 e 时,我们把 $\log_e x$ 记为

$\ln x$,并把

$$y = \ln x$$

叫做<u>自然对数函数</u>.

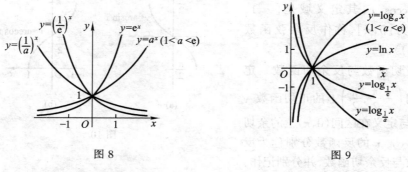

图 8   图 9

（4）三角函数

现在我们把所有的三角函数（trigonometric function）列在下表中,以利大家复习.

函数名称	函数记号	定义域	值域	周期	奇偶性
正弦	$y = \sin x$	$\mathbf{R}$	$[-1,1]$	2π	奇
余弦	$y = \cos x$	$\mathbf{R}$	$[-1,1]$	2π	偶
正切	$y = \tan x$	$\mathbf{R} \setminus \left\{ \left(n + \frac{1}{2}\right)\pi \mid n \in \mathbf{Z} \right\}$	$\mathbf{R}$	π	奇
余切	$y = \cot x$	$\mathbf{R} \setminus \{n\pi \mid n \in \mathbf{Z}\}$	$\mathbf{R}$	π	奇
正割	$y = \sec x$	$\mathbf{R} \setminus \left\{ \left(n + \frac{1}{2}\right)\pi \mid n \in \mathbf{Z} \right\}$	$\mathbf{R} \setminus (-1,1)$	2π	偶
余割	$y = \csc x$	$\mathbf{R} \setminus \{n\pi \mid n \in \mathbf{Z}\}$	$\mathbf{R} \setminus (-1,1)$	2π	奇

三角函数的图形,大家是熟悉的,这里就不再一一画出了.

（5）反三角函数

由于三角函数是周期函数,所以它们在各自的自然定义域上不是一一映射,因此不存在反函数.但若将三角函数的定义域限制为该函数保持单调的某个单调区间,这时函数就存在反函数.三角函数的反函数称为<u>反三角函数</u>（inverse trigonometric function）.

反正弦函数   定义在区间 $\left[-\frac{\pi}{2}, \frac{\pi}{2} \right]$ 上的正弦函数 $y = \sin x$ 的反函数记作

$y = \arcsin x$,其定义域为$[-1,1]$,值域为$\left[-\dfrac{\pi}{2},\dfrac{\pi}{2}\right]$,称为反正弦函数(图 10(a)).

反余弦函数 定义在区间$[0,\pi]$上的余弦函数 $y = \cos x$ 的反函数记作 $y = \arccos x$,其定义域是$[-1,1]$,值域为$[0,\pi]$,称作反余弦函数(图 10(b)).

反正切函数与反余切函数 定义在区间$\left(-\dfrac{\pi}{2},\dfrac{\pi}{2}\right)$上的正切函数 $y = \tan x$ 与定义在区间$(0,\pi)$上的余切函数 $y = \cot x$ 的反函数分别称为反正切函数与反余切函数,并分别记作:

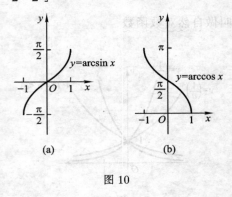

图 10

$$y = \arctan x \ \text{和} \ y = \operatorname{arccot} x.$$

这两个函数的定义域都是$(-\infty,+\infty)$,图 11 与图 12 分别是它们的图形.

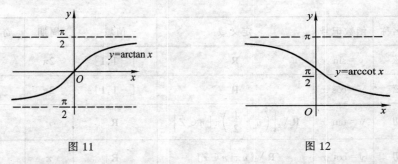

图 11   图 12

以上列举的幂函数、指数函数、对数函数、三角函数和反三角函数统称为**基本初等函数**.

6. 初等函数

我们把由常数和基本初等函数经过有限次的四则运算和函数复合步骤所构成的并可以用一个算式表示的函数统称为**初等函数**(elementary function).例如 $y = \sqrt{x^2+1}$,$y = e^{\frac{1}{1-x}}$ 等都是初等函数,在本课程中讨论的函数基本上都是初等函数.

最后我们介绍工程技术上常用到的一类初等函数,即双曲函数(hyperbolic function)及其反函数.这里只介绍其中比较常用的双曲正弦函数、双曲余弦函数和它们的反函数.

(1) 双曲正弦

$$y = \sinh x = \frac{e^x - e^{-x}}{2},$$

它的定义域是 **R**,值域是 **R**.它是 **R** 上单调增加的奇函数.

(2) 双曲余弦

$$y = \cosh x = \frac{e^x + e^{-x}}{2},$$

它的定义域是 **R**,值域是区间$[1, +\infty)$.它是偶函数并在区间$(-\infty, 0]$上单调减少,在区间$[0, +\infty)$上单调增加.

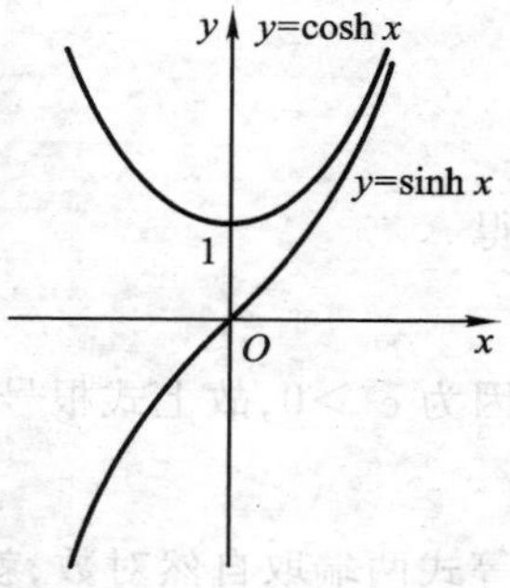

图 13

以上两个双曲函数的图形见图 13.

由双曲函数的定义,可以证明下面的恒等式:

$$\sinh(x + y) = \sinh x \cdot \cosh y + \cosh x \cdot \sinh y, \tag{1}$$

$$\cosh(x + y) = \cosh x \cdot \cosh y + \sinh x \cdot \sinh y. \tag{2}$$

现只证明等式(1),等式(2)留给读者自己证明.

由定义,可得

$$\begin{aligned}
&\sinh x \cdot \cosh y + \cosh x \cdot \sinh y \\
&= \frac{e^x - e^{-x}}{2} \cdot \frac{e^y + e^{-y}}{2} + \frac{e^x + e^{-x}}{2} \cdot \frac{e^y - e^{-y}}{2} \\
&= \frac{e^{x+y} - e^{y-x} + e^{x-y} - e^{-(x+y)}}{4} + \frac{e^{x+y} + e^{y-x} - e^{x-y} - e^{-(x+y)}}{4} \\
&= \frac{e^{x+y} - e^{-(x+y)}}{2} = \sinh(x + y).
\end{aligned}$$

如果在等式(1)和(2)中,以$(-y)$代替 y,并利用双曲正弦的奇性与双曲余弦的偶性,即得

$$\sinh(x - y) = \sinh x \cdot \cosh y - \cosh x \cdot \sinh y, \tag{3}$$

$$\cosh(x - y) = \cosh x \cdot \cosh y - \sinh x \cdot \sinh y. \tag{4}$$

在等式(1)与(2)中令 $y = x$,得

$$\sinh 2x = 2 \sinh x \cdot \cosh x, \tag{5}$$

$$\cosh 2x = \cosh^2 x + \sinh^2 x. \tag{6}$$

再在等式(4)中令 $y = x$,并由于 $\cosh 0 = 1$,就得

$$\cosh^2 x - \sinh^2 x = 1. \tag{7}$$

请注意将这些双曲函数的恒等式与三角恒等式加以比较,注意两者的异同.

(3) 反双曲正弦　双曲正弦函数 $y = \sinh x$ 的反函数称为反双曲正弦函数,记为

$$y = \text{arsinh } x.$$

这个函数可以利用自然对数来表示,现推导如下:

由于 $y = \text{arsinh } x$ 是函数 $x = \sinh y$ 的反函数,因此由

$$x = \frac{e^y - e^{-y}}{2},$$

即

$$e^{2y} - 2xe^y - 1 = 0,$$

解得

$$e^y = x \pm \sqrt{x^2 + 1}.$$

但因为 $e^y > 0$,故上式根号前应取正号,于是

$$e^y = x + \sqrt{x^2 + 1},$$

在等式两端取自然对数,就得到

$$y = \text{arsinh } x = \ln(x + \sqrt{x^2 + 1}). \tag{8}$$

函数 $y = \text{arsinh } x$ 的定义域是 **R**,它是 **R** 上单调增加的奇函数.其图形如图 14 所示.

(4) 反双曲余弦　双曲余弦 $y = \cosh x$ 是 **R** 上的偶函数,它不是从自然定义域 **R** 到值域 $[1, +\infty)$ 的一一映射.如果把它的定义域限制在函数保持单调增加的区间 $[0, +\infty)$ 上,这样得到的双曲余弦有反函数,称为反双曲余弦函数,记为

$$y = \text{arcosh } x.$$

它也可用自然对数表示为

$$y = \text{arcosh } x = \ln(x + \sqrt{x^2 - 1}). \tag{9}$$

其推导过程与得出(8)式的过程相类似,请读者自己完成.

函数 $y = \text{arcosh } x$ 的定义域是区间 $[1, +\infty)$,值域是区间 $[0, +\infty)$,并在定义域上是单调增加的(图 15).

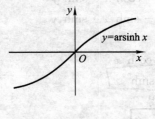

图 14

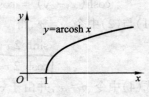

图 15

习　题

1. 设 $A = \{x \mid \sqrt{1 - x^2} \leqslant 1\}$、$B = \{x \mid 0 < x < 2\}$ 是实数域中的两个子集,写出 $A \cup B$、$A \cap B$、$A \setminus B$ 及 $B \setminus A$ 的表达式.

2. 两个集合 A 与 B 之间如果存在一一对应,则称集合 A 与 B **等势**.例如,设 A 是正奇数集合,B 是正偶数集合,如果定义从 A 到 B 的映射 T:$T(2n + 1) = 2n + 2$,其中 n 为任一自然数,则 T 是 A 与 B 之间的一一对应,因此这两个集合等势.试说明下列数集是等势的:

(1) 整数集合 $\mathbf{Z}$ 与自然数集 $\mathbf{N}$;

(2) 区间 $(1,2)$ 与区间 $(3,5)$.

3. 求下列函数的自然定义域:

(1) $y = \dfrac{1}{x + 2}$;　　　　　　　　　　(2) $y = \sqrt{x^2 - 9}$;

(3) $y = \dfrac{1}{1 - x^2} + \sqrt{x + 1}$;　　　　(4) $y = \dfrac{1}{[x + 1]}$.

4. 下列函数 f 和 φ 是否相同? 为什么?

(1) $f(x) = \dfrac{x}{x}, \varphi(x) = 1$;　　　　　(2) $f(x) = x, \varphi(x) = \sqrt{x^2}$;

(3) $f(x) = 1, \varphi(x) = \sin^2 x + \cos^2 x$;　(4) $f(x) = 1, \varphi(x) = \sec^2 x - \tan^2 x$.

5. 讨论下列函数的奇偶性:

(1) $y = x + x^2 - x^3$;　　　　　　　(2) $y = a + b\cos x$;

(3) $y = x + \sin x + \mathrm{e}^x$;　　　　　(4) $y = x \sin \dfrac{1}{x}$.

6. 证明:两个偶函数之积是偶函数,两个奇函数之积是偶函数;一个奇函数与一个偶函数之积是奇函数.

7. 设 $f(x)$ 是定义在对称区间 $(-l, l)$ 内的任何函数,证明:

(1) $\varphi(x) = f(x) + f(-x)$ 是偶函数,$\psi(x) = f(x) - f(-x)$ 是奇函数;

(2) 定义在区间 $(-l, l)$ 内的任何函数可以表示为一个偶函数与一个奇函数的和.

8. 证明:

(1) 两个单调增加(单调减少)的函数之和是单调增加(单调减少)的;

(2) 两个单调增加(单调减少)的正值函数之积是单调增加(单调减少)的;

(3) 两个单调增加的函数的复合函数是单调增加的.又问两个单调减少的函数的复合函数情况如何?

9. 求下列函数的反函数及反函数的定义域:

(1) $y = \sqrt{1 - x^2} \ (-1 \leqslant x \leqslant 0)$;　　(2) $y = \begin{cases} x^3 & \text{当} -\infty < x < 1, \\ 2^{x-1} & \text{当} 1 \leqslant x < +\infty. \end{cases}$

10. 作出下列函数的图形:

(1) $y = \mathrm{sgn}(\cos x)$;　　　　　(2) $y = x - [x]$.

11. 给定函数 $y = f(x), x \in (-\infty, +\infty)$,令
$$f_1(x) = -f(x); \ f_2(x) = f(-x); \ f_3(x) = -f(-x).$$

说明函数 $y = f_1(x), y = f_2(x), y = f_3(x)$ 的图形与 $y = f(x)$ 的图形的位置关系.

12. 证明:

(1) $\sinh x + \sinh y = 2\sinh \dfrac{x+y}{2}\cosh \dfrac{x-y}{2}$;

(2) $\cosh x - \cosh y = 2\sinh \dfrac{x+y}{2}\sinh \dfrac{x-y}{2}$.

13. 设 $f(x) = \begin{cases} 1 & \text{当 } |x| < 1, \\ 0 & \text{当 } |x| = 1, \\ -1 & \text{当 } |x| > 1, \end{cases}$ $g(x) = e^x$,求 $f[g(x)]$ 和 $g[f(x)]$,并作出这

两个函数的图形.

14. (1) 设 $f(x - 2) = x^2 - 2x + 3$,求 $f(x + 2)$;

(2) 设 $f\left(\sin \dfrac{x}{2}\right) = 1 + \cos x$,求 $f(\cos x)$.

15. 利用计算机作函数的图形时,必须注意选择好图形的显示区域.若选择不好,则显示的图形不能充分表示出所作图形的特点,甚至可能因机器误差而产生变形,得出错误的图形.

试用 Mathematica 在计算机上作下列图形:

(1) $y = x^3 - 49x$,显示区域分别取作

（Ⅰ）$[-10,10] \times [-10,10]$;

（Ⅱ）$[-10,10] \times [-100,100]$;

（Ⅲ）$[-10,10] \times [-200,200]$,

试对显示的图形进行比较,哪一个能比较充分地反映所求作图形的特点?

(2) $y = \sin 50x$,显示区域分别取作

（Ⅰ）$[-12,12] \times [-1.5,1.5]$;

（Ⅱ）$[-9,9] \times [-1.5,1.5]$;

（Ⅲ）$[-0.25,0.25] \times [-1.5,1.5]$,

试对显示的图形进行比较,哪一个显示了真实的函数图形?

第一章
极限与连续

LIMIT AND CONTINUITY

　　微积分是一门以变量作为研究对象、以极限方法作为基本研究手段的数学学科.应用极限方法研究各类变化率问题和几何学中曲线的切线问题,就产生了微分学;应用极限方法研究诸如曲边图形的面积等这类涉及微小量无穷积累的问题,就产生了积分学.可以说,整个微积分学是建立在极限理论的基础之上的.

　　在本章中我们将介绍极限的概念、性质和运算法则;介绍与极限概念密切相关、且在微积分运算中扮演重要角色的无穷小量;我们还将求得两个应用非常广泛的重要极限.学好这些内容,准确理解极限概念,熟练掌握极限运算方法,是学好微积分的基础.

　　本章的后半部分将通过极限引入函数的一类重要性质——连续性,连续性是对客观世界广泛存在的连续变动现象的数学描述.由于连续函数具有良好的性质,不论在理论上还是在应用中都十分重要,故本课程主要讨论连续函数.

第一节　微积分中的极限方法

　　微积分与中学里学过的初等数学是有重大区别的,初等数学的研究对象基本上是不变的量(常量),而微积分的研究对象则是变动的量(变量).相应地,初等数学涉及的运算是常量之间的算术运算;而微积分中的基本运算则是变量的极限运算.

　　自然界中有很多量,无论是对它们的理解还是计算,都必须通过分析一个无限变化过程的变化趋势才能实现,这正是极限概念和极限方法产生的客观基础.本节我们将介绍微积分发展史中的两个典型问题,在解决这两个问题的过程中,孕育了极限思想,并产生了微积分的两个分支——积分学和微分学.通过这样的介绍,使得读者在开始学习微积分之时,就能对极限方法在微积分中的地位、作用,以及对微积分的基本内容,有一个初步的总体性了解.

典型问题 1　面积问题

　　极限概念的起源可追溯到 2500 年前的古希腊,那时的希腊人在计算一些由曲线围成的平面图形的面积时,实际上就采用了极限的办法(他们称之为"穷竭法").下面我们以阿基米德[①]曾经计算过的一个问题为例来说明这种方法.为了方便,我们采用现代的数学语言加以叙述.

　　如图 1-1,曲线 $y=x^2$ 与 x 轴、直线 $x=1$ 围成了一个平面图形(称为曲边三角形),求此曲边三角形的面积 S.

　　解决这个问题的困难之处在于这个图形的上部边界是一条曲线(称为曲边),而古希腊人只知道怎样计算由直线段所围成的图形(多边形)的面积.因此阿基米德首先想到的是以多边形的面积来近似代替曲边三角形的面积.

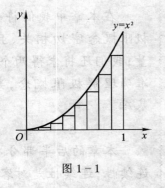

图 1-1

　　他把底边 $[0,1]$ 分成 n 等分,分点依次为 $\dfrac{1}{n}$、

$\dfrac{2}{n}$、$\cdots$、$\dfrac{n-1}{n}$,然后在每个分点处作底边的垂线,这样曲边三角形被分成了 n 个

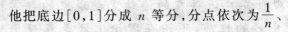

　　① 阿基米德(Archimedes),约公元前 287 年—前 212 年,古希腊最富创造性和精确性的数学家.他的几何著作主要有《圆的测量》、《论球与圆柱》、《抛物线求积法》以及《论螺线》等.在这些论著中的很多方法已经接近了微积分的思想方法(但没有明确提出极限的概念),包含着微积分的萌芽.

窄条. 对每个窄条, 他都用矩形来近似替代. 每个矩形的底宽为 $\frac{1}{n}$, 而高为 $\left(\frac{i}{n}\right)^2$ ($i = 0, 1, 2, \cdots, n-1$). 他把这些矩形的面积累加起来, 得到了 S 的近似值 S_n:

$$S_n = 0 \cdot \frac{1}{n} + \left(\frac{1}{n}\right)^2 \cdot \frac{1}{n} + \left(\frac{2}{n}\right)^2 \cdot \frac{1}{n} + \cdots + \left(\frac{n-1}{n}\right)^2 \cdot \frac{1}{n}$$

$$= \frac{1}{n^3}\left[1^2 + 2^2 + \cdots + (n-1)^2\right] = \frac{1}{n^3} \cdot \frac{(n-1)n(2n-1)}{6}$$

$$= \frac{1}{6}\left(1 - \frac{1}{n}\right)\left(2 - \frac{1}{n}\right).$$

对每个 n, 都可算出相应的 S_n 值. 显然, 一方面, 随着 n 的增大, S_n 越来越接近于曲边三角形的面积 S. 但是, 另一方面, 不管 n 取得多大, 所得到的 S_n 都只是 S 的近似值.

为了求得曲边三角形的面积的精确值, 阿基米德设想让 n 无限制地增大, 这时从几何上看, 面积等于 S_n 的那个多边形将越来越贴近曲边三角形, 即阿基米德所说的将"穷竭"(填满)曲边三角形. 因此从数值上看, S_n 将无限接近一个确定的数, 这个数就是曲边三角形的面积 S. 用大家在中学代数中已学过的数列极限的语言来表述即为: 曲边三角形的面积 S 是多边形面积 S_n 当 n 趋于无穷大时的极限, 记作

$$S = \lim_{n \to \infty} S_n = \lim_{n \to \infty} \frac{1}{6}\left(1 - \frac{1}{n}\right)\left(2 - \frac{1}{n}\right).$$

在讲了极限运算法则后, 我们可求得这个极限等于 $\frac{1}{3}$, 即曲边三角形的面积为 $\frac{1}{3}$. 当年阿基米德就是通过这样的过程求得结果的.

可以看到, 解决这个问题的关键在于分析变量 S_n 的变化趋势, 确定出 S_n 无限逼近的那个数值. 也就是说, 关键在于引入了极限方法. 如果停留在算术运算的层次上, 不管你计算多少次, 都是得不出曲边三角形面积的精确值的.

这种利用多边形的面积来逼近曲边形面积的极限方法是人类文明的伟大创造, 我国魏晋时大数学家刘徽[①](公元 3 世纪)就曾用圆的内接正多边形来逼近圆的方法, 算得圆周率 π 的精确到小数点后四位的数值: 3.141 6. 但是要指出,

---

[①] 刘徽是我国魏晋时代的数学家, 在他的主要著作《九章算术注》(共九卷)中创造了用"割圆术"来计算圆周率的方法. 他从圆的内接正 6 边形起, 逐次将边数加倍算到内接正 3 072 边, 得到了圆周率 π 的近似值为 $\frac{3\ 927}{1\ 250} = 3.141\ 6$. 这一结果比外国关于 $\pi = 3.141\ 6$ 记载最早的印度数学家阿耶波多(Aryabhata)早 200 余年.

尽管这些古代数学家已经有了极限的初步思想,然而一直到 17 世纪下半叶牛顿[①]时代,极限概念才被明确提出并系统地加以使用.

将极限方法应用于计算曲边形的面积,以及后来用于计算变速运动的路程等问题,导致产生了微积分的一个重要分支——积分学.我们将在第三章深入讨论这个问题.积分学可用于解决各种不同的量的求和问题,比如立体的体积、曲线弧的长度、变力所作的功、非均匀棒的质量和质心以及水的侧压力等等.

典型问题2   瞬时速度问题

设物体沿着直线运动,s 为物体从某一选定时刻到时刻 t 所通过的路程,则 s 是 t 的一个函数

$$s = s(t),$$

这个函数称为物体的位置函数.例如,物体受重力作用自由下落,根据物理公式知,若设定运动开始时刻 $t = 0$,则到时刻 t 物体下落的路程是

$$s(t) = \frac{1}{2}gt^2 \,(g \text{ 是重力加速度}).$$

这个运动不是匀速的,为了说明落体在各个不同时刻运动的快慢程度,我们需要确定落体在任一确定时刻 t_0 的"速度"(称为瞬时速度).

比如,考虑自由落体在时刻 $t_0 = 2$(秒)时的速度.为此我们先取从时刻 2 到时刻 t 这样一个时间段.在这段时间内,落体经过的路程为

$$s(t) - s(2) = \frac{1}{2}gt^2 - \frac{1}{2}g2^2,$$

于是在这段时间内,落体的平均速度为

$$\bar{v} = \frac{s(t) - s(2)}{t - 2} = \frac{\frac{1}{2}gt^2 - \frac{1}{2}g2^2}{t - 2}. \tag{1}$$

----

① 在微积分发展史上,牛顿(I. Newton,1642—1727)是明确提出极限概念的第一人.

牛顿诞生于 1642 年(即伽利略逝世的当年)的圣诞节.1661 年,他进入剑桥大学学习.当时他对数学知之甚少,但是通过阅读欧几里得和笛卡儿的著作,以及听数学家巴罗讲课,牛顿对数学很快学有所成.1665 年和 1666 年是牛顿取得丰硕研究成果的两年,他得出了 4 项最为重大的发现,其中包括完成了关于微积分的论著,由此而成为微积分的主要创始者之一.

尽管古希腊学者欧多克索斯和阿基米德在他们使用的"穷竭法"中已蕴含了极限的思想,但他们都从未明确地表述过极限概念.类似地,诸如费马、巴罗这些紧靠在牛顿之前的数学家们也从未真正地使用过极限概念.牛顿是明确提出极限概念的第一人.牛顿解释极限的真实含义是一些量以"比任何给定的误差还要小的方式逼近".他指出,极限是微积分学的基本概念.通过法国数学家达朗贝尔的工作,牛顿的极限思想在 18 世纪得到进一步的应用.但是,牛顿关于极限的概念还比较含糊,后来由于柯西和其他一些数学家的努力,才澄清了极限概念并给出了极限的精确定义.

如果时间间隔 $t-2$ 很小,那么落体的速度在该时间段内的变化也很小,可把平均速度近似地看作落体在 2 秒时的速度. $t-2$ 越小,这种近似就越精确.然而不管时间间隔选得多么小,由(1)式求得的 $\bar{v}$ 都不能精确地反映落体在第 2 秒时的快慢程度,也就是说, $\bar{v}$ 不能作为动点在时刻 2 的瞬时速度的精确值.为了求得这个精确值,我们必须让 t 无限趋近 2,并考察相应的 $\bar{v}$ 在这个无限变化过程中的变化趋势.如果 $\bar{v}$ 无限接近于一个确定的常数,那么把这个数作为落体在 2 秒时的瞬时速度是十分合理的.用极限的语言表达就是:落体在 2 秒时的瞬时速度 v 定义为平均速度 $\bar{v}$ 当 t 趋近于 2 时的极限,记作

$$v = \lim_{t \to 2} \bar{v} = \lim_{t \to 2} \frac{s(t) - s(2)}{t - 2} = \lim_{t \to 2} \frac{\frac{1}{2}gt^2 - \frac{1}{2}g2^2}{t - 2} \left(= \lim_{t \to 2} \frac{1}{2}g(t + 2) \right).$$

运用极限的运算法则,可求得这个极限等于 $2g$,即自由落体在运动了 2 秒时的瞬时速度为 $2g$.

　　由此可见,对于瞬时速度,无论是为了理解它还是为了计算它,都必须考察函数在一个无限变化过程中的变化趋势,也就是说,必须依赖极限方法.

　　速度是路程关于时间的变化率,它反映了质点运动的快慢程度.工程技术中存在大量的变化率问题,如加速度(速度关于时间的变化率),功率(功关于时间的变化率),线密度(细棒的质量关于长度的变化率),电流(通过导线的电荷关于时间的变化率)等等,几何学中求曲线的切线斜率时,也会遇到类似于变化率的极限问题.将极限方法应用于解决变化率问题,是微积分的另一个重要分支——微分学产生的重要来源之一.对此我们将在第二章深入加以讨论.

　　我们指出,微分问题和积分问题表面上看来毫无关系,但实际上两者之间有着紧密的内在联系.17 世纪,主要由牛顿、莱布尼茨建立起来的微积分基本公式揭示:在一定条件下,微分问题和积分问题互为逆问题.从此,微分学和积分学形成了一个整体,成为一门统一的学科——微积分学.微积分创立之后便立即在天文学、物理学、力学及工程技术中获得广泛应用,成为科技领域中的有力工具.在数学内部,随着微积分理论的发展,也逐渐形成了一个庞大的数学系统,出现了许多重要的数学分支,如微分方程、微分几何、复变函数、变分法等.当今随着计算理论和计算机技术的不断发展,微积分进一步在自然科学、技术科学、生命科学、社会科学、管理科学等各个领域中获得了更加广泛的应用.

第二节 数列的极限

一、数列极限的定义

在上节的典型问题 1 中,我们把曲边三角形的面积作为一列多边形面积的极限,这是数列极限的一个实例。

先说明数列的概念.如果按照某个法则,每个 n $(n \in \mathbf{Z}^+)$ 对应于一个确定的实数 x_n,那么这些 x_n 按下标从小到大依次排成的一个序列

$$x_1, x_2, x_3, \cdots, x_n, \cdots,$$

就叫做数列(sequence),简记为 $(x_n)_{n=1}^{\infty}$[①],有时也简称为数列 x_n.

$(x_n)_{n=1}^{\infty}$

从以上说明看到,数列可以理解为定义域为正整数集 $\mathbf{Z}^+$ 的函数

$$x_n = f(n), n \in \mathbf{Z}^+,$$

当自变量依次取 $1, 2, 3, \cdots$ 等一切正整数时,对应的函数值就排成数列 $(x_n)_{n=1}^{\infty}$.

数列的第 n 个数叫做数列的第 n 项,也叫一般项,例如数列

(i) $1, \dfrac{1}{2}, \dfrac{1}{3}, \cdots, \dfrac{1}{n}, \cdots$,一般项 $x_n = \dfrac{1}{n}$;

(ii) $2, \dfrac{1}{2}, \dfrac{4}{3}, \cdots, 1 + \dfrac{(-1)^{n+1}}{n}, \cdots$,一般项 $x_n = 1 + \dfrac{(-1)^{n+1}}{n}$;

(iii) $1, -1, 1 \cdots, (-1)^{n+1}, \cdots$,一般项 $x_n = (-1)^{n+1}$.

数列可通过图形表示,通常有两种方法.一种方法是把数列中的项 x_1,$x_2, \cdots, x_n, \cdots$ 依次表示在数轴上.这时一般项 x_n 可看作数轴上的一个动点,随着 n 的变动,x_n 在数轴上移动.另一种方法,是在 xOy 面上依次标出点 $(n, f(n)), n = 1, 2, \cdots$,从而得到数列 $x_n = f(n)$ 的图形(称为点图).图 1-2 (a),(b)是数列(i)的两种几何表示.

关于数列,我们关心的主要问题是当 n 无限增大时,x_n 的变化趋势是怎样的? 特别地,x_n 是否无限地接近某个定数?

在中学里我们已经知道,对于一个数列 $(x_n)_{n=1}^{\infty}$,如果当 n 无限增大时,x_n 无限接近于一个定数 a,那么我们就称 $(x_n)_{n=1}^{\infty}$ 的极限是 a,并记作

$$\lim_{n \to \infty} x_n = a.$$

上面 3 个例子中,经观察易知,

---

① 有的教材中把数列记为 $\{x_n\}$,我们把数列记为 $(x_n)_{n=1}^{\infty}$ 是为了把数列与集合区分开来.

$$\lim_{n\to\infty}\frac{1}{n}=0,\ \lim_{n\to\infty}\left[1+\frac{(-1)^{n+1}}{n}\right]=1,$$

而数列 $x_n=(-1)^{n+1}$ 没有极限.

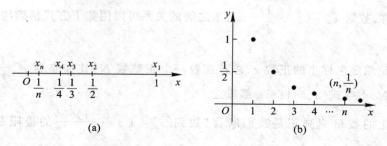

图 1-2

但是,光凭观察来判断极限很难做到准确.特别在进行理论推导时,以直觉作为推理依据是不可靠的.因此我们要寻求用精确的、定量化的数学语言来定义数列极限.

我们以刚才提到的数列 $x_n=1+\dfrac{(-1)^{n+1}}{n}$ 来进行分析,看看 x_n 与常数 1 之间存在着怎样的数量关系.

我们知道,两个数 a 与 b 之间的接近程度可以用这两个数之差的绝对值 $|b-a|$ 来度量(在数轴上 $|b-a|$ 表示点 a 与点 b 之间的距离),$|b-a|$ 越小,a 与 b 就越接近.

现在由于 $|x_n-1|=\dfrac{1}{n}$,因此随着 n 的不断增大,$|x_n-1|$ 可以无限地变小,从而 x_n 可无限地接近于 1.

例如,如果你要 $|x_n-1|<\dfrac{1}{10^2}$,那么只要 $n>100$,即从第 101 项起以后的一切项均能满足这个要求;如果你要 $|x_n-1|<\dfrac{1}{10^4}$,那么只要 $n>10\ 000$,即从第 10 001 项起以后的一切项均能满足这个要求;一般地,如果你要 $|x_n-1|<\dfrac{1}{10^k}$,那么只要 $n>10^k$,即从第 (10^k+1) 项起以后的一切项均能满足这个要求.

上面通过不等式进行的一系列验证证实了这样一个事实:不论你要 x_n 与 1 **多么接近**,只要 n 足够大(其大的程度由 x_n 与 1 的接近程度来确定),就可使 x_n 变得与 1 **那么接近**.换句话说,不论你要 $|x_n-1|$ 多么小,只要 n 足够大(其大的程度由 $|x_n-1|$ 的小的程度来确定),就可使 $|x_n-1|$ 变得那么小.这正是数列 $x_n=1+\dfrac{(-1)^{n+1}}{n}$ 与常数 1 之间存在着的数量关系.

为了使这个验证过程表达得更加一般，人们通常不用 $\dfrac{1}{10^k}$，而用希腊字母 ε 来刻画 x_n 与 1 的接近程度. 这里的 ε 表示任意给定的小正数（其小的程度没有限制）. 这样，数列 $x_n = 1 + \dfrac{(-1)^{n+1}}{n}$ 与 1 之间的关系可以用如下方式精确地刻画出来：

不论给定怎样小的正数 ε，总存在着一个正整数 $N\left(\text{比如取 } N = \left[\dfrac{1}{\varepsilon}\right]\right)$，只要 $n > N$，不等式 $|x_n - 1| < \varepsilon$ 都成立.

以上的数量刻画正是我们断言"数列 $x_n = 1 + \dfrac{(-1)^{n+1}}{n}$ 的极限是 1"的依据.

一般地，对于数列 $x_1, x_2, x_3, \cdots, x_n, \cdots$，我们给出如下定义：

定义　如果存在常数 a，使得对任意给定的正数 ε（不论它多么小），总存在正整数 N，只要 $n > N$，不等式

$$|x_n - a| < \varepsilon$$

都成立，那么称常数 a 是数列 $(x_n)_{n=1}^{\infty}$ 的极限（limit），或者称数列 $(x_n)_{n=1}^{\infty}$ 收敛于 a，记为

$$\lim_{n \to \infty} x_n = a,$$

或者

$$x_n \to a \quad (n \to \infty).$$

如果这样的常数 a 不存在，就说数列没有极限，或称数列发散. [1]

定义中的正数 ε 必须是任意给定的. 所谓任意给定，是指 ε 可以给得任意小，其小的程度没有限制. 只有这样，不等式 $|x_n - a| < \varepsilon$ 才能表达出"不论你要 x_n **多么接近于** a"的要求；定义中的序号 N 是依赖于 ε 的给定而确定的，它指出了一个位置，只要 n 增大的过程到达这一步以后，就有 $|x_n - a| < \varepsilon$，即实现了"x_n 那么接近于 a". 显然，N 并不是惟一确定的，假定对给定的某个 ε，N_1 满足要求，那么大于 N_1 的任何正整数 N 均满足要求.

为了表达简洁，引入记号"$\forall$"表示"对任意给定的"或"对每一个"，记号"$\exists$"表示"存在". 于是，"对任意给定的正数 ε"可写作"$\forall \varepsilon > 0$"，"存在正整数 N"可写作："$\exists$ 正整数 N"（或"$\exists N \in \mathbf{Z}^+$"）. 这样，数列极限 $\lim\limits_{n \to \infty} x_n = a$ 的定义可表达为：

如果 $\forall \varepsilon > 0$，$\exists$ 正整数 N，当 $n > N$ 时，总有 $|x_n - a| < \varepsilon$，则 $\lim\limits_{n \to \infty} x_n = a$.

在实数集 $\mathbf{R}$ 中，点 a 的 ε 邻域记作 $U(a, \varepsilon)$. 若点 x_n 满足不等式 $|x_n - a|$

---

① 为方便起见，"数列 x_n 没有极限"这句话习惯上也常表达为"极限 $\lim\limits_{n \to \infty} x_n$ 不存在."

$<\varepsilon$,说明 $x_n \in U(a,\varepsilon)$.因此按邻域概念,我们也可以这样表达数列极限的定义:

设 $a \in \mathbf{R}$,若 $\forall U(a,\varepsilon)$,$\exists N \in \mathbf{Z}^+$,当 $n > N$ 时,总有 $x_n \in U(a,\varepsilon)$,则称数列 $(x_n)_{n=1}^{\infty}$ 收敛于 a.

由于点 a 的 ε 邻域 $U(a,\varepsilon)$ 是开区间 $(a-\varepsilon, a+\varepsilon)$,因此"当 $n > N$ 时,总有 $x_n \in U(a,\varepsilon)$"的几何意义是当 $n > N$ 时,所有的点 x_n 全落在开区间 $(a-\varepsilon, a+\varepsilon)$ 内,而只有有限多个(最多 N 个)点在此区间之外(图 1-3).由此可得如下推论:

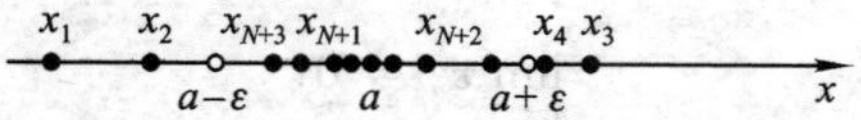

图 1-3

$|x_n - a| < M \cdot \dfrac{1}{n} < \varepsilon.$

推论　数列 $(x_n)_{n=1}^{\infty}$ **收敛于** a **的充分必要条件是,对** a **的任一** ε **邻域** $U(a,\varepsilon)$,**只有有限多项** $x_n \in U(a,\varepsilon)$.

下面举例说明极限的概念.

例 1　证明数列

$$2, \frac{1}{2}, \frac{4}{3}, \frac{3}{4}, \cdots, \frac{n + (-1)^{n-1}}{n}, \cdots$$

的极限是 1.

证　记 $x_n = \dfrac{n + (-1)^{n-1}}{n}$,$a = 1$,这时

$$|x_n - a| = \left| \frac{n + (-1)^{n-1}}{n} - 1 \right| = \frac{1}{n},$$

要使 $|x_n - a|$ 小于任意给定的正数 ε,只要

$$\frac{1}{n} < \varepsilon,\text{即 } n > \frac{1}{\varepsilon}.$$

由以上分析可知,

$\boxed{\forall \varepsilon > 0}$ 取 $N = \left[\dfrac{1}{\varepsilon} \right]$,则当 $n > N$ 时,总有

任意

$$\left| \frac{n + (-1)^{n-1}}{n} - 1 \right| = \frac{1}{n} < \varepsilon,$$

因此

$$\lim_{n \to \infty} \frac{n + (-1)^{n-1}}{n} = 1.$$

例 2　已知 $x_n = \dfrac{\sin n}{(n+1)^2}$,证明 $\lim\limits_{n \to \infty} x_n = 0$.

证　由于

$$\lvert x_n - a \rvert = \left\lvert \frac{\sin n}{(n+1)^2} - 0 \right\rvert = \frac{\lvert \sin n \rvert}{(n+1)^2}$$

$$\leqslant \frac{1}{(n+1)^2} < \frac{1}{n+1} < \frac{1}{n},$$

因此要使 $\lvert x_n - a \rvert < \varepsilon$，只要 n 满足充分条件 $\frac{1}{n} < \varepsilon$，即 $n > \frac{1}{\varepsilon}$，于是

$$\forall \varepsilon > 0, 取\ N = \left[\frac{1}{\varepsilon}\right], 则当\ n > N\ 时, 就有$$

$$\left\lvert \frac{\sin n}{(n+1)^2} - 0 \right\rvert < \frac{1}{n} < \varepsilon,$$

故

$$\lim_{n \to \infty} x_n = 0.$$

请注意，在利用定义证明数列的极限是某个数时，只要指出对任意给定的 ε，使不等式 $\lvert x_n - a \rvert < \varepsilon$ 成立的正整数 N 确实存在，并不需要找出使不等式成立的最小的 N 值．比如例 2 的论证分析中，有

$$\lvert x_n - a \rvert = \frac{\lvert \sin n \rvert}{(n+1)^2} \leqslant \frac{1}{(n+1)^2},$$

使 $\lvert x_n - a \rvert < \varepsilon$ 的充分条件也可以是 $\frac{1}{(n+1)^2} < \varepsilon$，即 $n > \sqrt{\frac{1}{\varepsilon}} - 1$．因此也可取 $N = \left[\sqrt{\frac{1}{\varepsilon}} - 1\right]$，不必追究 N 取 $\left[\frac{1}{\varepsilon}\right]$ 与 $\left[\sqrt{\frac{1}{\varepsilon}} - 1\right]$ 哪个好．

例 3　设 $\lvert q \rvert < 1$，证明数列

$$1, q, q^2, \cdots, q^{n-1}, \cdots,$$

的极限是 0.

证　$\forall \varepsilon > 0$（设 $\varepsilon < 1$）[①]，由于 $\lvert x_n - 0 \rvert = \lvert q^{n-1} - 0 \rvert = \lvert q \rvert^{n-1}$，故要使 $\lvert x_n - 0 \rvert < \varepsilon$，只要 $\lvert q \rvert^{n-1} < \varepsilon$，取自然对数，得

$$(n-1)\ln \lvert q \rvert < \ln \varepsilon,$$

它等价于

$$n > \frac{\ln \varepsilon}{\ln \lvert q \rvert} + 1.$$

通过以上分析可知：

$$\forall \varepsilon > 0, 取\ N = \left[\frac{\ln \varepsilon}{\ln \lvert q \rvert} + 1\right], 则当\ n > N\ 时, 就有\ \lvert q^{n-1} - 0 \rvert < \varepsilon,$$

即

---

①　由于在证明数列极限时，只需对充分小的正数 ε 找出满足条件的正整数 N 即可，故在本例中，为了保证下面求得的 N 为一正整数，我们可就小于 1 的任意正数 ε 来论证．

$$\lim_{n\to\infty} q^{n-1} = 0.$$

一般情况下,用定义只能验证某数是否为数列的极限,但不能用于求出数列的极限.以后我们将介绍极限的运算法则和求极限的若干方法.

二、数列极限的性质

先说明有界数列的概念,然后证明收敛数列必为有界数列.

对于数列 $(x_n)_{n=1}^{\infty}$,如果存在正数 M,使得对于一切 x_n 均成立不等式 $|x_n| \leqslant M$,则称数列 $(x_n)_{n=1}^{\infty}$ 是有界的;如果这样的正数不存在,就称数列 $(x_n)_{n=1}^{\infty}$ 是无界的.

例如数列 $x_n = 1 + \dfrac{(-1)^{n+1}}{n}$ $(n=1,2,\cdots)$ 是有界的.因为可取 $M=2$(或大于 2 的任何正数),而使不等式

$$\left| 1 + \frac{(-1)^{n+1}}{n} \right| \leqslant 2$$

对所有的正整数 n 都成立.

而数列 $x_n = e^n$ $(n=1,2,\cdots)$ 是无界的,因为当 n 无限增大时,e^n 可超过任何给定的正数.

从数轴上看,对应于有界数列的点 x_n 都落在闭区间 $[-M, M]$ 内.

定理 1(收敛数列的有界性)　　如果数列 $(x_n)_{n=1}^{\infty}$ 收敛,那么数列 $(x_n)_{n=1}^{\infty}$ 必定有界.

有界的

证　因为数列 $(x_n)_{n=1}^{\infty}$ 收敛,设 $\lim\limits_{n\to\infty} x_n = a$.根据数列极限的定义,对于 $\varepsilon = 1$,$\exists$ 正整数 N,当 $n > N$ 时,总有 $|x_n - a| < 1$.于是,当 $n > N$ 时,

$|A+B| \leqslant |A| + |B|$

$$|x_n| = |(x_n - a) + a| \leqslant |x_n - a| + |a| < 1 + |a|.$$

取 $M = \max\{|x_1|, |x_2|, \cdots, |x_N|, 1+|a|\}$(这个式子表示,$M$ 是 $|x_1|, |x_2|, \cdots, |x_N|, 1+|a|$ 这 $N+1$ 个数中最大的数),那么数列 $(x_n)_{n=1}^{\infty}$ 中的一切 x_n 都满足不等式

$$|x_n| \leqslant M.$$

这就证明了数列 $(x_n)_{n=1}^{\infty}$ 是有界的.

根据这个定理可知:无界数列必发散.但是要注意:有界数列未必是收敛的.例如数列

$$1, -1, 1, -1, \cdots, (-1)^{n+1}, \cdots$$

是有界的,但由于当 $n \to \infty$ 时,数列的一般项 $x_n = (-1)^{n+1}$ 反复不断地取得 1 和 -1 这两个数,而不趋于任何确定的常数,故此数列是发散的.由此可知,数列有界是数列收敛的必要条件,但不是充分条件.

定理 2(收敛数列的保号性)　　如果 $\lim\limits_{n\to\infty} x_n = a$,且 $a > 0$(或 $a < 0$),那么存

在正整数 N,当 $n > N$ 时,都有 $x_n > 0$(或 $x_n < 0$).

证   就 $a > 0$ 的情形证明,由数列极限的定义,对 $\varepsilon = \dfrac{a}{2} > 0$,$\exists$ 正整数 N,当 $n > N$ 时,有

$$|x_n - a| < \frac{a}{2},$$

从而

$$x_n > a - \frac{a}{2} = \frac{a}{2} > 0.$$

本定理说明,当下标 n 充分大后,数列中的项 x_n 保持极限 a 的符号,故称之为收敛数列的保号性.

以下推论是定理 2 的逆否命题,因而与定理 2 是等价的.

推论   如果数列 $(x_n)_{n=1}^{\infty}$ 从某项起有 $x_n \geqslant 0$(或 $x_n \leqslant 0$)且 $\lim\limits_{n \to \infty} x_n = a$,则 $a \geqslant 0$(或 $a \leqslant 0$)

下面介绍子数列的概念.

设

$$x_1, x_2, \cdots, x_n, \cdots$$

为一数列.如果从中选取无限多项,按下标从小到大排成一列,记作

$$x_{n_1}, x_{n_2}, \cdots, x_{n_k}, \cdots$$

那么就把此数列 $(x_{n_k})_{k=1}^{\infty}$ 称为数列 $(x_n)_{n=1}^{\infty}$ 的一个子数列(subsequence).

子数列的一般项 x_{n_k} 的下标 n_k 表示该项为原数列的第 n_k 项;而 k 则表示该项为子数列的第 k 项.显然 $n_k \geqslant k$,且当 $k \to \infty$ 时,n_k 也趋于 ∞.

例如,设数列的一般项

$$x_n = \frac{1}{n},$$

则它的偶数项组成的子数列的第 k 项 $x_{2k} = \dfrac{1}{2k}$($k = 1, 2, \cdots$),而它的奇数项组成的子数列的第 k 项 $x_{2k-1} = \dfrac{1}{2k-1}$($k = 1, 2, \cdots$).

定理 3(收敛数列与其子数列间的关系)   如果数列收敛,则它的任一子数列也收敛并且收敛于同一值.

证   设数列 $(x_{n_k})_{k=1}^{\infty}$ 是数列 $(x_n)_{n=1}^{\infty}$ 的一个子数列,$\lim\limits_{n \to \infty} x_n = a$.则由数列极限定义的推论可知,$\forall \varepsilon > 0$,在邻域 $\bigcup(a, \varepsilon)$ 外只有有限多项 x_n,因此也只有有限多项 x_{n_k}.再利用数列极限定义的推论即知

$$\lim_{k \to \infty} x_{n_k} = a.$$

由定理 3 可知,如果一个数列存在发散的子数列或者存在两个收敛于不同极限的子数列,则该数列必发散.例如前面提到的数列

$$1, -1, 1, -1, \cdots, (-1)^{n-1}, \cdots$$

的奇数项构成的子数列 $1, 1, \cdots, 1, \cdots$ 收敛于 1，而偶数项构成的子数列 $-1, -1$，$\cdots, -1, \cdots$ 收敛于 -1，故原数列 $x_n = (-1)^{n-1}$ 是发散的.

习题 1-2

1. 观察下列数列的变化趋势，判别哪些数列有极限. 如有极限，写出它们的极限：

(1) $x_n = \dfrac{1}{a^n}$ $(a > 1)$；

(2) $x_n = (-1)^{n-1} \dfrac{1}{n}$；

(3) $x_n = (-1)^n - \dfrac{1}{n}$；

(4) $x_n = \sin \dfrac{n\pi}{2}$；

(5) $x_n = \dfrac{n-1}{n+1}$；

(6) $x_n = 2^{(-1)^n}$；

(7) $x_n = \cos \dfrac{1}{n}$；

(8) $x_n = \ln \dfrac{1}{n}$.

2. 用数列极限的定义证明：

(1) $\lim\limits_{n \to \infty} \dfrac{n}{n^2 + 1} = 0$；

(2) $\lim\limits_{n \to \infty} \dfrac{3n + 2}{2n + 3} = \dfrac{3}{2}$；

(3) $\lim\limits_{n \to \infty} \dfrac{\sqrt{n^2 + 4}}{n} = 1$；

(4) $\lim\limits_{n \to \infty} \sin \dfrac{1}{n} = 0$.

3. 若 $\lim\limits_{n \to \infty} x_n = a$，证明 $\lim\limits_{n \to \infty} |x_n| = |a|$，并举例说明：如果数列 $|x_n|$ 有极限，数列 x_n 未必有极限.

4. 设数列 $(x_n)_{n=1}^{\infty}$ 有界，又 $\lim\limits_{n \to \infty} y_n = 0$，证明 $\lim\limits_{n \to \infty} x_n y_n = 0$.

5. 对于数列 $(x_n)_{n=1}^{\infty}$，若 $x_{2k-1} \to a$ $(k \to \infty)$，$x_{2k} \to a$ $(k \to \infty)$，证明：$x_n \to a$ $(n \to \infty)$.

第三节　函数的极限

　　数列作为定义在正整数集上的函数，它的自变量在数轴上不是连续变动的. 因此，数列反映的是一种"离散型"的无限变化过程. 但是很多实际问题中存在着"连续型"的变化过程，为了研究这类变化过程，就需要讨论函数的极限. 例如第一节中的典型问题 2 表明，我们需要研究一元函数 $f(x)$ 当自变量 x 在 x 轴上连续地变动而无限接近于 x_0，或者说 x 趋向于 x_0 时(记为 $x \to x_0$)，对应的函数值 $f(x)$ 的变化情况. 有些实际问题还要求讨论当自变量 x 的绝对值 $|x|$ 无限增大，或者说当 x 趋向于无穷大时(记为 $x \to \infty$)，对应的函数值 $f(x)$ 的变化情况. 总之，就是要研究在自变量的一定的变化过程中，对应的函数值的变化趋势问题. 在本节中我们将建立函数极限的定义，进而讨论函数极限的性质，以便在以后的理论推导和实际计算中加以应用.

一、函数极限的定义

1. 函数在有限点处的极限

以下我们均假设函数 $f(x)$ 在点 x_0 的某个去心邻域内有定义. 如果在变量 $x \to x_0 (x \neq x_0)$ 的过程中,对应的函数值 $f(x)$ 无限接近于确定的常数 A,就说当 $x \to x_0$ 时函数 $f(x)$ 的极限为 A,并记作 $\lim\limits_{x \to x_0} f(x) = A$. 这种类型的极限称为函数在有限点 x_0 处的极限.

例如,对函数 $f(x) = \dfrac{x^2 - 1}{x - 1}$,由于当 $x \neq 1$ 时,$f(x) = x + 1$,因此容易看出当 $x \to 1$ 时,$f(x)$ 无限接近于 2. 这就是说,当 $x \to 1$ 时,$f(x)$ 的极限是 2,即

$$\lim_{x \to 1} f(x) = 2.$$

但是,单凭观察得出函数的极限是不可靠的,特别在进行理论推导时,以直觉作为依据更是容易出错的. 因此与数列极限的情况相类似,有必要寻求精确的、定量化的数学语言来对函数的极限加以定义.

首先,x 与 x_0 的接近程度可用 x 与 x_0 之间的距离 $|x - x_0|$ 来刻画,而 $f(x)$ 与常数 A 的接近程度可用 $f(x)$ 与 A 的距离 $|f(x) - A|$ 来刻画. 其次,"当 $x \to x_0$ 时,$f(x)$ 无限接近于 A"这句话可表达为:"不论你要求 $f(x)$ 与 A **多么接近**,只要当 x 与 x_0 充分靠近以后(但 $x \neq x_0$),就能使 $f(x)$ 与 A 变得**那么接近**",换句话说,"不论你要求 $|f(x) - A|$ **多么小**,只要当 $|x - x_0|$ 充分小以后(但 $x \neq x_0$),$|f(x) - A|$ 就能变得**那么小**". 这最后一句话是可以用数学式子来精确刻画的.

我们引进一个任意给定的正数 ε(其小的程度没有限制),并用 $|f(x) - A| < \varepsilon$ 来表达 $f(x)$ 与 A 无限接近的意思;再引进一个正数 δ,并用 $|x - x_0| < \delta$ 来刻画 x 与 x_0 的接近程度. 于是,

"不论你要求 $|f(x) - A|$ 多么小"可表示为"对任意给定的正数 ε(不论它多么小),要使 $|f(x) - A| < \varepsilon$";

"只要当 $|x - x_0|$ 充分小以后(但 $x \neq x_0$)"可表示为"存在正数 δ,当 $0 < |x - x_0| < \delta$ 时";

"$|f(x) - A|$ 就能变得那么小"可表示为"所对应的 $f(x)$ 均满足 $|f(x) - A| < \varepsilon$".

由上面的说明就可得出函数 $f(x)$ 在有限点 x_0 处的极限的精确定义.

定义[①]　如果存在常数 A，使得对于任意给定的正数 ε（不论它多么小），总存在正数 δ，只要当 x 满足不等式 $0<|x-x_0|<\delta$ 时，对应的函数值 $f(x)$ 都满足

$$|f(x)-A|<\varepsilon,$$

那么常数 A 就称作函数 $f(x)$ 当 $x\to x_0$ 时的极限，简称 A 是 $f(x)$ 在 x_0 处的极限，记为

$$\lim_{x\to x_0}f(x)=A \quad \text{或者} \quad f(x)\to A（当 x\to x_0）.$$

如果这样的常数 A 不存在，就称当 $x\to x_0$ 时 $f(x)$ 的极限不存在[②].

要说明的是，我们在定义中限定 $|x-x_0|>0$，即 $x\neq x_0$，这是由于我们考察的是 $f(x)$ 当 x 无限接近 x_0 时的变化趋势，这种变化趋势与 $f(x)$ 在点 x_0 处是否有定义、有定义时 $f(x_0)$ 取什么值都没有关系，因此需把 x_0 排除在外.

类似于数列极限的定义，函数在 x_0 处的极限的定义也可借助记号“$\forall$”和“$\exists$”而简单地表述为：

如果 $\forall\varepsilon>0$，$\exists\delta>0$，当 $0<|x-x_0|<\delta$ 时，总有 $|f(x)-A|<\varepsilon$，则 $\lim\limits_{x\to x_0}f(x)=A$.

若用邻域的记号来表述上述极限定义，则为：

如果 $\forall\varepsilon>0$，$\exists\delta>0$，当 $x\in\mathring{U}(x_0,\delta)$ 时，总有

$$f(x)\in U(A,\varepsilon),$$

则 $\lim\limits_{x\to x_0}f(x)=A$.

极限 $\lim\limits_{x\to x_0}f(x)=A$ 在几何上的解释是：对任意给定的正数 ε，在直线 $y=A$ 的上、下方各作一直线 $y=A+\varepsilon$ 与 $y=A-\varepsilon$，则总有正数 δ，使得在区间 $(x_0-\delta,$

---

①　极限的精确定义是由柯西（A. L. Cauchy，1789—1857）和魏尔斯特拉斯（K. Weierstrass，1815—1897）等数学家首先给出的.

17 世纪微积分被发明之后，随即经历了 18 世纪的一段自由发展时期.伯努利兄弟和欧拉等一些大数学家急于发掘微积分的威力，他们大胆地应用这门学科中的美妙的新理论来解决各种问题，而并不在乎能否给出严格的证明.

然而到了 19 世纪，数学发展进入了一个讲究理论严格性的时期.很多数学家都重新探索微积分的基础，努力为这门学科建立一套严格的理论基础.站在这项行动前列的是法国数学家柯西.柯西原来是军队中的一名工程师，后来成为巴黎的一位数学教授.他采用了牛顿的极限思想，并把它进一步精确化.柯西关于极限的定义是这样的：“如果一个变量相继所取的值趋近于一个确定值，以至两者之间的差可以达到人们希望达到的任何小的程度，那么这个确定值就称为变量所取值的极限.”柯西在例题和证明中用到这个定义的时候，就已经明确采用了我们今天使用着的 $\delta-\varepsilon$ 不等式.他的证明经常是这样开头的：“以 δ 和 ε 表示两个非常小的数……”.这里的希腊字母 ε 与法语单词 erreur（误差）的第一个字母相对应.稍后，德国数学家魏尔斯特拉斯就把极限定义表述成我们现在采用的极限定义的样子.

②　为方便起见，“当 $x\to x_0$ 时，$f(x)$ 的极限不存在”这句话也常表达为“极限 $\lim\limits_{x\to x_0}f(x)$ 不存在”.

x_0)与$(x_0, x_0 + \delta)$内,函数 $f(x)$ 的图形全部落在这两条直线之间(图 1-4).

例1 证明下列极限:

(1) $\lim\limits_{x \to x_0} c = c$,其中 c 是常数;

(2) $\lim\limits_{x \to x_0} x = x_0$.

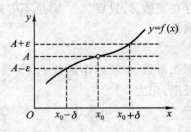

图 1-4

证 (1)这里 $|f(x) - A| = |c - c| = 0$.

因而

$\forall \varepsilon > 0$,可任取一正数 δ,则当 $0 < |x - x_0| < \delta$时,总有

$$|f(x) - A| = 0 < \varepsilon.$$

故

$$\lim\limits_{x \to x_0} c = c.$$

(2) 由于 $|f(x) - A| = |x - x_0|$,要使 $|f(x) - A| < \varepsilon$,只要 $|x - x_0| < \varepsilon$,因此可取 $\delta = \varepsilon$,这样

$\forall \varepsilon > 0$,取 $\delta = \varepsilon$,则当 $0 < |x - x_0| < \delta$ 时,总有

$$|f(x) - A| = |x - x_0| < \varepsilon,$$

故

$$\lim\limits_{x \to x_0} x = x_0.$$

例2 证明:$\lim\limits_{x \to -\frac{1}{2}} \dfrac{1 - 4x^2}{2x + 1} = 2$.

证 这里 $f(x) - A = \dfrac{1 - 4x^2}{2x + 1} - 2 = \dfrac{-4x^2 - 4x - 1}{2x + 1} = -\dfrac{(2x + 1)^2}{2x + 1}$,由于在

$x \to -\dfrac{1}{2}$的过程中,$x \neq -\dfrac{1}{2}$,即 $2x + 1 \neq 0$,于是有

$$f(x) - A = -(2x + 1) = -2\left(x + \frac{1}{2}\right).$$

因此要使 $|f(x) - A| < \varepsilon$,只要 $2\left|x + \dfrac{1}{2}\right| < \varepsilon$,即 $\left|x + \dfrac{1}{2}\right| < \dfrac{\varepsilon}{2}$.

由上分析,我们得出:

$\forall \varepsilon > 0$,取 $\delta = \dfrac{\varepsilon}{2}$,则当 $0 < \left|x - \left(-\dfrac{1}{2}\right)\right| < \delta$ 时,总有

$$\left|\frac{1 - 4x^2}{2x + 1} - 2\right| < \varepsilon,$$

故

$$\lim\limits_{x \to -\frac{1}{2}} \frac{1 - 4x^2}{2x + 1} = 2.$$

例3 证明:$\lim\limits_{x \to 0} \sin x = 0$.

证 这里 $|f(x) - A| = |\sin x - 0| = |\sin x| \leqslant |x|$(此不等式的证明可参见本章第五节),因此要使 $|f(x) - A| < \varepsilon$,只要 $|x| < \varepsilon$.由此分析可得出:

$\forall \varepsilon > 0$,取 $\delta = \varepsilon$,则当 $0 < |x - 0| < \delta$ 时,总有

$$|\sin x - 0| < \varepsilon,$$

故

$$\lim_{x \to 0} \sin x = 0.$$

例 4　设 $x_0 > 0$,证明 $\lim\limits_{x \to x_0} \sqrt{x} = \sqrt{x_0}$.

证　因为

$$|f(x) - A| = |\sqrt{x} - \sqrt{x_0}| = \frac{|x - x_0|}{\sqrt{x} + \sqrt{x_0}} < \frac{|x - x_0|}{\sqrt{x_0}},$$

所以要使 $|f(x) - A| < \varepsilon$,只要 $\dfrac{|x - x_0|}{\sqrt{x_0}} < \varepsilon$,即 $|x - x_0| < \varepsilon\sqrt{x_0}$.因此,

$\forall \varepsilon > 0$,可取 $\delta = \sqrt{x_0}\,\varepsilon$,则当 $\sqrt{x}$ 的定义域中的点 x 满足 $0 < |x - x_0| < \delta$ 时,总有

$$|\sqrt{x} - \sqrt{x_0}| < \varepsilon,$$

即证明了

$$\lim_{x \to x_0} \sqrt{x} = \sqrt{x_0}.$$

例 5　证明:$\lim\limits_{x \to 0} e^x = 1$.

证　这里 $|f(x) - A| = |e^x - 1|$,要使 $|f(x) - A| < \varepsilon$,即

$$1 - \varepsilon < e^x < 1 + \varepsilon,$$

只要

$$\ln(1 - \varepsilon) < x < \ln(1 + \varepsilon).$$

由于只需要对充分小的 ε 找出满足条件的 δ 即可,因此根据本例的需要我们可以就任意小于 1 的正数 ε 来论证.

$\forall \varepsilon (0 < \varepsilon < 1)$,取 $\delta = \min\{|\ln(1 - \varepsilon)|, \ln(1 + \varepsilon)\}$,则当 $0 < |x - 0| < \delta$ 时,就有

$$|e^x - 1| < \varepsilon,$$

故

$$\lim_{x \to 0} e^x = 1.$$

类似地可以证明:$\forall x_0 \in \mathbf{R}, \lim\limits_{x \to x_0} e^x = e^{x_0}$.

利用定义可以验证某数 A 是否是函数 $f(x)$ 在 x_0 处的极限.如同例 3、例 4、例 5 那样,我们可以证明下列重要结论:

　　幂函数、指数函数、对数函数、三角函数及反三角函数等基本初等函数,在其定义域内的每点处的极限都存在,并且等于函数在该点处的值.

为了讨论问题的需要,引进如下单侧极限的概念.

设函数 $f(x)$ 在 x_0 的某个左(右)邻域内有定义,如果存在常数 A,使得对于任意给定的正数 ε,总存在正数 δ,只要 x 满足

$$0 < x_0 - x < \delta \ (0 < x - x_0 < \delta),$$

对应的函数值 $f(x)$ 就满足

$$|f(x) - A| < \varepsilon,$$

那么数 A 叫做函数 $f(x)$ 在 x_0 处的左(右)极限(left(right)-hand limit).

左极限记为 $\quad\quad \lim\limits_{x \to x_0^-} f(x) \quad$ 或 $\quad f(x_0^-)$,

右极限记为 $\quad\quad \lim\limits_{x \to x_0^+} f(x) \quad$ 或 $\quad f(x_0^+)$.

容易证明:极限 $\lim\limits_{x \to x_0} f(x)$ 存在的充分必要条件是 $f(x)$ 在 x_0 处的左、右极限都存在并相等,即

$$f(x_0^-) = f(x_0^+).$$

由此可见,一个在 x_0 的去心邻域内有定义的函数 $f(x)$,如果 $f(x_0^-)$ 与 $f(x_0^+)$ 都存在,但是不相等,或者 $f(x_0^-)$ 与 $f(x_0^+)$ 中至少有一个不存在,那么就可断言 $f(x)$ 在 x_0 处没有极限.

例 6 函数

$$f(x) = \operatorname{sgn} x = \begin{cases} 1 & \text{当 } x > 0, \\ 0 & \text{当 } x = 0, \\ -1 & \text{当 } x < 0 \end{cases}$$

当 $x \to 0$ 时极限不存在.

由于 $\quad\quad\quad \lim\limits_{x \to 0^+} f(x) = \lim\limits_{x \to 0^+} 1 = 1,$

而 $\quad\quad\quad \lim\limits_{x \to 0^-} f(x) = \lim\limits_{x \to 0^-} (-1) = -1,$

因为 $\lim\limits_{x \to 0^+} f(x)$ 与 $\lim\limits_{x \to 0^-} f(x)$ 不相等,所以当 $x \to 0$ 时,$f(x)$ 的极限不存在(图 1-5).

2. 函数在无穷大处的极限

现在我们假设函数 $f(x)$ 当 $|x| > M$ 时(即 x 在 $(-\infty, -M) \cup (M, +\infty)$ 内,其中 M 为某一正数)有定义,如果当自变量 x 的绝对值无限增大时(记作 $x \to \infty$),对应的函数值 $f(x)$ 无限接近于确定的常数 A,那么 A 就叫做函数 $f(x)$

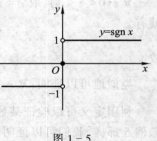

图 1-5

当 $x \to \infty$ 时的极限,简称为函数在无穷大处的极限.对此我们也用精确的数学语言给出严格的定义.

定义 如果存在常数 A,使得对于任意给定的正数 ε(不论它多么小),总存在正数 X,只要 x 满足 $|x| > X$,对应的函数值 $f(x)$ 就能满足

$$|f(x) - A| < \varepsilon,$$

那么常数 A 就叫做函数 $f(x)$ 当 $x \to \infty$ 时的极限,简称 A 是 $f(x)$ 在无穷大处的极限,记为

$$\lim_{x \to \infty} f(x) = A \quad \text{或者} \quad f(x) \to A \ (\text{当} \ x \to \infty).$$

如果这样的常数不存在,则称当 $x \to \infty$ 时, $f(x)$ 的极限不存在.

借助记号"$\forall$"和"$\exists$",函数在无穷大处的极限也可简单地表述为:如果 $\forall \varepsilon > 0$, $\exists X > 0$,当 $|x| > X$ 时,总有 $|f(x) - A| < \varepsilon$,则

$$\lim_{x \to \infty} f(x) = A.$$

如果 $x > 0$ 且无限增大(记为 $x \to +\infty$),那么只要将上述定义中的 $|x| > X$ 改为 $x > X$,就可得 $\lim\limits_{x \to +\infty} f(x) = A$ 的定义;同样,如果 $x < 0$ 且 $|x|$ 无限增大(记为 $x \to -\infty$),那么只要将上述定义中的 $|x| > X$ 改为 $x < -X$,就可得 $\lim\limits_{x \to -\infty} f(x) = A$ 的定义.

可以看到, $x \to +\infty$ 时 $f(x)$ 的极限定义与数列极限的定义是类似的,不同之处在于,这里的 $x > X$ 是指大于 X 的一切实数,而数列极限定义中的 $n > N$ 是指大于 N 的一切正整数;随之, $|f(x) - A| < \varepsilon$ 中的 $f(x)$ 是指相应的函数值,而 $|x_n - a| < \varepsilon$ 中的 x_n 是指相应的数列中的项.

极限 $\lim\limits_{x \to \infty} f(x) = A$ 在几何上的意义是:对任意给定的正数 ε,在直线 $y = A$ 的上、下方各作一直线 $y = A + \varepsilon$ 与 $y = A - \varepsilon$,则总有一个正数 X,使得在区间 $(-\infty, -X)$ 与 $(X, +\infty)$ 内,函数 $f(x)$ 的图形位于这两条直线之间(图 1-6).

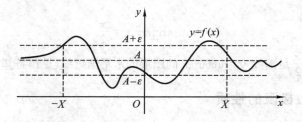

图 1-6

由以上这些定义,我们不难证明: $\lim\limits_{x \to \infty} f(x)$ **存在当且仅当** $\lim\limits_{x \to +\infty} f(x)$ **与** $\lim\limits_{x \to -\infty} f(x)$ **都存在且相等**.

以下结论在几何上是显然的:

> 如果 $\lim\limits_{x \to +\infty} f(x) = c$ 或者 $\lim\limits_{x \to -\infty} f(x) = c$,那么函数 $y = f(x)$ 的图形就有水平渐近线(horizontal asymptote) $y = c$.

例 7　证明：$\lim\limits_{x \to \infty} \dfrac{1}{x} = 0$.

证　这里 $|f(x) - A| = \left| \dfrac{1}{x} - 0 \right| = \dfrac{1}{|x|}$，要使 $|f(x) - A| < \varepsilon$，只要 $\dfrac{1}{|x|} < \varepsilon$，即 $|x| > \dfrac{1}{\varepsilon}$. 因而

$\forall\, \varepsilon > 0$，取 $X = \dfrac{1}{\varepsilon}$，则当 $|x| > X$ 时，就有

$$\left| \dfrac{1}{x} - 0 \right| < \varepsilon,$$

故

$$\lim\limits_{x \to \infty} \dfrac{1}{x} = 0.$$

直线 $y = 0$ 是函数 $y = \dfrac{1}{x}$ 的图形的水平渐近线.

例 8　证明：$\lim\limits_{x \to +\infty} \arctan x = \dfrac{\pi}{2}$.

证　这里 $|f(x) - A| = \left| \arctan x - \dfrac{\pi}{2} \right| = \dfrac{\pi}{2} - \arctan x$，要使 $|f(x) - A| < \varepsilon$，只要 $\dfrac{\pi}{2} - \arctan x < \varepsilon$，即 $\arctan x > \dfrac{\pi}{2} - \varepsilon$，也就是 $x > \tan\left(\dfrac{\pi}{2} - \varepsilon \right)$. 因此

$\forall\, \varepsilon > 0$（设 $\varepsilon < \dfrac{\pi}{2}$），取 $X = \tan\left(\dfrac{\pi}{2} - \varepsilon \right)$，则当 $x > X$ 时，就有

$$\left| \arctan x - \dfrac{\pi}{2} \right| < \varepsilon,$$

故

$$\lim\limits_{x \to +\infty} \arctan x = \dfrac{\pi}{2}.$$

直线 $y = \dfrac{\pi}{2}$ 是函数 $y = \arctan x$ 的图形的水平渐近线（见预备知识的图 11）.

二、函数极限的性质

由于数列 $(x_n)_{n=1}^{\infty}$ 可看作是定义在正整数集合上的函数 $x_n = f(n)$，因此数列的极限可看作是一类特殊的函数的极限，即函数 $f(n)$ 当 $n \to \infty$ 时的极限（$n \in \mathbf{Z}^+$）. 于是可以想到，与第二节讨论过的收敛数列的性质相比照，可以得出函数极限的一些相应的性质.

定理 1（有极限的函数的局部有界性）　如果极限 $\lim\limits_{x \to x_0} f(x)$ 存在，那么在点 x_0 的某个去心邻域内，函数 $f(x)$ 有界.

证　记 $\lim\limits_{x \to x_0} f(x) = A$. 由定义，对于 $\varepsilon = 1$，存在 $\delta > 0$，当 $x \in \mathring{U}(x_0, \delta)$ 时，就有

$$|f(x) - A| < 1,$$

于是

$$|f(x)| = |f(x) - A + A| \leqslant |f(x) - A| + |A| < 1 + |A|,$$

这就是说,在 $\overset{\circ}{U}(x_0, \delta)$ 内,$f(x)$ 有界.

类似地可以证明:**如果 $\lim\limits_{x \to \infty} f(x)$ 存在,那么必存在 $X > 0$,使得 $f(x)$ 在无穷区间 $(X, +\infty)$ 和 $(-\infty, -X)$ 内均是有界的.**

定理 2(有极限的函数的局部保号性)　　**如果 $\lim\limits_{x \to x_0} f(x) = A$,且 $A > 0$(或 $A < 0$),那么在点 x_0 的某个去心邻域内,$f(x) > 0$(或 $f(x) < 0$).**

证　若 $A > 0$,就取 $\varepsilon = \dfrac{A}{2}$,则相应地存在 $\delta > 0$,在 $\overset{\circ}{U}(x_0, \delta)$ 内,

$$f(x) > A - \varepsilon = A - \frac{A}{2} = \frac{A}{2} > 0.$$

若 $A < 0$,则可取 $\varepsilon = \dfrac{|A|}{2}$,相应地存在 $\delta > 0$,在 $\overset{\circ}{U}(x_0, \delta)$ 内,

$$f(x) < A + \varepsilon = A + \frac{|A|}{2} = A - \frac{A}{2} < 0.$$

类似地可以证明:

如果 $\lim\limits_{x \to \infty} f(x) = A$,且 $A > 0$(或 $A < 0$),则存在 $X > 0$,使得在无穷区间 $(-\infty, -X)$ 和 $(X, +\infty)$ 内,$f(x) > 0$(或 $f(x) < 0$).

定理 2 的直接推论是:

推论　**若在 x_0 的某去心邻域内函数 $f(x) \geqslant 0$ ($\leqslant 0$)且 $\lim\limits_{x \to x_0} f(x) = A$,则 $A \geqslant 0$ ($\leqslant 0$).**

读者可自己写出这条推论在函数极限 $\lim\limits_{x \to \infty} f(x)$ 情况下的表述形式.

定理 3(函数极限与数列极限的关系)　　**设极限 $\lim\limits_{x \to x_0} f(x)$ 存在,又设 $(x_n)_{n=1}^{\infty}$ 是函数 $f(x)$ 的定义域中的这样一个数列,它满足:$x_n \neq x_0$ ($n = 1, 2, \cdots$)且 $\lim\limits_{n \to \infty} x_n = x_0$,那么相应的函数值数列 $(f(x_n))_{n=1}^{\infty}$ 收敛,且 $\lim\limits_{n \to \infty} f(x_n) = \lim\limits_{x \to x_0} f(x)$.**

证　记 $\lim\limits_{x \to x_0} f(x) = A$,则对 A 的任一邻域 $U(A, \varepsilon)$,必存在 x_0 的某个去心 δ 邻域 $\overset{\circ}{U}(x_0, \delta)$,使得当 $x \in \overset{\circ}{U}(x_0, \delta)$ 时,总有 $f(x) \in U(A, \varepsilon)$.

由于 $\lim\limits_{n \to \infty} x_n = x_0$,故在 $\overset{\circ}{U}(x_0, \delta)$ 外,只有有限多项 x_n,从而在 $U(A, \varepsilon)$ 外也只可能有有限多项 $f(x_n)$. 于是由数列极限定义的推论可知:

$$\lim_{n \to \infty} f(x_n) = A = \lim_{x \to x_0} f(x).$$

从定理 3 可知,如果存在一个趋于 x_0 且各项均异于 x_0 的数列 $(x_n)_{n=1}^{\infty}$,使得对应的函数值数列 $(f(x_n))_{n=1}^{\infty}$ 发散;或者存在两个趋于 x_0 且各项均异于 x_0 的数列 $(x_n)_{n=1}^{\infty}$ 和 $(x_n')_{n=1}^{\infty}$,使得对应的函数值数列 $(f(x_n))_{n=1}^{\infty}$ 和 $(f(x_n'))_{n=1}^{\infty}$

都收敛但极限不相等,那么当 $x \to x_0$ 时,$f(x)$ 的极限不存在.

例 9 证明:当 $x \to 0$ 时,$\sin \dfrac{\pi}{x}$ 没有极限.

证 取两个收敛于 0 的数列,其中一个是 $x_n = \dfrac{1}{n}$,另一个是 $x_n' = \dfrac{1}{2n + \dfrac{1}{2}}$,

$n = 1, 2, 3, \cdots$,它们对应的函数值数列分别有极限

$$\lim_{n \to \infty} \sin \frac{\pi}{x_n} = \lim_{n \to \infty} \sin n\pi = 0,$$

和

$$\lim_{n \to \infty} \sin \frac{\pi}{x_n'} = \lim_{n \to \infty} \sin \left(2n + \frac{1}{2}\right)\pi = 1.$$

根据定理 3 推知,当 $x \to 0$ 时 $\sin \dfrac{\pi}{x}$ 不存在极限.图 1-7(a) 是函数 $y = \sin \dfrac{\pi}{x}$ 的图形,从中可以看到,当 x 无限接近 0 时,对应的函数值在 -1 与 1 之间无限次地往复变动,这从几何上说明了上述结论.

我们对图 1-7(a) 作一点说明.由于在 $x = 0$ 的邻近,函数 $y = \sin \dfrac{\pi}{x}$ 的图形上的点十分密集,故计算机无法将这些点连接成明晰的曲线.遇到这种情况,人们一般用手描的方法画出曲线的示意图,如图 1-7(b) 所示.

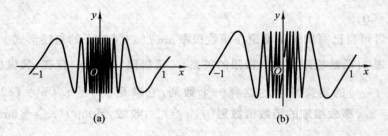

图 1-7

习题 1-3

1. 观察下列函数在自变量的给定变化趋势下是否有极限,如有极限,写出它们的极限:

(1) $x \sin \dfrac{1}{x}$ $(x \to 0)$;　　　　(2) $\sin x + 1$ $(x \to +\infty)$;

(3) $\arctan x$ $(x \to +\infty)$;　　　　(4) $\dfrac{x}{x-1}$ $(x \to 1)$.

2. 用函数极限的定义证明:

(1) $\lim\limits_{x\to2}(2x-1)=3$;　　　　(2) $\lim\limits_{x\to2}\dfrac{x^2-4}{x-2}=4$;

(3) $\lim\limits_{x\to\infty}\dfrac{x^2+1}{2x^2}=\dfrac{1}{2}$;　　　　(4) $\lim\limits_{x\to+\infty}\dfrac{\sin x^2}{\sqrt{x}}=0$.

3. 证明：$\lim\limits_{x\to x_0}f(x)$ 存在的充分必要条件是 $f(x)$ 在 x_0 处的左、右极限都存在并且相等.

4. 求函数 $f(x)=\dfrac{x}{x}$、$\varphi(x)=\dfrac{|x|}{x}$ 当 $x\to0$ 时的左、右极限，并说明它们在 $x\to0$ 时的极限是否存在.

5. 如果函数 $f(x)$ 当 $x\to x_0$ 时极限为 A，证明 $\lim\limits_{x\to x_0}|f(x)|=|A|$；并举例说明：如果当 $x\to x_0$ 时 $|f(x)|$ 有极限，$f(x)$ 未必有极限.

6. 证明：$\lim\limits_{x\to1}\ln x=0$.

7. 证明：当 $x\to+\infty$ 时，$\sin\sqrt{x}$ 没有极限.

第四节　极限的运算法则

在这一节里，我们将介绍极限的四则运算法则和复合函数的极限运算法则. 利用这些法则，在上一节用极限定义直接验证的一些简单极限的基础上，可以求出一些比较复杂的函数的极限. 作为讨论极限运算法则的基础，我们先介绍在理论上和应用上都极为重要的无穷小及其性质.

一、无穷小与无穷大

1. 无穷小

在极限理论中，以零为极限的函数扮演着十分重要的角色，我们先对这类函数进行讨论.

定义　如果当 $x\to x_0$(或 $x\to\infty$)时函数 $\alpha(x)$ 的极限为零，那么 $\alpha(x)$ 叫做 $x\to x_0$(或 $x\to\infty$)时的<u>无穷小</u>(infinitesimal).

以 0 为极限的数列 $(x_n)_{n=1}^{\infty}$ 也称为 $n\to\infty$ 时的无穷小.

例如，因为 $\lim\limits_{x\to1}(\sqrt{x}-1)=0$，故函数 $\sqrt{x}-1$ 是 $x\to1$ 时的无穷小；因为 $\lim\limits_{x\to+\infty}\dfrac{1}{x}=0$，故函数 $\dfrac{1}{x}$ 是 $x\to+\infty$ 时的无穷小；因为 $\lim\limits_{n\to\infty}\dfrac{\sin n}{(n+1)^2}=0$，故 $\dfrac{\sin n}{(n+1)^2}$ 是 $n\to\infty$ 时的无穷小.

注意，无穷小是一个以零为极限的函数，除常数零可作为无穷小外，其他任何非零常数，即使其绝对值很小(例如百万分之一)，都不是无穷小.

关于无穷小与函数极限的关系，我们有下面的引理.

引理　在自变量的同一变化过程中，函数 $f(x)$ 有极限 A 的充分必要条件

是 $f(x) = A + \alpha$，**其中 α 是无穷小**.

证　以自变量 $x \to x_0$ 的情形为例证明，$x \to \infty$ 的情形可类似地证明.

设 $\lim\limits_{x \to x_0} f(x) = A$，则对于任意给定的正数 ε，总存在正数 δ，使得当
$0 < |x - x_0| < \delta$ 时，有

$$|f(x) - A| < \varepsilon.$$

令 $\alpha = f(x) - A$，则 α 是 $x \to x_0$ 时的无穷小，且

$$f(x) = A + \alpha.$$

反之，设 α 是 $x \to x_0$ 时的无穷小，A 是常数且 $f(x) = A + \alpha$.则由无穷小的定义，对任意给定的正数 $\varepsilon > 0$，存在正数 δ，当 $0 < |x - x_0| < \delta$ 时，总有

$$|\alpha| < \varepsilon,$$

即

$$|f(x) - A| < \varepsilon.$$

这说明当 $x \to x_0$ 时，$f(x)$ 以 A 为极限.

这个引理表明，对函数极限的讨论，可以转化到对无穷小的讨论上来，这为证明极限的四则运算法则带来方便.

无穷小有如下性质：

定理 1　**(1)有限个无穷小之和是无穷小**.

(2)有界函数与无穷小之积是无穷小.

证　我们仅以自变量 $x \to x_0$ 时的情形来证明定理.

(1) 只需证两个无穷小之和是无穷小就足够了（想一想为什么）.设函数 α，β 是 $x \to x_0$ 时的两个无穷小.对任意给定的 $\varepsilon > 0$，因 $\lim\limits_{x \to x_0} \alpha = 0$，故存在 $\delta_1 > 0$，当 $x \in \mathring{U}(x_0, \delta_1)$ 时，有

$$|\alpha| < \frac{\varepsilon}{2}.$$

又因 $\lim\limits_{x \to x_0} \beta = 0$，故存在 $\delta_2 > 0$，当 $x \in \mathring{U}(x_0, \delta_2)$ 时，有

$$|\beta| < \frac{\varepsilon}{2}.$$

取 $\delta = \min\{\delta_1, \delta_2\}$，则当 $x \in \mathring{U}(x_0, \delta)$ 时，$|\alpha| < \frac{\varepsilon}{2}$，$|\beta| < \frac{\varepsilon}{2}$ 同时成立，从而

$$|\alpha + \beta| \leqslant |\alpha| + |\beta| < \frac{\varepsilon}{2} + \frac{\varepsilon}{2} = \varepsilon,$$

这说明 $\lim\limits_{x \to x_0} (\alpha + \beta) = 0$，即 $\alpha + \beta$ 是 $x \to x_0$ 时的无穷小.

(2) 设函数 $u = u(x)$ 在 $\mathring{U}(x_0, r)$ 内有界，即存在正数 M 使得 $|u| \leqslant M$ 对一切 $x \in \mathring{U}(x_0, r)$ 成立；又设 α 是 $x \to x_0$ 时的无穷小，即对任意给定的 $\varepsilon > 0$，

存在 $\delta_1 > 0$，当 $x \in \overset{\circ}{U}(x_0, \delta_1)$ 时，有

$$|\alpha| < \frac{\varepsilon}{M},$$

取 $\delta = \min\{\delta_1, r\}$，则当 $x \in \overset{\circ}{U}(x_0, \delta)$ 时，$|u| \leqslant M$ 与 $|\alpha| < \dfrac{\varepsilon}{M}$ 同时成立，从而

$$|u \cdot \alpha| = |u| \cdot |\alpha| < M \cdot \frac{\varepsilon}{M} = \varepsilon.$$

这说明 $\lim\limits_{x \to x_0} (u \cdot \alpha) = 0$，即 $u \cdot \alpha$ 是 $x \to x_0$ 时的无穷小.

推论 **(1)常数与无穷小之积是无穷小.**

(2)有限个无穷小之积是无穷小.

例 1 求极限 $\lim\limits_{x \to 0} \left(x \sin \dfrac{1}{x} \right)$.

解 由于 $\left| \sin \dfrac{1}{x} \right| \leqslant 1 (x \neq 0)$，故 $\sin \dfrac{1}{x}$ 在 $x = 0$ 的任一去心邻域内是有界的. 而函数 x 当 $x \to 0$ 时是无穷小，由定理 1 的(2)可知，函数 $x \sin \dfrac{1}{x}$ 是 $x \to 0$ 时的无穷小，即

$$\lim_{x \to 0} \left(x \sin \frac{1}{x} \right) = 0.$$

图 1-8 是函数 $y = x \sin \dfrac{1}{x}$ 的图形，从中可见 x 无限接近于 0 时，对应的函数值虽然交替变化地取正负值，但是无限地接近于 0.

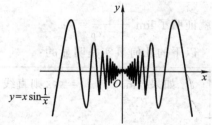

图 1-8

2. 无穷大

如果当 $x \to x_0$(或 $x \to \infty$)时，对应的函数值的绝对值 $|f(x)|$ 无限增大，就说 $f(x)$ 当 $x \to x_0$(或 $x \to \infty$)时是无穷大，其严格定义是

定义 如果对任意给定的正数 M(不论它有多么大)，总存在正数 δ(或正数 X)，使得当定义域中的 x 满足不等式 $0 < |x - x_0| < \delta$(或 $|x| > X$)时，对应的函数值 $f(x)$ 满足不等式

$$|f(x)| > M,$$

就称函数 $f(x)$ 是当 $x \to x_0$($x \to \infty$)时的无穷大(infinity)，并记为

$$\lim_{x \to x_0} f(x) = \infty \quad (\text{或} \lim_{x \to \infty} f(x) = \infty).$$

如果在无穷大的定义中把 $|f(x)| > M$ 换成 $f(x) > M$(或 $f(x) < -M$)，则上式就改记为

$$\lim_{\substack{x \to x_0 \\ (x \to \infty)}} f(x) = +\infty \ (\text{或} \lim_{\substack{x \to x_0 \\ (x \to \infty)}} f(x) = -\infty).$$

注意,这里 $\lim\limits_{\substack{x \to x_0 \\ (x \to \infty)}} f(x) = \infty$ 只是借用极限记号来表述函数的绝对值无限增大的变化趋势,尽管我们也可说"函数的极限是无穷大",但这并不意味着函数 $f(x)$ 存在极限.

同时注意,无穷大(∞)不是一个数,不可把它与很大的数混为一谈.此外,无穷大与无界量是不同的.比如数列 $1,0,2,0,\cdots,n,0,\cdots$ 是无界的,但不是 $n \to \infty$ 时的无穷大.

例 2 证明 $\lim\limits_{x \to x_0} \dfrac{1}{x - x_0} = \infty$.

证 任意给定一个(不论多么大的)正数 M,要使得 $f(x) = \left| \dfrac{1}{x - x_0} \right| > M$,只要

$$|x - x_0| < \frac{1}{M},$$

故取 $\delta = \dfrac{1}{M}$,则当 $0 < |x - x_0| < \delta$ 时,就有

$$\left| \frac{1}{x - x_0} \right| > M,$$

这就证明了 $\lim\limits_{x \to x_0} \dfrac{1}{x - x_0} = \infty$.

以下的几何事实是明显的:

> 如果 $\lim\limits_{\substack{x \to x_0^+ \\ (x \to x_0^-)}} f(x) = \infty$,则直线 $x = x_0$ 是函数 $y = f(x)$ 的图形的<u>铅直渐近线</u>(vertical asymptote).

图 1-9 中直线 $x = x_0$ 是函数 $y = \dfrac{1}{x - x_0}$ 的图形的铅直渐近线.

利用定义,容易证明下面的推论,它给出了无穷大和无穷小的关系.

推论 在自变量的同一变化过程中,

(1) 若 $f(x)$ 是无穷大,则 $\dfrac{1}{f(x)}$ 是无穷小;

(2) 若 $f(x)$ 是无穷小且 $f(x) \neq 0$,则 $\dfrac{1}{f(x)}$

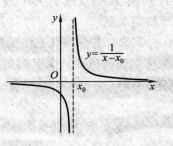

图 1-9

是无穷大.

证明留作习题.

我们指出,在自变量的同一变化过程中,两个无穷大的和、差与商是没有确定结果的,须具体问题具体考虑.

二、极限的运算法则

以下把自变量 x 的某个变化过程中的极限,如 $x \to x_0$(包括 $x \to x_0^+$ 或 $x \to x_0^-$),$x \to \infty$(包括 $x \to +\infty$ 或 $x \to -\infty$)等,一律简记为 $\lim$.在同一命题中,考虑的是 x 的同一变化过程.所证得的结果适用于 x 的任一变化过程的极限.

定理 2　设 $\lim f(x) = A$,$\lim g(x) = B$,那么

(1) $\lim[f(x) \pm g(x)] = A \pm B = \lim f(x) \pm \lim g(x)$;

(2) $\lim[f(x)g(x)] = AB = \lim f(x) \cdot \lim g(x)$;

(3) **若** $B \neq 0$,**则有**

$$\lim \frac{f(x)}{g(x)} = \frac{A}{B} = \frac{\lim f(x)}{\lim g(x)}.$$

证　因为 $\lim f(x) = A$,$\lim g(x) = B$.由引理知

$$f(x) = A + \alpha, \quad g(x) = B + \beta,$$

其中 α 与 β 是无穷小.于是

(1) $f(x) \pm g(x) = (A + \alpha) \pm (B + \beta)$

$$= (A \pm B) + (\alpha \pm \beta) \ (记 \ \gamma = \alpha \pm \beta)$$

$$= (A \pm B) + \gamma.$$

从定理 1 的(1)知 $\gamma = \alpha \pm \beta$ 是无穷小,可见函数 $f(x) \pm g(x)$ 是数 $A \pm B$ 与一个无穷小之和,由引理便得

$$\lim[f(x) \pm g(x)] = A \pm B.$$

(2) $f(x)g(x) = (A + \alpha)(B + \beta) = AB + (A\beta + B\alpha + \alpha\beta)$.

从定理 1 的推论及定理 1 的(1)得知 $(A\beta + B\alpha + \alpha\beta)$ 是一个无穷小.于是由引理便得

$$\lim[f(x)g(x)] = AB.$$

(3) 利用(2),为了证明(3),只需证明

$$\lim \frac{1}{g(x)} = \frac{1}{B} = \frac{1}{\lim g(x)}.$$

我们仍以 $x \to x_0$ 时的情况加以证明,$x \to \infty$ 的情形可类似地证明.现设 $\lim g(x) = B \neq 0$.根据有极限的函数的局部保号性(第三节定理 2)可知,在 x_0 的某个邻域内,$g(x) \neq 0$,从而函数 $\frac{1}{g(x)}$ 是有意义的.由于

$$\frac{1}{g(x)} = \frac{1}{B+\beta} = \frac{1}{B} - \frac{\beta}{(B+\beta)B},$$

其中 β 是 $x \to x_0$ 时的无穷小,要证明 $\lim \dfrac{1}{g(x)} = \dfrac{1}{B}$,根据引理,只要证明

$\gamma = \dfrac{\beta}{(B+\beta)B}$ 是无穷小.

根据定理 1 的(2),要证明 γ 是无穷小,只要证明在 x_0 的某个邻域内,因子

$\dfrac{1}{(B+\beta)B}$ 是一个有界函数即可.因为 $\lim\limits_{x \to x_0}\beta = 0$,又 $B \neq 0$,故对于 $\varepsilon = \dfrac{|B|}{2}$,存在

$\delta > 0$,当 $x \in \mathring{U}(x_0, \delta)$ 时,有 $|\beta| < \varepsilon = \dfrac{|B|}{2}$.于是在 $\mathring{U}(x_0, \delta)$ 内

$$|B+\beta| \geqslant |B| - |\beta| > |B| - \frac{|B|}{2} = \frac{|B|}{2},$$

因此

$$\left| \frac{1}{(B+\beta)B} \right| = \frac{1}{|B+\beta||B|} < \frac{1}{\dfrac{|B|}{2}|B|} = \frac{2}{|B|^2},$$

这说明在 $\mathring{U}(x_0, \delta)$ 内,$\dfrac{1}{(B+\beta)B}$ 是有界函数.定理证毕.

定理 2 就是极限的四则运算法则.综合其中的(1)和(2),可得推论:

推论　如果 $\lim f(x) = A$,$\lim g(x) = B$,λ,μ 是两个常数,那么

$$\lim[\lambda f(x) + \mu g(x)] = \lambda A + \mu B = \lambda \lim f(x) + \mu \lim g(x).$$

这个推论称为极限运算的**线性性质**.

以上的运算法则还可以推广到有限个函数的情形:设 $\lim f_i(x) = A_i$,$i = 1$, $2, \cdots, n$,那么对常数 $k_i \in \mathbf{R}$,$i = 1, 2, \cdots, n$,有

$$\lim[k_1 f_1(x) + k_2 f_2(x) + \cdots + k_n f_n(x)] = k_1 A_1 + k_2 A_2 + \cdots + k_n A_n,$$

$$\lim[f_1(x) f_2(x) \cdots f_n(x)] = A_1 A_2 \cdots A_n.$$

我们指出,定理 2 及其推论对数列极限也是适用的.

例 3　证明极限的下列性质:若在 $\mathring{U}(x_0, \delta)$ 内,$f(x) \geqslant g(x)$,且 $\lim\limits_{x \to x_0} f(x) = a$,$\lim\limits_{x \to x_0} g(x) = b$,则 $a \geqslant b$.

证　令 $F(x) = f(x) - g(x)$,则在 $\mathring{U}(x_0, \delta)$ 内,有 $F(x) \geqslant 0$.由定理 2 得

$$\lim_{x \to x_0} F(x) = \lim_{x \to x_0} f(x) - \lim_{x \to x_0} g(x) = a - b.$$

又由第三节定理 2 的推论知 $\lim\limits_{x \to x_0} F(x) \geqslant 0$.从而 $a - b \geqslant 0$,即 $a \geqslant b$.

例 4　求下列多项式(polynomial)的极限

$\lim\limits_{x\to x_0}(a_0x^n+a_1x^{n-1}+\cdots+a_n)$（其中 $a_0,a_1,\cdots,a_n$ 为常数）.

解
$$\begin{aligned}&\lim_{x\to x_0}(a_0x^n+a_1x^{n-1}+\cdots+a_n)\\&=a_0\lim_{x\to x_0}x^n+a_1\lim_{x\to x_0}x^{n-1}+\cdots+a_n\\&=a_0(\lim_{x\to x_0}x)^n+a_1(\lim_{x\to x_0}x)^{n-1}+\cdots+a_n\\&=a_0x_0^n+a_1x_0^{n-1}+\cdots+a_n.\end{aligned}$$

从例 4 可见，求多项式 $P(x)$ 在 $x\to x_0$ 时的极限，只要把 x_0 代替多项式中的 x 就行，即 $\lim\limits_{x\to x_0}P(x)=P(x_0)$. 而对有理分式函数 $\dfrac{P(x)}{Q(x)}$（其中 $P(x)$，$Q(x)$ 为多项式），当分母 $Q(x_0)\neq0$ 时，依定理 2(3)就有

$$\lim_{x\to x_0}\frac{P(x)}{Q(x)}=\frac{\lim\limits_{x\to x_0}P(x)}{\lim\limits_{x\to x_0}Q(x)}=\frac{P(x_0)}{Q(x_0)}.$$

就是说，当分母在 x_0 处不为零时，有理分式函数当 $x\to x_0$ 时的极限就等于该函数在 $x=x_0$ 处的函数值. 但需注意，当分母在 x_0 处为零时，关于商的极限的运算法则不能应用，需要采用另外的方法加以处理.

例 5　求 $\lim\limits_{x\to1}\dfrac{x^2-2}{x^2-x+1}$.

解　$\lim\limits_{x\to1}\dfrac{x^2-2}{x^2-x+1}=\dfrac{1^2-2}{1^2-1+1}=-1$.

图 1－10 是函数 $y=\dfrac{x^2-2}{x^2-x+1}$ 的图形.

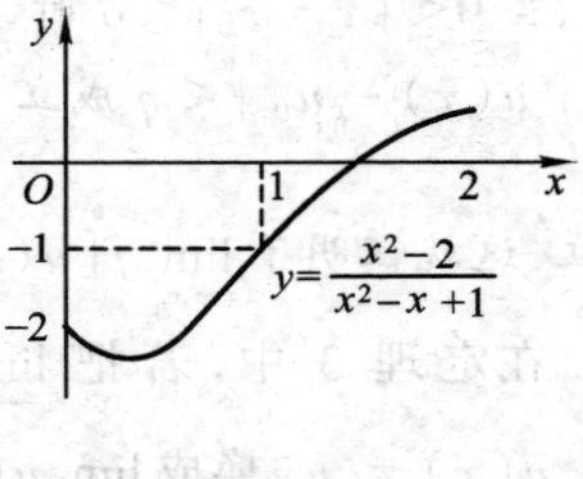

图 1－10

例 6　求 $\lim\limits_{x\to a}\dfrac{(x-a)^2}{x^2-a^2}(a\neq0)$.

解

$$\frac{(x-a)^2}{x^2-a^2}=\frac{(x-a)^2}{(x-a)(x+a)},$$

消去公因子 $x-a$，得

$$\lim_{x\to a}\frac{(x-a)^2}{x^2-a^2}=\lim_{x\to a}\frac{x-a}{x+a}=\frac{0}{2a}=0.$$

例 7　求 $\lim\limits_{x\to\infty}\dfrac{4x^3+3x^2+2}{7x^3+5x^2+2x+1}$.

解　$\lim\limits_{x\to\infty}\dfrac{4x^3+3x^2+2}{7x^3+5x^2+2x+1}=\lim\limits_{x\to\infty}\dfrac{4+\dfrac{3}{x}+\dfrac{2}{x^3}}{7+\dfrac{5}{x}+\dfrac{2}{x^2}+\dfrac{1}{x^3}}=\dfrac{4}{7}$.

一般地，对有理分式函数在无穷大处的极限，有以下结果：

当 $a_0, b_0 \neq 0$ 时,

$$
\lim_{x \to \infty} \frac{a_0 x^m + a_1 x^{m-1} + \cdots + a_m}{b_0 x^n + b_1 x^{n-1} + \cdots + b_n} = \begin{cases} \dfrac{a_0}{b_0} & \text{当 } m = n, \\ 0 & \text{当 } m < n, \\ \infty & \text{当 } m > n. \end{cases}
$$

定理 3(复合函数的极限运算法则) 设 $\lim\limits_{u \to u_0} f(u) = A$,$\lim\limits_{x \to x_0} u(x) = u_0$,且在 x_0 的某去心邻域内 $u(x) \neq u_0$,则复合函数 $f[u(x)]$ 当 $x \to x_0$ 时的极限存在,且

$$
\lim_{x \to x_0} f[u(x)] = \lim_{u \to u_0} f(u) = A.
$$

证 $\forall \varepsilon > 0$,由于 $\lim\limits_{u \to u_0} f(u) = A$,故 $\exists \eta > 0$,当 $0 < |u - u_0| < \eta$ 时,有 $|f(u) - A| < \varepsilon$ 成立;

又因为 $\lim\limits_{x \to x_0} u(x) = u_0$,对于上面得到的正数 η,$\exists \delta_1 > 0$,当 $0 < |x - x_0| < \delta_1$ 时,有 $|u(x) - u_0| < \eta$ 成立;

根据条件,存在 $\delta_2 > 0$,在 $\mathring{U}(x_0, \delta_2)$ 内 $u(x) \neq u_0$. 于是可取 $\delta = \min\{\delta_1, \delta_2\}$,当 $0 < |x - x_0| < \delta$ 时,$|u(x) - u_0| < \eta$ 及 $|u(x) - u_0| \neq 0$ 同时成立,即 $0 < |u(x) - u_0| < \eta$ 成立. 从而有

$$
|f[u(x)] - A| < \varepsilon
$$

成立. 这就证明了 $\lim\limits_{x \to x_0} f[u(x)] = A$.

在定理 3 中,若把 $\lim\limits_{u \to u_0} f(u) = A$ 换成 $\lim\limits_{u \to \infty} f(u) = A$,而相应地把 $\lim\limits_{x \to x_0} u(x) = u_0$ 换成 $\lim\limits_{x \to x_0} u(x) = \infty$,可得类似的定理. 这就是说,如果 $f(u)$ 和 $u(x)$ 满足该定理的条件,那么就可以把求 $\lim\limits_{x \to x_0} f[u(x)]$ 转化为求 $\lim\limits_{u \to \infty} f(u)$.

定理 3 是在求极限时进行变量代换的依据,常被用来简化极限的运算.

例 8 求下列极限:

(1) $\lim\limits_{x \to a} \sqrt[3]{x - a}$;   (2) $\lim\limits_{x \to a} \dfrac{\sqrt[3]{x} - \sqrt[3]{a}}{\sqrt[3]{x - a}} (a \neq 0)$.

解 (1) $\sqrt[3]{x - a}$ 可以看作 $f(u) = \sqrt[3]{u}$ 与 $u = x - a$ 复合而成. 当 $x \to a$ 时,有 $u \to 0$,并且 $\lim\limits_{u \to 0} \sqrt[3]{u} = 0$,因而 $\lim\limits_{x \to a} \sqrt[3]{x - a} = \lim\limits_{u \to 0} \sqrt[3]{u} = 0$.

(2) 当 $x \to a$ 时,所给分式的分子 $\sqrt[3]{x} - \sqrt[3]{a} \to 0$,分母 $\sqrt[3]{x - a} \to 0$,定理 2(3) 不能使用,但可这样处理:由于

$$
\frac{\sqrt[3]{x} - \sqrt[3]{a}}{\sqrt[3]{x - a}} = \frac{(\sqrt[3]{x} - \sqrt[3]{a})\sqrt[3]{(x - a)^2}}{x - a} = \frac{\sqrt[3]{(x - a)^2}}{\sqrt[3]{x^2} + \sqrt[3]{ax} + \sqrt[3]{a^2}},
$$

故

$$\lim_{x \to a} \frac{\sqrt[3]{x} - \sqrt[3]{a}}{\sqrt[3]{x-a}} = \lim_{x \to a} \frac{\sqrt[3]{(x-a)^2}}{\sqrt[3]{x^2} + \sqrt[3]{ax} + \sqrt[3]{a^2}} = \frac{0}{3\sqrt[3]{a^2}} = 0.$$

习题 1 – 4

1. 两个无穷小之商是否必为无穷小? 试举例说明可能出现的各种情形.

2. 根据定义证明:

(1) 当 $x \to 0$ 时 $y = \dfrac{1+2x}{x}$ 为无穷大;　　　(2) 当 $x \to 0$ 时 $y = x\cos\dfrac{1}{x^2}$ 为无穷小.

3. 设 $x_n > y_n (n = 1, 2, \cdots)$ 且 $\lim\limits_{n \to \infty} x_n = a$, $\lim\limits_{n \to \infty} y_n = b$, 问是否必有 $a > b$? 若此结论一般不成立, 那么正确的结论应是什么? 又若 $\lim\limits_{n \to \infty} x_n = a$, $\lim\limits_{n \to \infty} y_n = b$ 且 $a > b$, 那么关于 x_n 与 y_n 的大小关系有何一般性的结论?

4. 证明: 在自变量的同一变化过程中,

(1) 若 $f(x)$ 是无穷大, 则 $\dfrac{1}{f(x)}$ 是无穷小;

(2) 若 $f(x)$ 是无穷小且 $f(x) \neq 0$, 则 $\dfrac{1}{f(x)}$ 是无穷大.

5. 证明: 函数 $f(x) = \dfrac{1}{x} \sin \dfrac{1}{x}$ 在区间 $(0,1]$ 内无界, 但当 $x \to 0^+$ 时这个函数不是无穷大.

6. 计算下列极限:

(1) $\lim\limits_{x \to -1} \dfrac{x^2 + 2x + 2}{x^2 + 1}$;　　　(2) $\lim\limits_{x \to 2} \dfrac{x - 2}{\sqrt{x+2}}$;

(3) $\lim\limits_{x \to 1} \dfrac{x^2 - 2x + 1}{x^2 - 1}$;　　　(4) $\lim\limits_{x \to \infty} \dfrac{x^2 - 1}{2x^2 - x}$;

(5) $\lim\limits_{x \to \infty} \dfrac{x^2 + x}{x^4 - x + 1}$;　　　(6) $\lim\limits_{h \to 0} \dfrac{(x+h)^2 - x^2}{h}$;

(7) $\lim\limits_{x \to a} \dfrac{\sin x - \sin a}{\sin(x-a)} (a \neq 0)$;　　　(8) $\lim\limits_{x \to a^+} \dfrac{\sqrt{x} - \sqrt{a}}{\sqrt{x-a}}$ $(a > 0)$;

(9) $\lim\limits_{n \to \infty} \dfrac{1 + 2 + 3 + \cdots + (n-1)}{n^2}$;　　　(10) $\lim\limits_{n \to \infty} \left(1 + \dfrac{1}{3} + \dfrac{1}{9} + \cdots + \dfrac{1}{3^n}\right)$;

(11) $\lim\limits_{n \to \infty} \left(\dfrac{1}{1 \cdot 2} + \dfrac{1}{2 \cdot 3} + \cdots + \dfrac{1}{n(n+1)}\right)$;　　　(12) $\lim\limits_{n \to \infty} \left(\dfrac{1}{2!} + \dfrac{2}{3!} + \cdots + \dfrac{n}{(n+1)!}\right)$.

7. 已知数列 $x_n = (1+a)^n + (1-a)^n$, 求证:

$$\lim_{n \to \infty} \frac{x_{n+1}}{x_n} = \begin{cases} 1 + |a| & \text{当 } a \neq 0 \text{ 时,} \\ 1 & \text{当 } a = 0 \text{ 时.} \end{cases}$$

第五节　极限存在准则与两个重要极限

本节介绍极限存在的两个准则及由这些准则而推得的两个重要极限:

$$\lim_{x \to 0} \frac{\sin x}{x} = 1 \text{ 与 } \lim_{x \to \infty} \left(1 + \frac{1}{x}\right)^x = e.$$

一、夹逼准则

关于函数收敛的夹逼准则：设函数 $f(x), g(x), h(x)$ 满足：

（i）当 $x \in \mathring{U}(x_0, r)$（或 $|x| > M$）时，有
$$g(x) \leqslant f(x) \leqslant h(x);$$

（ii）$\lim\limits_{\substack{x \to x_0 \\ (x \to \infty)}} g(x) = \lim\limits_{\substack{x \to x_0 \\ (x \to \infty)}} h(x) = A,$

则 $\lim\limits_{\substack{x \to x_0 \\ (x \to \infty)}} f(x)$ **存在且等于** A.

关于数列收敛的夹逼准则：设数列 $(x_n)_{n=1}^{\infty}, (y_n)_{n=1}^{\infty}, (z_n)_{n=1}^{\infty}$ 满足：

（i）$y_n \leqslant x_n \leqslant z_n (n = 1, 2, \cdots)$；

（ii）$\lim\limits_{n \to \infty} y_n = \lim\limits_{n \to \infty} z_n = a,$

则 $\lim\limits_{n \to \infty} x_n$ **存在且等于** a.

首先说明，函数收敛的夹逼准则的几何直观是明显的. 以 $x \to x_0$ 的函数极限为例，在图 1-11 中可以看到，由于当 $x \to x_0$ 时，$g(x)$ 和 $h(x)$ 都趋向于常数 A，故夹在中间的函数 $f(x)$ 也必定趋向于 A.

下面仅对 $x \to x_0$ 时的函数极限来证明夹逼准则.

按定义，对任意给定的 $\varepsilon > 0$，因为 $\lim\limits_{x \to x_0} g(x) = A$，故存在 $\delta_1 > 0$，当 $x \in$

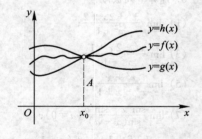

图 1-11

$\mathring{U}(x_0, \delta_1)$ 时，有 $|g(x) - A| < \varepsilon$，就有
$$-\varepsilon < g(x) - A.$$

又因为 $\lim\limits_{x \to x_0} h(x) = A$，故存在 $\delta_2 > 0$，当 $x \in \mathring{U}(x_0, \delta_2)$ 时，有 $|h(x) - A| < \varepsilon$，就有
$$h(x) - A < \varepsilon.$$

取 $\delta = \min\{\delta_1, \delta_2, r\}$，则当 $x \in \mathring{U}(x_0, \delta)$ 时，不等式 $-\varepsilon < g(x) - A, h(x) - A < \varepsilon$ 同时成立，并注意到条件
$$g(x) \leqslant f(x) \leqslant h(x),$$
就得
$$-\varepsilon < g(x) - A \leqslant f(x) - A \leqslant h(x) - A < \varepsilon,$$
即

$$|f(x) - A| < \varepsilon,$$ 弧度角度公式 $\frac{n}{180}\pi$

从而证明了

$$\lim_{x \to x_0} f(x) = A.$$

由夹逼准则,我们可以证明下列重要极限:

$$\boxed{\lim_{x \to 0} \frac{\sin x}{x} = 1.}$$ (1)

先给出一个基本不等式:

$$\sin x < x < \tan x \quad \left(x \in \left(0, \frac{\pi}{2} \right) \right).$$

这个不等式产生于如下的几何事实:在单位圆(图 1-12)中,设圆心角 $\angle AOB = x$, x 取弧度 $\left(0 < x < \frac{\pi}{2} \right)$,因为 半径单位为1的圆

$$\triangle AOB \text{ 的面积} < \text{扇形 } AOB \text{ 的面积} < \triangle AOD \text{ 的面积},$$

故得

$$\frac{1}{2} \sin x < \frac{1}{2} x < \frac{1}{2} \tan x \quad \left(x \in \left(0, \frac{\pi}{2} \right) \right),$$

即

$$\sin x < x < \tan x.$$

对此不等式的每项取倒数,并乘以 $\sin x$,就得不等式

$$\cos x < \frac{\sin x}{x} < 1,$$ (2)

因为 $\cos x, \dfrac{\sin x}{x}, 1$ 均是偶函数,故不等式(2)在区间 $\left(-\dfrac{\pi}{2}, 0 \right)$ 也成立.

由于 $\lim\limits_{x \to 0} \cos x = 1$, $\lim\limits_{x \to 0} 1 = 1$,故由不等式(2)及夹逼准则,就推得

$$\lim_{x \to 0} \frac{\sin x}{x} = 1.$$

函数 $y = \dfrac{\sin x}{x}$ 的图形如图 1-13 所示.

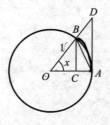

图 1-12

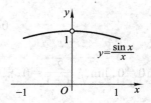

图 1-13

例 1　求 $\lim\limits_{x\to 0}\dfrac{\tan x}{x}$.

解　$\lim\limits_{x\to 0}\dfrac{\tan x}{x}=\lim\limits_{x\to 0}\dfrac{\sin x}{x}\cdot\dfrac{1}{\cos x}$

$$=\lim_{x\to 0}\frac{\sin x}{x}\cdot\lim_{x\to 0}\frac{1}{\cos x}=1.$$

例 2　求 $\lim\limits_{x\to 0}\dfrac{1-\cos x}{x^2}$.　$\cos 2x = 1 - 2\sin^2 x$ ①

解　$\lim\limits_{x\to 0}\dfrac{1-\cos x}{x^2}=\lim\limits_{x\to 0}\dfrac{2\sin^2\frac{x}{2}}{x^2}=\dfrac{1}{2}\lim\limits_{x\to 0}\dfrac{\sin^2\frac{x}{2}}{\left(\frac{x}{2}\right)^2}=\dfrac{1}{2}\lim\limits_{x\to 0}\left(\dfrac{\sin\frac{x}{2}}{\frac{x}{2}}\right)^2=\dfrac{1}{2}.$

例 3　求 $\lim\limits_{x\to 0}\dfrac{\arcsin x}{x}$.

解　令 $u=\arcsin x$,当 $x\to 0$ 时,有 $u\to 0$,于是

$$\lim_{x\to 0}\frac{\arcsin x}{x}=\lim_{u\to 0}\frac{u}{\sin u}=1.$$

用夹逼准则可以证明下面这个有意思的数列极限:

$$\boxed{\lim_{n\to\infty}n^{\frac{1}{n}}=\lim_{n\to\infty}\sqrt[n]{n}=1.}\tag{3}$$

因为当 $n>1$ 时,$n^{\frac{1}{n}}>1$,可令 $n^{\frac{1}{n}}=1+a_n(a_n>0)$.于是 $n=(1+a_n)^n$.按牛顿二项公式

$$n=(1+a_n)^n=1+na_n+\frac{n(n-1)}{2}a_n^2+\cdots+a_n^n>\frac{n(n-1)}{2}a_n^2,$$

可见

$$a_n^2<\frac{2n}{n(n-1)}=\frac{2}{n-1},$$

即

$$0<a_n<\sqrt{\frac{2}{n-1}}.$$

由于 $\lim\limits_{n\to\infty}0=0,\lim\limits_{n\to\infty}\sqrt{\dfrac{2}{n-1}}=0$,根据夹逼准则得

$$\lim_{n\to\infty}a_n=0.$$

所以

$$\lim_{n\to\infty}n^{\frac{1}{n}}=\lim_{n\to\infty}(1+a_n)=1.$$

数列 $y = n^{\frac{1}{n}} (n \in \mathbf{Z}^+)$ 的图形如图 1-14 所示.

二、单调有界收敛准则

如果数列 $(x_n)_{n=1}^{\infty}$ 满足 $x_1 \leqslant x_2 \leqslant \cdots \leqslant x_n$ $\leqslant \cdots$，就称它是单调增加（或递增）数列；如果满足 $x_1 \geqslant x_2 \geqslant \cdots \geqslant x_n \geqslant \cdots$，就称它是单调减少（或递减）数列，单调增加数列和单调减少数列统称为单调数列（monotone sequence）[1].

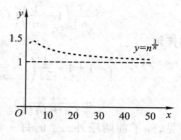

图 1-14

第二节曾指出，有界数列未必收敛. 但是，如果数列不仅有界，而且是单调的，那么这个数列必然收敛，这就是下面的**单调有界收敛准则**:

若单调增加数列 $(x_n)_{n=1}^{\infty}$ 有上界，即存在数 M，使得

$$x_n \leqslant M \quad (n = 1, 2, \cdots),$$

则 $\lim\limits_{n \to \infty} x_n$ **存在且不大于 M**.

若单调减少数列 $(x_n)_{n=1}^{\infty}$ 有下界，即存在数 N，使得

$$x_n \geqslant N \quad (n = 1, 2, \cdots),$$

则 $\lim\limits_{n \to \infty} x_n$ **存在且不小于 N**.

我们指出，单调有界收敛准则是实数集 $\mathbf{R}$ 的一个重要属性，这条准则在本教材中不加证明，姑且把它当作公理.

现在我们讨论另一个重要极限

$$\lim_{x \to \infty} \left(1 + \frac{1}{x} \right)^x.$$

先考察 x 取正整数 n 而趋于 $+\infty$ 的情形.

设 $x_n = \left(1 + \frac{1}{n} \right)^n$，我们来证 $(x_n)_{n=1}^{\infty}$ 是单调增加的有界数列. 按牛顿二项公式，

$$
\begin{aligned}
x_n &= \left(1 + \frac{1}{n} \right)^n \\
&= 1 + n \cdot \frac{1}{n} + \frac{n(n-1)}{2!} \cdot \frac{1}{n^2} + \frac{n(n-1)(n-2)}{3!} \cdot \frac{1}{n^3} + \cdots \\
&\quad + \frac{n(n-1)\cdots(n-n+1)}{n!} \cdot \frac{1}{n^n}
\end{aligned}
$$

---

[1]　这里的单调数列的单调性是广义的，就是说，条件中也包括等号成立的情形，以后提到单调数列时都是指这种广义的单调数列.

$$=1+1+\frac{1}{2!}\left(1-\frac{1}{n}\right)+\frac{1}{3!}\left(1-\frac{1}{n}\right)\left(1-\frac{2}{n}\right)+\cdots$$
$$+\frac{1}{n!}\left(1-\frac{1}{n}\right)\left(1-\frac{2}{n}\right)\cdots\left(1-\frac{n-1}{n}\right).$$

同样地，

$$x_{n+1}=1+1+\frac{1}{2!}\left(1-\frac{1}{n+1}\right)+\frac{1}{3!}\left(1-\frac{1}{n+1}\right)\left(1-\frac{2}{n+1}\right)+\cdots$$
$$+\frac{1}{(n+1)!}\left(1-\frac{1}{n+1}\right)\left(1-\frac{2}{n+1}\right)\cdots\left(1-\frac{n}{n+1}\right).$$

可见，除了前两项外，x_n 的每一项都小于 x_{n+1} 的对应项，而且 x_{n+1} 还多了最后的一个正项，因此

$$x_n<x_{n+1}\ (n=1,2,\cdots),$$

这说明数列 $(x_n)_{n=1}^{\infty}$ 是单调增加的. 其次注意到 x_n 展开式中的一般项

$$\frac{1}{k!}\left(1-\frac{1}{n}\right)\left(1-\frac{2}{n}\right)\cdots\left(1-\frac{k-1}{n}\right)<\frac{1}{k!}\quad(2\leqslant k\leqslant n),$$

又

$$\frac{1}{2!}=\frac{1}{2^1},\ \frac{1}{k!}=\frac{1}{2\cdot3\cdot4\cdot\cdots\cdot k}<\frac{1}{\underbrace{2\cdot2\cdot\cdots\cdot2}_{k-1\text{个}}}=\frac{1}{2^{k-1}}\ (3\leqslant k\leqslant n),$$

于是

$$\begin{aligned}x_n&<1+1+\frac{1}{2!}+\frac{1}{3!}+\cdots+\frac{1}{n!}\\&<1+1+\frac{1}{2}+\frac{1}{2^2}+\cdots+\frac{1}{2^{n-1}}\\&=1+\frac{1-\frac{1}{2^n}}{1-\frac{1}{2}}=3-\frac{1}{2^{n-1}}<3,\end{aligned}$$

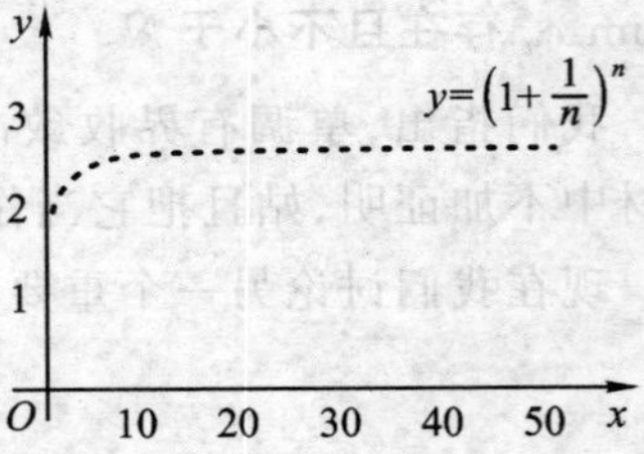

图 1-15

这说明数列 $(x_n)_{n=1}^{\infty}$ 是有上界的(图 1-15).

根据单调有界收敛准则知极限 $\lim\limits_{n\to\infty}\left(1+\frac{1}{n}\right)^n$ 存在，通常用字母 e 来表示这个极限，即

$$\boxed{\lim_{n\to\infty}\left(1+\frac{1}{n}\right)^n=\mathrm{e}.}\tag{4}$$

可以证明，e 是一个无理数，它的值是

$$\mathrm{e}=2.718\ 281\ 828\ 459\ 045\cdots.$$

在预备知识中讲到的指数函数 $y=\mathrm{e}^x$ 和自然对数 $y=\ln x$ 中的底 e 就是这个常数. 下面证明，当 x 取实数而趋于 $+\infty$ 或 $-\infty$ 时，函数 $\left(1+\frac{1}{x}\right)^x$ 的极限都存在且

为 e.

事实上,

1) 当 $x \to +\infty$ 时,记 $[x] = n$,则当 $x \to +\infty$ 时 $n \to \infty$,并且有不等式

$$\left(1 + \frac{1}{n+1}\right)^n < \left(1 + \frac{1}{x}\right)^x < \left(1 + \frac{1}{n}\right)^{n+1},$$

由于

$$\lim_{n \to \infty} \left(1 + \frac{1}{n}\right)^{n+1} = \lim_{n \to \infty} \left[\left(1 + \frac{1}{n}\right)^n \cdot \left(1 + \frac{1}{n}\right)\right]$$

$$= \lim_{n \to \infty} \left(1 + \frac{1}{n}\right)^n \cdot \lim_{n \to \infty} \left(1 + \frac{1}{n}\right) = e \cdot 1 = e;$$

$$\lim_{n \to \infty} \left(1 + \frac{1}{n+1}\right)^n = \lim_{n \to \infty} \left[\left(1 + \frac{1}{n+1}\right)^{n+1} \Big/ \left(1 + \frac{1}{n+1}\right)\right]$$

$$= \lim_{n \to \infty} \left(1 + \frac{1}{n+1}\right)^{n+1} \Big/ \lim_{n \to \infty} \left(1 + \frac{1}{n+1}\right) = \frac{e}{1} = e,$$

因此由夹逼准则得到

$$\lim_{x \to +\infty} \left(1 + \frac{1}{x}\right)^x = e.$$

2) 当 $x \to -\infty$ 时,令 $x = -(t+1)$,则 $x \to -\infty$ 时,$t \to +\infty$,于是

$$\lim_{x \to -\infty} \left(1 + \frac{1}{x}\right)^x = \lim_{t \to +\infty} \left(1 - \frac{1}{t+1}\right)^{-(t+1)}$$

$$= \lim_{t \to +\infty} \left(1 + \frac{1}{t}\right)^{t+1}$$

$$= \lim_{t \to +\infty} \left[\left(1 + \frac{1}{t}\right)^t \cdot \left(1 + \frac{1}{t}\right)\right] = e.$$

综合 1) 和 2) 的结论,就得到

$$\lim_{x \to \infty} \left(1 + \frac{1}{x}\right)^x = e. \tag{5}$$

图 1-16 是函数 $y = \left(1 + \frac{1}{x}\right)^x$ 在区间 $(0, +\infty)$ 内的图形,从中可见 $\left(1 + \frac{1}{x}\right)^x$ 在该区间内是单调增加函数,并且有水平渐近线 $y = e$.

若令 $x = \frac{1}{u}$,则当 $x \to 0$ 时,$u \to \infty$. 于是

$$\lim_{x \to 0} (1 + x)^{\frac{1}{x}} = \lim_{u \to \infty} \left(1 + \frac{1}{u}\right)^u = e.$$

由此得到重要极限 (5) 的另一表达形式:

$$\lim_{x \to 0} (1 + x)^{\frac{1}{x}} = e. \tag{6}$$

当 $x \to 0$ 时,函数 $y = (1 + x)^{\frac{1}{x}}$ 的变化趋势如图 1-17 所示.

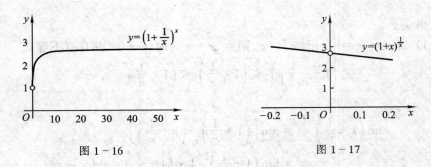

图 1-16   图 1-17

例 4   求 $\lim\limits_{x \to \infty}\left(1 - \dfrac{1}{x}\right)^{x}$.

解   令 $x = -t$,则当 $x \to \infty$ 时,有 $t \to \infty$,于是

$$\lim_{x \to \infty}\left(1 - \frac{1}{x}\right)^{x} = \lim_{t \to \infty}\left(1 + \frac{1}{t}\right)^{-t} = \lim_{t \to \infty}\frac{1}{\left(1 + \dfrac{1}{t}\right)^{t}} = \frac{1}{\mathrm{e}}.$$

在求函数极限时,常遇到形如 $[f(x)]^{g(x)}(f(x) \not\equiv 1)$ 的函数(通常称为幂指函数)的极限. 如果 $\lim f(x) = A > 0, \lim g(x) = B$,那么如果令

$$u(x) = g(x)\ln f(x),$$

则有 $\lim u(x) = \lim g(x) \ln f(x) = B\ln A$,

于是 $\lim[f(x)]^{g(x)} = \lim \mathrm{e}^{g(x)\ln f(x)} = \lim_{u \to B\ln A} \mathrm{e}^{u} = \mathrm{e}^{B\ln A} = A^{B}$,

即有

$$\boxed{\lim[f(x)]^{g(x)} = A^{B}.}$$

例 5   求 $\lim\limits_{x \to 0}(1 + x)^{\frac{2}{\sin x}}$.

解   由于 $(1 + x)^{\frac{2}{\sin x}} = \left[(1 + x)^{\frac{1}{x}}\right]^{\frac{2x}{\sin x}}$,于是有

$$\lim_{x \to 0}(1 + x)^{\frac{2}{\sin x}} = \lim_{x \to 0}\left[(1 + x)^{\frac{1}{x}}\right]^{\frac{2x}{\sin x}},$$

由于当 $x \to 0$ 时,底数 $(1 + x)^{\frac{1}{x}} \to \mathrm{e}$,指数 $\dfrac{2x}{\sin x} \to 2$,故所求极限等于 e^{2}.

例 6   设某人以本金 p 元进行一项投资,投资的年利率为 r. 如果以年为单位计算复利(即每年计息一次,并把利息加入下年的本金,重复计算),那么 t 年后,资金总额将变为

$$p(1 + r)^{t}(元);$$

而若以月为单位计算复利(即每月计息一次,并把利息加入下月的本金,重复计息),那么 t 年后,资金总额将变为

$$p\left(1 + \frac{r}{12}\right)^{12t}(元);$$

这样类推,若以天为单位计算复利,那么 t 年后,资金总额将变为

$$p\left(1+\frac{r}{365}\right)^{365t}(\text{元});$$

一般地,若以 $\frac{1}{n}$ 年为单位计算复利,那么 t 年后,资金总额将变为

$$p\left(1+\frac{r}{n}\right)^{nt}(\text{元});$$

现在让 $n\to\infty$,即每时每刻计算复利(称为连续复利),那么 t 年后的资金总额将变为:

$$\lim_{n\to\infty}p\left(1+\frac{r}{n}\right)^{nt}=\lim_{n\to\infty}p\left[\left(1+\frac{r}{n}\right)^{\frac{n}{r}}\right]^{rt}=p\mathrm{e}^{rt}(\text{元}).$$

本例说明了常数 e 在经济学中的一个应用.

习题 1−5

1. 计算下列极限:

(1) $\lim\limits_{x\to0}\dfrac{\sin 3x}{x}$;　　(2) $\lim\limits_{x\to0}\dfrac{\tan x}{2x}$;

(3) $\lim\limits_{x\to0}\dfrac{\sin \alpha x}{\sin \beta x}(\beta\neq0)$;　　(4) $\lim\limits_{x\to0^+}\sqrt{x}\cot\sqrt{x}$;

(5) $\lim\limits_{x\to0}\dfrac{1-\cos 2x}{x\sin x}$;　　(6) $\lim\limits_{n\to\infty}n\cdot\sin\dfrac{x}{n}$;

(7) $\lim\limits_{x\to0}\dfrac{\arcsin x}{\sin x}$;　　(8) $\lim\limits_{n\to\infty}\sqrt[n]{2n^2}$.

2. 计算下列极限:

(1) $\lim\limits_{x\to0}(1-x)^{1/x}$;　　(2) $\lim\limits_{x\to0}(1+2x)^{1/x}$;

(3) $\lim\limits_{x\to\infty}\left(\dfrac{1+x}{x}\right)^{2x+1}$;　　(4) $\lim\limits_{x\to0}(1+3\tan^2 x)^{\cot^2 x}$.

3. 利用夹逼准则证明: $\lim\limits_{n\to\infty}n\left(\dfrac{1}{n^2+a}+\dfrac{1}{n^2+2a}+\cdots+\dfrac{1}{n^2+na}\right)=1(a\geqslant0)$.

4. 利用单调有界收敛准则证明下列数列存在极限,并求出极限值:

(1) $x_1=\sqrt{2}$, $x_{n+1}=\sqrt{2+x_n}$ $(n=1,2,\cdots)$;

(2) $x_1=\dfrac{1}{2}$, $x_{n+1}=\dfrac{1+x_n^2}{2}$ $(n=1,2,\cdots)$.

第六节　无穷小的比较

我们知道,有限多个无穷小的代数和与积仍然是无穷小,而两个无穷小的商

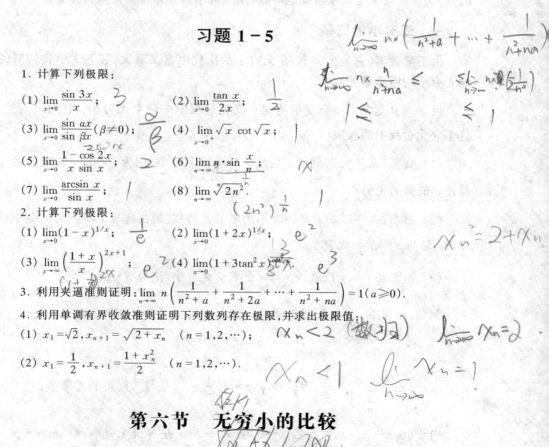

则会出现各种不同的情况,例如 $\lim\limits_{x\to 0}\dfrac{x^2}{2x}=0$,$\lim\limits_{x\to 0}\dfrac{x}{2x^2}=\infty$,$\lim\limits_{x\to 0}\dfrac{\sin x}{x}=1$. 由于两个无穷小的商不遵循极限的除法法则并且一般不能立刻判断极限是否存在,所以通常人们称这种极限为 $\dfrac{0}{0}$ 型未定式极限. 上面的三个极限都是 $\dfrac{0}{0}$ 型未定式,它们的极限各不相同,反映了作为分子和分母的两个无穷小趋于零的"快慢"程度不同. 比如 $\lim\limits_{x\to 0}\dfrac{x^2}{2x}=0$,说明分子 $x^2\to 0$ 比分母 $2x\to 0$ 要"快";$\lim\limits_{x\to 0}\dfrac{x}{2x^2}=\infty$,说明分子 $x\to 0$ 比分母 $2x^2\to 0$ 要"慢";而 $\lim\limits_{x\to 0}\dfrac{\sin x}{x}=1$,说明分子 $\sin x\to 0$ 与分母 $x\to 0$"快慢程度相仿".

在自变量同一变化过程中,比较两个无穷小趋于零的快慢程度是很有意义的. 特别在处理未定式极限问题时,利用无穷小的比较常会带来很多方便.

一、无穷小的比较

由于常数零(它是无穷小)在无穷小的比较中意义不大,故下文中我们所说的无穷小均指非零无穷小.

设 α 与 β 是在同一自变量的同一变化过程中的两个无穷小,且 $\lim\dfrac{\beta}{\alpha}$ 表示这个变化过程中的极限.

(1) 如果 $\lim\dfrac{\beta}{\alpha}=0$,就说 β 是比 α 高阶的无穷小,记为 $\beta=o(\alpha)$. 或者说 α 是比 β 低阶的无穷小.

(2) 如果 $\lim\dfrac{\beta}{\alpha}=c$($c$ 是一个不为零的常数)就说 β 是与 α 同阶的无穷小或者说 α 是与 β 同阶的无穷小.

(3) 如果 $\lim\dfrac{\beta}{\alpha}=1$,就说 β 与 α 是等价无穷小,记为 $\beta\sim\alpha$.

例如,由于 $\lim\limits_{x\to 0}\dfrac{x^2}{2x}=0$,因此当 $x\to 0$ 时 x^2 是比 $2x$ 高阶的无穷小,即

$$x^2=o(2x)(x\to 0);$$

由于 $\lim\limits_{n\to\infty}\dfrac{\dfrac{1}{n}+\dfrac{1}{n^2}}{\dfrac{2}{n}}=\dfrac{1}{2}$,因此当 $n\to\infty$ 时 $\dfrac{1}{n}+\dfrac{1}{n^2}$ 是与 $\dfrac{2}{n}$ 同阶的无穷小;

由于 $\lim\limits_{x\to 0}\dfrac{\sin x}{x}=1$,因此当 $x\to 0$ 时 $\sin x$ 与 x 是等价无穷小,即 $\sin x\sim x$.

对于两个无穷小 α 与 β,如果 $\alpha\sim\beta$,则 $\lim\dfrac{\alpha-\beta}{\beta}=\lim\left(\dfrac{\alpha}{\beta}-1\right)=\lim\dfrac{\alpha}{\beta}-1=$

0,说明 $\alpha - \beta$ 是比 β 高阶的无穷小,即

$$\alpha - \beta = o(\beta),$$

因此 α 可以表示成 $\alpha = \beta + o(\beta)$.

反过来,如果 $\alpha = \beta + o(\beta)$,则

$$\lim \frac{\alpha}{\beta} = \lim\left(\frac{\beta + o(\beta)}{\beta}\right) = \lim\left(1 + \frac{o(\beta)}{\beta}\right) = 1,$$

说明 $\alpha \sim \beta$.

于是我们有这样的结论:设 α 与 β 是两个无穷小,则 $\alpha \sim \beta$ 的充分必要条件是 $\alpha = \beta + o(\beta)$. 由此我们称 β 是 α 的主要部分.

有时需要对无穷小的性态作较精细而明确的刻画,这时往往从所研究的各个无穷小中选一个作为基本无穷小. 基本无穷小一般总是取形式上最简单的. 比如说,如果所讨论的无穷小都是 x 的函数,并且是 $x \to 0$ 时的无穷小,这时就取 x 为基本无穷小;而对 $x \to \infty$ 时的无穷小,往往取 $\frac{1}{x}$ 为基本无穷小.

如果 $\lim\limits_{x \to 0} \frac{|\alpha|}{|x|^k} = c(c \neq 0)$,就说当 $x \to 0$ 时 α 是 x 的 k 阶无穷小 $(k > 0)$.

例如,由于 $\lim\limits_{x \to 0} \frac{1 - \cos x}{x^2} = \frac{1}{2}$(第五节例 2),因此当 $x \to 0$ 时,$1 - \cos x$ 是 x 的二阶无穷小,$\frac{x^2}{2}$ 是 $1 - \cos x$ 的主要部分.

例 1 求 $\lim\limits_{x \to 0} \dfrac{\tan x - \sin x}{x^3}$.

解 由于 $\dfrac{\tan x - \sin x}{x^3} = \dfrac{1}{\cos x} \cdot \dfrac{\sin x}{x} \cdot \dfrac{1 - \cos x}{x^2}$,

故

$$\lim\limits_{x \to 0} \frac{\tan x - \sin x}{x^3}$$

$$= \lim\limits_{x \to 0} \frac{1}{\cos x} \cdot \lim\limits_{x \to 0} \frac{\sin x}{x} \cdot \lim\limits_{x \to 0} \frac{1 - \cos x}{x^2}$$

$$= 1 \times 1 \times \frac{1}{2} = \frac{1}{2}.$$

本题结果说明,当 $x \to 0$ 时,$\tan x - \sin x$ 是 x 的三阶无穷小,且 $\frac{x^3}{2}$ 是 $\tan x - \sin x$ 的主要部分. 图 1-18 给出了函数 $\tan x - \sin x$ 与 $\frac{x^3}{2}$ 的图形,从中可以看出,在 $x = 0$ 的近旁,两者是十分接近的.

二、等价无穷小

1. 等价无穷小的代换性质

设 $\alpha,\bar{\alpha},\beta,\bar{\beta}$ 是无穷小, 且 $\alpha\sim\bar{\alpha},\beta\sim\bar{\beta}$, 如果

$\lim\dfrac{\bar{\beta}}{\bar{\alpha}}$ 存在, 那么

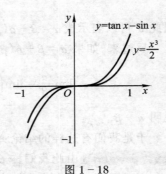

图 1-18

$$\lim\frac{\beta}{\alpha}=\lim\frac{\bar{\beta}}{\bar{\alpha}}.$$

证　$\lim\dfrac{\beta}{\alpha}=\lim\left(\dfrac{\beta}{\bar{\beta}}\cdot\dfrac{\bar{\beta}}{\bar{\alpha}}\cdot\dfrac{\bar{\alpha}}{\alpha}\right)$

$\qquad\quad=\lim\dfrac{\beta}{\bar{\beta}}\cdot\lim\dfrac{\bar{\beta}}{\bar{\alpha}}\cdot\lim\dfrac{\bar{\alpha}}{\alpha}\cdot$

$\qquad\quad=1\cdot\lim\dfrac{\bar{\beta}}{\bar{\alpha}}\cdot1=\lim\dfrac{\bar{\beta}}{\bar{\alpha}}.$

例 2　求 $\lim\limits_{x\to0}\dfrac{\sin5x}{\tan2x}$.

解　当 $x\to0$ 时, $\tan2x\sim2x,\sin5x\sim5x$,

故

$$\lim_{x\to0}\frac{\sin5x}{\tan2x}=\lim_{x\to0}\frac{5x}{2x}=\frac{5}{2}.$$

从这个例子可见, 在求某些 $\dfrac{0}{0}$ 型未定式的极限时, 应用等价无穷小的代换可使未定式的形式变得简洁而易解, 从而简化运算. 另外, 在进行等价无穷小的代换时, 注意应用下面这个结论:

> 若未定式的分子或分母为若干个因子的乘积, 则可对其中的任意一个或几个无穷小因子作等价无穷小代换, 而不会改变原式的极限.

例 3　求 $\lim\limits_{x\to0}\dfrac{(x+1)\sin x}{\arcsin x}$.

解　这里 $y=\dfrac{(x+1)\sin x}{\arcsin x}$ (如图 1-19), 含有因子 $\sin x$ 与 $\arcsin x$, 且当 $x\to0$ 时, $\sin x\sim x,\arcsin x\sim x$ (见第五节例 3), 因此可作等价无穷小代换, 得

$$\lim_{x\to0}\frac{(x+1)\sin x}{\arcsin x}=\lim_{x\to0}\frac{(x+1)x}{x}$$
$$=\lim_{x\to0}(x+1)=1.$$

注意: 如果分子或分母是若干项之代数和, 则一般不能对其中某个加项作代换, 否则可能出错. 比如当 $x\to0$ 时, $\tan x\sim x,\sin x\sim x$, 在例 1 中如果把 $\tan x$

与 $\sin x$ 换成 x，就会得出错误结果：

$$\lim_{x \to 0} \frac{x - x}{x^3} = \lim_{x \to 0} \frac{0}{x^3} = 0.$$

2．$x \to 0$ 时的几个常见的等价无穷小

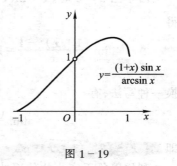

图 1-19

第五节中我们证明了 $\lim\limits_{x \to 0} \dfrac{\sin x}{x} = 1$，$\lim\limits_{x \to 0} \dfrac{\tan x}{x} = 1$，$\lim\limits_{x \to 0} \dfrac{1 - \cos x}{x^2} = \dfrac{1}{2}$ 即 $\lim\limits_{x \to 0} \dfrac{1 - \cos x}{\dfrac{x^2}{2}} = 1$，及

$$\lim_{x \to 0} \frac{\arcsin x}{x} = 1.$$

用类似于证明 $\lim\limits_{x \to 0} \dfrac{\arcsin x}{x} = 1$ 的方法，可以证明 $\lim\limits_{x \to 0} \dfrac{\arctan x}{x} = 1$.

下面再给出几个例子．

例 4　求 $\lim\limits_{x \to 0} \dfrac{\ln(1 + x)}{x}$.

解　$\lim\limits_{x \to 0} \dfrac{\ln(1 + x)}{x} = \lim\limits_{x \to 0} \ln(1 + x)^{\frac{1}{x}} = \ln \mathrm{e} = 1$.

即，当 $x \to 0$ 时，$\ln(1 + x) \sim x$

$$\frac{u}{\ln(1+u)}$$

例 5　求 $\lim\limits_{x \to 0} \dfrac{\mathrm{e}^x - 1}{x}$.

解　令 $\mathrm{e}^x - 1 = u$，即 $x = \ln(1 + u)$，则当 $x \to 0$ 时，有 $u \to 0$，利用例 4 的结果便得

$$\lim_{x \to 0} \frac{\mathrm{e}^x - 1}{x} = \lim_{u \to 0} \frac{u}{\ln(1 + u)} = 1.$$

即，当 $x \to 0$ 时，$\mathrm{e}^x - 1 \sim x$

一般地，对 $a > 0 (a \neq 1)$，$\dfrac{a^x - 1}{x} = \dfrac{\mathrm{e}^{x \ln a} - 1}{x} = \dfrac{\mathrm{e}^{x \ln a} - 1}{x \ln a} \ln a$，令 $u = x \ln a$，当 $x \to 0$ 时有 $u \to 0$，故有

$$\lim_{x \to 0} \frac{a^x - 1}{x} = \lim_{u \to 0} \frac{\mathrm{e}^u - 1}{u} \ln a = \ln a.$$

即，当 $x \to 0$ 时，$a^x - 1 \sim x \ln a$.

利用例 4 的结果，还可以求出下面的极限．

例 6　求 $\lim\limits_{x \to 0} \dfrac{(1 + x)^a - 1}{x}$ $(a \neq 0)$.

解　令 $(1 + x)^a - 1 = u$，当 $x \to 0$ 时，有 $u \to 0$，且由 $(1 + x)^a = u + 1$ 的两端取自然对数后，得 $a \ln(1 + x) = \ln(1 + u)$，即 $\ln(1 + x) = \dfrac{1}{a} \ln(1 + u)$；

由于当 $x \to 0$ 时，$x \sim \ln(1+x)$，故在 $\lim\limits_{x \to 0} \dfrac{(1+x)^a - 1}{x}$ 中以 $\ln(1+x)$ 代换 x，

得

$$\lim\limits_{x \to 0} \frac{(1+x)^a - 1}{x} = \lim\limits_{x \to 0} \frac{(1+x)^a - 1}{\ln(1+x)} = \lim\limits_{u \to 0} \frac{u}{\frac{1}{a}\ln(1+u)} = a.$$

换一种写法，有

$$\lim\limits_{x \to 0} \frac{(1+x)^a - 1}{ax} = 1 \ (a \neq 0).$$

即，当 $x \to 0$ 时，$(1+x)^a - 1 \sim ax$.

利用等价无穷小的传递性（见本节习题第 5 题），我们把这些常见的等价无穷小作一个归纳：

> 当 $x \to 0$ 时，
>
> $x \sim \sin x \sim \tan x \sim \arcsin x \sim \arctan x \sim \ln(1+x) \sim \mathrm{e}^x - 1$；
>
> $1 - \cos x \sim \dfrac{x^2}{2}$；$(1+x)^a - 1 \sim ax \ (a \neq 0)$；$a^x - 1 \sim x \ln a \ (a > 0, a \neq 1)$.

记住这些等价无穷小是有益的.

例 7 求 $\lim\limits_{x \to 0} \dfrac{1 - \cos x}{x \ln(1-x)}$.

解 由于当 $x \to 0$ 时，$1 - \cos x \sim \dfrac{x^2}{2}$，$\ln(1-x) \sim -x$，故

$$\lim\limits_{x \to 0} \frac{1 - \cos x}{x \ln(1-x)} = \lim\limits_{x \to 0} \frac{\frac{x^2}{2}}{x \cdot (-x)} = -\frac{1}{2}.$$

例 8 求 $\lim\limits_{x \to 0} \dfrac{\sqrt[3]{1 + x^2} - 1}{x^2 + 2x^3}$.

解 当 $x \to 0$ 时，

$$\sqrt[3]{1 + x^2} - 1 \sim \frac{1}{3} x^2,$$

$$x^2 + 2x^3 \sim x^2,$$

因此

$$\lim\limits_{x \to 0} \frac{\sqrt[3]{1 + x^2} - 1}{x^2 + 2x^3} = \lim\limits_{x \to 0} \frac{\frac{1}{3} x^2}{x^2}$$

$$= \frac{1}{3}.$$

习题 1-6

1. 下列各函数均为 $x \to 0$ 时的无穷小,若取 x 为基本无穷小,求每个函数的阶:

(1) $x^3 + x^5$;

(2) $\sqrt{x \sin x}$;

(3) $\sqrt{1+x} - \sqrt{1-x}$;

(4) $\ln(1 + x^2)$.

2. 利用等价无穷小的代换性质,求下列极限:

(1) $\lim\limits_{x \to 0} \dfrac{\tan 3x}{2x}$;

(2) $\lim\limits_{x \to 0} \dfrac{\sin x^n}{(\sin x)^m}$ $(m, n \in \mathbf{Z}^+)$;

(3) $\lim\limits_{x \to 0} \dfrac{\ln(1 + x^n)}{\ln^m(1 + x)}$ $(m, n \in \mathbf{Z}^+)$;

(4) $\lim\limits_{x \to 1} \dfrac{\arcsin(1-x)}{\ln x}$;

(5) $\lim\limits_{x \to 1} \dfrac{1 + \cos \pi x}{(x-1)^2}$;

(6) $\lim\limits_{x \to \infty} (e^{\frac{2}{x}} - 1) x$;

(7) $\lim\limits_{x \to 0} \dfrac{\sqrt{1 + x^3} - 1}{\sin^3 x}$;

(8) $\lim\limits_{x \to 0} \dfrac{e^{2x} - e^x}{x e^x}$.

3. 下列函数均是 $x \to 0$ 时的无穷小,按从低阶到高阶的次序将这些函数排列起来:

(1) $e^{\sqrt{x}} - 1$; (2) $x + x^2$; (3) $1 - \cos x^2$; (4) $\ln(1 + x^{\frac{3}{2}})$; (5) $\sin(\tan^2 x)$.

4. 设 $m, n \in \mathbf{Z}^+$,证明:当 $x \to 0$ 时,

(1) $o(x^m) + o(x^n) = o(x^l)$, $l = \min\{m, n\}$;

(2) $o(x^m) \cdot o(x^n) = o(x^{m+n})$;

(3) 若 α 是 $x \to 0$ 时的无穷小,则 $\alpha x^m = o(x^m)$;

(4) $o(kx^n) = o(x^n)(k \neq 0)$.

5. 证明等价无穷小具有下列性质:

(1) $\alpha \sim \alpha$(自反性);

(2) 若 $\alpha \sim \beta$,则 $\beta \sim \alpha$(对称性);

(3) 若 $\alpha \sim \beta, \beta \sim \gamma$,则 $\alpha \sim \gamma$(传递性).

第七节 函数的连续性与连续函数的运算

微积分研究各种不同的函数,其中最基本的一类函数称为连续函数.这类函数反映了自然界普遍存在着的连续变化现象,虽然其物理意义是容易明白的,但从数学上加以精确的刻画还是必不可少的.本节要运用极限概念来定义函数的连续性,并讨论连续函数的运算及其重要性质.

一、函数的连续性

1. 函数在一点处连续的定义

在自然界有很多现象,如气温的变化、河水的流动、植物的生长等都是连续

变化的.例如就气温的变化来看,当时间变化很微小时,气温的变化也很小,这种现象在函数关系上的反映,就是函数的连续性.连续性描述了自然界的渐变现象.除了渐变现象,自然界还存在突变现象.我们来看一个实际例子.发射人造卫星一般都用三级火箭,在三级火箭的升空过程中,随着火箭燃料的消耗,火箭质量逐渐变小,当每一级火箭的燃料耗尽时,该级火箭自行脱落,于是飞行质量突然从一个值跳过所有的中间值减少为另一个值.质量的变化示意性地显示在图 1-20 中,其中 t_0 为火箭脱落的时刻.在时间段 $[0, t_0)$ 内,火箭质量连续变化,而在 t_0 时刻,质量突然出现一个跳跃式的减少.从图形上看,在 $[0, t_0)$ 段内,质量函数 $m = f(t)$ 是一条连续不断的曲线;而在 t_0 这一点,曲线出现了间断.

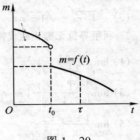

图 1-20

为了给连续性下一个明确的数学定义,我们先来分析一下反映渐变的"连续点"与反映突变的"间断点"分别具有怎样的数量特征.

就以图 1-20 中火箭质量随时间变化的函数 $m = f(t)$ 为例进行分析.其中 τ 为质量连续变化过程中的一个时刻,t_0 为质量变化曲线出现间断的时刻.从图上可看到,在 $t = t_0$ 时,函数值 $f(t)$ 有一个跳跃式的变化,当自变量 t 从 t_0 的左侧近旁变化到右侧近旁时,对应的函数值发生了一个突变,即函数跳过所有的中间值减少为另一个值;而在 $t = \tau (\tau \neq t_0)$ 处,当自变量 t 离开 τ 作微小变动时,对应的函数值 $f(t)$ 与 $f(\tau)$ 只有微小差别;而且,当 t 趋近于 τ 时,$f(t)$ 就趋近于 $f(\tau)$:

$$\lim_{t \to \tau} f(t) = f(\tau).$$

根据这一分析,我们给出下面的定义:

定义 1 设函数 $y = f(x)$ 在点 x_0 的某一邻域内有定义,如果 $\lim\limits_{x \to x_0} f(x)$ 存在,并且等于 $f(x_0)$,即

$$\lim_{x \to x_0} f(x) = f(x_0),$$

则称函数 $f(x)$ 在点 x_0 处连续 (continuous),并说 x_0 是 $f(x)$ 的连续点.

按极限的定义,函数 $f(x)$ 在点 x_0 处连续的定义也可以用"$\varepsilon - \delta$ 语言"来表达:

设函数 $y = f(x)$ 在点 x_0 的某一邻域内有定义,如果对任意给定的正数 ε,总存在正数 δ,使得对于适合不等式

$$|x - x_0| < \delta$$

的一切 x,所对应的函数值 $f(x)$ 都满足不等式

$$|f(x) - f(x_0)| < \varepsilon,$$

则称函数 $f(x)$ 在点 x_0 处连续.

函数连续是一个非常基本的概念.为了今后应用方便,下面给出函数在一点处连续的另一个等价定义.为此先引入一个以后将经常使用的增量概念及其记号.

设变量 u 从它的一个初值 u_1 变到终值 u_2,终值与初值之差 $u_2 - u_1$ 就叫做变量 u(在 u_1 处)的增量,记作 Δu,即 $\Delta u = u_2 - u_1$,可见 u 的增量即为 u 的改变量,它可以是正的,也可以是负的,或为零.

现在假设函数 $y = f(x)$ 在 x_0 的某个邻域内有定义.当自变量 x 在这邻域内从 x_0 变到 $x_0 + \Delta x$ 时,函数 y 相应地从 $f(x_0)$ 变到 $f(x_0 + \Delta x)$,因此函数 y 的对应增量为

$$\Delta y = f(x_0 + \Delta x) - f(x_0).$$

若记 $x = x_0 + \Delta x$,则 $x \to x_0$ 就是增量 $\Delta x \to 0$;而 $f(x) = f(x_0 + \Delta x) \to f(x_0)$ 就是增量 $\Delta y \to 0$(图 1 – 21),因此定义 1 与以下的定义 1′等价:

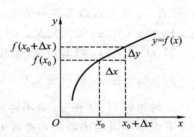

图 1 – 21

定义 1′ 设函数 $y = f(x)$ 在 x_0 的某一邻域内有定义,如果

$$\lim_{\Delta x \to 0} \Delta y = \lim_{\Delta x \to 0} [f(x_0 + \Delta x) - f(x_0)] = 0,$$

那么就称 $y = f(x)$ 在点 x_0 处连续.

下面说明左连续及右连续的概念.

如果 $\lim\limits_{x \to x_0^-} f(x)$ 存在且等于 $f(x_0)$,即 $\lim\limits_{x \to x_0^-} f(x) = f(x_0)$,就说函数 $f(x)$ 在 x_0 处左连续;如果 $\lim\limits_{x \to x_0^+} f(x)$ 存在且等于 $f(x_0)$ 即 $\lim\limits_{x \to x_0^+} f(x) = f(x_0)$,就说函数 $f(x)$ 在 x_0 处右连续.由于 $\lim\limits_{x \to x_0} f(x)$ 存在的充分必要条件是 $\lim\limits_{x \to x_0^-} f(x) = \lim\limits_{x \to x_0^+} f(x)$,因此根据函数连续的定义不难得出下述推论:**若函数 $f(x)$ 在 x_0 的某邻域内有定义,则它在 x_0 处连续的充分必要条件是它在 x_0 处左连续并且右连续.**

2.区间上的连续函数

在区间上每一点都连续的函数叫做这个区间上的连续函数(continuous function),或者说函数在该区间上连续.如果区间包括端点,那么函数在左端点连续是指右连续,在右端点连续是指左连续.例如,若函数 $f(x)$ 在开区间 (a,b) 内每点处连续,且在 a 处右连续,在 b 处左连续,那么 $f(x)$ 就是闭区间 $[a,b]$ 上的连续函数.

从几何直观上看,在一个区间上连续的函数的图形是一条不间断的曲线.

本章第三节指出:基本初等函数在其定义域的每点处的极限存在并且等于该点处的函数值,这实际上就是说**基本初等函数在其定义域内的任一区间上是连续的**.

为了方便,今后我们用记号 $f \in C(I)$ 表示函数 $f(x)$ 在区间 I 上连续,其中 $C(I)$ 表示在区间 I 上全体连续函数之集.

二、函数的间断点

设 $f(x)$ 在点 x_0 的某个邻域或去心邻域内有定义,如果 x_0 不是函数 $f(x)$ 的连续点,就称 x_0 是 $f(x)$ 的间断点(point of discontinuity). 可见,如果函数 $f(x)$ 在 x_0 处出现以下三种情况之一,那么 x_0 是 $f(x)$ 的间断点:

1) $f(x)$ 在 x_0 处无定义;

2) $f(x)$ 在 x_0 处有定义,但 $\lim\limits_{x \to x_0} f(x)$ 不存在;

3) $f(x)$ 在 x_0 处有定义且 $\lim\limits_{x \to x_0} f(x)$ 存在,但 $\lim\limits_{x \to x_0} f(x) \neq f(x_0)$.

此时也称 $f(x)$ 在 x_0 处不连续或间断.

下面举例说明函数的几类常见的间断点.

例1　函数 $y = \dfrac{\sin x}{x}$ 除了 $x = 0$ 之外有定义,故 $x = 0$ 是间断点.但这里

$$\lim_{x \to 0} \frac{\sin x}{x} = 1,$$

如果我们补充定义,令 $x = 0$ 时 $y = 1$,则所给函数在 $x = 0$ 处就连续了,为此我们把 $x = 0$ 叫做函数 $\dfrac{\sin x}{x}$ 的可去间断点.

例2　函数

$$f(x) = \begin{cases} x & \text{当 } x \neq 1, \\ \dfrac{1}{2} & \text{当 } x = 1 \end{cases}$$

在 $x = 1$ 处有定义, $f(1) = \dfrac{1}{2}$,但是 $\lim\limits_{x \to 1} f(x) = \lim\limits_{x \to 1} x = 1$,可见

$$\lim_{x \to 1} f(x) \neq f(1),$$

故 $x = 1$ 是 $f(x)$ 的间断点.如果改变函数在 $x = 1$ 处的定义,令 $f(1) = 1$,则 $f(x)$ 在 $x = 1$ 处就连续了.因此 $x = 1$ 也叫做该函数的可去间断点.

一般地,如果 x_0 是函数 $f(x)$ 的间断点,而极限 $\lim\limits_{x \to x_0} f(x)$ 存在,则称 x_0 是函数 $f(x)$ 的可去间断点.只要补充定义 $f(x_0)$ 或重新定义 $f(x_0)$,令 $f(x_0) = \lim\limits_{x \to x_0} f(x)$,则函数 $f(x)$ 将在 x_0 处连续.由于函数在 x_0 处的间断性通过再定

义 $f(x_0)$ 就能去除,故而称 x_0 是可去间断点.

例3 函数

$$f(x) = \begin{cases} x^2 + 1 & \text{当 } x < 0, \\ 0 & \text{当 } x = 0, \\ x - 1 & \text{当 } x > 0 \end{cases}$$

当 $x \to 0$ 时,由于

$$\lim_{x \to 0^-} f(x) = \lim_{x \to 0^-} (x^2 + 1) = 1,$$

$$\lim_{x \to 0^+} f(x) = \lim_{x \to 0^+} (x - 1) = -1,$$

该函数在 $x = 0$ 处的左、右极限均存在但不相等,故 $x \to 0$ 时,$f(x)$ 没有极限,因此 $x = 0$ 是函数的间断点.

如果 x_0 是函数的间断点,而函数在 x_0 处的左极限与右极限都存在但不相等,则把 x_0 叫做函数的跳跃间断点. 如例3中 $x = 0$ 是 $f(x)$ 的跳跃间断点,由于 $y = f(x)$ 的图形(图 1-22)在 $x = 0$ 处有一个跳跃现象,因此而得名.

例4 正切函数 $y = \tan x$ 在 $x = \dfrac{\pi}{2}$ 处没有定义,且因为 $\lim\limits_{x \to \frac{\pi}{2}} \tan x = \infty$,故称 $x = \dfrac{\pi}{2}$ 是函数 $y = \tan x$ 的无穷间断点.

如果 x_0 是函数 $f(x)$ 的间断点,且 $\lim\limits_{x \to x_0} f(x) = \infty$,则把 x_0 叫做 $f(x)$ 的无穷间断点.

例5 函数 $y = \sin \dfrac{1}{x}$ 在 $x = 0$ 处没有定义,且当 $x \to 0$ 时,函数值在 -1 与 $+1$ 之间无限次地变动,故极限不存在. 我们称 $x = 0$ 是函数 $\sin \dfrac{1}{x}$ 的振荡间断点 (图 1-23). 一般地说,在 $x \to x_0$ 的过程中,若函数值 $f(x)$ 无限次地在两个不同的数之间变动,则把 x_0 叫做 $f(x)$ 的振荡间断点.

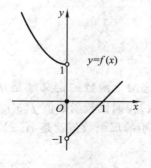

图 1-22

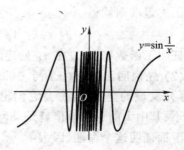

图 1-23

可去间断点或跳跃间断点的主要特征是函数在该点的左极限、右极限都存在,通常把具有这类特征的间断点统称为第一类间断点,除此之外的任何间断点称为第二类间断点.无穷间断点和振荡间断点显然是第二类间断点.

三、连续函数的运算

1. 函数的和、差、积、商的连续性

由函数在某点连续的定义和极限的四则运算法则,立即得到

定理 1　设函数 $f(x)$ 与 $g(x)$ 在点 x_0 处连续,那么它们的和 $f(x)+g(x)$、差 $f(x)-g(x)$、积 $f(x) \cdot g(x)$ 与商 $\dfrac{f(x)}{g(x)}$(当 $g(x_0) \neq 0$ 时)都在点 x_0 处连续.

例如,因为 $\sin x$ 与 $\cos x$ 都在 $(-\infty, +\infty)$ 内连续,根据定理 1 知 $\tan x = \dfrac{\sin x}{\cos x}$ 与 $\cot x = \dfrac{\cos x}{\sin x}$ 在各自的定义域内连续(即在定义域内的每点处连续).

定理 1 的直接推论是连续函数的线性法则:**在定理 1 的条件下,对任何实数 α、β,函数 $f(x)$ 和 $g(x)$ 的线性组合**

$$\alpha f(x) + \beta g(x)$$

在点 x_0 处连续.

例 6　设函数 $f(x)$ 与 $g(x)$ 在点 x_0 处连续,那么

(1) 函数 $|f(x)|$ 在 x_0 处连续;

(2) 函数

$$\varphi(x) = \max\{f(x), g(x)\},$$
$$\psi(x) = \min\{f(x), g(x)\}$$

均在点 x_0 处连续.

证　(1) 由于 $f(x)$ 在点 x_0 处连续,故 $x \to x_0$ 时,就有 $|f(x) - f(x_0)| \to 0$;再由不等式

$$0 \leqslant \Big| |f(x)| - |f(x_0)| \Big| \leqslant |f(x) - f(x_0)|$$

并利用夹逼准则就得

$$|f(x)| - |f(x_0)| \to 0 \quad (x \to x_0),$$

这就证明了函数 $|f(x)|$ 在 x_0 处连续.

(2) 先说明函数 $\varphi(x)$ 与 $\psi(x)$ 的含义.这两个函数的定义域是 $f(x)$ 与 $g(x)$ 定义域的交集,若 x 是它们定义域中一点,我们比较函数值 $f(x)$ 与 $g(x)$ 的大小,其中大的那个数值就是 $\varphi(x)$ 的值;而小的那个数值就是 $\psi(x)$ 的值.

下面证明这个命题.因为

$$\varphi(x) = \max\{f(x), g(x)\} = \frac{1}{2}[f(x) + g(x) + |f(x) - g(x)|],$$

$$\psi(x) = \min\{f(x), g(x)\} = \frac{1}{2}[f(x) + g(x) - |f(x) - g(x)|].$$

且由于 $f(x)$、$g(x)$ 在点 x_0 处连续,根据定理 1 的(1)得知函数 $f(x) - g(x)$ 在点 x_0 处连续,从而它的绝对值

$$|f(x) - g(x)|$$

在点 x_0 处连续. 最后根据连续函数的线性法则(定理 1 的直接推论)便证得 $\varphi(x)$、$\psi(x)$ 在点 x_0 处连续.

2. 复合函数的连续性

定理 2　设函数 $y = f(u)$ 在点 $u = u_0$ 处连续,而函数 $u = u(x)$ 在点 $x = x_0$ 处连续,且 $u(x_0) = u_0$,则复合函数 $y = (f \circ u)(x)$ 在点 $x = x_0$ 处连续.

证　由于 $f(u)$ 在点 $u = u_0$ 处连续,$u(x)$ 在点 $x = x_0$ 处连续,即有

$$\lim_{u \to u_0} f(u) = f(u_0), \quad \lim_{x \to x_0} u(x) = u(x_0) = u_0,$$

在第四节定理 3 中,令 $A = f(u_0)$,并取消"在点 x_0 的某去心邻域内 $u(x) \neq u_0$"的条件[①],便得

$$\lim_{x \to x_0} f[u(x)] = \lim_{u \to u_0} f(u) = f(u_0) = f[u(x_0)],$$

即 $y = f[u(x)]$ 在点 x_0 处连续.

定理 2 的结论可以写成 $\lim_{x \to x_0} f[u(x)] = f[u(x_0)] = f[\lim_{x \to x_0} u(x)]$,这表明在定理的条件下,函数符号 f 与极限号可以交换次序.

例 7　讨论函数 $f(x) = \sin \dfrac{1}{x}$ 的连续性.

解　该函数可以看作函数 $\sin u$ 与 $u = \dfrac{1}{x}$ 复合而成. 函数 $u = \dfrac{1}{x}$ 在区间 $(-\infty, 0)$ 和 $(0, +\infty)$ 内均连续,而 $\sin u$ 当 $-\infty < u < +\infty$ 时连续. 根据定理 2,函数 $\sin \dfrac{1}{x}$ 在区间 $(-\infty, 0)$ 和 $(0, +\infty)$ 内也都连续.

3. 反函数的连续性

定理 3　设定义在区间 I_x 上的函数 $y = f(x)$ 在该区间上单调增加(单调减少)且连续,则它的反函数 $x = f^{-1}(y)$ 存在并且 $x = f^{-1}(y)$ 在对应的区间 $I_y =$

---

①　此地 $u(x) \neq u_0$ 的条件可以取消,其理由是,本定理中的 $f(u)$ 在 u_0 处有定义并且 $\lim_{u \to u_0} f(u) = f(u_0)$,因而在使得 $u(x) = u_0$ 的那些点 x 处,$f[u(x)]$ 有意义并等于 $f(u_0)$,从而在取消 $u(x) \neq u_0$ 这一条件后,第四节定理 3 的证明仍然成立.

$\{y|y=f(x),x\in I_x\}$ 上单调增加（单调减少）且连续.

定理 3 的严格证明从略.我们从预备知识的图 5 可以看到,如果函数 $y=f(x)$ 的图形是一条不间断的连续上升的曲线,则由图形的对称性可看出,它的反函数 $y=f^{-1}(x)$ 的图形也是不间断的连续上升的曲线,这就是定理 3 的几何解释.

4. 初等函数的连续性

我们已经指出:基本初等函数在它们的定义域内的区间上都是连续的,根据初等函数的定义,并利用本节的定理 1、2 可得下面的结论:

> 一切初等函数在其定义域内的任一区间上都是连续的.

如果函数 $f(x)$ 在点 x_0 处连续,那么由于
$$\lim_{x\to x_0}f(x)=f(x_0),$$
因此求 $f(x)$ 当 $x\to x_0$ 时的极限,只要求出 $f(x)$ 在 x_0 的值即可.根据上述结论,对于初等函数 $f(x)$,只要 x_0 属于 $f(x)$ 的定义域内的某一区间,则求 $\lim_{x\to x_0}f(x)$ 时只需计算函数值 $f(x_0)$.例如 $x_0=\dfrac{\pi}{2}$ 是初等函数 $y=\ln\sin x$ 的定义域内的区间 $(0,\pi)$ 内的点,故
$$\lim_{x\to\frac{\pi}{2}}\ln\sin x=\ln\sin x\Big|_{x=\frac{\pi}{2}}=\ln 1=0.$$
又如 $y=\sqrt{1-x^2}$ 的定义域是区间 $[-1,1]$,故对于点 $x_0=1\in[-1,1]$,
$$\lim_{x\to 1^-}\sqrt{1-x^2}=\sqrt{1-x^2}\,|_{x=1}=0.$$

习题 1-7

1. 讨论下列函数的连续性,并画出函数的图形:

(1) $f(x)=\begin{cases} x & \text{当}-1<x<1, \\ 1 & \text{当}|x|\geqslant 1; \end{cases}$
    (2) $f(x)=\begin{cases} \mathrm{e}^x & \text{当}0\leqslant x\leqslant 1, \\ 1+x & \text{当}1<x\leqslant 2. \end{cases}$

2. 下列函数在哪些点处间断,说明这些间断点的类型,如果是可去间断点,则补充定义或重新定义函数在该点的值而使之连续:

(1) $y=\dfrac{x^2-1}{x^2+x-2}$;
    (2) $y=\begin{cases} x^2-1 & \text{当}x>1, \\ 2-x & \text{当}x\leqslant 1; \end{cases}$

(3) $y=\cos\dfrac{1}{x}$;
    (4) $y=\dfrac{\tan x}{x}$.

3. 研究下列函数的连续性,如有间断点,说明间断点的类型:

(1) $f(x)=\lim_{n\to\infty}\sqrt[n]{1+x^{2n}}$;
    (2) $f(x)=\lim_{n\to\infty}\dfrac{1-x^{2n}}{1+x^{2n}}x$.

4. 求下列极限：

(1) $\lim\limits_{x \to 0} \sqrt{e^x + x + 1}$；

(2) $\lim\limits_{x \to \frac{\pi}{4}} \ln(\tan x)$；

(3) $\lim\limits_{x \to \infty} e^{(1+x)/x^2}$；

(4) $\lim\limits_{x \to 1} \dfrac{\sqrt{x+1} - \sqrt{3-x}}{x-1}$；

(5) $\lim\limits_{x \to 0} \dfrac{e^x - \sqrt{x+1}}{x}$；

(6) $\lim\limits_{x \to a} \dfrac{\sin x - \sin a}{x - a}$；

(7) $\lim\limits_{x \to +\infty} (\sqrt{x^2 + x} - \sqrt{x^2 - x})$；

(8) $\lim\limits_{x \to +\infty} x\left(\sqrt{1 - \dfrac{1}{x}} - 1\right)$.

5. 设函数 $f(x) = \begin{cases} e^x & \text{当 } x < 0, \\ a + x & \text{当 } x \geqslant 0, \end{cases}$ 应当怎样选择 a，使得 $f(x)$ 在 $x = 0$ 处连续.

第八节　闭区间上连续函数的性质

　　闭区间上的连续函数有很多重要性质，其中不少性质从几何直观上看是明显的，但证明却不容易，需要用到实数理论. 下面我们以定理的形式把这些重要性质叙述出来，但略去某些定理的证明.

一、最大值最小值定理

　　设 $f(x)$ 定义在区间 I 上，如果至少存在一点 $\xi \in I$，使得对于每一个 $x \in I$，有

$$f(x) \leqslant f(\xi),$$

就称函数 $f(x)$ 在区间 I 上有最大值 $f(\xi)$，并记 $f(\xi) = \max\limits_{x \in I} \{f(x)\}$；如果至少存在一点 $\eta \in I$，使得对于每一个 $x \in I$，有

$$f(x) \geqslant f(\eta),$$

就称函数 $f(x)$ 在区间 I 上有最小值 $f(\eta)$，并记 $f(\eta) = \min\limits_{x \in I} \{f(x)\}$. 函数 $f(x)$ 在区间 I 上有最大（小）值，也称函数 $f(x)$ 的最大（小）值在区间 I 上可以达到.

　　注意，按照定义，函数 $f(x)$ 在区间 I 上的最大值和最小值可以是相等的.

　　例如，函数 $f(x) = x - [x]$（图 1-24）在区间 $[0, 1]$ 上有最小值 $f(0) = 0$，但没有最大值；函数 $f(x) = \dfrac{1}{x}$ 在区间 $(0, 1)$ 内既没有最大值也没有最小值；而常数函数 $f(x) = c$ 在任一区间 I 上的最大值和最小值均为常数 c.

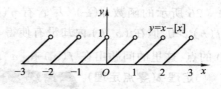

图 1-24

从上面的例子可以看到,若函数在闭区间上不连续或者仅在开区间内连续,则函数在该区间上就未必有最大值或最小值,但是我们有下面的定理.

定理 1 闭区间上的连续函数在该区间上有界并一定有最大值和最小值.

这是说,如果函数 $f(x)$ 在闭区间 $[a,b]$ 上连续,那么至少有一点 $\xi \in [a,b]$,使 $f(\xi) = M$ 是 $f(x)$ 在 $[a,b]$ 上的最大值;又至少有一点 $\eta \in [a,b]$,使 $f(\eta) = m$ 是 $f(x)$ 在 $[a,b]$ 上的最小值,这也表明 $f(x)$ 在 $[a,b]$ 上是有界的(图 1-25).

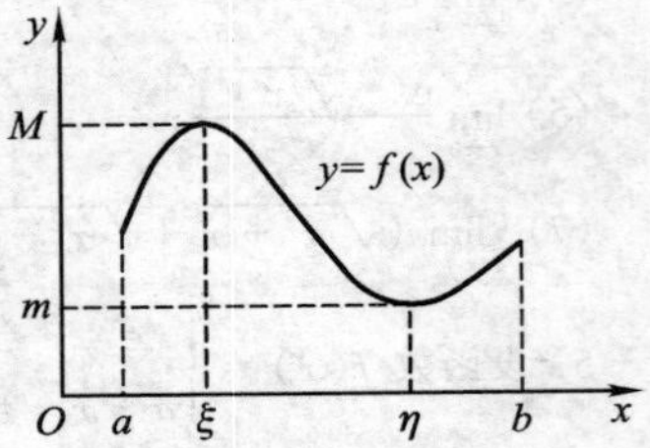

图 1-25

我们用记号 $B[a,b]$ 表示在闭区间 $[a,b]$ 上的全体有界函数之集,则 $f \in B[a,b]$ 表示 $f(x)$ 在区间 $[a,b]$ 上有界,这样定理 1 可用符号表述为

$$f \in C[a,b] \Rightarrow f \in B[a,b], 且 \exists \xi, \eta \in [a,b], 使得$$
$$\max_{x \in [a,b]} \{f(x)\} = f(\xi), \quad \min_{x \in [a,b]} \{f(x)\} = f(\eta).$$

定理 1 的证明从略,但是我们要指出:定理中"闭区间 $[a,b]$"这一条件是重要的,若这个条件不满足,定理的结论就不成立了.例如区间 $(0,1]$ 上的连续函数 $f(x) = \dfrac{1}{x}$ 在 $(0,1]$ 上是无界的,也没有最大值;再如区间 $\left(0, \dfrac{\pi}{2}\right)$ 内的连续函数 $f(x) = \tan x$ 在 $\left(0, \dfrac{\pi}{2}\right)$ 内是无界的且既无最大值、又无最小值.

二、零点定理与介值定理

如果 $f(x_0) = 0$,就称 x_0 是 $f(x)$ 的零点.在中学代数中,对多项式 $P(x)$,曾经用比较 $P(x)$ 在一个区间的两端的符号的办法来估计方程 $P(x) = 0$ 的根的位置.例如,若 $P(1) < 0, P(2) > 0$,就可以推断在区间 $(1,2)$ 内方程 $P(x) = 0$ 至少有一个根,即多项式 $P(x)$ 有零点.但是对由一般函数构成的方程 $f(x) = 0$,是否也可以这样做呢?见图 1-26 所示的函数 $f(x)$,尽管有 $f(a) < 0$,$f(b) > 0$,但在 (a,b) 内却没有使得 $f(x) = 0$ 的点.这里的问题出在 $f(x)$ 在 $[a,b]$ 上有间断点 $x = c$.

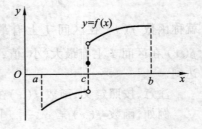

图 1-26

定理 2(零点定理) 若函数 $f(x)$ 在闭区间 $[a,b]$ 上连续,且 $f(a), f(b)$ 异号,则 $f(x)$ 在开区间 (a,b) 内至少有一个零点.

定理 2 可用符号表述为:

$y = 0$

$$f \in C[a,b] \text{ 且 } f(a) \cdot f(b) < 0 \Rightarrow \exists x_0 \in (a,b), \text{ 使 } f(x_0) = 0.$$

下面我们在单调有界收敛准则的基础上采用二分法来证明这个定理,这种方法不仅证明了零点的存在性,而且具体给出了确定零点的方法,因而被称为"构造性证法".这种类型的证明方法在数学中有着重要作用.

证 不妨设 $f(a) < 0$,$f(b) > 0$.把区间 $[a,b]$ 二等分,中点为 $\dfrac{a+b}{2}$,若 $f\left(\dfrac{a+b}{2}\right) = 0$.定理就得证了.若不然,$[a,b]$ 的两个部分区间中必有一个区间,在它的两个端点处函数 $f(x)$ 的值是异号的,设这个部分区间为 $[a_1,b_1]$,其端点的函数值 $f(a_1) < 0$,$f(b_1) > 0$,再将区间 $[a_1,b_1]$ 等分,中点为 $\dfrac{a_1+b_1}{2}$,若 $f\left(\dfrac{a_1+b_1}{2}\right) = 0$,定理就得证了.若不然,则按上面的方法继续下去.于是有两种可能的情况:其一,进行有限次划分后,在某个分点处函数值为零,定理就得证了;其二,进行每一次区间划分时,在分点处函数值不为零.这样就得到一列区间 $[a_n,b_n](n=1,2,\cdots)$,它满足:

i) $f(a_n) < 0 < f(b_n)$;

ii) $[a_{n+1},b_{n+1}] \subset [a_n,b_n]$,且 $b_n - a_n = \dfrac{b-a}{2^n} (n=1,2,\cdots)$,

即

$$a_1 \leqslant a_2 \leqslant \cdots \leqslant a_n \leqslant \cdots \leqslant b_n \leqslant b_{n-1} \leqslant \cdots \leqslant b_1.$$

根据单调有界收敛准则,容易推得

$$\lim_{n \to \infty} a_n = \lim_{n \to \infty} b_n = x_0 \in [a,b].$$

下面证明 x_0 正是 $f(x)$ 的零点,且 $x_0 \in (a,b)$.

因为 $f(x)$ 在 $[a,b]$ 上连续,因而在 x_0 处连续,并且由于 $\lim\limits_{n \to \infty} a_n = x_0$,从而

$$f(x_0) = \lim_{n \to \infty} f(a_n) \leqslant 0,$$

同理

$$f(x_0) = \lim_{n \to \infty} f(b_n) \geqslant 0,$$

于是 $f(x_0) = 0$,并因为 $f(a) < 0$,$f(b) > 0$,说明 x_0 不等于 a 或 b,

故 $\qquad\qquad x_0 \in (a,b).$

从几何上看,定理 2 表示:如果连续曲线弧 $y = f(x)$ 的两个端点分别位于 x 轴的两侧,那么这段曲线弧与 x 轴至少有一个交点(图 1-27).

下面的例子是零点定理的应用.

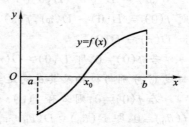

图 1-27

例1 证明方程 $x + e^x = 0$ 在区间 $(-1,1)$ 内有惟一的根.

证 令 $f(x) = x + e^x$,则 $f(x)$ 在闭区间 $[-1,1]$ 上连续.由于

$$f(-1) = -1 + e^{-1} < 0, f(1) = 1 + e > 0,$$

由零点定理知,存在 $x_0 \in (-1,1)$,使得 $f(x_0) = 0$,即 x_0 是所给方程的根.

又由于 $f(x) = x + e^x$ 是单调增加函数(这是因为函数 x 与函数 e^x 都是单调增加的,故它们的和是单调增加的),因此对任何 $x \neq x_0$,必有 $f(x) \neq f(x_0) = 0$,故 x_0 是方程惟一的根.

例2 证明:任何实系数奇数次多项式方程必有实根.

证 设实系数奇数次多项式方程为

$$a_0 x^n + a_1 x^{n-1} + \cdots + a_{n-1} x + a_n = 0 \quad (a_0 \neq 0, n \text{ 为奇数}),$$

记 $f(x) = a_0 x^n + a_1 x^{n-1} + \cdots + a_{n-1} x + a_n$,且不妨设 $a_0 > 0$,由于

$$f(x) = a_0 x^n \left(1 + \frac{a_1}{a_0} \frac{1}{x} + \cdots + \frac{a_n}{a_0} \frac{1}{x^n}\right),$$

可见

当 $x \to +\infty$ 时,$f(x) \to +\infty$,故存在 $x_1 > 0$,使得 $f(x_1) > 0$;

当 $x \to -\infty$ 时,$f(x) \to -\infty$,故存在 $x_2 < 0$,使得 $f(x_2) < 0$.

因为 $f(x)$ 在闭区间 $[x_2, x_1]$ 上连续,由零点定理,存在 $x_0 \in (x_2, x_1)$ 使得 $f(x_0) = 0$,即方程有实根.

为了说明零点定理的用处,下面利用它来证明一个有趣的几何命题.

例3 设 C 是平面上的一连续的闭曲线,它与任何直线最多只有两个交点,则 C 内的任一点 M 必是 C 上某两点 P、Q 的连线之中点.

证 设 M 是 C 内任一定点,以 M 为极点,并任取射线 MR 为极轴(图1-28),则 C 上任一点 P 到 M 的距离 $|MP|$ 由极角 $\theta = \angle PMR$ 惟一确定,即 $|MP|$ 是 θ 的函数 $|MP| = D(\theta)$ $(\theta \in [0, 2\pi])$,且 $D(\theta)$ 是连续的.

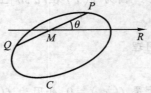

图 1-28

现作辅助函数

$$f(\theta) = D(\theta) - D(\theta + \pi) \quad (\theta \in [0, \pi]),$$

则 $f(0) = D(0) - D(\pi)$,$f(\pi) = D(\pi) - D(2\pi) = D(\pi) - D(0)$.

若 $f(0) = 0$,即 $D(0) = D(\pi)$,这时取 $\theta = 0$、π 对应的两点 P,Q(即 P,Q 是曲线 C 分别与极轴及其反向延长线的交点),则 M 是 P,Q 连线的中点;

若 $f(0) \neq 0$,则必有 $f(0) \cdot f(\pi) < 0$,由零点定理知,存在 $\theta_0 \in (0, \pi)$,使得 $f(\theta_0) = 0$,即 $D(\theta_0) = D(\theta_0 + \pi)$,这时取 $\theta = \theta_0, \theta_0 + \pi$ 对应的两点 P;Q,则 M 是 P,Q 连线的中点.证毕.

定理3(介值定理) 设函数 $f(x)$ 在闭区间 $[a,b]$ 上连续,且 $f(a) \neq f(b)$,

则对介于 $f(a)$ 与 $f(b)$ 之间的任何实数 μ,在区间 (a,b) 内至少存在一点 x_0,使得 $f(x_0) = \mu$.

证　作一个在 $[a,b]$ 上连续的辅助函数 $F(x) = f(x) - \mu$,由于 μ 介于 $f(a)$ 与 $f(b)$ 之间,因此 $F(a) \cdot F(b) = [f(a) - \mu] \cdot [f(b) - \mu] < 0$,即 $F(a)$ 与 $F(b)$ 是异号的,由零点定理,至少存在 $x_0 \in (a, b)$,使得 $F(x_0) = 0$,即

$$f(x_0) = \mu.$$

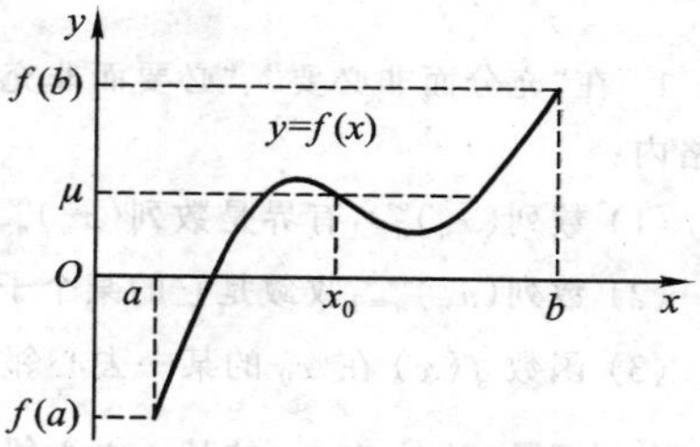

这个定理的几何意义是:连续曲线弧 $y = f(x)$ 与水平直线 $y = \mu$ 至少相交于一点(图1-29).

图 1-29

推论　闭区间上的连续函数必取得介于最大值与最小值之间的任何值.

证　设函数 $f(x)$ 在闭区间 $[a,b]$ 上连续,根据定理1,存在 $x_1, x_2 \in [a, b]$,使得

$$f(x_1) = \max_{x \in [a,b]} \{f(x)\} = M, \quad f(x_2) = \min_{x \in [a,b]} \{f(x)\} = m,$$

不妨设 $f(x)$ 不为常数,即 $M > m$.设 μ 是介于 M 和 m 之间的任何值,则在以 x_1, x_2 为端点的区间上利用介值定理,便知至少存在一介于 x_1 与 x_2 之间的 x_0,适合 $f(x_0) = \mu$,这就证明了推论.

习题 1-8

1. 若 $f(x)$ 在 $(-\infty, +\infty)$ 内连续,且 $\lim\limits_{x \to \infty} f(x)$ 存在,证明 $f(x)$ 在 $(-\infty, +\infty)$ 内有界.

2. 若函数 $f(x)$ 在区间 $[a,b]$ 上连续,$a < x_1 < x_2 < \cdots < x_n < b$,常数 $k_1, k_2, \cdots, k_n > 0$,并记 $\sum\limits_{j=1}^{n} k_j = K$,证明:在区间 $[x_1, x_n]$ 上必有点 ξ,使得

$$f(\xi) = \frac{1}{K}[k_1 f(x_1) + k_2 f(x_2) + \cdots + k_n f(x_n)]$$

(这是连续函数的加权平均值性质).

3. 证明:方程 $x = a + b \sin x$(其中 $a > 0, b > 0$)至少有一个正根,并且它不超过 $a + b$.

4. 设 $f(x)$ 在开区间 (a,b) 内连续,并且 $\lim\limits_{x \to a^+} f(x) = -\infty$,$\lim\limits_{x \to b^-} f(x) = +\infty$,证明 $f(x)$ 在 (a,b) 内有零点.

5. 设函数 $f(x)$ 在区间 $[0, 2a]$ 上连续,且 $f(0) = f(2a)$,证明:在 $[0, a]$ 上至少存在一点 ξ,使 $f(\xi) = f(\xi + a)$.

6. 对于函数 $f(x)$,如果存在一点 c,得 $f(c) = c$,则称 c 为 $f(x)$ 的不动点.

(1) 作出一个定义域与值域均为 $[0,1]$ 的连续函数的图形,并找出它的不动点;

(2) 利用介值定理证明:定义域为 $[0,1]$,值域包含于 $[0,1]$ 的连续函数必定有不动点.

总 习 题 一

1. 在"充分而非必要"、"必要而非充分"和"充分必要"三者中选择一个正确的填入下列空格内：

(1) 数列 $(x_n)_{n=1}^{\infty}$ 有界是数列 $(x_n)_{n=1}^{\infty}$ 收敛的 _____ 条件；

(2) 数列 $(x_n)_{n=1}^{\infty}$ 收敛是它的某个子数列 $(x_{n_k})_{k=1}^{\infty}$ 收敛的 _____ 条件；

(3) 函数 $f(x)$ 在 x_0 的某一去心邻域内有界是 $\lim\limits_{x \to x_0} f(x)$ 存在的 _____ 条件；

(4) 函数 $f(x)$ 在 x_0 的某一去心邻域内无界是 $\lim\limits_{x \to x_0} f(x) = \infty$ 的 _____ 条件；

(5) 函数 $f(x)$ 在 x_0 处左连续且右连续是 $f(x)$ 在 x_0 处连续的 _____ 条件；

(6) 函数 $f(x)$ 在闭区域 $[a, b]$ 上连续是 $f(x)$ 在 $[a, b]$ 上有最大值、最小值的 _____ 条件.

2. 判断下述命题的真假，并说明理由：

(1) 若 $\lim\limits_{x \to a} [f(x) + g(x)]$ 及 $\lim\limits_{x \to a} f(x)$ 都存在，则 $\lim\limits_{x \to a} g(x)$ 也存在；

(2) 若 $\lim\limits_{x \to a} f(x) g(x)$ 及 $\lim\limits_{x \to a} f(x)$ 都存在，则 $\lim\limits_{x \to a} g(x)$ 也存在.

3. 指出下列算式中的错误所在，写出正确的算式及计算结果：

(1) $\lim\limits_{n \to \infty} \left(n - \dfrac{n^2}{n+1} \right) = \lim\limits_{n \to \infty} n - \lim\limits_{n \to \infty} \dfrac{n^2}{n+1} = (+\infty) - (+\infty) = 0$；

(2) $\lim\limits_{n \to \infty} \left(\dfrac{1}{\sqrt{n^2+1}} + \dfrac{1}{\sqrt{n^2+2}} + \cdots + \dfrac{1}{\sqrt{n^2+n}} \right)$

$\quad = \lim\limits_{n \to \infty} \dfrac{1}{\sqrt{n^2+1}} + \lim\limits_{n \to \infty} \dfrac{1}{\sqrt{n^2+2}} + \cdots + \lim\limits_{n \to \infty} \dfrac{1}{\sqrt{n^2+n}}$

$\quad = 0 + 0 + \cdots + 0 = 0.$

4. 指出当 $x \to 0$ 时，下列函数的等价无穷小是哪个？

(1) $\sqrt[3]{1 + \sqrt[3]{x}} - 1$

(A) $x^{\frac{1}{3}}$ (B) $x^{\frac{1}{9}}$ (C) $\dfrac{1}{3} x^{\frac{1}{3}}$ (D) $\dfrac{1}{9} x^{\frac{1}{9}}$

(2) $\sqrt{1 + \tan x} - \sqrt{1 - \sin x}$

(A) x (B) $2x$ (C) $x^{\frac{1}{2}}$ (D) $2x^{\frac{1}{2}}$

5. 计算下列极限：

(1) $\lim\limits_{x \to 0} \dfrac{\sqrt{1 + x \sin x} - 1}{x^2}$；

(2) $\lim\limits_{x \to +\infty} (\sin \sqrt{x^2 + 1} - \sin x)$；

(3) $\lim\limits_{x \to 0} (\cos x)^{4/x^2}$；

(4) $\lim\limits_{x \to 1} \dfrac{x^x - 1}{x \ln x}$.

6. 试求常数 a 和 b 的值，使得

(1) $\lim\limits_{x \to \infty} \left(\dfrac{x^2 + 1}{x + 1} - ax - b \right) = 0$；

(2) $\lim\limits_{x \to \infty} \left(\dfrac{x + a}{x + 3} \right)^{\frac{x}{1000}} = e^2.$

7. 记 $(2n - 1)!! = 1 \cdot 3 \cdot 5 \cdot 7 \cdot \cdots \cdot (2n - 1)$，$(2n)!! = 2 \cdot 4 \cdot 6 \cdot 8 \cdot \cdots \cdot (2n)$，设 $x_n =$

$\dfrac{(2n-1)!!}{(2n)!!}$，试证明 $\dfrac{1}{\sqrt{4n}} < x_n < \dfrac{1}{\sqrt{2n+1}}$，并求极限 $\lim\limits_{n \to \infty} x_n$.

8. 设 $f(x)$ 在 $[a,+\infty)$ 上单调增加且有上界.

(1) 证明数列极限 $\lim\limits_{n \to \infty} f(n)$ 存在；

(2) 利用 (1) 和夹逼准则证明函数极限 $\lim\limits_{x \to +\infty} f(x)$ 存在.

9. 问 a,b 为何值时，下列函数在其定义域内的每点处连续：

(1) $f(x) = \begin{cases} \dfrac{\sin ax}{\sqrt{1-\cos x}} & \text{当 } x<0, x \neq -2k\pi\,(k \in \mathbf{Z}^+), \\ b & \text{当 } x=0, \\ \dfrac{1}{x}[\ln x - \ln(x^2+x)] & \text{当 } x>0; \end{cases}$

(2) $F(x) = f(x) + g(x)$，其中

$$f(x) = \begin{cases} x & \text{当 } x<1, \\ a & \text{当 } x \geq 1, \end{cases} \qquad g(x) = \begin{cases} b & \text{当 } x<0, \\ x+2 & \text{当 } x \geq 0. \end{cases}$$

10. 设

$$f(x) = \begin{cases} \mathrm{e}^{\frac{1}{x-1}} & x>0, \\ \ln(1+x) & -1 < x \leq 0. \end{cases}$$

求 $f(x)$ 的间断点，并说明间断点所属类型.

11. 设函数 $f(x)$ 对于闭区间 $[a,b]$ 上的任意两点 x,y，恒有 $|f(x)-f(y)| \leq L\,|x-y|$，其中 L 为正的常数，且 $f(a) \cdot f(b) < 0$.

证明：至少有一点 $\xi \in (a,b)$，使 $f(\xi) = 0$.

12. 设 $\triangle ABC$ 为等腰三角形，$\angle B = \angle C$，$\angle B$ 的平分线与对边 AC 交于点 P，则由平面几何知道，$\dfrac{AP}{PC} = \dfrac{BA}{BC}$. 现假定底边 BC 保持不动，而让等腰三角形的高趋于零，此时点 A 就趋向于底边 BC 的中点. 试求这一变化过程中，点 P 的极限位置.

13. 一个登山运动员在山脚处从早上 7:00 开始攀登某座山峰，在下午 7:00 到达山顶，第二天早上 7:00 再从山顶开始沿着上山的路下山，下午 7:00 到达山脚. 试利用介值定理说明：这个运动员在这两天的某一相同时刻经过登山路线的同一地点.

14. 如果存在直线 $y = ax + b$，使当 $x \to +\infty$ 时，曲线 $y = f(x)$ 上的点 $M(x,y)$ 到该直线的距离趋于零，则称直线 $y = ax + b$ 为曲线 $y = f(x)$（当 $x \to +\infty$ 时）的渐近线. 当斜率 $a \neq 0$ 时，称此渐近线为斜渐近线. 当 $x \to -\infty$ 或 $x \to \infty$ 时的渐近线的定义可类似给出.

(1) 根据定义证明，直线 $y = ax + b$ 为曲线 $y = f(x)$（当 $x \to +\infty$ 时）的渐近线的充分必要条件是

$$a = \lim_{x \to +\infty} \frac{f(x)}{x}, \qquad b = \lim_{x \to +\infty} [f(x) - ax];$$

(2) 求曲线 $y = (2x-1)\mathrm{e}^{\frac{1}{x}}$ 的斜渐近线.

15. 利用 Mathematica 作出数列 $x_n = \left(1 + \dfrac{1}{n}\right)^{n+1}$ 的点图，观察当 $n \to \infty$ 时 x_n 的变化趋势. 并利用数值计算的命令计算当 n 取很大的正整数时，x_n 的取值.

16. 函数 $y = x\cos x$ 在 $(-\infty, +\infty)$ 内是否有界？又问当 $x \to +\infty$ 时这个函数是否为无穷大？为什么？用 Mathematica 作出图形并验证你的结论.

17. (1) 在计算机屏幕上作出函数 $f(x) = x^{0.1}$ 和 $g(x) = \ln x$ 的图形. 何时开始, $f > g$？

(2) 再作出函数 $h(x) = g(x)/f(x)$ 的图形. 选用适当的显示区域, 展示 $x \to +\infty$ 时, $h(x)$ 的变化趋势；

(3) 确定正数 X, 使当 $x > X$ 时, $\dfrac{g(x)}{f(x)} < 0.1$.

第二章
一元函数微分学

DIFFERENTIAL CALCULUS OF
ONE VARIABLE FUNCTIONS

　　微积分学包含微分学和积分学两个分支,微分学又分为一元函数微分学和多元函数微分学两个部分.本章讨论一元函数微分学,多元函数微分学将放在下册讨论.

　　一元函数微分学中最基本的概念是导数.导数表示函数的因变量相对于自变量的变化的快慢程度,即因变量关于自变量的变化率.客观世界充满着运动和变化,描述变化离不开变化率,导数就是对各种各样的变化率的一种统一的数学抽象.导数在几何上可理解为曲线的斜率,由此它在解决几何问题以及寻求函数的极值和最大(小)值问题中也有着重要作用.

　　微分学的另一个基本概念是微分,它与导数概念紧密相关,并给出了函数在局部范围内的线性近似.

　　本章将从实例出发引入导数和微分的概念,并用极限加以精确定义.接着讨论函数求导的一般法则以及不同形式表示的函数(即显函数、隐函数及由参数方程确定的函数)的求导方法,并导出了全部基本初等函数的导数和微分公式.

　　本章第六节介绍了导数应用的理论基础——微分中值定理,随后讨论了导数的一些重要应用:用多项式逼近函数(泰勒公式)、未定式极限的求法(洛必达法则)、函数单调性和曲线凹凸性的研究、函数极值和最大(小)值的求法、曲线曲率的计算等.导数在方程的近似求根中也有着重要作用,这部分内容放在实验中结合上机进行学习.

第一节   导数的概念

一、导数概念的引出

我们先讨论两个问题:速度问题和切线问题.这两个问题在历史上都与导数概念的形成有密切的关系.

在第一章第一节中我们以自由落体运动为例讨论了与极限概念有关的一个典型问题——瞬时速度问题,这里用更一般性的语言表述如下:如果质点沿直线运动,其位置函数为 $s = s(t)$,那么在时刻 t_0 到 t 这段时间间隔内,质点的平均速度是

$$\frac{s(t) - s(t_0)}{t - t_0},$$

而质点在时刻 t_0 的瞬时速度即为上述平均速度当 $t \to t_0$ 时的极限:

$$v(t_0) = \lim_{t \to t_0} \frac{s(t) - s(t_0)}{t - t_0}. \tag{1}$$

接着来讨论曲线的切线问题.

如何确定曲线的切线位置是 17 世纪初期科学发展中遇到的一个十分重要的问题.在光学中讨论光线的入射角和反射角;在天文学中讨论行星在任一时刻的运动方向;在几何中讨论两条曲线的交角,所有这些问题都与曲线的切线有关.

在中学几何里把圆的切线定义为“与圆只有一个交点的直线”.但是,对于一般曲线,就不能用“与曲线只有一个交点的直线”作为切线的定义.比如抛物线 $y = x^2$ 与 y 轴只交于原点这一点,但显然 y 轴不符合上面提到的这些实际问题中所包含的切线的原意.

那么,应该怎样定义并求出曲线的切线呢? 法国数学家费马[①]在 1629 年提出了如下的定义和求法,从而圆满地解决了这个问题.

设有曲线 C 以及 C 上一点 M,在 C 上另取一点 N,作割线 MN.当点 N 沿曲线 C 趋向于点 M 时,如果割线 MN 绕点 M 旋转而趋向某一极限位置 MT,那么直线 MT 就称为曲线 C 在点 M 处的切线.这里极限位置的含义是:当点 N 沿曲线 C 趋于点 M 时,$\angle NMT$ 趋于零.

现在设曲线 C 的直角坐标方程为 $y = f(x)$.设 $M(x_0, y_0)$ 是曲线 C 上一

---

① 费马(P. de Fermat),1601—1665,法国数学家.

点,其中 $y_0 = f(x_0)$(图 2-1).为了求出曲线 C 在点 M 处的切线,就要求出过

该点的切线的斜率.由切线的定义可知,曲线在一点处的切线如果存在,则该切线的斜率可通过计算割线斜率的极限而得出.为此在曲线 C 上另取一点 $N(x,y)$,那么割线 MN 的斜率为

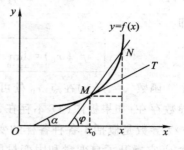

$$k_{MN} = \frac{y - y_0}{x - x_0} = \frac{f(x) - f(x_0)}{x - x_0},$$

当点 N 沿曲线 C 趋向于点 M 即 $x \to x_0$ 时,如果上式的极限存在,记为 k,即

$$k = \lim_{x \to x_0} \frac{f(x) - f(x_0)}{x - x_0}, \qquad (2)$$

图 2-1

那么 k 即为过点 M 的切线的斜率.

上面所讨论的虽然是两个不同的具体问题,但是它们在计算上都归结为如下的极限问题:

$$\lim_{x \to x_0} \frac{f(x) - f(x_0)}{x - x_0}, \qquad (3)$$

如果采用增量记号,记 $\Delta x = x - x_0$,$\Delta y = f(x) - f(x_0) = f(x_0 + \Delta x) - f(x_0)$,则(3)式中的 $\frac{f(x) - f(x_0)}{x - x_0} = \frac{\Delta y}{\Delta x}$ 是函数的增量与自变量的增量之比,表示函数的平均变化率.而对平均变化率取 $x \to x_0$(即 $\Delta x \to 0$)时的极限,所得到的就是函数在点 x_0 处的变化率.

在自然科学和工程技术领域中,甚至在社会科学中,有着许多有关变化率的概念,它们都可以归结为形如(3)式的数学形式.我们撇开不同的变化率的具体意义,抓住它们在数量关系上的共性,就得出函数的导数概念.

二、导数的定义

1. 函数在一点处的导数与导函数

定义 设函数 $y = f(x)$ 在点 x_0 的某个邻域内有定义.当自变量在点 x_0 处取得增量 Δx(点 $x_0 + \Delta x$ 仍在该邻域内)时,相应地,函数 y 取得增量 $\Delta y = f(x_0 + \Delta x) - f(x_0)$.如果 Δy 与 Δx 之比当 $\Delta x \to 0$ 时的极限存在,那么称函数 $y = f(x)$ 在点 x_0 处可导(differentiable),并称这个极限为函数 $y = f(x)$ 在点 x_0 处的导数(derivative),记为

$$f'(x_0), y'\Big|_{x=x_0}, \frac{\mathrm{d}y}{\mathrm{d}x}\Big|_{x=x_0} \text{ 或} \frac{\mathrm{d}f(x)}{\mathrm{d}x}\Big|_{x=x_0},^{①}$$

即

$$f'(x_0) = \lim_{\Delta x \to 0} \frac{\Delta y}{\Delta x} = \lim_{\Delta x \to 0} \frac{f(x_0 + \Delta x) - f(x_0)}{\Delta x}. \tag{4}$$

函数 $y = f(x)$ 在点 x_0 处可导也称为函数 $y = f(x)$ 在点 x_0 处具有导数或导数存在. 如果极限(4) 不存在, 那么称函数 $y = f(x)$ 在点 x_0 处不可导.

导数是概括了各种各样的变化率概念而得出的一个更一般、也更抽象的概念[②]. 它撇开了自变量和因变量所代表的特殊意义, 纯粹从数量方面来刻画变化率的本质, 它反映了在点 x_0 处因变量随自变量的变化而变化的快慢程度, 因此函数在点 x_0 处的导数就是函数在该点处的变化率.

如果函数 $y = f(x)$ 在开区间 I 内的每一点处都可导, 那么就称函数 $y = f(x)$ 在开区间 I 内可导, 或称函数 $y = f(x)$ 为开区间 I 内的可导函数. 区间 I 内可导函数的全体构成的集合记为 $D(I)$. 于是, $f \in D(I)$ 或 $f(x) \in D(I)$ 就表示 $f(x)$ 是开区间 I 内的可导函数.

如果 $f(x) \in D(I)$, 那么对任一 $x \in I$, 都对应着一个确定的导数值, 这样就定义了一个以 I 为定义域的新的函数, 称它为原来函数 $y = f(x)$ 在 I 内的导函数, 简称导数, 记为 $f'(x)$, y', $\frac{\mathrm{d}y}{\mathrm{d}x}$ 或 $\frac{\mathrm{d}f(x)}{\mathrm{d}x}$. 求函数的导数是一种运算, 记号中

---

① 导数记号 $\frac{\mathrm{d}y}{\mathrm{d}x}$ 是由微积分的创始人之一德国数学家莱布尼茨(G. W. Leibniz, 1646—1716)引进的. 这个记号很具启发性, 人们一看到它, 就会联想到导数定义: $\frac{\mathrm{d}y}{\mathrm{d}x} = \lim\limits_{\Delta x \to 0} \frac{\Delta y}{\Delta x}$. 而且在引进微分概念后, 这个记号直接表示了微分之商, 使用起来有其特殊的便利. 另外, 莱布尼茨还引进了积分记号 "$\int$", 它是一个拉长的字母"S"(英文 sum 即求和的第一个字母), 从而表现了积分与求和的密切关系, 同样很具启发性. 正由于此, 这两个记号一直被广泛地沿用至今. 好的数学记号能推动数学的传播和发展, 莱布尼茨发明的导数和积分记号就是适例.

莱布尼茨于 1646 年诞生于法国的莱比锡. 青年时代在莱比锡大学学习法律、神学、哲学和数学, 17 岁时获得学士学位, 20 岁就成为法学博士.

从 1672 年起, 莱布尼茨开始认真地研究数学. 他在巴黎制作了一种用于计算的机器, 并有机会见到了大数学家惠更斯. 惠更斯向他介绍了数学和科学发展的最新成果, 由此引发了莱布尼茨研究符号逻辑的兴趣. 他致力于发展一套符号系统, 以用于简化逻辑推理过程, 由此莱布尼茨被誉为数学史上最伟大的符号学家. 莱布尼茨在 1684 年出版的微积分教程中建立了一套计算导数和积分的记号和规则, 这些记号和规则被人们一直沿用至今.

② 各个领域中常遇到的变化率不胜枚举, 下面罗列几个例子. 物理学中有速度、加速度、角速度、线密度、电流、功率、温度梯度(温度关于位置的变化率)、(放射性元素的)衰变率等等; 化学中有扩散速度、反应速度等等; 生物学中有(种群)出生率、死亡率、自然增长率等等; 经济学中有边际成本、边际利润、边际需求等等; 社会学中有信息的传播速度、时尚的推广速度等等. 这些变化率都可用导数来加以刻画.

的"´"或"$\dfrac{\mathrm{d}}{\mathrm{d}x}$"也可看作是求导数的运算符号.

在(4)式中把 x_0 换成 x,就得到导函数的定义式:

$$f'(x) = \lim_{\Delta x \to 0} \frac{f(x+\Delta x) - f(x)}{\Delta x},\ x \in I.$$

注意,在上式中虽然 x 可以取开区间 I 内的任何数值,但是在求极限过程中,x 是常量,Δx 是变量.

显然,对于可导函数 $f(x)$ 而言,$f(x)$ 在点 x_0 处的导数 $f'(x_0)$ 就是它的导函数 $f'(x)$ 在点 $x = x_0$ 处的函数值,即

$$f'(x_0) = f'(x) \Big|_{x=x_0}.$$

由第一目中切线问题的讨论以及导数的定义可知:若函数 $f(x)$ 在点 x_0 处可导,则曲线 $y = f(x)$ 在点 $(x_0, f(x_0))$ 处有不垂直于 x 轴的切线,而且 $f'(x_0)$ 表示该切线的斜率.因此,曲线 $y = f(x)$ 在点 $M(x_0, f(x_0))$ 处的切线方程为

$$y_2 - y_1 = k(x_2 - x_1)$$

$$y - f(x_0) = f'(x_0)(x - x_0).$$

如果 $y = f(x)$ 在点 x_0 处不可导,且不可导的原因是由于 $\Delta x \to 0$ 时,$\dfrac{\Delta y}{\Delta x} \to \infty$,那么,为了方便起见,这时也可称 $y = f(x)$ 在点 x_0 处的导数为无穷大,并记作 $f'(x_0) = \infty$.当 $f(x)$ 的导数为无穷大且 $f(x)$ 在 x_0 处连续,那么曲线 $y = f(x)$ 在点 $M(x_0, f(x_0))$ 处具有垂直于 x 轴的切线 $x = x_0$.

2.求导数举例

下面根据导数的定义求一些简单函数的导数.

例 1　求函数 $f(x) = C$ (C 为常数)的导数.

解　$f'(x) = \lim\limits_{\Delta x \to 0} \dfrac{f(x+\Delta x) - f(x)}{\Delta x} = \lim\limits_{\Delta x \to 0} \dfrac{C - C}{\Delta x} = 0,$

即

$$(C)' = 0.$$

例 2　求幂函数 $f(x) = x^{\mu}$ 的导数.

解　$f'(x) = \lim\limits_{\Delta x \to 0} \dfrac{f(x+\Delta x) - f(x)}{\Delta x} = \lim\limits_{\Delta x \to 0} \dfrac{(x+\Delta x)^{\mu} - x^{\mu}}{\Delta x}$

$$= \lim_{\Delta x \to 0} x^{\mu} \frac{\left(1 + \dfrac{\Delta x}{x}\right)^{\mu} - 1}{\Delta x}\ (x \neq 0),$$

因为当 $\Delta x \to 0$ 时,$\dfrac{\Delta x}{x} \to 0$,这时 $\left(1 + \dfrac{\Delta x}{x}\right)^{\mu} - 1 \sim \mu \dfrac{\Delta x}{x}$(见第一章第六节的例6),故

$$(1+x)^a - 1 \sim ax$$

$$f'(x) = \lim_{\Delta x \to 0} x^\mu \cdot \frac{\mu \frac{\Delta x}{x}}{\Delta x} = \mu x^{\mu-1}.$$

即

$$(x^\mu)' = \mu x^{\mu-1}①.$$

例 3　求函数 $f(x) = \sin x$ 的导数.

解　$f'(x) = \lim\limits_{\Delta x \to 0} \dfrac{f(x + \Delta x) - f(x)}{\Delta x} = \lim\limits_{\Delta x \to 0} \dfrac{\sin(x + \Delta x) - \sin x}{\Delta x}$

$$= \lim_{\Delta x \to 0} \frac{2\cos\left(x + \frac{1}{2}\Delta x\right)\sin\frac{\Delta x}{2}}{\Delta x} = \lim_{\Delta x \to 0} \cos\left(x + \frac{1}{2}\Delta x\right)\frac{\sin\frac{\Delta x}{2}}{\frac{\Delta x}{2}}$$

$$= \cos x,$$

即

$$(\sin x)' = \cos x.$$

用类似的方法可以求得

$$(\cos x)' = -\sin x.$$

例 4　求指数函数 $f(x) = a^x (a > 0, a \neq 1)$ 的导数.

解　$f'(x) = \lim\limits_{\Delta x \to 0} \dfrac{f(x + \Delta x) - f(x)}{\Delta x} = \lim\limits_{\Delta x \to 0} \dfrac{a^{x + \Delta x} - a^x}{\Delta x}$

$$= a^x \lim_{\Delta x \to 0} \frac{a^{\Delta x} - 1}{\Delta x}.$$

由于当 $\Delta x \to 0$ 时, $a^{\Delta x} - 1 \sim \Delta x \ln a$（见第一章第六节的例 5）, 所以

$$f'(x) = a^x \lim_{\Delta x \to 0} \frac{\Delta x \ln a}{\Delta x} = a^x \ln a,$$

即

$$(a^x)' = a^x \ln a.$$

特别, 当 $a = e$ 时有

$$(e^x)' = e^x,$$

即以 e 为底的指数函数的导数就是它自己. 这是以 e 为底的指数函数的一个重要特性.

例 5　求指数曲线 $y = e^x$ 在点 $(0, 1)$ 处的切线方程和法线方程.

解　由例 4 与导数的几何意义, 指数曲线 $y = e^x$ 在点 $(0, 1)$ 处的切线斜率为

$y'\Big|_{x=0} = e^0 = 1$, 所以切线方程为 $y - 1 = x - 0$,

---

① 虽然在推导过程中限定了 $x \neq 0$, 但是, 只要 $x = 0$ 在 $\mu x^{\mu-1}$ 的定义域范围内, 公式 $(x^\mu)' = \mu x^{\mu-1}$ 对 $x = 0$ 仍然适用.

即

$$y = x + 1;$$

而法线方程为

$$y - 1 = - (x - 0),$$

即

$$y = - x + 1.$$

3. 单侧导数

现在我们给出函数 $y = f(x)$ 在点 x_0 处的左、右导数的定义. 设函数 $y = f(x)$ 在点 x_0 的某个右邻域 $[x_0, x_0 + \delta)$ 内有定义, 自变量 x 在 x_0 处有增量 $\Delta x > 0$, 如果极限

$$\lim_{\Delta x \to 0^+} \frac{f(x_0 + \Delta x) - f(x_0)}{\Delta x} \tag{5}$$

存在, 那么称这个极限为函数 $y = f(x)$ 在点 x_0 处的右导数(right - hand derivative), 记为 $f_+'(x_0)$. 类似地定义函数 $y = f(x)$ 在点 x_0 处的左导数(left - hand derivative)为如下极限:

$$\lim_{\Delta x \to 0^-} \frac{f(x_0 + \Delta x) - f(x_0)}{\Delta x}, \tag{6}$$

并记为 $f_-'(x_0)$.

显然, 在定义导数 $f'(x_0)$ 的极限式(4)中, 如果把 $\Delta x \to 0$ 改作 $\Delta x \to 0^+$ ($\Delta x \to 0^-$), 即改作右极限(左极限), 就得到右导数 $f_+'(x_0)$(左导数 $f_-'(x_0)$)的定义. 由于函数在一点处极限存在的充分必要条件是在该点处函数的左、右极限都存在且相等. 因此, 函数 $y = f(x)$ 在点 x_0 处可导, 即 $f'(x_0)$ 存在的充分必要条件是左、右导数 $f_-'(x_0)$、$f_+'(x_0)$ 都存在且相等.

例 6 讨论函数 $f(x) = |x|$ 在 $x = 0$ 处的可导性.

解 $f_+'(0) = \lim_{\Delta x \to 0^+} \frac{f(0 + \Delta x) - f(0)}{\Delta x} = \lim_{\Delta x \to 0^+} \frac{|\Delta x|}{\Delta x} = \lim_{\Delta x \to 0^+} \frac{\Delta x}{\Delta x} = 1,$

$f_-'(0) = \lim_{\Delta x \to 0^-} \frac{f(0 + \Delta x) - f(0)}{\Delta x} = \lim_{\Delta x \to 0^-} \frac{|\Delta x|}{\Delta x} = \lim_{\Delta x \to 0^-} \frac{-\Delta x}{\Delta x} = -1.$

由于 $f_+'(0) \neq f_-'(0)$, 所以 $f(x) = |x|$ 在 $x = 0$ 处不可导.

如果 $f(x)$ 在 (a, b) 内可导, 并且 $f_+'(a)$、$f_-'(b)$ 都存在, 那么称 $f(x)$ 在闭区间 $[a, b]$ 上可导.

三、函数的可导性与连续性的关系

如果函数 $y = f(x)$ 在点 x 处可导, 即

$$\lim_{\Delta x \to 0} \frac{\Delta y}{\Delta x} = f'(x)$$

存在, 则由极限运算法则,

$$\lim_{\Delta x \to 0} \Delta y = \lim_{\Delta x \to 0} \frac{\Delta y}{\Delta x} \cdot \Delta x = \lim_{\Delta x \to 0} \frac{\Delta y}{\Delta x} \cdot \lim_{\Delta x \to 0} \Delta x = 0.$$

这就说明函数 $y = f(x)$ 在点 x 处连续. 所以, **如果函数在某点处可导, 那么函数在该点处必连续**.

但是从例 6 我们看到, 尽管函数 $y = |x|$ 在点 $x = 0$ 处连续, 却在点 $x = 0$ 处不可导, 因此, **函数在某点连续未必在该点处可导**. 可见

> 函数在某点连续是函数在该点可导的必要条件, 但不是充分条件.

顺便指出, 如果函数 $y = f(x)$ 在点 x_0 处连续而不可导, 也非 $f'(x_0) = \infty$, 那么它的图形在点 $(x_0, f(x_0))$ 处就没有切线. 如函数 $y = |x|$ 在点 $x = 0$ 处连续而不可导, 也非 $f'(0) = \infty$, 故它的图形在原点没有切线 (图 2-2); 而函数 $y = \sqrt[3]{x}$ 也在点 $x = 0$ 处连续而不可导, 但由于 $y' \Big|_{x=0} = \lim_{x \to 0} \frac{\sqrt[3]{x} - 0}{x} = \infty$, 故它的图形在原点处有垂直于 x 轴的切线 $x = 0$ (图 2-3).

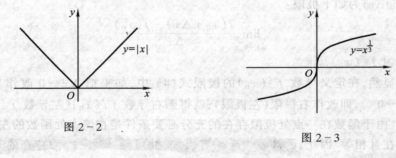

图 2-2

图 2-3

习题 2-1

1. 当物体的温度高于周围介质的温度时, 物体就不断冷却. 若物体的温度 T 与时间 t 的函数关系为 $T = T(t)$. 应怎样确定该物体在时刻 t 的冷却速度?

2. 设有一根细棒, 取棒的一端作为原点, 棒上任意点的坐标为 x. 于是分布在区间 $[0, x]$ 上细棒的质量 m 是 x 的函数 $m = m(x)$. 应怎样确定细棒在点 x_0 处的线密度 (对于均匀棒来说, 单位长度细棒的质量叫做这细棒的线密度)?

3. 已知物体的运动规律为 $s = t + t^2 (\text{m})$, 求:

(1) 物体在 1 s 到 2 s 这一时段的平均速度;

(2) 物体在 2 s 时的瞬时速度.

4. 下列各题中均假定 $f'(x_0)$ 存在, 按照导数定义观察下列极限, 指出 A 表示什么:

(1) $\lim_{\Delta x \to 0} \frac{f(x_0 - \Delta x) - f(x_0)}{\Delta x} = A$;

(2) $\lim_{x \to 0} \frac{f(x)}{x} = A$, 其中 $f(0) = 0$, 且 $f'(0)$ 存在;

(3) $\lim\limits_{h \to 0} \dfrac{f(x_0 + h) - f(x_0 - h)}{h} = A$.

5. 设 $f(0) = 0$ 且 $f'(0) = 2$，求 $\lim\limits_{x \to 0} \dfrac{f(x)}{\sin 2x}$.

6. 求下列函数的导数：

(1) $y = \sqrt{x^3}$；　　(2) $y = \dfrac{1}{\sqrt[3]{x}}$；　　(3) $y = x^3 \cdot \sqrt[5]{x}$；　　(4) $y = e^{2x}$.

7. 如果 $f(x)$ 为偶函数，且 $f'(x)$ 存在，证明 $f'(0) = 0$.

8. 求曲线 $y = \sin x$ 在具有下列横坐标的各点处切线的斜率：

$$x = \dfrac{2}{3}\pi；\quad x = \pi.$$

9. 求曲线 $y = \cos x$ 上点 $\left(\dfrac{\pi}{3}, \dfrac{1}{2}\right)$ 处的切线方程和法线方程.

10. 在抛物线 $y = x^2$ 上取横坐标为 $x_1 = 1$ 及 $x_2 = 3$ 的两点，作过这两点的割线.问该抛物线上哪一点的切线平行于这条割线？

11. 求半径 $r = 2$ cm 时，圆面积对半径的变化率.

12. 已知 $f(x) = \begin{cases} -x & \text{当 } x < 0, \\ x^2 & \text{当 } x \geqslant 0, \end{cases}$ 求 $f'_+(0)$ 及 $f'_-(0)$，又 $f'(0)$ 是否存在？

13. 已知 $f(x) = \begin{cases} \sin x & \text{当 } x < 0, \\ x & \text{当 } x \geqslant 0, \end{cases}$ 求 $f'(x)$.

14. 讨论下列函数在点 $x = 0$ 处的连续性与可导性：

(1) $y = |x^3|$；　　　　　　　　(2) $y = |\sin x|$；

(3) $y = \begin{cases} e^x + 1 & \text{当 } x \leqslant 0, \\ ax + b & \text{当 } x > 0; \end{cases}$　　(4) $y = \begin{cases} x^n \sin \dfrac{1}{x} & \text{当 } x \neq 0 (n \in \mathbf{Z}^+) \\ 0 & \text{当 } x = 0. \end{cases}$

15. 证明：双曲线 $xy = a^2$ 上任一点处的切线与两坐标轴构成的三角形的面积都等于 $2a^2$.

第二节　求 导 法 则

本节我们将介绍求导数的几个基本法则.借助于这些法则与上节中已经求得的一些简单函数的导数公式，就能够比较方便地求出基本初等函数的导数公式，进而可以求出初等函数的导数.

一、函数的线性组合、积、商的求导法则

设函数 $u = u(x)$ 与 $v = v(x)$ 在点 x 处具有导数 $u' = u'(x)$ 与 $v' = v'(x)$，分别考虑这两个函数的线性组合、积、商在点 x 处的导数.

1. 设 $f(x) = \alpha u(x) + \beta v(x)$，$\alpha, \beta \in \mathbf{R}$. 由极限运算法则，因

$$\lim_{\Delta x \to 0} \frac{f(x + \Delta x) - f(x)}{\Delta x}$$

$$= \lim_{\Delta x \to 0} \frac{[\alpha u(x + \Delta x) + \beta v(x + \Delta x)] - [\alpha u(x) + \beta v(x)]}{\Delta x}$$

$$= \lim_{\Delta x \to 0} \frac{\alpha[u(x + \Delta x) - u(x)] + \beta[v(x + \Delta x) - v(x)]}{\Delta x}$$

$$= \lim_{\Delta x \to 0} \alpha \frac{u(x + \Delta x) - u(x)}{\Delta x} + \lim_{\Delta x \to 0} \beta \frac{v(x + \Delta x) - v(x)}{\Delta x}$$

$$= \alpha u'(x) + \beta v'(x).$$

故由导数的定义得知函数 $f(x)$ 在点 x 处也可导,并且

$$f'(x) = \alpha u'(x) + \beta v'(x),$$

简单地可以表示为

$$\boxed{(\alpha u + \beta v)' = \alpha u' + \beta v'.}$$

这就是函数的线性组合的求导法则:两个可导函数的线性组合的导数等于函数的导数的线性组合.

这个法则可以推广到任意有限个函数的情形.

2. 设 $f(x) = u(x) \cdot v(x)$. 由极限运算法则,有

$$\lim_{\Delta x \to 0} \frac{f(x + \Delta x) - f(x)}{\Delta x}$$

$$= \lim_{\Delta x \to 0} \frac{u(x + \Delta x)v(x + \Delta x) - u(x)v(x)}{\Delta x}$$

$$= \lim_{\Delta x \to 0} \frac{[u(x + \Delta x)v(x + \Delta x) - u(x)v(x + \Delta x)] + [u(x)v(x + \Delta x) - u(x)v(x)]}{\Delta x}$$

$$= \lim_{\Delta x \to 0} \frac{u(x + \Delta x) - u(x)}{\Delta x} \cdot \lim_{\Delta x \to 0} v(x + \Delta x) + u(x) \lim_{\Delta x \to 0} \frac{v(x + \Delta x) - v(x)}{\Delta x}$$

$$= u'(x)v(x) + u(x)v'(x),$$

其中 $\lim\limits_{\Delta x \to 0} v(x + \Delta x) = v(x)$ 是由于 $v'(x)$ 存在,使 $v(x)$ 在点 x 处连续.

以上的推导说明函数 $f(x)$ 在 x 点处也可导,并且

$$f'(x) = u'(x)v(x) + u(x)v'(x),$$

简单地可以表示为

$$\boxed{(uv)' = u'v + uv'.}$$

这就是函数积的求导法则:两个可导函数乘积的导数等于第一个因子的导数与第二个因子的乘积加上第一个因子与第二个因子的导数的乘积.

积的求导法则也可以推广到任意有限个函数之积的情形,例如

$$(uvw)' = [(uv)w]' = (uv)'w + (uv)w' = (u'v + uv')w + uvw',$$

即

$$(uvw)' = u'vw + uv'w + uvw'.$$

例 1 设 $y = 2x^3 - 5x^2 + 3x - 7$，求 y'.

解 $y' = (2x^3 - 5x^2 + 3x - 7)'$

$= 2(x^3)' - 5(x^2)' + 3(x)'$

$= 2 \cdot 3x^2 - 5 \cdot 2x + 3$

$= 6x^2 - 10x + 3$.

例 2 设 $f(x) = x^3 + 4\cos x - \sin \dfrac{\pi}{2}$，求 $f'(x)$ 及 $f'\left(\dfrac{\pi}{2}\right)$.

解 $f'(x) = \left(x^3 + 4\cos x - \sin \dfrac{\pi}{2}\right)' = (x^3)' + 4(\cos x)' - \left(\sin \dfrac{\pi}{2}\right)'$

$= 3x^2 - 4\sin x$,

于是

$$f'\left(\frac{\pi}{2}\right) = 3\left(\frac{\pi}{2}\right)^2 - 4\sin \frac{\pi}{2} = \frac{3}{4}\pi^2 - 4.$$

例 3 设 $y = e^x(\sin x + \cos x)$，求 y'.

解 $y' = (e^x)'(\sin x + \cos x) + e^x(\sin x + \cos x)'$

$= e^x(\sin x + \cos x) + e^x(\cos x - \sin x)$

$= 2e^x \cos x$.

3. 设 $f(x) = \dfrac{u(x)}{v(x)}$，$v(x) \neq 0$. 我们先考虑 $\dfrac{1}{v(x)}$ 的导数. 由于 $v'(x)$ 存在，故 $v(x)$ 在点 x 处连续，并且因为 $v(x) \neq 0$，所以对于充分小的 $|\Delta x|$，$v(x + \Delta x) \neq 0$. 由极限运算法则，因

$$\lim_{\Delta x \to 0} \frac{\dfrac{1}{v(x + \Delta x)} - \dfrac{1}{v(x)}}{\Delta x} = \lim_{\Delta x \to 0} \frac{v(x) - v(x + \Delta x)}{v(x + \Delta x)v(x)\Delta x}$$

$$= \lim_{\Delta x \to 0} \left[-\frac{\dfrac{v(x + \Delta x) - v(x)}{\Delta x}}{v(x + \Delta x)v(x)} \right]$$

$$= -\frac{v'(x)}{[v(x)]^2},$$

故函数 $\dfrac{1}{v(x)}$ 在点 x 处可导，且 $\left[\dfrac{1}{v(x)}\right]' = -\dfrac{v'(x)}{[v(x)]^2}$.

又因为 $\dfrac{u(x)}{v(x)} = u(x) \cdot \dfrac{1}{v(x)}$，故利用乘积的求导法则，得

$$f'(x) = \left[u(x) \cdot \frac{1}{v(x)}\right]' = u'(x)\frac{1}{v(x)} + u(x)\left[\frac{1}{v(x)}\right]'$$

$$= \frac{u'(x)}{v(x)} - \frac{u(x)v'(x)}{[v(x)]^2} = \frac{u'(x)v(x) - u(x)v'(x)}{[v(x)]^2},$$

简单地可以表示为

$$\left(\frac{u}{v}\right)' = \frac{u'v - uv'}{v^2}.$$

这就是函数商的求导法则:两个可导函数的商的导数等于分子的导数与分母的乘积减去分母的导数与分子的乘积,再除以分母的平方.

例 4 设 $y = \dfrac{x^2 + x - 2}{x^3 + 6}$,求 y'.

解

$$y' = \frac{(x^2 + x - 2)'(x^3 + 6) - (x^2 + x - 2)(x^3 + 6)'}{(x^3 + 6)^2}$$

$$= \frac{(2x + 1)(x^3 + 6) - (x^2 + x - 2)(3x^2)}{(x^3 + 6)^2}$$

$$= \frac{(2x^4 + x^3 + 12x + 6) - (3x^4 + 3x^3 - 6x^2)}{(x^3 + 6)^2}$$

$$= \frac{-x^4 - 2x^3 + 6x^2 + 12x + 6}{(x^3 + 6)^2}.$$

图 2 - 4 同时显示了 y 与 y' 的图形,可以看到:在 y 的变化率大的地方 y' 的绝对值较大,而 y 的变化率小的地方 y' 的绝对值较小接近于 0.并且可注意到,在 y 单调增加的区间上,y' 的图形位于 x 轴上方(即 $y' > 0$);在 y 单调减小的区间上,y' 的图形位于 x 轴下方(即 $y' < 0$),其中的原因将在本章第九节中讨论.

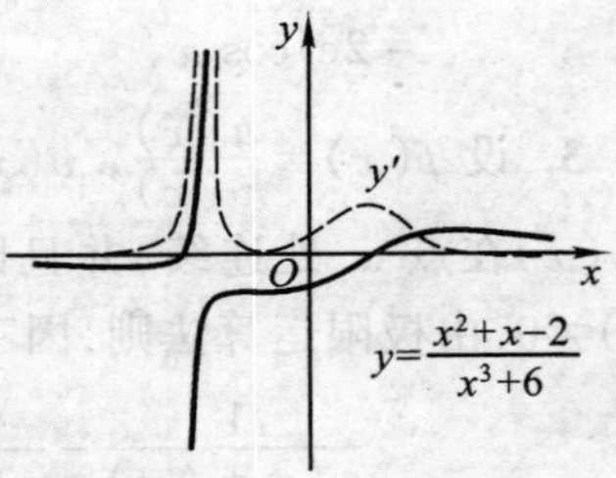

图 2 - 4

例 5 设 $y = \tan x$,求 y'.

解 $y' = (\tan x)'$

$$= \left(\frac{\sin x}{\cos x}\right)' = \frac{(\sin x)' \cos x - \sin x (\cos x)'}{\cos^2 x}$$

$$= \frac{\cos^2 x + \sin^2 x}{\cos^2 x} = \frac{1}{\cos^2 x} = \sec^2 x,$$

即

$$(\tan x)' = \sec^2 x.$$

这就是正切函数的导数公式. y 与 y' 的图形如图 2 - 5 所示.

例 6 设 $y = \sec x$,求 y'.

解 $y' = (\sec x)' = \left(\dfrac{1}{\cos x}\right)' = \dfrac{(1)' \cdot \cos x - 1 \cdot (\cos x)'}{\cos^2 x}$

$$= \frac{\sin x}{\cos^2 x} = \sec x \cdot \tan x,$$

即

$$(\sec x)' = \sec x \cdot \tan x.$$

这就是正割函数的导数公式. y 与 y' 的图形如图 2-6 所示.

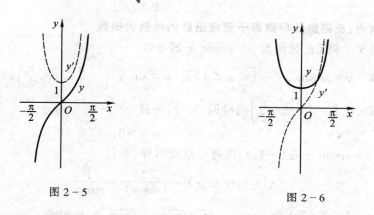

图 2-5   图 2-6

用类似的方法,我们可以求得余切函数与余割函数的导数公式:

$$(\cot x)' = -\csc^2 x,$$

$$(\csc x)' = -\csc x \cdot \cot x.$$

二、反函数的导数

设 $x = \varphi(y)$ 在区间 I_y 内单调、连续,那么它的反函数,记为 $y = f(x)$,在对应的区间 $I_x = \{x \mid x = \varphi(y), y \in I_y\}$ 内也是单调、连续的. 现在进一步假定 $x = \varphi(y)$ 在区间 I_y 内可导,并且在点 $y \in I_y$ 处, $\varphi'(y) \neq 0$,我们考虑在对应点 x 处反函数 $y = f(x)$ 的可导性.

给 x 以增量 Δx ($\Delta x \neq 0, x + \Delta x \in I_x$), 由 $y = f(x)$ 的单调性知

$$\Delta y = f(x + \Delta x) - f(x) \neq 0,$$

于是有

$$\frac{\Delta y}{\Delta x} = \frac{1}{\dfrac{\Delta x}{\Delta y}},$$

并且因为 $y = f(x)$ 连续,故当 $\Delta x \to 0$ 时必有 $\Delta y \to 0$,从而有

$$\lim_{\Delta x \to 0} \frac{\Delta y}{\Delta x} = \lim_{\Delta y \to 0} \frac{1}{\dfrac{\Delta x}{\Delta y}} = \frac{1}{\varphi'(y)}.$$

这说明反函数 $y = f(x)$ 在点 x 处可导,并且

$$f'(x) = \frac{1}{\varphi'(y)}.$$

由此得到**反函数的求导法则**:若函数 $x = \varphi(y)$ 在区间 I_y 内单调可导,且导数 $\varphi'(y) \neq 0$,则它的反函数 $y = f(x)$ 在对应区间 I_x 内单调可导,且有

$$f'(x) = \frac{1}{\varphi'(y)}.$$

简单地说,**反函数的导数等于直接函数的导数的倒数**.

例 7 求反正弦函数 $y = \arcsin x$ 的导数.

解 $y = \arcsin x (-1 < x < 1)$ 是 $x = \sin y \left(-\frac{\pi}{2} < y < \frac{\pi}{2}\right)$ 的反函数,而 $x = \sin y$ 在 $I_y = \left(-\frac{\pi}{2}, \frac{\pi}{2}\right)$ 内单调、可导,并且

$$(\sin y)' = \cos y > 0,$$

所以,$y = \arcsin x$ 在 $(-1, 1)$ 内每一点处可导,并且

$$y' = (\arcsin x)' = \frac{1}{(\sin y)'} = \frac{1}{\cos y}.$$

注意到在 $\left(-\frac{\pi}{2}, \frac{\pi}{2}\right)$ 内,$\cos y = \sqrt{1 - \sin^2 y} = \sqrt{1 - x^2}$,从而有

$$(\arcsin x)' = \frac{1}{\sqrt{1 - x^2}}.$$

用类似的方法可以求得反余弦函数的导数公式:

$$(\arccos x)' = -\frac{1}{\sqrt{1 - x^2}}.$$

例 8 求反正切函数 $y = \arctan x$ 的导数.

解 $y = \arctan x (-\infty < x < +\infty)$ 是 $x = \tan y \left(-\frac{\pi}{2} < y < \frac{\pi}{2}\right)$ 的反函数,而 $x = \tan y$ 在 $I_y = \left(-\frac{\pi}{2}, \frac{\pi}{2}\right)$ 内单调、可导,并且

$$(\tan y)' = \sec^2 y > 0,$$

所以,$y = \arctan x$ 在 $(-\infty, +\infty)$ 内每一点处可导,并且

$$y' = (\arctan x)' = \frac{1}{(\tan y)'} = \frac{1}{\sec^2 y}.$$

注意到 $\sec^2 y = 1 + \tan^2 y = 1 + x^2$,从而有

$$(\arctan x)' = \frac{1}{1 + x^2}.$$

用类似的方法可以求得反余切函数的导数公式:

$$(\text{arccot } x)' = -\frac{1}{1 + x^2}.$$

如果注意到三角学中的公式:

$$\arccos x = \frac{\pi}{2} - \arcsin x, \operatorname{arccot} x = \frac{\pi}{2} - \arctan x,$$

我们也可以利用函数的和或差的求导法则,由反正弦函数和反正切函数的导数求得反余弦函数与反余切函数的导数公式.

例 9 求对数函数 $y = \log_a x$ ($a > 0, a \neq 1$)的导数.

解 $y = \log_a x$ ($0 < x < \infty$)是 $x = a^y$ ($-\infty < y < +\infty$)的反函数,而 $x = a^y$ 在 $I_y = (-\infty, +\infty)$ 内单调、可导,并且

$$(a^y)' = a^y \ln a \neq 0,$$

所以,$y = \log_a x$ 在 $(0, +\infty)$ 内每一点处可导,并且

$$y' = (\log_a x)' = \frac{1}{(a^y)'} = \frac{1}{a^y \ln a}.$$

注意到 $a^y = x$,从而有

$$(\log_a x)' = \frac{1}{x \ln a}.$$

特别地,当 $a = e$ 时,可以得到自然对数函数的导数公式:

$$(\ln x)' = \frac{1}{x}. \qquad (a = e)$$

以上推导出来的基本初等函数的导数公式都在第五节中汇总列出.

三、复合函数的导数

到目前为止,对于诸如 $\ln \tan x$、e^{x^3}、$\sin \frac{2x}{1+x^2}$ 那样的复合函数,我们还不知道它们是否可导;如果可导,又如何求它们的导数.然而,借助于下面的重要法则,我们便可以解决这些问题.

复合函数求导法则 如果 $u = \varphi(x)$ 在点 x_0 处可导,而 $y = f(u)$ 在点 $u_0 = \varphi(x_0)$ 处可导,那么复合函数 $y = f[\varphi(x)]$ 在点 x_0 处可导,并且其导数为

$$\frac{\mathrm{d}y}{\mathrm{d}x}\bigg|_{x=x_0} = f'(u_0) \cdot \varphi'(x_0). \tag{1}$$

证 设自变量 x 在 x_0 处有增量 Δx,则相应地,函数 $u = \varphi(x)$ 有增量

$$\Delta u = \varphi(x_0 + \Delta x) - \varphi(x_0),$$

函数 $y = f(u)$ 有增量

$$\Delta y = f(u_0 + \Delta u) - f(u_0).$$

下面我们在增量 $\Delta u \neq 0$ 的条件下,给出一个简洁的证明.此时,

$$\frac{\Delta y}{\Delta x} = \frac{\Delta y}{\Delta u} \cdot \frac{\Delta u}{\Delta x}. \tag{2}$$

由 $u = \varphi(x)$ 在 x_0 处可导推得它在 x_0 处连续,因此当 $\Delta x \to 0$ 时,$\Delta u \to 0$.于是,

$$\lim_{\Delta x \to 0} \frac{\Delta y}{\Delta u} = \lim_{\Delta u \to 0} \frac{\Delta y}{\Delta u} = f'(u_0),$$

又

$$\lim_{\Delta x \to 0} \frac{\Delta u}{\Delta x} = \varphi'(x_0).$$

于是由(2)式立即可得

$$\frac{\mathrm{d}y}{\mathrm{d}x}\bigg|_{x=x_0} = \lim_{\Delta x \to 0} \frac{\Delta y}{\Delta x} = \lim_{\Delta x \to 0} \left(\frac{\Delta y}{\Delta u} \cdot \frac{\Delta u}{\Delta x} \right)$$

$$= \lim_{\Delta u \to 0} \frac{\Delta y}{\Delta u} \cdot \lim_{\Delta x \to 0} \frac{\Delta u}{\Delta x} = f'(u_0) \cdot \varphi'(x_0).$$

这就得到了复合函数的求导公式(1).

以上证明直接明了,并且给出了公式的要义.但是,这个证明只适用于 $\Delta u \neq 0$ 的情形.当 $\Delta u = 0$ 时(这是可能出现的),(2)式不成立,证明也就不再适用,需要进行补充.我们在本目最后给出一个完整的证明.

(1)式是复合函数 $y = f[\varphi(x)]$ 在给定点 x_0 处的求导公式.根据(1)式,如果 $u = \varphi(x)$ 在开区间 I 内可导, $y = f(u)$ 在开区间 I_1 内可导,并且当 $x \in I$ 时,对应的 $u \in I_1$,那么复合函数 $y = f[\varphi(x)]$ 在开区间 I 内可导,并且有以下的求导公式:

$$\frac{\mathrm{d}y}{\mathrm{d}x} = \frac{\mathrm{d}y}{\mathrm{d}u} \cdot \frac{\mathrm{d}u}{\mathrm{d}x}. \tag{3}$$

上述公式称为复合函数的求导法则,亦称为链式法则(chain rule).

这个法则可以推广到多个中间变量的情形.例如,如果 $y = f(u)$、 $u = \varphi(v)$、 $v = \psi(x)$,那么复合函数 $y = f\{\varphi[\psi(x)]\}$ 的导数为

$$\frac{\mathrm{d}y}{\mathrm{d}x} = \frac{\mathrm{d}y}{\mathrm{d}u} \cdot \frac{\mathrm{d}u}{\mathrm{d}v} \cdot \frac{\mathrm{d}v}{\mathrm{d}x}.$$

例 10　设 $y = (1-2x)^{100}$,求 $\dfrac{\mathrm{d}y}{\mathrm{d}x}$.

解　如果利用二项式定理将 $(1-2x)^{100}$ 展开成多项式后再逐项求导,则运算相当繁杂.现在用复合函数求导法则进行求导则方便得多.函数 $y = (1-2x)^{100}$ 可看作由 $y = u^{100}$ 和 $u = 1-2x$ 复合而成.因此由(3)式得

$$\frac{\mathrm{d}y}{\mathrm{d}x} = \frac{\mathrm{d}y}{\mathrm{d}u} \cdot \frac{\mathrm{d}u}{\mathrm{d}x} = 100u^{99} \cdot (-2) = -200(1-2x)^{99}.$$

例 11　求函数 $y = \ln \tan x$ 的导数.

解　$y = \ln \tan x$ 可以看作由 $y = \ln u$, $u = \tan x$ 复合而成.因此由(3)式得

$$\frac{\mathrm{d}y}{\mathrm{d}x} = \frac{\mathrm{d}y}{\mathrm{d}u} \cdot \frac{\mathrm{d}u}{\mathrm{d}x} = \frac{1}{u} \cdot \sec^2 x = \cot x \cdot \sec^2 x = \frac{1}{\sin x \cos x}.$$

例 12　求函数 $y = \sinh x$ 的导数.

解　因为 $y = \sinh x = \dfrac{e^x - e^{-x}}{2}$，所以 $y' = \dfrac{(e^x)' - (e^{-x})'}{2}$，其中 e^{-x} 可以看成由 $e^u, u = -x$ 复合而成，即有

$$(e^{-x})' = (e^u)'(-x)' = -e^{-x}.$$

于是　　　　　　　　　　　$y' = \dfrac{e^x - (-e^{-x})}{2} = \dfrac{e^x + e^{-x}}{2} = \cosh x.$

即

$$❶\ (\sinh x)' = \cosh x.$$

类似地可求得

$$❶\ (\cosh x)' = \sinh x.$$

　　由以上例子可以看出，应用复合函数求导法则的关键是把所给的复合函数分解为若干简单的函数，而这些简单函数的导数是已经会求的. 对复合函数的分解比较熟练以后，中间变量可以不写出来，而直接写出函数对中间变量求导的结果. 重要的是每一步对哪个变量求导必须清楚.

　　例 13　求函数 $y = \ln(x + \sqrt{1 + x^2})$ 的导数.

　　解　由链式法则得

$$y' = \frac{(x + \sqrt{1 + x^2})'}{x + \sqrt{1 + x^2}} = \frac{1 + \dfrac{1}{2}\dfrac{2x}{\sqrt{1 + x^2}}}{x + \sqrt{1 + x^2}} = \frac{1 + \dfrac{x}{\sqrt{1 + x^2}}}{x + \sqrt{1 + x^2}}$$

$$= \frac{1}{\sqrt{1 + x^2}}.$$

　　例 14　求函数 $y = e^{\sin\frac{1}{x}}$ 的导数.

　　解　$\dfrac{\mathrm{d}y}{\mathrm{d}x} = (e^{\sin\frac{1}{x}})' = e^{\sin\frac{1}{x}} \cdot \left(\sin \dfrac{1}{x}\right)'$

$$= e^{\sin\frac{1}{x}} \cdot \cos \dfrac{1}{x} \cdot \left(\dfrac{1}{x}\right)'$$

$$= -\dfrac{1}{x^2} e^{\sin\frac{1}{x}} \cdot \cos \dfrac{1}{x}.$$

　　附　链式法则的完整证明

考虑两种情况

　　情况 1　若 $\varphi'(x_0) \neq 0$，即 $\lim\limits_{\Delta x \to 0} \dfrac{\Delta u}{\Delta x} \neq 0$.

　　此时由极限的保号性可知，当 $|\Delta x|$ 充分小时，$\Delta u \neq 0$，于是前面给出的证明适用，因而链式法则得证.

　　情况 2　若 $\varphi'(x_0) = 0$，即 $\lim\limits_{\Delta x \to 0} \dfrac{\Delta u}{\Delta x} = 0.$

此时在 $\Delta x \to 0$ 的过程中，Δx 的取值有两类，一类值使对应的 $\Delta u = 0$；另一类值使对应的 $\Delta u \neq 0$.

当 Δx 取那些使 $\Delta u \neq 0$ 的值而趋于零时，由于 $\dfrac{\Delta y}{\Delta x} = \dfrac{\Delta y}{\Delta u} \cdot \dfrac{\Delta u}{\Delta x}$，而 $\dfrac{\Delta y}{\Delta u} \to$ $f'(u_0), \dfrac{\Delta u}{\Delta x} \to \varphi'(x_0) = 0$，故

$$\frac{\Delta y}{\Delta x} \to f'(u_0) \cdot 0 = 0.$$

当 Δx 取那些使 $\Delta u = 0$ 的值而趋于零时，由于

$$\Delta y = f(u_0 + \Delta u) - f(u_0) = f(u_0) - f(u_0) = 0,$$

故 $\dfrac{\Delta y}{\Delta x} = 0$，从而 $\dfrac{\Delta y}{\Delta x} \to 0$.

因此不论 Δx 取哪类值趋于零，总有 $\dfrac{\Delta y}{\Delta x} \to 0$，从而

$$\frac{\mathrm{d}y}{\mathrm{d}x}\bigg|_{x=x_0} = \lim_{\Delta x \to 0} \frac{\Delta y}{\Delta x} = 0 = f'(u_0) \cdot \varphi'(x_0).$$

证毕.

习题 2 - 2

1. 证明下列导数公式：

(1) $(\cot x)' = -\csc^2 x$；

(2) $(\csc x)' = -\cot x \csc x$；

(3) $(\arccos x)' = -\dfrac{1}{\sqrt{1 - x^2}}$；

(4) $(\operatorname{arccot} x)' = -\dfrac{1}{1 + x^2}$.

2. 求下列函数的导数：

(1) $y = 2x^4 - \dfrac{3}{x^2} + 5$；

(2) $y = e^{2x} + 2^x + 7$；

(3) $y = \ln(2x) + 2\lg x$；

(4) $y = 3\sec x + \cot x$；

(5) $y = \sin x \cdot \tan x$；

(6) $y = x^3 \ln x$；

(7) $y = e^x \sin x$；

(8) $y = (x^2 + x + 1)(x - 1)^2$，对数除法

(9) $y = \dfrac{\sin x}{x}$；

(10) $y = \dfrac{\ln x}{x}$；

(11) $y = \dfrac{1}{x \ln x}$；

(12) $y = \dfrac{e^x}{x^2 + 2x + 1}$；

(13) $y = x^2 e^x \cos x$；

(14) $y = \dfrac{1}{2} \ln \dfrac{1 + x}{1 - x}$.

3. 求下列函数在给定点处的导数：

(1) $y = \sin x - \cos x$，求 $y'\big|_{x = \frac{\pi}{6}}$ 和 $y'\big|_{x = \frac{\pi}{4}}$；

(2) $\rho = \varphi\sin \varphi + \dfrac{1}{2}\cos \varphi$，求 $\dfrac{\mathrm{d}\rho}{\mathrm{d}\varphi}\bigg|_{\varphi = \frac{\pi}{4}}$；

(3) $f(x) = \dfrac{3}{5 - x} + \dfrac{x^2}{5}$，求 $f'(0)$ 和 $f'(2)$．

4．求抛物线 $y = ax^2 + bx + c$ 上具有水平切线的点．

5．写出曲线 $y = x - \dfrac{1}{x}$ 与 x 轴交点处的切线方程．

6．求下列函数的导数：

(1) $y = (3x^2 + 1)^3$；　　　　　　　　(2) $y = \mathrm{e}^{-x^2 + x + 1}$；

(3) $y = \sin(4x + 5)$；　　　　　　　　(4) $y = \cos x^2$；

(5) $y = \ln(2x^2 + 1)$；　　　　　　　　(6) $y = \sqrt{a^2 - x^2}$；

(7) $y = \arctan(2x + 1)$；　　　　　　(8) $y = \arcsin(\mathrm{e}^x - 1)$；

(9) $y = (\arccos x)^3$；　　　　　　　　(10) $y = \ln \cosh x$；

(11) $y = \log_a(x^2 + 1)$；　　　　　　(12) $y = \dfrac{1}{\sqrt{1 - x^2}}$；

(13) $y = \mathrm{e}^{-ax}\cos bx$；　　　　　　(14) $y = \arcsin \dfrac{1}{x}$；

(15) $y = \ln(x + \sqrt{a^2 + x^2})$；　　(16) $y = \ln(\sec x + \tan x)$；

(17) $y = \sqrt{1 + 2\ln^2 x}$；　　　　　(18) $y = \ln[\ln(\ln x)]$；

(19) $y = \arctan(\mathrm{e}^{\sqrt{x}})$；　　　　(20) $y = \arcsin\sqrt{\dfrac{1 - x}{1 + x}}$；

(21) $y = \mathrm{e}^{\arcsin\sqrt{x}}$；　　　　　　(22) $y = \sin^n x \cdot \cos nx$；

(23) $y = \sqrt{\dfrac{1 - \sin 2x}{1 + \sin 2x}}$；　　　(24) $y = \arctan\left(\dfrac{1}{2}\tan \dfrac{x}{2}\right)$．

7．如图 $2 - 7$，$y = f(x)$ 和 $y = g(x)$ 的图形分别是图中的虚线和实线所表示的折线．设 $F(x) = f[g(x)]$，求 $F'(1)$．

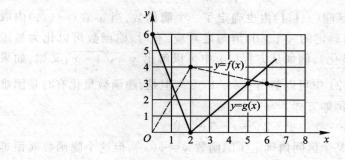

图 $2 - 7$

8. 试求 a 的值,使得直线 $y = x$ 与曲线 $y = \log_a x$ 相切,并求出切点的坐标.

9. 设 $f'(x)$ 存在,求下列函数的导数 $\dfrac{\mathrm{d}y}{\mathrm{d}x}$:

(1) $y = f(x^2)$;   (2) $y = \arctan[f(x)]$.

第三节　隐函数的导数和由参数方程确定的函数的导数

一、隐函数的导数

　　函数 $y = f(x)$ 表示两个变量 y 与 x 之间的对应关系.这种对应关系可以用不同的方式表达.有的函数,例如 $y = x^n$、$y = \sin x$ 等,其表达方式的特点是:等号左端为因变量 y,而右端为含自变量 x 的算式,当 x 在某一集合内取定任何一个值时,由这个算式能确定对应的函数值 y.用这种方式表达的函数称为显函数.还有一些函数,其变量 x 和 y 之间的对应关系是由一个方程 $F(x, y) = 0$ ($F(x, y)$ 为变量 x 和 y 的一个算式)来确定的,即在一定的条件下,当 x 在某一区间内取定任何一个值时,相应地总有满足方程的惟一的 y 值存在,这时就称方程 $F(x, y) = 0$ 在该区间内确定了一个 y 关于 x 的隐函数.同时满足方程的 x 值和 y 值就是这个隐函数的一组对应值.

　　例如,方程

$$x + y^3 - 1 = 0 \tag{1}$$

在区间 $(-\infty, +\infty)$ 上确定了一个隐函数 $y = y(x)$,当变量 x 在 $(-\infty, +\infty)$ 内取定任何一个值时,变量 y 总有确定的值与之对应;又如方程

$$x^2 + y^2 = 1, \tag{2}$$

如果限定 $y > 0$,则在区间 $(-1, 1)$ 内也确定了一个隐函数,当 x 在 $(-1, 1)$ 内取定任何一个值时,就有确定的 y (> 0) 值与之对应.有时,隐函数可以化为显函数(这称为隐函数的显化),例如从方程 (1) 中可以解出 $y = \sqrt[3]{1 - x}$;又如,如果规定 $y > 0$,则从方程 (2) 中可以解出 $y = \sqrt{1 - x^2}$.但是,隐函数显化有时是困难的,甚至是不可能的.例如方程

$$y^5 + 2y - x - 3x^7 = 0$$

也在满足一定条件的某个区间内确定了隐函数 $y = y(x)$,但这个隐函数就很难显化.

　　对给定的方程 $F(x, y) = 0$,在什么条件下可以确定隐函数 $y = y(x)$,并且 y 关于 x 可导?这个问题我们将在下册中讨论.下面我们在给定的方程已经确

定了隐函数的条件下,给出一种方法,无需通过隐函数的显化,直接由方程来算出它所确定的隐函数的导数.我们通过具体例子来说明这种方法.

例 1 求由方程 $y^5 + 2y - x - 3x^7 = 0$ 所确定的隐函数 $y = y(x)$ 在 $x = 0$ 处的导数 $\dfrac{\mathrm{d}y}{\mathrm{d}x}\Big|_{x=0}$.

解 当我们将方程中的 y 看作由该方程所确定的隐函数 $y = y(x)$ 时,则在隐函数有定义的区间内方程 $y^5 + 2y - x - 3x^7 = 0$ 就成为恒等式

$$[y(x)]^5 + 2y(x) - x - 3x^7 \equiv 0.$$

在等式两边对 x 求导,由复合函数求导法得

$$5y^4 \cdot \frac{\mathrm{d}y}{\mathrm{d}x} + 2\frac{\mathrm{d}y}{\mathrm{d}x} - 1 - 21x^6 = 0, \text{①}$$

于是得到

$$\frac{\mathrm{d}y}{\mathrm{d}x} = \frac{1 + 21x^6}{2 + 5y^4}.$$

当 $x = 0$ 时,从原方程解得 $y = 0$,所以,把 $x = 0$ 与 $y = 0$ 代入上式右端,得到

$$\frac{\mathrm{d}y}{\mathrm{d}x}\Big|_{x=0} = \frac{1}{2}.$$

例 2 求由方程 $\mathrm{e}^y + xy - \mathrm{e} = 0$ 所确定的隐函数 $y = y(x)$ 的导数 $\dfrac{\mathrm{d}y}{\mathrm{d}x}$.

解 方程两边对 x 求导,得

$$\mathrm{e}^y \cdot \frac{\mathrm{d}y}{\mathrm{d}x} + \left(y + x \cdot \frac{\mathrm{d}y}{\mathrm{d}x}\right) + 0 = 0,$$

从而

$$\frac{\mathrm{d}y}{\mathrm{d}x} = -\frac{y}{x + \mathrm{e}^y} \quad (x + \mathrm{e}^y \neq 0).$$

注意,隐函数导数的表达式中一般同时含有变量 x 和 y.其中 y 是由方程所确定的关于 x 的隐函数,这是与显函数的导数的表达式不一样的地方.

例 3 求由方程 $y = x + \varepsilon \sin y (0 < \varepsilon < 1)$ 所确定的曲线在点 $(0,0)$ 处的切线方程.

解 方程两边对 x 求导,得到

$$\frac{\mathrm{d}y}{\mathrm{d}x} = 1 + \varepsilon \cos y \cdot \frac{\mathrm{d}y}{\mathrm{d}x},$$

---

① 为简便起见,以后把这一运算步骤直接简称为"在方程两边对 x 求导",而略去前面的把隐函数代入方程得到恒等式的说明.

即

$$\frac{\mathrm{d}y}{\mathrm{d}x}=\frac{1}{1-\varepsilon\cos y},$$

因此曲线在点$(0,0)$处的切线斜率为$\dfrac{\mathrm{d}y}{\mathrm{d}x}\bigg|_{x=0}=\dfrac{1}{1-\varepsilon}$，从而切线方程为

$$y=\frac{1}{1-\varepsilon}x.$$

本例中的方程称为开普勒①方程，是从天体力学中归结出来的，y关于x的隐函数客观存在，但无法将y表达成x的显式表达式. 我们通过计算机作出了它的图形，如图$2-8$所示(图中ε取作0.5).

例 4　求由方程$x^4+y^4=16$确定的隐函数$y=y(x)$的导数.

解　方程两端对x求导，得

$$4x^3+4y^3y'=0.$$

整理后得

$$y'=-\frac{x^3}{y^3}.$$

我们根据y'的表达式对$x^4+y^4=16$的图形作一点说明. 由$x^4+y^4=16$可知，当$|x|$接近2时，y的值接近于零，因此$\left|\dfrac{x}{y}\right|$很大，于是$y'=-\dfrac{x^3}{y^3}=-\left(\dfrac{x}{y}\right)^3$的绝对值变得更加大，这说明在$|x|=2$的近旁，曲线的切线很陡，并且当$|x|=2$时，切线垂直于$x$轴. 而当$|x|$离开$2$并减小时，随着$|y|$的增加，$y'=-\left(\dfrac{x}{y}\right)^3$的绝对值迅速减小，这时曲线的切线很快变得平坦，因此整个图形就像一个上下左右"压平"了的圆周(图$2-9$).

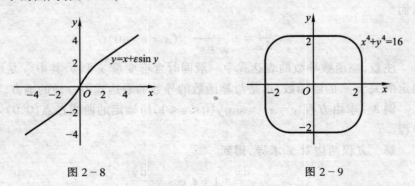

图$2-8$　　　　　　　　　　　　　　图$2-9$

例 5　设$y=x^x$，求$\dfrac{\mathrm{d}y}{\mathrm{d}x}$.

---

① 开普勒(J. Kepler)，1571—1630，德国数学家、天文学家.

解　在方程 $y = x^x$ 两端取对数,得

$$\ln y = x \ln x.$$

上式两端对 x 求导,得

$$\frac{1}{y} \cdot \frac{\mathrm{d}y}{\mathrm{d}x} = \ln x + 1,$$

于是

$$\frac{\mathrm{d}y}{\mathrm{d}x} = y(\ln x + 1) = x^x(\ln x + 1).$$

本例中的 x^x 是一个幂指函数. 一般地,求幂指函数 $y = [u(x)]^{v(x)}$ 的导数时,可先取对数,得 $\ln y = v(x)\ln u(x)$,然后两端对 x 求导,得

$$\frac{y'}{y} = v'(x)\ln u(x) + \frac{v(x)u'(x)}{u(x)},$$

即

$$y' = y\left[v'(x)\ln u(x) + \frac{v(x)u'(x)}{u(x)} \right]$$

$$= [u(x)]^{v(x)}\left[v'(x)\ln u(x) + \frac{v(x)u'(x)}{u(x)} \right].$$

这种方法叫做对数求导法. 此外,对于类似 $y = \dfrac{\sqrt{x+1}\,(x^4+3)^3}{(x+3)^2}$ 的函数,用对数求导法求导也是很方便的.

因为　$\ln y = \dfrac{1}{2}\ln(x+1) + 3\ln(x^4+3) - 2\ln(x+3)$,所以

$$\frac{y'}{y} = \frac{1}{2} \cdot \frac{1}{x+1} + 3 \cdot \frac{4x^3}{x^4+3} - 2 \cdot \frac{1}{x+3},$$

即

$$y' = \frac{\sqrt{x+1}\,(x^4+3)^3}{(x+3)^2}\left(\frac{1}{2(x+1)} + \frac{12x^3}{x^4+3} - \frac{2}{x+3} \right).$$

下面我们利用隐函数求导法来讨论曲线族的正交问题. 如果两条曲线在它们的交点处的切线互相垂直,就称这两条曲线在该点正交(或直交). 如果一个曲线族中的每条曲线与另一个曲线族的所有和它相交的曲线均正交,就称这两个曲线族是正交的(或互为正交轨线). 正交曲线族在很多物理现象中出现,例如,静电场中的电力线与等电位线正交,热力学中的等温线与热流线正交,等等.

例 6　证明:相交的双曲线族

$$xy = c \, (c \neq 0) \tag{3}$$

和

$$x^2 - y^2 = k \, (k \neq 0) \tag{4}$$

为正交曲线族.

证　在方程(3)的两端对 x 求导,得

$$y + x\frac{\mathrm{d}y}{\mathrm{d}x} = 0,$$

因此

$$\frac{\mathrm{d}y}{\mathrm{d}x} = -\frac{y}{x};\qquad (5)$$

又在方程(4)的两端对 x 求导,得

$$2x - 2y\frac{\mathrm{d}y}{\mathrm{d}x} = 0,$$

因此

$$\frac{\mathrm{d}y}{\mathrm{d}x} = \frac{x}{y}.\qquad (6)$$

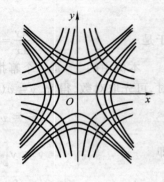

从(5)、(6)两式可以看到,曲线族(3)中的任一曲线若与曲线族(4)中的某条曲线相交,则在交点处的两曲线的切线斜率互为负倒数,从而这两条曲线相互正交.这就证明了曲线族(3)和(4)为正交曲线族(图2-10).

图 2-10

二、由参数方程确定的函数的导数

在平面解析几何中,我们学习过曲线的参数方程,例如参数方程

$$\begin{cases} x = r\cos\theta, \\ y = r\sin\theta \end{cases} \quad (0 \leqslant \theta \leqslant 2\pi)$$

表示中心在原点,半径为 r 的圆.当 θ 取定一个值时,就得到圆上的一点 (x, y). 如果把对应于同一个 θ 值的 x, y(即曲线上一点的横坐标和纵坐标)看作是对应的,那么就可得到 y 与 x 之间的函数关系.比如,当 $\theta = 0$ 时,$x = r$,$y = 0$,这时可把 $y = 0$ 看作 $x = r$ 对应的函数值.如果从参数方程中消去参数 θ,可得

$$y = \sqrt{r^2 - x^2} \quad (如果 \ 0 \leqslant \theta \leqslant \pi);$$

或

$$y = -\sqrt{r^2 - x^2} \quad (如果 \ \pi \leqslant \theta \leqslant 2\pi),$$

这就是直接联系因变量 y 与自变量 x 的显式表达式.

一般地,若参数方程

$$\begin{cases} x = \varphi(t), \\ y = \psi(t) \end{cases} \quad (t \in I_t),\qquad (7)$$

确定 y 与 x 之间的函数关系,则称此函数为由参数方程所确定的函数.

参数方程有着广泛的应用,特别在研究物体运动的轨迹时,常会遇到参数方程.因此需要讨论如何计算由参数方程所确定的函数的导数.

为了求导,通常想到的一种方法是,先从(7)中消去参数 t,获得 x, y 的关系式 $F(x, y) = 0$ 后再求导.但由于消去参数 t 有时会有困难,这一方法并不总

是可行的. 于是, 如同隐函数求导的情形一样, 我们也希望能直接由参数方程(7)来计算由它所确定的函数的导数.

在(7)式中, 如果函数 $x = \varphi(t)$ 在定义域的某个区间上具有单调、连续的反函数 $t = \varphi^{-1}(x)$, 那么由参数方程(7)所确定的函数就可以看作是由函数 $y = \psi(t)$ 与 $t = \varphi^{-1}(x)$ 复合而成的函数 $y = \psi[\varphi^{-1}(x)]$. 再假定函数 $x = \varphi(t)$, $y = \psi(t)$ 都可导, 并且 $\varphi'(t) \neq 0$, 那么根据复合函数的求导法则与反函数的导数公式, 就有

$$\frac{\mathrm{d}y}{\mathrm{d}x} = \frac{\mathrm{d}y}{\mathrm{d}t} \cdot \frac{\mathrm{d}t}{\mathrm{d}x} = \frac{\dfrac{\mathrm{d}y}{\mathrm{d}t}}{\dfrac{\mathrm{d}x}{\mathrm{d}t}}. \tag{8}$$

即

$$\frac{\mathrm{d}y}{\mathrm{d}x} = \frac{\psi'(t)}{\varphi'(t)}. \tag{8'}$$

(8)式或(8′)式就是由参数方程(7)所确定的函数 $y = y(x)$ 的导数公式. 注意, 这里的导数是通过参数 t 表达出来的, 这是与显函数的导数表达式不一样的地方.

例7 已知椭圆的参数方程为

$$\begin{cases} x = a\cos t, \\ y = b\sin t \end{cases} (0 \leqslant t \leqslant 2\pi),$$

求椭圆在 $t = \dfrac{\pi}{4}$ 相应的点处的切线方程.

解 当 $t = \dfrac{\pi}{4}$ 时, 椭圆上相应的点 M_0 的坐标是

$$x_0 = a\cos\frac{\pi}{4} = \frac{\sqrt{2}}{2}a, \ y_0 = b\sin\frac{\pi}{4} = \frac{\sqrt{2}}{2}b.$$

曲线在点 M_0 处的切线斜率为

$$\frac{\mathrm{d}y}{\mathrm{d}x}\bigg|_{t=\frac{\pi}{4}} = \frac{(b\sin t)'}{(a\cos t)'}\bigg|_{t=\frac{\pi}{4}} = \frac{b\cos t}{-a\sin t}\bigg|_{t=\frac{\pi}{4}} = -\frac{b}{a},$$

于是得到椭圆在点 M_0 处的切线方程是

$$y - \frac{\sqrt{2}}{2}b = -\frac{b}{a}\left(x - \frac{\sqrt{2}}{2}a\right),$$

即

$$bx + ay - \sqrt{2}ab = 0.$$

例8 已知抛射体的运动轨迹的参数方程为

$$\begin{cases} x = v_1 t, \\ y = v_2 t - \frac{1}{2}gt^2, \end{cases}$$

其中 v_1、v_2 分别是抛射体初速度的水平、铅直分量(图 $2-11$),g 是重力加速度,t 是飞行时间,x 与 y 分别是飞行中抛射体在铅直平面上的位置的横坐标与纵坐标.求抛射体在时刻 t 的运动速度$\boldsymbol{v}(t)$.

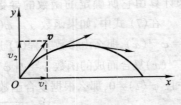

图 $2-11$

解 先求速度的大小.速度的水平分量与铅直分量分别为

$$\frac{\mathrm{d}x}{\mathrm{d}t}=v_1, \quad \frac{\mathrm{d}y}{\mathrm{d}t}=v_2-gt,$$

所以抛射体运动速度的大小为

$$|\boldsymbol{v}(t)|=\sqrt{\left(\frac{\mathrm{d}x}{\mathrm{d}t}\right)^2+\left(\frac{\mathrm{d}y}{\mathrm{d}t}\right)^2}=\sqrt{v_1^2+(v_2-gt)^2}.$$

再求速度的方向,也就是轨迹的切线方向.设 $\alpha(t)$ 是切线的倾角,则根据导数的几何意义,有

$$\tan \alpha(t)=\frac{\mathrm{d}y}{\mathrm{d}x}=\frac{\dfrac{\mathrm{d}y}{\mathrm{d}t}}{\dfrac{\mathrm{d}x}{\mathrm{d}t}}=\frac{v_2-gt}{v_1}.$$

例 9   一个半径为 a 的圆在定直线上滚动时,圆周上任一定点的轨迹称为摆线.计算由摆线的参数方程

$$\begin{cases} x=a(t-\sin t), \\ y=a(1-\cos t) \end{cases}$$

所确定的函数 $y=y(x)$ 的导数.

解 $\dfrac{\mathrm{d}y}{\mathrm{d}x}=\dfrac{\dfrac{\mathrm{d}y}{\mathrm{d}t}}{\dfrac{\mathrm{d}x}{\mathrm{d}t}}=\dfrac{[a(1-\cos t)]'}{[a(t-\sin t)]'}=\dfrac{a\sin t}{a(1-\cos t)}=\cot\dfrac{t}{2}\ (t\neq 2k\pi,k\in\mathbf{Z}).$

摆线的图形及其参数方程中参数 t 的意义可参见附录二.

三、相关变化率

设 $x=x(t)$ 与 $y=y(t)$ 都是可导函数,当变量 x 与 y 之间存在某种联系时,它们的变化率$\dfrac{\mathrm{d}x}{\mathrm{d}t}$ 与$\dfrac{\mathrm{d}y}{\mathrm{d}t}$之间也就存在一定关系.此时把这两个相互依赖的变化率称为相关变化率.相关变化率问题就是研究这两个变化率之间的关系,以便从其中一个变化率求出另一个变化率.

例 10   一梯子长 10 m,上端靠墙,下端着地.梯子顺墙下滑.当梯子下端离墙 6 m 时,沿着地面以 2 m/s 的速度离墙.问这时梯子上端下降的速度是多少?

解   建立坐标系如图 $2-12$ 所示.设在时刻 t,梯子上端的坐标为$(0,$

$y(t))$,梯子下端的坐标为$(x(t), 0)$,则因梯子长度为 10 m,故有关系式

$$x^2(t) + y^2(t) = 100.$$

两边对 t 求导,得到变化率$\dfrac{\mathrm{d}x}{\mathrm{d}t}$与$\dfrac{\mathrm{d}y}{\mathrm{d}t}$的关系式

$$x\,\frac{\mathrm{d}x}{\mathrm{d}t} + y\,\frac{\mathrm{d}y}{\mathrm{d}t} = 0.$$

当 $x = 6$ 时,$y = 8$,$\dfrac{\mathrm{d}x}{\mathrm{d}t} = 2$,代入上式,得到

$$12 + 8\,\frac{\mathrm{d}y}{\mathrm{d}t} = 0,$$

于是$\dfrac{\mathrm{d}y}{\mathrm{d}t} = -\dfrac{3}{2}$(m/s),即这时候梯子上端下降的速度是 1.5 m/s.

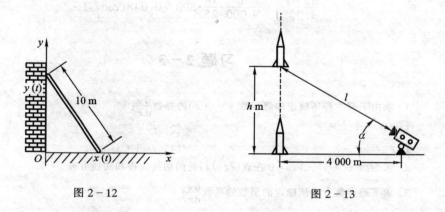

图 2 − 12　　　　　　　　　　　图 2 − 13

例 11　一架摄影机安装在距火箭发射台 4 000 m 处.假设火箭发射后铅直升空并在距地面 3 000 m 处其速度达到 300 m/s.问:(1) 这时火箭与摄影机之间的距离的增加率为多少? (2) 如果摄影机镜头始终对准升空火箭,那么这时摄像机仰角的增加率是多少?

解　设火箭升空 t(s) 后的高度为 h(m),火箭与摄影机之间的距离为 l(m),摄影机仰角为 α(rad)(图 2 − 13),则有

$$l = \sqrt{4\,000^2 + h^2},$$

两边对 t 求导,得

$$\frac{\mathrm{d}l}{\mathrm{d}t} = \frac{h}{\sqrt{4\,000^2 + h^2}}\,\frac{\mathrm{d}h}{\mathrm{d}t}.$$

设当 $t = t_0$ 时,火箭升空高度为 3 000 m,则根据给定条件,有

$$\left.\frac{\mathrm{d}h}{\mathrm{d}t}\right|_{t = t_0} = 300\,(\mathrm{m/s}),$$

故得

$$\frac{\mathrm{d}l}{\mathrm{d}t}\bigg|_{t=t_0} = \frac{3\ 000}{\sqrt{4\ 000^2 + 3\ 000^2}} \cdot 300 = 180(\mathrm{m/s}).$$

又

$$\tan\alpha = \frac{h}{4\ 000},$$

两边对 t 求导,得

$$\sec^2\alpha \cdot \frac{\mathrm{d}\alpha}{\mathrm{d}t} = \frac{1}{4\ 000} \cdot \frac{\mathrm{d}h}{\mathrm{d}t},$$

当 $h = 3\ 000$ 时,$\sec^2\alpha = \dfrac{25}{16}$,$\dfrac{\mathrm{d}h}{\mathrm{d}t} = 300$,故得

$$\frac{\mathrm{d}\alpha}{\mathrm{d}t}\bigg|_{t=t_0} = \frac{1}{4\ 000} \cdot \frac{16}{25} \cdot 300 = 0.048(\mathrm{rad/s}).$$

习题 2－3

1. 求由下列方程所确定的隐函数 $y = y(x)$ 的导数 $\dfrac{\mathrm{d}y}{\mathrm{d}x}$:

(1) $y = 1 - x\mathrm{e}^y$;　　　　　　　　(2) $xy = \mathrm{e}^{x+y}$;

(3) $x^y = y^x$;　　　　　　　　　　(4) $y = 1 + x\sin y$.

2. 求曲线 $x^3 + y^3 - 3xy = 0$ 在点 $(\sqrt[3]{2}, \sqrt[3]{4})$ 处的切线方程和法线方程.

3. 求下列参数方程所确定的函数的导数 $\dfrac{\mathrm{d}y}{\mathrm{d}x}$:

(1) $\begin{cases} x = t^2 + 1, \\ y = t^3 + t; \end{cases}$　　　　　　(2) $\begin{cases} x = \theta(1 - \sin\theta), \\ y = \theta\cos\theta. \end{cases}$

4. 写出下列曲线在所给参数值的相应的点处的切线方程和法线方程:

(1) $\begin{cases} x = \mathrm{e}^t\sin t, \\ y = \mathrm{e}^t\cos t, \end{cases}$ 在 $t = \dfrac{\pi}{2}$ 处;　　(2) $\begin{cases} x = \cos^3 t, \\ y = \sin^3 t, \end{cases}$ 在 $t = \dfrac{\pi}{4}$ 处.

5. 用对数求导法求下列函数的导数:

(1) $y = \left(\dfrac{x}{1+x}\right)^x$;　　　　　　(2) $y = \dfrac{\sqrt[3]{x-1}}{\sqrt{x}}$;

(3) $y = \dfrac{x\sqrt{x+1}}{(x+2)^2}$;　　　　　　(4) $y = \sqrt{x\ln x\sqrt{1-\sin x}}$.

6. 落在平静水面上的石头,产生同心波纹.若最外一圈波半径的增大率总是 6 m/s,问在 2 s 末扰动水面面积的增大率为多少?

7. 溶液从高 18 cm、顶圆直径 12 cm 的正圆锥形漏斗中漏入一直径为 10 cm 的圆柱形筒中.开始时漏斗中盛满了溶液.已知当溶液在漏斗中高为 12 cm 时,其表面下降的速度为 1 cm/min.问此时圆柱形筒中溶液表面上升的速率为多少?

8. 一气球在离开观察员 500 m 处离地往上升,上升速度是 140 m/min.当气球高度为

500 m时,观察员视线的仰角的增加率是多少?

9. 一架巡逻直升机在距地面 3 km 的高度以 120 km/h 的常速沿着一条水平笔直的高速公路向前飞行.飞行员观察到迎面驶来一辆汽车,通过雷达测出直升机与汽车间的距离为 5 km,并且此距离以 160 km/h 的速率减少.试求出汽车行进的速度.

第四节　高 阶 导 数

若函数 $y = f(x)$ 在区间 I 内可导,我们就可以对定义在区间 I 内的函数 $f'(x)$ 继续考虑是否可导的问题.对于 $x_0 \in I$,如果 $f'(x)$ 在 x_0 处可导,那么称 $f'(x)$ 在 x_0 处的导数为 $f(x)$ 在 x_0 处的二阶导数,记为

$$f''(x_0), \text{或} \left. y'' \right|_{x=x_0}, \left. \frac{d^2 y}{dx^2} \right|_{x=x_0}, \left. \frac{d^2 f(x)}{dx^2} \right|_{x=x_0}.$$

如果对任一 $x \in I$, $f'(x)$ 在 x 处都可导,那么我们把 $f'(x)$ 的导数称为 $y = f(x)$ 的二阶导函数,简称为 $y = f(x)$ 的二阶导数,记为 $f''(x)$,或 y'', $\frac{d^2 y}{dx^2}$, $\frac{d^2 f(x)}{dx^2}$.从定义可知 $y'' = (y')'$,即

$$\frac{d^2 y}{dx^2} = \frac{d}{dx}\left(\frac{dy}{dx}\right).$$

类似地,可以定义 $f(x)$ 的三阶导数,四阶导数……一般地, $f(x)$ 的 $(n-1)$ 阶导数的导数,称为 $f(x)$ 的 n 阶导数(n-th derivative).三阶导数的记号是 $f'''(x)$,或 y''', $\frac{d^3 y}{dx^3}$, $\frac{d^3 f(x)}{dx^3}$. $n \geq 4$ 时, n 阶导数的记号是 $f^{(n)}(x)$,或 $y^{(n)}$, $\frac{d^n y}{dx^n}$, $\frac{d^n f(x)}{dx^n}$.二阶以及二阶以上的导数统称为高阶导数.如果 $f(x)$ 的 n 阶导数在区间 I 内的每一点处都存在,就称 $f(x)$ 是 I 内的 n 阶可导函数,并记作 $f \in D^n(I)$.

我们知道直线运动的速度 $v(t)$ 是位置函数 $s(t)$ 对时间 t 的导数,即 $v = \frac{ds}{dt}$;加速度 a 又是速度 v 对时间 t 的变化率,即速度 v 对时间 t 的导数: $a = \frac{dv}{dt} = \frac{d}{dt}\left(\frac{ds}{dt}\right) = \frac{d^2 s}{dt^2}$.所以,直线运动的加速度是位置函数 s 对时间 t 的二阶导数.

由高阶导数的定义可知,求高阶导数就是多次接续地求导,因此仍可运用前面所学的求导方法来计算高阶导数.

例 1 证明函数 $y = \sqrt{2x - x^2}$ 满足关系式 $y^3 y'' + 1 = 0$.

证 $\quad y' = \dfrac{2-2x}{2\sqrt{2x-x^2}} = \dfrac{1-x}{\sqrt{2x-x^2}}$,

$$y'' = \frac{-\sqrt{2x-x^2} - (1-x)\dfrac{1-x}{\sqrt{2x-x^2}}}{2x-x^2} = \frac{-2x+x^2-(1-x)^2}{(2x-x^2)\sqrt{2x-x^2}}$$

$$= -\frac{1}{(2x-x^2)^{\frac{3}{2}}} = -\frac{1}{y^3},$$

所以

$$y^3 y'' + 1 = 0.$$

下面我们来求几个基本初等函数的 n 阶导数.

例 2 求幂函数 $y = x^\mu$ 的 n 阶导数.

解 $\quad y' = (x^\mu)' = \mu x^{\mu-1}$,

$\qquad y'' = (x^\mu)'' = \mu(\mu-1)x^{\mu-2}$,

$\qquad \cdots,$

$\qquad y^{(n)} = (x^\mu)^{(n)} = \mu(\mu-1)(\mu-2)\cdots(\mu-n+1)x^{\mu-n}$.

特别地,(1) 当 $\mu = n \in \mathbf{Z}^+$ 时,$(x^n)^{(n)} = n!$,而当 $m > n$ 时,$(x^n)^{(m)} = 0$;

$\qquad\qquad$ (2) 当 $\mu = -1$ 时,$(x^{-1})^{(n)} = (-1)(-2)\cdots(-n)x^{-1-n}$,

即

$$\boxed{\begin{aligned} (x^n)^{(n)} &= n!, \\ \left(\frac{1}{x}\right)^{(n)} &= \frac{(-1)^n n!}{x^{n+1}}. \end{aligned}}$$

例 3 求指数函数 $y = \mathrm{e}^x$ 的 n 阶导数.

解 $\quad y' = \mathrm{e}^x,\ y'' = \mathrm{e}^x,\ y''' = \mathrm{e}^x,\cdots,$

一般地可以得到

$$\boxed{(\mathrm{e}^x)^{(n)} = \mathrm{e}^x.}$$

例 4 求正弦函数 $y = \sin x$ 的 n 阶导数.

解 $\quad y' = \cos x = \sin\left(x + \dfrac{\pi}{2}\right)$,

$\qquad y'' = \cos\left(x + \dfrac{\pi}{2}\right) = \sin\left(x + \dfrac{\pi}{2} + \dfrac{\pi}{2}\right) = \sin\left(x + 2\cdot\dfrac{\pi}{2}\right)$,

$\qquad y''' = \cos\left(x + 2\cdot\dfrac{\pi}{2}\right) = \sin\left(x + 3\cdot\dfrac{\pi}{2}\right)$,

以此类推,可以得到

$$\boxed{(\sin x)^{(n)} = \sin\left(x + n\cdot\frac{\pi}{2}\right).}$$

用类似的方法,可以得到

$$(\cos x)^{(n)} = \cos\left(x + n \cdot \frac{\pi}{2}\right).$$

例 5　求对数函数 $y = \ln(1 + x)$ $(x > -1)$ 的 n 阶导数.

解　$y' = \dfrac{1}{1 + x}$,

$$y^{(n)} = (y')^{(n-1)} = \left(\frac{1}{1 + x}\right)^{(n-1)},$$

利用例 2 可得

$$\left(\frac{1}{1 + x}\right)^{(n-1)} = \frac{(-1)^{n-1}(n-1)!}{(1 + x)^n},$$

得到

$$[\ln(1 + x)]^{(n)} = (-1)^{n-1}\frac{(n-1)!}{(1 + x)^n} \quad (x > -1).$$

定义 $0! = 1$,这样,上述公式当 $n = 1$ 时也成立.

以下我们举例说明由方程所确定的隐函数与由参数方程确定的函数 $y = y(x)$ 的高阶导数的求法.

例 6　求开普勒方程 $y = x + \varepsilon \sin y$ $(0 < \varepsilon < 1)$ 所确定的隐函数 $y = y(x)$ 的二阶导数 $\dfrac{\mathrm{d}^2 y}{\mathrm{d} x^2}$.

解　方程两端对 x 求导,得 $\dfrac{\mathrm{d} y}{\mathrm{d} x} = 1 + \varepsilon \cos y \cdot \dfrac{\mathrm{d} y}{\mathrm{d} x}$,即

$$\frac{\mathrm{d} y}{\mathrm{d} x} = \frac{1}{1 - \varepsilon \cos y}.$$

在上式两端再对 x 求导,得

$$\frac{\mathrm{d}^2 y}{\mathrm{d} x^2} = \frac{-[-\varepsilon(-\sin y)]\dfrac{\mathrm{d} y}{\mathrm{d} x}}{(1 - \varepsilon \cos y)^2} = \frac{-\varepsilon \sin y}{(1 - \varepsilon \cos y)^2} \cdot \frac{\mathrm{d} y}{\mathrm{d} x}$$

$$= \frac{-\varepsilon \sin y}{(1 - \varepsilon \cos y)^3},$$

或写成　　　　　　　　　$$\frac{\mathrm{d}^2 y}{\mathrm{d} x^2} = \frac{x - y}{(1 - \varepsilon \cos y)^3},$$

其中 y 是方程 $y = x + \varepsilon \sin y$ 确定的隐函数 $y = y(x)$.

例 7　设函数 $y = y(x)$ 由参数方程 $x = \varphi(t)$, $y = \psi(t)$ 确定,其中 $\varphi(t)$ 与 $\psi(t)$ 有二阶导数,且 $\varphi'(x) \neq 0$.试推导 $\dfrac{\mathrm{d}^2 y}{\mathrm{d} x^2}$ 的表达式.

解 因 $\dfrac{\mathrm{d}y}{\mathrm{d}x} = \dfrac{\dfrac{\mathrm{d}y}{\mathrm{d}t}}{\dfrac{\mathrm{d}x}{\mathrm{d}t}} = \dfrac{\psi'(t)}{\varphi'(t)}$，故

$$\frac{\mathrm{d}^2 y}{\mathrm{d}x^2} = \frac{\mathrm{d}}{\mathrm{d}x}\left(\frac{\mathrm{d}y}{\mathrm{d}x}\right) = \frac{\mathrm{d}}{\mathrm{d}t}\left(\frac{\psi'(t)}{\varphi'(t)}\right) \cdot \frac{\mathrm{d}t}{\mathrm{d}x} = \frac{\dfrac{\mathrm{d}}{\mathrm{d}t}\left(\dfrac{\psi'(t)}{\varphi'(t)}\right)}{\dfrac{\mathrm{d}x}{\mathrm{d}t}}$$

$$= \frac{\dfrac{\psi''(t)\varphi'(t) - \psi'(t)\varphi''(t)}{[\varphi'(t)]^2}}{\varphi'(t)} = \frac{\psi''(t)\varphi'(t) - \psi'(t)\varphi''(t)}{[\varphi'(t)]^3}.$$

例 8 设 $y = y(x)$ 是摆线方程 $x = a(t - \sin t)$，$y = a(1 - \cos t)$ 所确定的函数，求 $\dfrac{\mathrm{d}^2 y}{\mathrm{d}x^2}\bigg|_{x = a\pi}$.

解 因 $\dfrac{\mathrm{d}y}{\mathrm{d}x} = \dfrac{\dfrac{\mathrm{d}y}{\mathrm{d}t}}{\dfrac{\mathrm{d}x}{\mathrm{d}t}} = \dfrac{a\sin t}{a(1 - \cos t)} = \cot\dfrac{t}{2}$，故

$$\frac{\mathrm{d}^2 y}{\mathrm{d}x^2} = \frac{\dfrac{\mathrm{d}}{\mathrm{d}t}\left(\dfrac{\mathrm{d}y}{\mathrm{d}x}\right)}{\dfrac{\mathrm{d}x}{\mathrm{d}t}} = \frac{-\csc^2\dfrac{t}{2} \cdot \dfrac{1}{2}}{a(1 - \cos t)} = -\frac{1}{a(1 - \cos t)^2}.$$

由于 $x = a\pi$ 对应于 $t = \pi$，因此

$$\frac{\mathrm{d}^2 y}{\mathrm{d}x^2}\bigg|_{x = a\pi} = -\frac{1}{4a}.$$

最后说明求两个函数的线性组合及乘积的 n 阶导数的法则. 设 $u = u(x)$ 和 $v = v(x)$ 都在 x 处有 n 阶导数，则重复运用函数的线性组合的求导法则可推得：对任意常数 α 与 β，有

$$\boxed{(\alpha u + \beta v)^{(n)} = \alpha u^{(n)} + \beta v^{(n)}.}$$

这就是说，线性法则也适用于求高阶导数的运算.

例 9 设 $y = \dfrac{1}{x^2 - a^2}(a \neq 0)$，求 $y^{(n)}$.

解 $y = \dfrac{1}{(x - a)(x + a)} = \dfrac{1}{2a}\left(\dfrac{1}{x - a} - \dfrac{1}{x + a}\right)$，根据求导的线性运算法则，得

$$y^{(n)} = \frac{1}{2a}\left[\left(\frac{1}{x - a}\right)^{(n)} - \left(\frac{1}{x + a}\right)^{(n)}\right] = \frac{1}{2a}\left[\frac{(-1)^n n!}{(x - a)^{n+1}} - \frac{(-1)^n n!}{(x + a)^{n+1}}\right]$$

$$= \frac{(-1)^n n!}{2a}\left[\frac{1}{(x - a)^{n+1}} - \frac{1}{(x + a)^{n+1}}\right].$$

对两个函数的积求 n 阶导数,有如下的法则:若 $u = u(x)$ 和 $v = v(x)$ 都在点 x 处具有 n 阶导数,则

$$(uv)^{(n)} = u^{(n)}v + nu^{(n-1)}v' + \frac{n(n-1)}{2}u^{(n-2)}v'' + \cdots$$

$$+ \frac{n(n-1)\cdots(n-k+1)}{k!}u^{(n-k)}v^{(k)} + \cdots + uv^{(n)}.$$

上式称为**莱布尼茨公式**.可用数学归纳法加以证明.如果记 $u^{(0)} = u$,即函数的零阶导数理解为函数本身,那么公式可以简单地表示为

$$\boxed{(uv)^{(n)} = \sum_{k=0}^{n} C_n^k u^{(n-k)} v^{(k)}.}$$

这一公式与牛顿二项式展开公式在形式上相似.

例 10 已知 $y = x^2 e^{2x}$,求 $y^{(20)}$.

解 设 $u = e^{2x}, v = x^2$,则

$$u^{(k)} = 2^k e^{2x} \quad (k = 1, 2, \cdots, 20),$$

$$v' = 2x, v'' = 2, v^{(k)} = 0 \ (k = 3, 4, \cdots, 20),$$

代入莱布尼茨公式,得

$$y^{(20)} = (x^2 e^{2x})^{(20)} = 2^{20} e^{2x} \cdot x^2 + 20 \cdot 2^{19} e^{2x} \cdot 2x + \frac{20 \cdot 19}{2!} \cdot 2^{18} e^{2x} \cdot 2$$

$$= 2^{20} e^{2x}(x^2 + 20x + 95).$$

习题 2 - 4

1. 求下列函数的二阶导数:

(1) $y = 3x^2 + e^{2x} + \ln x$;

(2) $y = x\cos x$;

(3) $y = \sqrt{1 + x^2}$;

(4) $y = \dfrac{1}{x^3 + 1}$;

(5) $y = (1 + x^2)\ln(1 + x^2)$;

(6) $y = \dfrac{e^x}{x}$.

2. 设 $f''(x)$ 存在,求下列函数 y 的二阶导数 $\dfrac{d^2y}{dx^2}$:

(1) $y = f(e^{-x})$;

(2) $y = \ln[f(x)]$.

3. 求由下列方程所确定的隐函数 $y = y(x)$ 的二阶导数 $\dfrac{d^2y}{dx^2}$:

(1) $y = 1 + xe^y$;

(2) $y = \tan(x + y)$;

(3) $y = x^{1/y}$;

(4) $\arctan \dfrac{y}{x} = \ln \sqrt{x^2 + y^2}$.

4. 求下列参数方程所确定的函数的二阶导数 $\dfrac{d^2y}{dx^2}$:

(1) $\begin{cases} x = t - \ln(1 + t), \\ y = t^3 + t^2; \end{cases}$

(2) $\begin{cases} x = f'(t), \\ y = tf'(t) - f(t), \end{cases}$ 设 $f''(t)$ 存在且不为零.

5. 求下列函数指定阶的导数:

(1) $y = e^x \cos x$,求 $y^{(4)}$;   (2) $y = x^2 \sin 2x$,求 $y^{(50)}$.

6. 求下列函数的 n 阶导数的一般表达式:

(1) $y = x^n + a_1 x^{n-1} + a_2 x^{n-2} + \cdots + a_{n-1} x + a_n (a_1, a_2, \cdots, a_n$ 都是常数);

(2) $y = \sin^2 x$;   (3) $y = \dfrac{x-1}{x+1}$;   (4) $y = \ln \dfrac{1+x}{1-x}$.

第五节   函数的微分与函数的线性逼近

一、微分的定义

我们先讨论一个具体问题:一块正方形的金属薄片受温度变化的影响,其边长从 x_0 变化到 $x_0 + \Delta x$(图 2 – 14).问此薄片的面积改变了多少?

此薄片在温度变化前后的面积分别为

$$S(x_0) = x_0^2, \ \ S(x_0 + \Delta x) = (x_0 + \Delta x)^2.$$

所以,受温度变化的影响,薄片面积的改变量是

$$\begin{aligned} \Delta S &= S(x_0 + \Delta x) - S(x_0) \\ &= (x_0 + \Delta x)^2 - x_0^2 \\ &= 2x_0 \Delta x + (\Delta x)^2. \end{aligned}$$

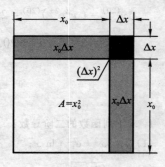

可以看出,ΔS 由两部分组成:第一部分 $2x_0 \Delta x$(图中阴影部分的面积)是 Δx 的线性函数,第二部分 $(\Delta x)^2$(图中黑色小正方形的面积)当 $\Delta x \to 0$ 时,

图 2 – 14

是 Δx 的高阶无穷小,即 $(\Delta x)^2 = o(\Delta x) (\Delta x \to 0)$.由此可见,如果边长的改变很微小,即 $|\Delta x|$ 很小时,面积的改变量 ΔS 可以近似地用第一部分来代替.由于第一部分是 Δx 的线性函数,而且 $|\Delta x|$ 越小,近似程度也越好,这无疑给近似计算带来很大的方便.

还有其他许多具体问题中出现的函数 $y = f(x)$,都具有这样的特征:与自变量的增量 Δx 相对应的函数增量 $\Delta y = f(x_0 + \Delta x) - f(x_0)$,可以表达为 Δx 的线性函数 $A \Delta x$(其中常数 A 不依赖于 Δx)与 Δx 的高阶无穷小 $o(\Delta x)$ 两部分之和.由此,我们引进下面的概念.

定义   设函数 $y = f(x)$ 在 x_0 的某个邻域内有定义,当自变量在 x_0 处取得

增量 Δx 时,如果相应的函数的增量 $\Delta y = f(x_0 + \Delta x) - f(x_0)$ 可以表示为

$$\Delta y = A\Delta x + o(\Delta x), \tag{1}$$

其中 A 是与 x_0 有关的而不依赖于 Δx 的常数,$o(\Delta x)$ 是比 Δx 高阶的无穷小量(当 $\Delta x \to 0$ 时),那么称函数 $y = f(x)$ 在点 x_0 是可微的,$A\Delta x$ 称为函数 $y = f(x)$ 在点 x_0 相应于自变量的增量 Δx 的微分(differential),记为 $\mathrm{d}y$,即

$$\mathrm{d}y = A\Delta x.$$

接下来一个自然的问题是,什么是函数可微的条件,以及(1)式中的常数 A 的值等于什么.如果函数 $y = f(x)$ 在点 x_0 处可微,按定义即有(1)式成立,从而有

$$\frac{\Delta y}{\Delta x} = A + \frac{o(\Delta x)}{\Delta x},$$

于是当 $\Delta x \to 0$ 时得到

$$\lim_{\Delta x \to 0} \frac{\Delta y}{\Delta x} = \lim_{\Delta x \to 0} \left(A + \frac{o(\Delta x)}{\Delta x} \right) = A,$$

即

$$f'(x_0) = A.$$

这说明,如果函数 $f(x)$ 在点 x_0 处可微,那么函数 $f(x)$ 在点 x_0 处也一定可导,并且 $A = f'(x_0)$;反之,如果函数 $y = f(x)$ 在点 x_0 处可导,即

$$\lim_{\Delta x \to 0} \frac{\Delta y}{\Delta x} = f'(x_0)$$

存在,那么根据极限与无穷小的关系,上式可以写成

$$\frac{\Delta y}{\Delta x} = f'(x_0) + \alpha,$$

其中 $\alpha \to 0$(当 $\Delta x \to 0$ 时),从而有

$$\Delta y = f'(x_0)\Delta x + \alpha \Delta x = f'(x_0)\Delta x + o(\Delta x).$$

因为 $f'(x_0)$ 不依赖于 Δx,所以上式相当于(1)式.因此,$f(x)$ 在点 x_0 处可微,并且微分

$$\mathrm{d}y = f'(x_0)\Delta x. \tag{2}$$

综上分析,我们得到如下的定理:

定理 函数 $f(x)$ 在点 x_0 处可微的充分必要条件是函数 $f(x)$ 在点 x_0 处可导,并且当 $f(x)$ 在点 x_0 处可微时,有(2)式成立,即 $A = f'(x_0)$.

如果函数 $y = f(x)$ 在区间 I 内每一点处都可微,就称 $f(x)$ 是 I 内的可微函数.函数 $f(x)$ 在 I 内任意一点 x 处的微分就称为函数的微分,也记为 $\mathrm{d}y$,即有

$$\mathrm{d}y = f'(x)\Delta x. \tag{3}$$

通常把自变量 x 的增量 Δx 称为自变量的微分,记为 $\mathrm{d}x$,即 $\mathrm{d}x = \Delta x$. 于是函数的微分又可以记为

$$\mathrm{d}y = f'(x)\mathrm{d}x. \tag{3'}$$

在上式两端除以自变量的微分 $\mathrm{d}x$,就得

$$\frac{\mathrm{d}y}{\mathrm{d}x} = f'(x),$$

即函数的微分与自变量的微分之商就等于函数的导数. 因此导数也称为微商 (differential quotient). 在此之前我们把 $\dfrac{\mathrm{d}y}{\mathrm{d}x}$ 看作是导数的整体记号,现在由于分别赋予 $\mathrm{d}y$ 和 $\mathrm{d}x$ 各自独立的含义,于是也可以把它看作分式了.

二、微分公式与运算法则

从函数的微分表达式(3) 或(3′)可以看出,要计算函数微分,只需计算该函数的导数. 因此,对应于每一个导数公式与求导法则,有相应的微分公式与微分运算法则. 为了便于查阅与对照,我们列表如下:

1. 基本公式

导 数 公 式	微 分 公 式
$(x^{\mu})' = \mu x^{\mu-1}$	$\mathrm{d}(x^{\mu}) = \mu x^{\mu-1}\mathrm{d}x$
$(a^x)' = a^x \ln a$	$\mathrm{d}(a^x) = a^x \ln a\, \mathrm{d}x$
$(\log_a x)' = \dfrac{1}{x \ln a}$	$\mathrm{d}(\log_a x) = \dfrac{1}{x \ln a}\mathrm{d}x$
$(\sin x)' = \cos x$	$\mathrm{d}(\sin x) = \cos x\, \mathrm{d}x$
$(\cos x)' = -\sin x$	$\mathrm{d}(\cos x) = -\sin x\, \mathrm{d}x$
$(\tan x)' = \sec^2 x$	$\mathrm{d}(\tan x) = \sec^2 x\, \mathrm{d}x$
$(\cot x)' = -\csc^2 x$	$\mathrm{d}(\cot x) = -\csc^2 x\, \mathrm{d}x$
$(\sec x)' = \sec x \cdot \tan x$	$\mathrm{d}(\sec x) = \sec x \cdot \tan x\, \mathrm{d}x$
$(\csc x)' = -\csc x \cdot \cot x$	$\mathrm{d}(\csc x) = -\csc x \cdot \cot x\, \mathrm{d}x$
$(\arcsin x)' = \dfrac{1}{\sqrt{1-x^2}}$	$\mathrm{d}(\arcsin x) = \dfrac{1}{\sqrt{1-x^2}}\mathrm{d}x$
$(\arccos x)' = -\dfrac{1}{\sqrt{1-x^2}}$	$\mathrm{d}(\arccos x) = -\dfrac{1}{\sqrt{1-x^2}}\mathrm{d}x$

续表

导　数　公　式	微　分　公　式
$(\arctan\ x)' = \dfrac{1}{1+x^2}$	$\mathrm{d}(\arctan\ x) = \dfrac{1}{1+x^2}\mathrm{d}x$
$(\operatorname{arccot}\ x)' = -\dfrac{1}{1+x^2}$	$\mathrm{d}(\operatorname{arccot}\ x) = -\dfrac{1}{1+x^2}\mathrm{d}x$
$(\sinh\ x)' = \cosh\ x$	$\mathrm{d}(\sinh\ x) = \cosh\ x\ \mathrm{d}x$
$(\cosh\ x)' = \sinh\ x$	$\mathrm{d}(\cosh\ x) = \sinh\ x\ \mathrm{d}x$

2. 运算法则(表中 $u = u(x)$，$v = v(x)$，$\alpha,\beta \in \mathbf{R}$)

函数的线性组合、积、商的求导法则	函数的线性组合、积、商的微分法则
$(\alpha u + \beta v)' = \alpha u' + \beta v'$	$\mathrm{d}(\alpha u + \beta v) = \alpha\mathrm{d}u + \beta\mathrm{d}v$
$(uv)' = u'v + uv'$	$\mathrm{d}(uv) = v\mathrm{d}u + u\mathrm{d}v$
$\left(\dfrac{u}{v}\right)' = \dfrac{u'v - uv'}{v^2}$	$\mathrm{d}\left(\dfrac{u}{v}\right) = \dfrac{v\mathrm{d}u - u\mathrm{d}v}{v^2}$

利用微分表达式(3′)，可证明上表中的微分运算法则. 作为练习，请读者自己完成.

3. 复合函数的微分法则

设 $y = f(u)$，$u = \varphi(x)$，则复合函数 $y = f[\varphi(x)]$ 的导数为

$$\frac{\mathrm{d}y}{\mathrm{d}x} = f'[\varphi(x)]\cdot\varphi'(x),$$

所以复合函数的微分为

$$\mathrm{d}y = f'[\varphi(x)]\cdot\varphi'(x)\mathrm{d}x.$$

由于 $f'[\varphi(x)] = f'(u)$，$\varphi'(x)\mathrm{d}x = \mathrm{d}u$，因此上式也可以写成

$$\mathrm{d}y = f'(u)\mathrm{d}u.$$

由此可见，无论 u 是自变量还是另一变量的可微函数，微分 $\mathrm{d}y = f'(u)\mathrm{d}u$ 的形式保持不变. 这一性质称为微分形式不变性.

例 1　求函数 $y = \mathrm{e}^x$ 分别在点 $x = 0$ 与点 $x = 1$ 处的微分.

解　$\mathrm{d}y\big|_{x=0} = (\mathrm{e}^x)'\big|_{x=0}\Delta x = \Delta x$；

$\mathrm{d}y\big|_{x=1} = (\mathrm{e}^x)'\big|_{x=1}\Delta x = \mathrm{e}\Delta x.$

例 2　求函数 $y = x^3$ 当 $x = 2, \Delta x = 0.02$ 时的微分.

解　因为 $\mathrm{d}y = (x^3)'\Delta x = 3x^2\Delta x$，所以

$$\mathrm{d}y\Big|_{\substack{x=2 \\ \Delta x=0.02}} = 3x^2\Delta x\Big|_{\substack{x=2 \\ \Delta x=0.02}} = 0.24.$$

例 3   利用微分形式的不变性,求函数 $y = \sin(2x+1)$ 的微分.

解 $dy = d[\sin(2x+1)] = \cos(2x+1)d(2x+1) = 2\cos(2x+1)dx$.

例 4   求函数 $y = e^{1-3x}\cos x$ 的微分.

解   应用乘积的微分法则,

$$\begin{aligned}
dy &= d(e^{1-3x}\cos x) = \cos x \, d(e^{1-3x}) + e^{1-3x}d(\cos x)\\
&= \cos x \cdot e^{1-3x} \cdot (-3)dx + e^{1-3x}(-\sin x)dx\\
&= -e^{1-3x}(3\cos x + \sin x)dx.
\end{aligned}$$

例 5   在下列等式左端的括号中填入适当的函数,使等式成立:

(1) d(   ) $= x dx$;   (2) d(   ) $= \cos \omega t \, dt (\omega \neq 0)$.

解   (1) 因为 $d(x^2) = 2x dx$,所以

$$x dx = \frac{1}{2}d(x^2) = d\left(\frac{x^2}{2}\right),$$

即

$$d\left(\frac{x^2}{2}\right) = x dx.$$

因为当 C 是任意常数时,$d(C) = 0$. 所以,一般地有

$$d\left(\frac{x^2}{2} + C\right) = x dx \quad (C \text{ 是任意常数}).$$

(2) 类似可以得到

$$d\left(\frac{1}{\omega}\sin \omega t + C\right) = \cos \omega t \, dt \quad (C \text{ 是任意常数}).$$

三、微分的意义与应用

我们看到,当函数 $f(x)$ 在 x_0 处可微时,有 $\Delta y = f'(x_0)\Delta x + o(\Delta x)$,因此当 $|\Delta x|$ 较小时,Δy 可以近似地表示成自变量增量 Δx 的线性函数 $dy = f'(x_0)\Delta x$,即有

$$\Delta y \approx dy, \tag{4}$$

并且误差仅是 Δx 的高阶无穷小.

如果 $f'(x_0) \neq 0$,则当 $\Delta x \to 0$ 时,

$$\frac{dy}{\Delta y} = \frac{f'(x_0)\Delta x}{\Delta y} = \frac{f'(x_0)}{\dfrac{\Delta y}{\Delta x}} \to \frac{f'(x_0)}{f'(x_0)} = 1,$$

故

$$\Delta y \sim dy.$$

由第一章第六节讨论的等价无穷小的性质知,dy 称为 Δy 的主要部分. 又由于 dy 是 Δx 的线性函数,故也称微分 dy 是增量 Δy 的线性主部.

为了对微分有直观的了解,现在说明微分的几何意义. 如图 2-15 所示,函

数 $y=f(x)$ 的图形是一条曲线.对于某一固定的 x_0 值,曲线上有一定点 $M(x_0,$ $y_0)$.当自变量 x 有微小增量 Δx 时,得到曲线上另一点 $N(x_0+\Delta x, y_0+\Delta y)$.$MT$ 是曲线在点 M 处的切线,从图中可知

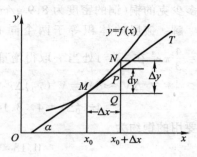

$$MQ=\Delta x,\quad QN=\Delta y,$$
$$QP=f'(x_0)\Delta x=\mathrm{d}y.$$

由此可见,对于可微函数 $y=f(x)$ 而言,当 Δy 是曲线 $y=f(x)$ 上的点的纵坐标的增量时,$\mathrm{d}y$ 就是曲线的切线上的点的纵坐标的相应增量.当 $|\Delta x|$ 很小时,

图 2-15

$|\Delta y-\mathrm{d}y|$ 比 $|\Delta x|$ 小得多.因此,可微函数的曲线 $y=f(x)$ 在点 $M(x_0,f(x_0))$ 附近的局部范围内可以用它在这点处的切线近似地替代.

(4)式也可以写成

$$\Delta y=f(x_0+\Delta x)-f(x_0)\approx f'(x_0)\Delta x,$$

或

$$f(x_0+\Delta x)\approx f(x_0)+f'(x_0)\Delta x. \tag{5}$$

在(5)式中记 $x_0+\Delta x=x$,就有

$$f(x)\approx f(x_0)+f'(x_0)(x-x_0). \tag{5'}$$

(5′)式的右端是 x 的一次多项式,称为 $f(x)$ 在 x_0 处的线性逼近(linear approximation)或一次近似,其误差 $|f(x)-[f(x_0)+f'(x_0)\Delta x]|$ 是 $|\Delta x|$ 的高阶无穷小. $|\Delta x|=|x-x_0|$ 愈小,即 x 愈接近 x_0,(5)式或(5′)式的近似精确度就愈高.

例 6　在 $x=0$ 的邻近,求 $f(x)=\ln(1+x)$ 的一次近似式.

解　在(5′)式中取 $x_0=0$,即有

$$f(x)\approx f(0)+f'(0)x, \tag{6}$$

现 $f(0)=\ln(1+0)=0$,$f'(0)=\left.\dfrac{1}{1+x}\right|_{x=0}=1$,故

$$\ln(1+x)\approx 0+x=x.$$

当 $|x|$ 较小时,应用(6)式还可以推得其他函数的一次近似式.现把工程技术中常用到的几个一次近似式列在下面:

$$
\begin{aligned}
&\text{(i)}\quad \mathrm{e}^x\approx 1+x;\\
&\text{(ii)}\quad \sin x\approx x;\\
&\text{(iii)}\quad \tan x\approx x;\\
&\text{(iv)}\quad (1+x)^a\approx 1+ax;\\
&\text{(v)}\quad \ln(1+x)\approx x.
\end{aligned}
$$

例 7 在半径为 1 cm 的金属球表面上镀一层厚度为 0.01 cm 的铜,估计要用多少克的铜(铜的密度为 8.9 g/cm³)?

解 镀层的体积等于两个同心球体的体积之差,因此也就是球体体积 $V = \frac{4}{3}\pi r^3$ 在 $r_0 = 1$ 处当 r 取得增量 $\Delta r = 0.01$ 时的增量 ΔV. 根据公式(4),

$$\Delta V \approx dV = V'(r_0)\Delta r$$
$$= 4\pi r_0^2 \Delta r = 4 \times 3.14 \times 1^2 \times 0.01 = 0.13 (\text{cm}^3),$$

故要用的铜约为

$$0.13 \times 8.9 = 1.16 (\text{g}).$$

例 8 **航天对心脏功率的影响** 在航天过程中,重力加速度 g 会发生变化,从而使得心脏抽送血液的功率也发生变化. 心脏抽送血液的主要工作区域是左心室,设左心室在单位时间内所作的功为 W,P 为平均血压,B 为单位时间内送出的血液量,ρ 为血液密度,v 为血流速度,则有如下公式:

$$W = PB + \frac{B\rho v^2}{2g},$$

现假设 P,B,ρ 和 v 均保持不变,则上式可以简化为 g 的一元函数

$$W = a + \frac{b}{g} \ (a, b \text{ 为常数}).$$

已知地球表面的重力加速度为月球表面重力加速度的 6 倍,现考虑在地球或月球的近地空间作航天飞行,如果在重力加速度有相同的变化量 Δg 的条件下,W 在月球上和地球上分别产生改变量 ΔW_1 和 ΔW_2,试估计 ΔW_1 与 ΔW_2 的大致比例.

解 我们可以利用微分来研究心脏作功对重力加速度变化的敏感程度:

$$\Delta W_1 \approx dW_1 = -\frac{b}{g_1^2}\Delta g,$$

$$\Delta W_2 \approx dW_2 = -\frac{b}{g_2^2}\Delta g.$$

现 $g_2 = 6g_1$,故

$$\frac{\Delta W_1}{\Delta W_2} \approx \frac{dW_1}{dW_2} = \frac{g_2^2}{g_1^2} = 36.$$

这说明,在月球上心脏作功对重力加速度变化的敏感程度,要比在地球上大得多.

在生产实践中,经常要测量各种数据,但是有的数据不易直接测量,这时我们就通过测量其他有关数据后,再根据某种公式来算出所要的数据. 例如要测量一个球体的体积,往往先测量球体的直径,然后根据球体的体积公式,计算出它的体积. 由于测量仪器的精度、测量的条件与方法等诸因素的限制,测得的数据

往往带有误差,而根据带有误差的数据计算的结果也就产生了误差,人们把这种误差称为 间接测量误差.下面讨论如何用函数的微分估计间接测量误差.

先介绍绝对误差和相对误差.如果某个量的精确值是 A,它的近似值是 a,称 $|A-a|$ 为 a 的 绝对误差;而绝对误差与 $|a|$ 之比 $\dfrac{|A-a|}{|a|}$ 称为 a 的相对误差.

在实际工作中,一个量的精确值常常是无法测得的,但是根据测量仪器的精度等因素,有时可以确定测量的绝对误差限制在某个范围内.设某个量的精确值是 A,测量值是 a,若能确定数值 δ_A,使 $|A-a|\leqslant\delta_A$,则 δ_A 就叫做绝对误差限,这时 $\dfrac{\delta_A}{|a|}$ 就叫做 A 的相对误差限.现在我们通过例子说明在直接测量的绝对误差限已知的情况下,怎样利用微分来确定间接测量误差.

例 9　设测得圆钢截面的直径 $D=60.03$ mm,并已知测量 D 的绝对误差限 $\delta_D=0.05$ mm,利用圆面积公式 $A=\dfrac{\pi D^2}{4}$ 计算圆钢截面积时,试估计面积的误差(间接测量误差).

解　把测量直径时产生的误差记作 ΔD,则面积函数 $A=\dfrac{\pi D^2}{4}$ 在自变量增量 ΔD 下的增量 ΔA 就是间接测量误差,当 $|\Delta D|$ 很小时,用 $\mathrm{d}A$ 近似代替 ΔA,即得

$$\Delta A\approx\mathrm{d}A=A'(D)\Delta D.$$

由于直接测量的绝对误差限为 $\delta_D=0.05$,即 $|\Delta D|\leqslant\delta_D$,故

$$|\Delta A|\approx|A'(D)||\Delta D|\leqslant|A'(D)|\delta_D=\frac{\pi D}{2}\delta_D.$$

由此得面积 A 的绝对误差限约为

$$\delta_A=\frac{\pi D}{2}\delta_D=\frac{\pi}{2}\times60.03\times0.05\approx4.715(\mathrm{mm}^2),$$

A 的相对误差限约为

$$\frac{\delta_A}{A}=\frac{\dfrac{\pi}{2}D\delta_D}{\dfrac{\pi}{4}D^2}=\frac{2\delta_D}{D}=\frac{2\times0.05}{60.03}\approx0.17\%.$$

一般地,由直接测量值 x 按公式 $y=f(x)$ 计算间接测量值 y 时,如果已知直接测量的绝对误差限 δ_x,则当 $f'(x)\neq0$ 时,y 的绝对误差限约为

$$\delta_y=|f'(x)|\delta_x,$$

y 的相对误差限约为

$$\frac{\delta_y}{|y|}=\frac{|f'(x)|}{|f(x)|}\delta_x.$$

习题 2 - 5

1. 已知 $y = x^3 - x$，计算在 $x = 2$ 处当 Δx 分别等于 $0.1, 0.01$ 时的 Δy 及 $\mathrm{d}y$．

2. 求下列函数的微分：

(1) $y = x^2 + \sqrt{x} + 1$；

(2) $y = \dfrac{1}{\sqrt{x^2 + 1}}$；

(3) $y = \sin x - x\cos x$；

(4) $y = \tan^2(1 - x)$．

3. 求下列函数在指定点处的一次近似式：

(1) $y = \arcsin\sqrt{1 - x^2}$，$x = \dfrac{1}{2}$；

(2) $y = \arccos\dfrac{1}{\sqrt{x}}$，$x = 2$；

(3) $y = \ln^2(1 + x^2)$，$x = 1$；

(4) $y = \mathrm{e}^{-x}\cos(3 - x)$，$x = 0$．

4. 将适当的函数填入下列括号内，使等号成立：

(1) $\mathrm{d}($　　　$) = 2\mathrm{d}x$；

(2) $\mathrm{d}($　　　$) = 3x\mathrm{d}x$；

(3) $\mathrm{d}($　　　$) = \cos x\mathrm{d}x$；

(4) $\mathrm{d}($　　　$) = \sin \omega x\mathrm{d}x$；

(5) $\mathrm{d}($　　　$)\dfrac{1}{1 + x}\mathrm{d}x$；

(6) $\mathrm{d}($　　　$) = \mathrm{e}^{-2x}\mathrm{d}x$；

(7) $\mathrm{d}($　　　$) = \dfrac{1}{\sqrt{x}}\mathrm{d}x$；

(8) $\mathrm{d}($　　　$) = \sec^2 3x\mathrm{d}x$．

5. 扩音器插头为圆柱形，截面半径 r 为 0.15 cm，长度 l 为 4 cm，为了提高它的导电性能，要在这圆柱的侧面镀上一层厚为 0.001 cm 的纯铜，问每个插头约需多少纯铜？

6. 计算球体体积时，要求精确度在 2% 以内．问这时测量直径 D 的相对误差不能超过多少？

7. 某厂生产扇形板，半径 $R = 200$ mm，要求中心角 α 为 $55°$．产品检验时，一般用测量弦长 l 的办法来间接测量中心角 α．如果测量弦长 l 时的误差限 $\delta_l = 0.1$ mm，问由此而引起的中心角测量误差 δ_α 是多少？

第六节　微分中值定理

在本节中，我们将建立导数应用的理论基础——微分中值定理．微分中值定理是研究函数在区间上的整体性质的有力工具．在此定理的基础上，我们将在以后几节中展示一元函数微分学的应用．

首先观察一个几何现象．如图 2 - 16 所示，连续曲线弧 AB 是函数 $y = f(x)$ $(x \in [a, b])$ 的图形，除了在端点处外它处处有不垂直于 x 轴的切线．如果 $f(a) = f(b)$，即两个端点 A、B 在同一水平线上（图 2 - 16(a)），我们可以发现在曲线弧的最高点或最低点 C 处，曲线有水平的切线，即曲线有平行于弦 AB 的切线．如果记点 C 的横坐标为 ξ，那么就有

$$f'(\xi) = 0.$$

进一步观察,如果 $f(a) \neq f(b)$,即两个端点 A、B 不在同一水平线上(图 2 $-16(b)$),则可以发现曲线弧 AB 上至少有一点 C,弧 AB 在该点处的切线 CT 平行于弦 AB.切线 CT 的斜率是 $\dfrac{f(b) - f(a)}{b - a}$,由切线 CT 平行于弦 AB,如果仍以 ξ 记点 C 的横坐标,那么就有

$$f'(\xi) = \frac{f(b) - f(a)}{b - a}.$$

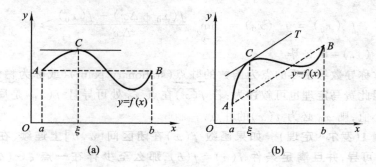

图 $2-16$

这就启发我们考虑这样一个理论上的问题:假设函数 $f(x)$ 在闭区间 $[a, b]$ 上连续,并且在开区间 (a, b) 内可导,那么是否存在点 $\xi \in (a, b)$,使等式

$$f'(\xi) = \frac{f(b) - f(a)}{b - a}$$

成立?

从图 $2-16$ 的几何直观上看,问题的答案是肯定的.但是从特殊的几何图形凭直观得出的结论不能代替一般情形下的论证.下面我们从理论上对这个问题进行讨论.为讨论方便,先介绍一个引理.此引理本身在微分学中也很重要.

引理(费马定理)　设函数 $f(x)$ 在点 x_0 的某邻域 $U(x_0)$ 内有定义并且在 x_0 处可导,如果对任意的 $x \in U(x_0)$,有

$$f(x) \leqslant f(x_0) \ (\text{或} \ f(x) \geqslant f(x_0)),$$

那么 $f'(x_0) = 0$.

证　不妨设 $x \in U(x_0)$ 时,$f(x) \leqslant f(x_0)$(如果 $f(x) \geqslant f(x_0)$,可以类似地证明).于是,对于 $x_0 + \Delta x \in U(x_0)$,有

$$f(x_0 + \Delta x) - f(x_0) \leqslant 0,$$

从而当 $\Delta x > 0$ 时

$$\frac{f(x_0 + \Delta x) - f(x_0)}{\Delta x} \leqslant 0 ;$$

而当 $\Delta x < 0$ 时

$$\frac{f(x_0 + \Delta x) - f(x_0)}{\Delta x} \geqslant 0.$$

根据函数 $f(x)$ 在 x_0 可导的条件,再由极限的保号性,便得到

$$f'(x_0) = f'_+(x_0) = \lim_{\Delta x \to 0^+} \frac{f(x_0 + \Delta x) - f(x_0)}{\Delta x} \leqslant 0,$$

$$f'(x_0) = f'_-(x_0) = \lim_{\Delta x \to 0^-} \frac{f(x_0 + \Delta x) - f(x_0)}{\Delta x} \geqslant 0.$$

所以,$f'(x_0) = 0$. 证毕.

通常称导数等于零的点为函数的<u>驻点</u>(stationary point)(或称为稳定点,临界点).因此费马定理也可叙述为:若 $\overline{f(x)}$ 在点 x_0 处可导且 $f(x_0)$ 是局部最大值或最小值,则 x_0 必为 $f(x)$ 的驻点.

定理 1(罗尔[①]定理) 如果函数 $f(x)$ 在闭区间 $[a, b]$ 上连续,在开区间 (a, b) 内可导,并且满足条件 $f(a) = f(b)$,那么至少存在一点 $\xi \in (a, b)$,使得

$$f'(\xi) = 0.$$

证 由于 $f(x)$ 在 $[a, b]$ 上连续,所以 $f(x)$ 必在 $[a, b]$ 上取到它的最大值 M 与最小值 m,显然只有 $M = m$ 与 $M > m$ 两种情形.

情形 i 如果 $M = m$,那么必定是 $f(x) \equiv M, x \in [a, b]$.因此对任意的 $x \in (a, b)$,都有 $f'(x) = 0$,即 (a, b) 内任何一点都可以作为 ξ 而有 $f'(\xi) = 0$.

情形 ii 如果 $M > m$,那么 M 与 m 中至少有一个不等于 $f(a)$.不妨设 $M \neq f(a)$(如果 $m \neq f(a)$,可以类似地证明),又由于 $f(a) = f(b)$,所以 $M \neq f(b)$,于是必定存在一点 $\xi \in (a, b)$,使 $f(\xi) = M$.由于 $f(x)$ 在 ξ 可导,所以由引理即得到 $f'(\xi) = 0$.证毕.

定理 2(拉格朗日[②]中值定理) 如果函数 $f(x)$ 在闭区间 $[a, b]$ 上连续,在开区间 (a, b) 内可导,那么至少存在一点 $\xi \in (a, b)$,使得

$$f(b) - f(a) = f'(\xi)(b - a). \tag{1}$$

从对图形(图 2-16)的观察可见定理 1 是定理 2 的特殊情形.为了能够利

---

① 罗尔(M. Rolle),1652—1719,法国数学家.

② 拉格朗日(J-L. Lagrange),1736—1813,法国数学家、力学家、天文学家.拉格朗日在中学时代就对数学与天文学感兴趣,在进入都灵炮兵学院学习时以自学方式钻研数学,成绩斐然,19 岁就被聘为该院数学教授.23 岁被选为柏林科学院院士,30 岁任柏林科学院的主席兼任物理数学所所长,并在以后的 20 年中,在代数数论、微分方程、变分法等数学领域及力学和天文学都进行了深刻而广泛的研究.

用定理 1 来证明定理 2,我们设法构造一个与 $f(x)$ 有密切关系的函数 $\varphi(x)$ 作为证明时的辅助函数,使得 $\varphi(x)$ 满足定理 1 的条件,然后把对 $\varphi(x)$ 所得到的结论转化到 $f(x)$ 上,从而证得所需要的结果.

　　为此,对 $y = f(x)$ 的图形在 $[a,b]$ 范围内作一次变形,使得两个端点变到在同一水平线上.如图 2-17 所示,由于弦 AB 的斜率是 $\dfrac{f(b)-f(a)}{b-a}$,故我们考虑将曲线 $y = f(x)$ 上的点 $(x, f(x))$ 沿铅直方向逐个地向下移动一个 x 的线性量

$$\frac{f(b)-f(a)}{b-a}(x-a),$$

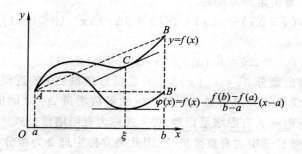

图 2-17

即点 $(x, f(x))$ 的纵坐标变成 $f(x) - \dfrac{f(b)-f(a)}{b-a}(x-a)$,这时端点 $A(a, f(a))$ 保持不动,而端点 $B(b, f(b))$ 被移至 $B'(b, f(a))$,于是,曲线 $y = f(x)$ $(a \leqslant x \leqslant b)$ 就变形为曲线

$$y = \varphi(x) = f(x) - \frac{f(b)-f(a)}{b-a}(x-a).$$

由图 2-17 可见,变形后的曲线 $y = \varphi(x)$ 的两个端点在同一水平线上,即有 $\varphi(a) = \varphi(b) = f(a)$,于是罗尔定理的条件得到满足.

　　定理 2 的证明　　引进辅助函数

$$\varphi(x) = f(x) - \frac{f(b)-f(a)}{b-a}(x-a).$$

容易验证函数 $\varphi(x)$ 满足定理 1 的条件:$\varphi(x)$ 在 $[a,b]$ 上连续,在 (a,b) 内可导,并且 $\varphi(a) = \varphi(b)(= f(a))$.根据定理 1,至少存在一点 $\xi \in (a,b)$,使得 $\varphi'(\xi) = 0$,即

$$\varphi'(\xi) = f'(\xi) - \frac{f(b)-f(a)}{b-a} = 0,$$

从而得到

$$\frac{f(b) - f(a)}{b - a} = f'(\xi),$$

或写成

$$f(b) - f(a) = f'(\xi)(b - a).$$

证毕.

显然,公式(1)对于 $b < a$ 也成立.公式(1)称为拉格朗日中值公式.

如果取 x 与 $x + \Delta x$ 为 $[a, b]$ 上任意两个不同的点,则在以 $x, x + \Delta x$ 为端点的区间内的任一确定的点总可以表示为 $x + \theta \Delta x$,其中 θ 是介于 0 与 1 之间的某一定值.于是由定理 2 即得

$$f(x + \Delta x) - f(x) = f'(x + \theta \Delta x) \Delta x \quad (0 < \theta < 1), \tag{2}$$

也可以写成

$$\Delta y = f'(x + \theta \Delta x) \Delta x \quad (0 < \theta < 1). \tag{3}$$

我们知道,函数的微分 $\mathrm{d}y = f'(x) \Delta x$ 只是函数增量 Δy 的近似表达式,而(3)式却给出了自变量的有限增量 Δx 与对应的函数增量 Δy 之间的准确关系式.因此,定理 2 有时称为有限增量定理,(3)式称为有限增量公式.

定理 2 在微分学中占有重要地位.因此通常称定理 2 为微分中值定理.当我们需要函数增量 Δy 的准确表达式时,定理 2 就显示出它的价值.

作为定理 2 的一个应用,现在导出一个以后学习积分学时很有用的定理.我们已经知道,如果函数 $f(x)$ 在某区间 I 内是一个常数,那么 $f(x)$ 在 I 内的导数就恒为零.事实上,它的逆命题也成立,即有

推论 如果函数 $f(x)$ 在区间 I 内的导数恒为零,那么 $f(x)$ 在 I 内是一个常数.

证 在区间 I 内任取两点 x_1、x_2(不妨设 $x_1 < x_2$),应用(1)式得

$$f(x_2) - f(x_1) = f'(\xi)(x_2 - x_1) \quad (x_1 < \xi < x_2).$$

由假定,$f'(\xi) = 0$,所以 $f(x_2) = f(x_1)$.由点 x_1、x_2 的任意性即知 $f(x)$ 在 I 内的函数值恒相等,从而 $f(x)$ 在 I 内是一个常数.证毕.

下面我们把拉格朗日中值定理推广到两个函数的情形上去.

定理 3(柯西中值定理) 如果函数 $f(x)$ 与 $g(x)$ 在闭区间 $[a, b]$ 上连续,在开区间 (a, b) 内可导,并且在开区间 (a, b) 内 $g'(x) \neq 0$,那么至少存在一点 $\xi \in (a, b)$,使得

$$\frac{f(b) - f(a)}{g(b) - g(a)} = \frac{f'(\xi)}{g'(\xi)}. \tag{4}$$

证 由于 $g'(x) \neq 0 \ (x \in (a, b))$,由定理 2 可推得 $g(b) - g(a) \neq 0$,因此分式 $\dfrac{f(b) - f(a)}{g(b) - g(a)}$ 是有意义的.现作一个辅助函数

$$\varphi(x) = f(x) - \frac{f(b) - f(a)}{g(b) - g(a)}[g(x) - g(a)],$$

容易验证：$\varphi(x)$在$[a,b]$上连续，在(a,b)内可导，并且$\varphi(a) = \varphi(b)$. 根据定理 1，至少有一点 $\xi \in (a,b)$，使得 $\varphi'(\xi) = 0$，即

$$f'(\xi) - \frac{f(b) - f(a)}{g(b) - g(a)} g'(\xi) = 0,$$

从而得到(4)式.

公式(4)叫柯西中值公式. 容易看出拉格朗日中值定理是柯西中值定理当 $g(x) = x$ 时的特殊情形.

例 1　证明：当 $x > 0$ 时，$\dfrac{x}{x+1} < \ln(1+x) < x$.

证　设 $f(t) = \ln(1+t)$. 显然 $f(t)$ 在$[0,x]$上满足定理 2 的条件，所以有

$$f(x) - f(0) = f'(\xi)(x - 0) \quad (0 < \xi < x).$$

由于 $f(0) = 0$，$f'(t) = \dfrac{1}{1+t}$，因此上式即为

$$\ln(1+x) = \frac{x}{1+\xi} \ (0 < \xi < x).$$

又由于 $0 < \xi < x$，所以

$$\frac{x}{x+1} < \frac{x}{1+\xi} < x,$$

这就是

$$\frac{x}{x+1} < \ln(1+x) < x \quad (x > 0).$$

如果取 $x = \dfrac{1}{n}$，则得不等式

$$\frac{1}{1+n} < \ln\left(1 + \frac{1}{n}\right) < \frac{1}{n}, \ n \in \mathbf{Z}^{+}.$$

图 2-18 中的三条曲线反映了上述不等式.

例 2　证明：$0 < x < \pi$ 时，$\dfrac{\sin x}{x} > \cos x$.

证　由于 $\dfrac{\sin x}{x} = \dfrac{\sin x - \sin 0}{x - 0}$，在区间$[0,x]$ $(0 < x < \pi)$上对函数 $f(t) = \sin t$ 用定理 2，则推得至少有一 $\xi \in (0,x)$，使得

$$\frac{\sin x}{x} = \frac{\sin x - \sin 0}{x - 0} = (\sin t)' \bigg|_{t=\xi}$$
$$= \cos \xi > \cos x.$$

证毕(参见图 2-19).

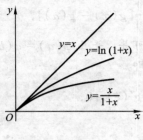

图 2－18

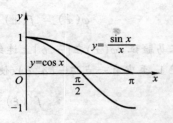

图 2－19

习题 2－6

1. 汽车在行进过程中，下午 2 点时速度为 30 km/h，下午 2 点 10 分时其速度增至 50 km/h，试说明在这 10 分钟内的某一时刻其加速度恰为 120 km/h^2.

2. 代数学基本定理告诉我们，n 次多项式至多有 n 个实根，利用此结论及罗尔定理，不求出函数 $f(x)=(x-1)(x-2)(x-3)(x-4)$ 的导数，说明方程 $f'(x)=0$ 有几个实根，并指出它们所在的区间.

3. 设 $f(x)$ 是处处可导的奇函数，证明：对任一 $b>0$，总存在 $c\in(-b,b)$ 使得

$$f'(c)=\frac{f(b)}{b}.$$

4. 证明：方程 $x^5+x-1=0$ 只有一个正根.

5. 若方程 $a_0x^n+a_1x^{n-1}+\cdots+a_{n-1}x=0$ 有一个正根 $x=x_0$，证明方程

$$a_0nx^{n-1}+a_1(n-1)x^{n-2}+\cdots+a_{n-1}=0$$

必有一个小于 x_0 的正根.

6. 设 $f(x)$ 在 $[0,a]$ 上连续，在 $(0,a)$ 内可导，且 $f(a)=0$，证明：存在一点 $\xi\in(0,a)$，使

$$f(\xi)+\xi f'(\xi)=0.$$

7. 证明下列恒等式：

(1) $\arctan x+\arctan\dfrac{1}{x}=\dfrac{\pi}{2}$ $(x>0)$；

(2) $\arctan x-\dfrac{1}{2}\arccos\dfrac{2x}{1+x^2}=\dfrac{\pi}{4}$ $(x\geqslant1)$.

8. 若函数 $f(x)$ 在 (a,b) 内具有二阶导数，且 $f(x_1)=f(x_2)=f(x_3)$，其中 $a<x_1<x_2<x_3<b$，证明：在 (x_1,x_3) 内至少有一点 ξ，使得 $f''(\xi)=0$.

9. 证明下列不等式：

(1) $nb^{n-1}(a-b)<a^n-b^n<na^{n-1}(a-b)$ $(a>b>0,n>1)$；

(2) $\dfrac{a-b}{a}<\ln\dfrac{a}{b}<\dfrac{a-b}{b}$ $(a>b>0)$.

10. 设 $f(x)$ 在 $[a,b]$ 上连续，在 (a,b) 内可导 $(0<a<b)$，证明：在 (a,b) 内至少有一点 c，使得 $2c[f(b)-f(a)]=f'(c)(b^2-a^2)$.

第七节 泰 勒 公 式

不论是进行近似计算还是理论分析,我们总希望用一些简单的函数来近似表示比较复杂的函数.多项式是一种比较简单的函数,它只包含加、乘两种运算,最适于计算机计算.因此,我们常用多项式来近似表达函数.

在第五节中我们已经知道当 $f'(x_0) \neq 0$,并且 $|\Delta x|$ 很小时,有如下的近似等式

$$\Delta y \approx \mathrm{d}y = f'(x_0)\Delta x,$$

或

$$f(x) \approx f(x_0) + f'(x_0)(x - x_0).$$

上式就是用一次多项式来近似表达一个函数.显然,在 $x = x_0$ 处,上式右端的一次多项式及其导数的值分别等于被近似表达的函数及其导数的值.但是,这种近似表达式存在不足之处.首先是精确度不够高,它所产生的误差仅是关于 $(x - x_0)$ 的高阶无穷小,其次是用它来作近似计算时,不能具体估计出误差的大小.因此,我们设想用高次多项式来近似表达函数,同时给出误差公式.于是提出如下的问题:设函数 $f(x)$ 在含 x_0 的开区间内具有直到 $(n+1)$ 阶的导数,试找出一个关于 $(x - x_0)$ 的 n 次多项式

$$P_n(x) = a_0 + a_1(x - x_0) + a_2(x - x_0)^2 + \cdots + a_n(x - x_0)^n, \qquad (1)$$

用它来近似表达 $f(x)$,要求它与 $f(x)$ 之差是比 $(x - x_0)^n$ 高阶的无穷小,并且给出误差 $|f(x) - P_n(x)|$ 的具体表达式.

为了使求得的近似多项式与 $f(x)$ 在数值与性质方面吻合得更好,我们进一步要求 $P_n(x)$ 在点 x_0 处的函数值以及它的直到 n 阶的导数值与 $f(x)$ 在点 x_0 处的函数值以及它的直到 n 阶的导数值分别相等,即要求

$$P_n^{(k)}(x_0) = f^{(k)}(x_0) \quad (k = 0, 1, \cdots, n).$$

按此要求,可以很容易地求得(1)式中多项式的各个系数为

$$a_0 = f(x_0),\ a_1 = f'(x_0),\ a_2 = \frac{1}{2!}f''(x_0),\cdots,a_n = \frac{1}{n!}f^{(n)}(x_0).$$

于是

$$P_n(x) = f(x_0) + f'(x_0)(x - x_0) + \frac{1}{2!}f''(x_0)(x - x_0)^2 + \cdots$$
$$+ \frac{1}{n!}f^{(n)}(x_0)(x - x_0)^n. \qquad (2)$$

我们称(2)式中的多项式 $P_n(x)$ 为 $f(x)$ 关于 $(x - x_0)$ 的 $\underline{n\ \text{阶泰勒多项式}}$.

下面的定理告诉我们(2)式的确是我们所要找的 n 次多项式.

定理 1(泰勒[①]中值定理)   如果函数 $f(x)$ 在含 x_0 的某个开区间 (a,b) 内具有直到 $(n+1)$ 阶导数,那么对于 $x \in (a,b)$,有

$$f(x) = f(x_0) + f'(x_0)(x - x_0) + \frac{1}{2!}f''(x_0)(x - x_0)^2 + \cdots$$

$$+ \frac{1}{n!}f^{(n)}(x_0)(x - x_0)^n + R_n(x), \tag{3}$$

其中

$$R_n(x) = \frac{f^{(n+1)}(\xi)}{(n+1)!}(x - x_0)^{n+1}, \tag{4}$$

这里 ξ 是 x_0 与 x 之间的某个值.

证   为了便于阅读,我们仅就 $n=1$ 的特殊情形来证明(3)式,即证明:对于 (a,b) 内任意取定的 x,存在介于 x_0 与 x 之间的某数 ξ,使得

$$f(x) = f(x_0) + f'(x_0)(x - x_0) + \frac{f''(\xi)}{2!}(x - x_0)^2. \tag{5}$$

对取定的 $x \in (a,b)$,且 $x \neq x_0$,我们记

$$\frac{f(x) - f(x_0) - f'(x_0)(x - x_0)}{\frac{(x - x_0)^2}{2!}} = Q(x),$$

即

$$f(x) = f(x_0) + f'(x_0)(x - x_0) + \frac{Q(x)}{2!}(x - x_0)^2,$$

现将上式与(5)式比较,可知只要证明存在介于 x_0 与 x 之间的某数 ξ,使得 $Q(x) = f''(\xi)$.为此我们作一个以 t 为自变量的辅助函数

$$\varphi(t) = f(x) - f(t) - f'(t)(x - t) - \frac{Q(x)}{2!}(x - t)^2,$$

其中的 x 看作常量.

显然 $\varphi(t)$ 在 (a,b) 内连续且可导,而且

当 $t = x$ 时,$\varphi(x) = 0$;当 $t = x_0$ 时,

$$\varphi(x_0) = f(x) - f(x_0) - f'(x_0)(x - x_0) - \frac{Q(x)}{2!}(x - x_0)^2 = 0,$$

由罗尔定理可知在 x_0 与 x 之间必有 ξ,使 $\varphi'(\xi) = 0$. 而

$$\varphi'(t) = -f'(t) - f''(t)(x - t) + f'(t) + Q(x)(x - t)$$
$$= [Q(x) - f''(t)](x - t),$$

故由 $\varphi'(\xi) = [Q(x) - f''(\xi)](x - \xi) = 0$,即可推得 $Q(x) = f''(\xi)$.

①   泰勒(B. Taylor),1685—1731,英国数学家.

显然,当 $x = x_0$ 时,(5) 式也成立.

上面对 $n = 1$ 的证明可方便地推广到一般情形,证明过程从略.

公式(3)称为 $f(x)$ 在点 x_0 处关于 $(x - x_0)$ 的 n 阶泰勒公式.形如(4)式的余项 $R_n(x)$ 称为拉格朗日型余项.

当 $n = 0$ 时,泰勒公式就是拉格朗日中值公式:

$$f(x) = f(x_0) + f'(\xi)(x - x_0) \quad (\xi \text{ 在 } x_0 \text{ 与 } x \text{ 之间}).$$

所以,泰勒中值定理是拉格朗日中值定理的推广.

由定理可知,用泰勒多项式 $P_n(x)$ 近似表达函数 $f(x)$ 时,其误差为 $|R_n(x)|$.如果对于某个固定的 n,存在常数 $M > 0$,当 $x \in (a, b)$ 时,$|f^{(n+1)}(x)| \leqslant M$,那么有估计式

$$|R_n(x)| = \left| \frac{f^{(n+1)}(\xi)}{(n+1)!} (x - x_0)^{n+1} \right| \leqslant \frac{M}{(n+1)!} |x - x_0|^{n+1}. \qquad (6)$$

在公式(3)中,$x_0 = 0$ 的特殊情况在应用中尤为重要.此时 ξ 在 0 与 x 之间,因此可记 $\xi = \theta x \ (0 < \theta < 1)$,从而泰勒公式变成较简单的形式,称为麦克劳林[1]公式:

$$f(x) = f(0) + f'(0)x + \frac{f''(0)}{2!}x^2 + \cdots$$
$$+ \frac{f^{(n)}(0)}{n!}x^n + \frac{f^{(n+1)}(\theta x)}{(n+1)!}x^{n+1} \quad (0 < \theta < 1). \qquad (7)$$

由此得到近似公式:

$$f(x) \approx f(0) + f'(0)x + \frac{f''(0)}{2!}x^2 + \cdots + \frac{f^{(n)}(0)}{n!}x^n.$$

与泰勒多项式相对应,上式右端的多项式称为 $f(x)$ 的 n 阶麦克劳林多项式.此时的误差估计式(6)相应变成:

$$|R_n(x)| \leqslant \frac{M}{(n+1)!} |x|^{n+1}.$$

例 1 求出函数 $f(x) = e^x$ 的 n 阶麦克劳林公式.

解 因为 $f(x) = f'(x) = f''(x) = \cdots = f^{(n)}(x) = e^x$,所以

$$f(0) = f'(0) = f''(0) = \cdots = f^{(n)}(0) = 1,$$

把这些值代入(7)式,并且注意到 $f^{(n+1)}(\theta x) = e^{\theta x} \ (0 < \theta < 1)$,就得到

$$e^x = 1 + x + \frac{1}{2!}x^2 + \cdots + \frac{1}{n!}x^n + \frac{e^{\theta x}}{(n+1)!}x^{n+1} \quad (0 < \theta < 1).$$

由这个公式可知,e^x 可用 n 阶麦克劳林多项式近似表达为

---

[1] 麦克劳林(C. Maclaurin),1698—1746,英国数学家.

$$e^x \approx 1 + x + \frac{1}{2!}x^2 + \cdots + \frac{1}{n!}x^n,$$

这时所产生的误差为

$$|R_n(x)| = \left| \frac{e^{\theta x}}{(n+1)!}x^{n+1} \right| < \frac{e^{|x|}}{(n+1)!}|x|^{n+1} \quad (0 < \theta < 1).$$

如果取 $x = 1$,就得到 e 的近似式为

$$e \approx 1 + 1 + \frac{1}{2!} + \cdots + \frac{1}{n!},$$

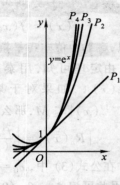

图 2 – 20

其误差

$$|R_n| < \frac{e}{(n+1)!} < \frac{3}{(n+1)!}.$$

当 $n = 10$ 时,可算出 $e \approx 2.718\ 282$,其误差不超过 10^{-6}.

函数 $y = e^x$ 及其麦克劳林多项式 $P_n(x)$($n = 1, 2, 3, 4$)通过计算机作出的图形都画在图 2 – 20 中,可见 $P_n(x)$ 的图形随着 n 的增大而变得与 e^x 的图形贴近起来.

例 2   求出函数 $f(x) = \sin x$ 的 n 阶麦克劳林公式.

解   因为 $f^{(n)}(x) = \sin\left(x + n\frac{\pi}{2}\right)$ ($n = 0, 1, 2, \cdots$),所以

$$f^{(n)}(0) = \begin{cases} 0 & \text{当 } n = 2m, \\ (-1)^m & \text{当 } n = 2m+1, \end{cases} \quad m = 0,1,2,\cdots,$$

于是由公式(7)得到

$$\sin x = x - \frac{1}{3!}x^3 + \frac{1}{5!}x^5 - \cdots + \frac{(-1)^{m-1}}{(2m-1)!}x^{2m-1} + R_{2m}(x),$$

其中 $R_{2m}(x) = \dfrac{\sin\left[\theta x + (2m+1)\dfrac{\pi}{2}\right]}{(2m+1)!}x^{2m+1}(0 < \theta < 1).$

如果取 $m = 1$,则得到近似公式

$$\sin x \approx x,$$

这时误差为

$$|R_2(x)| = \left| \frac{\sin\left(\theta x + \frac{3\pi}{2}\right)}{3!}x^3 \right| \leqslant \frac{|x|^3}{6} \quad (0 < \theta < 1).$$

如果 m 分别取 2 与 3,则可以得到 $\sin x$ 的 3 次与 5 次近似多项式(即麦克劳林多项式)

$$\sin x \approx x - \frac{1}{3!}x^3, \sin x \approx x - \frac{1}{3!}x^3 + \frac{1}{5!}x^5,$$

它们的误差分别为 $|R_4(x)| \leqslant \dfrac{|x|^5}{5!}$ 与 $|R_6(x)| \leqslant \dfrac{|x|^7}{7!}$.

正弦函数及其近似多项式 $P_n(x)$ ($n = 1, 3, \cdots, 19$) 通过计算机作出的图形都画在图 2-21 中,可以看到 $\sin x$ 与其近似多项式 $P_n(x)$ 的图形随着 n 的增大而变得贴近起来,也就是说,误差 $R_n(x)$ 随着 n 的增大而变小.特别当 x 偏离原点较远时,选取阶数较高的麦克劳林多项式 $P_n(x)$ 来近似表达 $\sin x$ 时,其精度就较高.读者可以用 Mathematica 软件更仔细地观察 $\sin x$ 的各阶麦克劳林多项式的图形,从而加深对泰勒公式的理解.

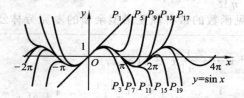

图 2-21

类似地,还可以得到

$$\cos x = 1 - \frac{1}{2!}x^2 + \frac{1}{4!}x^4 - \cdots + \frac{(-1)^m}{(2m)!}x^{2m} + R_{2m+1}(x),$$

其中 $R_{2m+1}(x) = \dfrac{\cos[\theta x + (m+1)\pi]}{(2m+2)!}x^{2m+2}$ $(0 < \theta < 1)$;

$$\ln(1+x) = x - \frac{1}{2}x^2 + \frac{1}{3}x^3 - \cdots + \frac{(-1)^{n-1}}{n}x^n + R_n(x),$$

其中 $R_n(x) = \dfrac{(-1)^n}{(n+1)(1+\theta x)^{n+1}}x^{n+1}$ $(0 < \theta < 1)$;

$$(1+x)^\alpha = 1 + \alpha x + \frac{\alpha(\alpha-1)}{2!}x^2 + \cdots + \frac{\alpha(\alpha-1)\cdots(\alpha-n+1)}{n!}x^n + R_n(x),$$

其中 $R_n(x) = \dfrac{\alpha(\alpha-1)\cdots(\alpha-n+1)(\alpha-n)}{(n+1)!}(1+\theta x)^{\alpha-n-1}x^{n+1}$ $(0 < \theta < 1)$.

当 α 取正整数 n 时,上面最后一式的 $R_n(x) = 0$,于是得到牛顿二项展开式.

应该指出,泰勒公式中的余项 $R_n(x)$ 可以有多种表达方式,其中拉格朗日型表达式的好处之一是在近似计算时可以用它来估计误差.然而 $R_n(x)$ 还有其他的表达式,下面介绍的一种表达式在处理函数极限时会给我们带来方便.

当 $f^{(n+1)}(x)$ 在 (a,b) 中有界时,(6) 式 $|R_n(x)| \leqslant \dfrac{M}{(n+1)!}|x - x_0|^{n+1}$ 成立.于是 $\lim\limits_{x \to x_0} \dfrac{R_n(x)}{(x-x_0)^n} = 0$,即

$$R_n(x) = o((x - x_0)^n). \tag{8}$$

表达式(8)称为佩亚诺[①]型余项,于是有

定理 2   如果函数 $f(x)$ 在含有 x_0 的开区间 (a,b) 内具有直到 $n+1$ 阶的导数,且 $f^{(n+1)}(x)$ 在 (a,b) 内有界,则 $f(x)$ 在 (a,b) 内有 n 阶带有佩亚诺型余项的泰勒公式

$$f(x) = f(x_0) + f'(x_0)(x - x_0) + \frac{1}{2!}f''(x_0)(x - x_0)^2 + \cdots$$

$$+ \frac{1}{n!}f^{(n)}(x_0)(x - x_0)^n + o((x - x_0)^n). \tag{9}$$

我们把几个常见函数的带有佩亚诺型余项的麦克劳林公式集中写在下面:

$$\mathrm{e}^x = 1 + x + \frac{1}{2!}x^2 + \cdots + \frac{1}{n!}x^n + o(x^n),$$

$$\sin x = x - \frac{1}{3!}x^3 + \frac{1}{5!}x^5 - \cdots + \frac{(-1)^{m-1}}{(2m-1)!}x^{2m-1} + o(x^{2m}),$$

$$\cos x = 1 - \frac{1}{2!}x^2 + \frac{1}{4!}x^4 - \cdots + \frac{(-1)^m}{(2m)!}x^{2m} + o(x^{2m+1}),$$

$$\ln(1+x) = x - \frac{1}{2}x^2 + \frac{1}{3}x^3 - \cdots + \frac{(-1)^{n-1}}{n}x^n + o(x^n),$$

$$(1+x)^\alpha = 1 + \alpha x + \frac{\alpha(\alpha-1)}{2!}x^2 + \cdots + \frac{\alpha(\alpha-1)\cdots(\alpha-n+1)}{n!}x^n + o(x^n).$$

例 3   试说明在求极限 $\lim\limits_{x \to 0} \dfrac{\tan x - \sin x}{x^3}$ 时,为什么不能用 $\tan x$ 与 $\sin x$ 的等价无穷小 x 分别替换它们?

解   用三阶的带有佩亚诺型余项的麦克劳林公式容易求得

$$\tan x = x + \frac{x^3}{3} + o(x^3), \quad \sin x = x - \frac{x^3}{3!} + o(x^3),$$

于是

$$\tan x - \sin x = \frac{x^3}{2} + o(x^3),$$

这说明当 $x \to 0$ 时,函数 $\tan x - \sin x$ 与 $\dfrac{x^3}{2}$ 是等价的无穷小.因此只能用 $\dfrac{x^3}{2}$ 来替代 $\tan x - \sin x$,而不能用 $(x - x)$ 来替代它.

例 4   利用带有佩亚诺型余项的麦克劳林公式,求极限

$$\lim_{x \to 0} \frac{\cos x \ln(1+x) - x}{x^2}.$$

---

① 佩亚诺(G. Peano),1858—1932,意大利数学家、逻辑学家.

解 因为分式的分母是 x^2，我们只需将分子中的 $\cos x$ 与 $\ln(1+x)$ 分别用二阶的麦克劳林公式表示：

$$\cos x = 1 - \frac{1}{2!}x^2 + o(x^2),$$

$$\ln(1+x) = x - \frac{1}{2}x^2 + o(x^2),$$

于是

$$\cos x \ln(1+x) - x = \left[1 - \frac{1}{2!}x^2 + o(x^2)\right] \cdot \left[x - \frac{1}{2}x^2 + o(x^2)\right] - x.$$

对上式作运算时把所有比 x^2 高阶的无穷小的代数和仍记为 $o(x^2)$，就得

$$\cos x \ln(1+x) - x = x - \frac{1}{2}x^2 + o(x^2) - x = -\frac{1}{2}x^2 + o(x^2),$$

故

$$\lim_{x \to 0} \frac{\cos x \ln(1+x) - x}{x^2} = \lim_{x \to 0} \frac{-\frac{1}{2}x^2 + o(x^2)}{x^2} = -\frac{1}{2}.$$

习题 2－7

1. 将多项式 $P(x) = x^6 - 2x^2 - x + 3$ 分别按 $(x-1)$ 的乘幂及 $(x+1)$ 的乘幂展开，由此说明 $P(x)$ 在 $(-\infty, -1]$ 及 $[1, +\infty)$ 上无实零点.

2. 写出下列函数在指定点 x_0 处的带佩亚诺型余项的三阶泰勒公式：

(1) $f(x) = \dfrac{1}{x}, x_0 = -1$; 　　　　(2) $f(x) = \sqrt{x}, x_0 = 4$;

(3) $f(x) = \tan x, x_0 = 0$; 　　　　(4) $f(x) = e^{\sin x}, x_0 = 0$.

3. 写出下列函数的带拉格朗日型余项的 n 阶麦克劳林公式：

(1) $f(x) = \dfrac{1}{x-1}$; 　　　　(2) $f(x) = xe^x$.

4. 应用三阶泰勒公式求下列各数的近似值，并估计误差：

(1) $\sqrt[3]{30}$; 　　　　(2) $\ln 1.2$.

5. 验证当 $0 < x \leqslant \dfrac{1}{2}$ 时，按公式 $e^x \approx 1 + x + \dfrac{x^2}{2} + \dfrac{x^3}{6}$ 计算 e^x 的近似值时所产生的误差小于 0.01，并求 $\sqrt{e}$ 的近似值，使误差小于 0.01.

6. 利用带有佩亚诺型余项的麦克劳林公式求下列极限：

(1) $\displaystyle\lim_{x \to 0} \frac{\cos x - e^{-\left(\frac{x^2}{2}\right)} + \dfrac{x^4}{12}}{x^6}$; 　　　　(2) $\displaystyle\lim_{x \to 0} \frac{e^x \sin x - x(1+x)}{x^2 \sin x}$.

第八节   洛必达法则

如果当 $x \to x_0$（或 $x \to \infty$）时，两个函数 $f(x)$ 与 $g(x)$ 都趋于零或都趋于无穷大，那么极限 $\lim\limits_{\substack{x \to x_0 \\ (x \to \infty)}} \dfrac{f(x)}{g(x)}$ 可能存在，也可能不存在．通常称这种类型的极限为未定式，并且分别记为 $\dfrac{0}{0}$ 或 $\dfrac{\infty}{\infty}$．在第一章第五节中讨论过的极限 $\lim\limits_{x \to 0} \dfrac{\sin x}{x}$ 是未定式 $\dfrac{0}{0}$ 的一个例子．在本节中，我们将利用柯西中值定理得出一个求这些类型极限的简便而重要的方法．

一、$\dfrac{0}{0}$ 未定式

定理 1   设 $f(x), g(x)$ 在点 x_0 的某去心邻域内可导，并且 $g'(x) \neq 0$，又满足条件：

(i) $\lim\limits_{x \to x_0} f(x) = \lim\limits_{x \to x_0} g(x) = 0$；

(ii) 极限 $\lim\limits_{x \to x_0} \dfrac{f'(x)}{g'(x)}$ 存在或为 ∞，

那么

$$\lim_{x \to x_0} \frac{f(x)}{g(x)} = \lim_{x \to x_0} \frac{f'(x)}{g'(x)}.$$

证   由于 $\lim\limits_{x \to x_0} f(x) = \lim\limits_{x \to x_0} g(x) = 0$，我们假定 $f(x_0) = g(x_0) = 0$，这样 $f(x)$ 与 $g(x)$ 在点 x_0 的某邻域内连续[①]．设 x 是该邻域内的任意取定的一点（$x \neq x_0$），则在以 x_0 及 x 为端点的区间上，$f(x)$ 与 $g(x)$ 满足柯西中值定理的条件，故有

$$\frac{f(x)}{g(x)} = \frac{f(x) - f(x_0)}{g(x) - g(x_0)} = \frac{f'(\xi)}{g'(\xi)} \quad (\xi \text{ 介于 } x_0 \text{ 及 } x \text{ 之间}),$$

令 $x \to x_0$，并对上式两端求极限，注意到 $x \to x_0$ 时 $\xi \to x_0$，于是由条件(ii)便得要证明的结论．

如果 $\lim\limits_{x \to x_0} \dfrac{f'(x)}{g'(x)}$ 仍属于 $\dfrac{0}{0}$ 型时，只要 $f'(x)$ 及 $g'(x)$ 满足定理 1 中 $f(x)$

---

① 因为极限 $\lim\limits_{x \to x_0} \dfrac{f(x)}{g(x)}$ 与 $f(x)$ 和 $g(x)$ 在点 x_0 处的取值情况无关，所以我们可以假定 $f(x_0) = g(x_0) = 0$ 而不影响所求极限．作了这个假定，就可以利用柯西中值定理来证明定理 1．

与 $g(x)$ 所满足的条件,那么我们就可以继续分别对分子与分母求导数而得

$$\lim_{x \to x_0} \frac{f(x)}{g(x)} = \lim_{x \to x_0} \frac{f'(x)}{g'(x)} = \lim_{x \to x_0} \frac{f''(x)}{g''(x)},$$

并且可以以此类推. 这种通过分子与分母分别求导来确定未定式的值的方法叫做**洛必达**[1]**法则**.

我们指出,如果把极限过程换成 $x \to x_0^+$ 或 $x \to x_0^-$,则只要把定理 1 的条件作相应的改动,结论仍然成立,甚至当极限过程换为 $x \to \infty$ 或 $x \to +\infty$ 或 $x \to -\infty$,只要 $\lim \dfrac{f(x)}{g(x)}$ 是 $\dfrac{0}{0}$ 型的,并且 $\lim \dfrac{f'(x)}{g'(x)}$ 存在(或为无穷大),则仍然有

$$\lim \frac{f(x)}{g(x)} = \lim \frac{f'(x)}{g'(x)}. \quad [2]$$

这里就不再一一证明了.

例 1　求 $\lim\limits_{x \to 0} \dfrac{x - \sin x}{x^3}$.

解　$\lim\limits_{x \to 0} \dfrac{x - \sin x}{x^3} = \lim\limits_{x \to 0} \dfrac{1 - \cos x}{3x^2} = \lim\limits_{x \to 0} \dfrac{\sin x}{6x} = \dfrac{1}{6}$.

例 2　求 $\lim\limits_{x \to 1} \dfrac{x^3 - 3x + 2}{x^3 - x^2 - x + 1}$.

解　$\lim\limits_{x \to 1} \dfrac{x^3 - 3x + 2}{x^3 - x^2 - x + 1} = \lim\limits_{x \to 1} \dfrac{3x^2 - 3}{3x^2 - 2x - 1} = \lim\limits_{x \to 1} \dfrac{6x}{6x - 2} = \dfrac{3}{2}$.

注意,上式中的 $\lim\limits_{x \to 1} \dfrac{6x}{6x - 2}$ 已不再是未定式,故不能再对它应用洛必达法则,否则要导致错误的结果. 因此在每次使用洛必达法则前,都要验证所求极限是否为未定式.

例 3　求 $\lim\limits_{x \to 0} \dfrac{1 - \dfrac{\sin x}{x}}{1 - \cos x}$.

解　$\lim\limits_{x \to 0} \dfrac{1 - \dfrac{\sin x}{x}}{1 - \cos x} = \lim\limits_{x \to 0} \dfrac{x - \sin x}{x(1 - \cos x)}$.

由于当 $x \to 0$ 时,$1 - \cos x \sim \dfrac{x^2}{2}$,因此

$$\lim_{x \to 0} \frac{x - \sin x}{x(1 - \cos x)} = \lim_{x \to 0} \frac{x - \sin x}{\dfrac{x^3}{2}} = 2 \lim_{x \to 0} \frac{1 - \cos x}{3x^2}$$

---

[1]　洛必达(G. F. A. de L'Hospital),1661—1704,法国数学家.

[2]　如同第一章中的用法一样,这里的记号 $\lim$ 是 $\lim\limits_{x \to x_0}$、$\lim\limits_{x \to \infty}$ 及其他各种极限记号的简略表示. 以下同,不另行说明.

$$= 2 \lim_{x \to 0} \frac{\dfrac{x^2}{2}}{3x^2} = \frac{1}{3}.$$

从本例可以看到,在应用洛必达法则求极限的过程中,最好能与其他求极限的方法结合使用.比如能化简时就先化简,能用等价无穷小替代时,就尽量应用,这样可以简化运算.

例 4 求 $\displaystyle \lim_{x \to +\infty} \frac{\dfrac{\pi}{2} - \arctan x}{\dfrac{1}{x^2}}$.

解 本题为 $x \to +\infty$ 时的 $\dfrac{0}{0}$ 型未定式.应用洛必达法则可得

$$\lim_{x \to +\infty} \frac{\dfrac{\pi}{2} - \arctan x}{\dfrac{1}{x^2}} = \lim_{x \to +\infty} \frac{-\dfrac{1}{1+x^2}}{-\dfrac{2}{x^3}} = \lim_{x \to +\infty} \frac{x^3}{2(1+x^2)} = \lim_{x \to +\infty} \frac{x}{2\left(\dfrac{1}{x^2}+1\right)} = +\infty.$$

二、$\dfrac{\infty}{\infty}$ 未定式

定理 2 设 $f(x)$ 与 $g(x)$ 在点 x_0 的某去心邻域内可导,并且 $g'(x) \neq 0$,又满足条件:

(i) $\displaystyle \lim_{x \to x_0} f(x) = \infty$, $\displaystyle \lim_{x \to x_0} g(x) = \infty$;

(ii) 极限 $\displaystyle \lim_{x \to x_0} \frac{f'(x)}{g'(x)}$ 存在或为 ∞,

那么

$$\lim_{x \to x_0} \frac{f(x)}{g(x)} = \lim_{x \to x_0} \frac{f'(x)}{g'(x)}.$$

这个定理的证明比较繁琐,这里从略.同样要说明的是定理中的 $x \to x_0$ 可以换成 $x \to x_0^+$, $x \to x_0^-$, $x \to \infty$, $x \to +\infty$ 或 $x \to -\infty$,只要把条件作相应的修改,定理的结论仍然成立.

例 5 求下列极限:

(1) $\displaystyle \lim_{x \to +\infty} \frac{\ln x}{x^n}$ ($n > 0$);   (2) $\displaystyle \lim_{x \to +\infty} \frac{x^n}{e^{\lambda x}}$ ($n \in \mathbf{Z}^+$, $\lambda \in \mathbf{R}^+$).

解 这两个极限都是 $\dfrac{\infty}{\infty}$ 型未定式,可应用洛必达法则.

(1) $\displaystyle \lim_{x \to +\infty} \frac{\ln x}{x^n} = \lim_{x \to +\infty} \frac{\dfrac{1}{x}}{nx^{n-1}} = \lim_{x \to +\infty} \frac{1}{nx^n} = 0$.

(2) $\displaystyle \lim_{x \to +\infty} \frac{x^n}{e^{\lambda x}} = \lim_{x \to +\infty} \frac{nx^{n-1}}{\lambda e^{\lambda x}} = \lim_{x \to +\infty} \frac{n(n-1)x^{n-2}}{\lambda^2 e^{\lambda x}} = \cdots = \lim_{x \to +\infty} \frac{n!}{\lambda^n e^{\lambda x}} = 0$.

事实上,若 $n \in \mathbf{R}^+$,极限仍然是零.证明作为习题留给读者自己完成.

例 5 的结果值得注意.它们说明,虽然当 $x \to +\infty$ 时,对数函数 $\ln x$,幂函数 x^n 及指数函数 $e^{\lambda x}$ 均趋于无穷大,但它们趋于无穷大的"快慢"程度却不一样,三者相比,指数函数最快,幂函数次之,对数函数最慢.下面表中的数据从数值上说明了这个事实.

x	1.0	10.0	100.0	1 000.0
$\ln x$	0.000	2.303	4.605	6.908
x^2	1.000	1.000×10^2	1.000×10^4	1.000×10^6
e^x	2.718	2.203×10^4	2.688×10^{43}	1.970×10^{434}

例 6 求 $\lim\limits_{x \to 1^-} \dfrac{\ln \tan \frac{\pi}{2} x}{\ln(1-x)}$.

解
$$\lim_{x \to 1^-} \frac{\ln \tan \frac{\pi}{2} x}{\ln(1-x)} = \lim_{x \to 1^-} \frac{\dfrac{1}{\tan \frac{\pi}{2} x} \sec^2 \frac{\pi}{2} x \cdot \frac{\pi}{2}}{\dfrac{-1}{1-x}} = \lim_{x \to 1^-} \frac{\pi(x-1)}{\sin \pi x}$$
$$= \lim_{x \to 1^-} \frac{\pi}{\pi \cos \pi x} = -1.$$

这个例子中的 $\lim\limits_{x \to 1^-} \dfrac{\pi(x-1)}{\sin \pi x}$ 为 $\dfrac{0}{0}$ 型未定式.这表明使用洛必达法则时,$\dfrac{0}{0}$ 型与 $\dfrac{\infty}{\infty}$ 型有可能交替出现.

三、其他类型的未定式

除了 $\dfrac{0}{0}$ 型与 $\dfrac{\infty}{\infty}$ 这两种以商的形式出现的未定式外,还有其他三种形式共五个类型的未定式,它们是:

乘积形式的未定式 $\lim[f(x)g(x)]$,其中 $\lim f(x)=0$,$\lim g(x)=\infty$,简记为 $0 \cdot \infty$;

和差形式的未定式 $\lim[f(x) \pm g(x)]$,其中 $\lim f(x)=\infty$,$\lim g(x)=\infty$,简记为 $\infty \pm \infty$;

幂指形式的未定式 $\lim[f(x)]^{g(x)}$,有下列三个类型:

1. $\lim f(x)=0$,$\lim g(x)=0$,简记为 0^0;

2. $\lim f(x)=1$,$\lim g(x)=\infty$,简记为 1^∞;

3. $\lim f(x)=\infty$,$\lim g(x)=0$,简记为 ∞^0.

所有这些类型的未定式都可转化为 $\dfrac{0}{0}$ 或 $\dfrac{\infty}{\infty}$ 这两种基本的未定式,进而用洛必达法则求解,具体办法是:

对 $0\cdot\infty$、$\infty\pm\infty$ 型未定式,可通过恒等变形化为 $\dfrac{0}{0}$、$\dfrac{\infty}{\infty}$ 型未定式.而对 0^0、1^∞、∞^0 未定式,则可通过取对数的方式,转化为 $0\cdot\infty$ 型未定式,再化为 $\dfrac{0}{0}$ 或 $\dfrac{\infty}{\infty}$ 型未定式.下面用例子来说明.

例 7　求 $\lim\limits_{x\to 0^+} x^n\ln x\ (n>0)$.

解　这是 $0\cdot\infty$ 型未定式.因为

$$x^n\ln x=\frac{\ln x}{x^{-n}},$$

当 $x\to 0^+$ 时,上式右端是 $\dfrac{\infty}{\infty}$ 型未定式.应用洛必达法则,得到

$$\lim_{x\to 0^+} x^n\ln x=\lim_{x\to 0^+}\frac{\ln x}{x^{-n}}=\lim_{x\to 0^+}\frac{\dfrac{1}{x}}{-nx^{-n-1}}=\lim_{x\to 0^+}\frac{-x^n}{n}=0.$$

例 8　求 $\lim\limits_{x\to\frac{\pi}{2}}(\sec x-\tan x)$.

解　这是 $\infty-\infty$ 型未定式.因为

$$\sec x-\tan x=\frac{1-\sin x}{\cos x},$$

当 $x\to\dfrac{\pi}{2}$ 时,上式右端是 $\dfrac{0}{0}$ 型未定式.应用洛必达法则,得到

$$\lim_{x\to\frac{\pi}{2}}(\sec x-\tan x)=\lim_{x\to\frac{\pi}{2}}\frac{1-\sin x}{\cos x}=\lim_{x\to\frac{\pi}{2}}\frac{-\cos x}{-\sin x}=0.$$

例 9　求 $\lim\limits_{x\to 0}(\cos x+x\sin x)^{\frac{1}{x^2}}$.

解　这是 1^∞ 型未定式.设 $y=(\cos x+x\sin x)^{\frac{1}{x^2}}$,取对数得

$$\ln y=\frac{1}{x^2}\ln(\cos x+x\sin x).$$

当 $x\to 0$ 时,上式右端是 $\dfrac{0}{0}$ 型未定式.因为

$$\begin{aligned}
\lim_{x\to 0}\ln y &=\lim_{x\to 0}\frac{\ln(\cos x+x\sin x)}{x^2}\\
&=\lim_{x\to 0}\frac{\dfrac{1}{\cos x+x\sin x}(-\sin x+\sin x+x\cos x)}{2x}\\
&=\lim_{x\to 0}\frac{\cos x}{2(\cos x+x\sin x)}=\frac{1}{2},
\end{aligned}$$

所以

$$\lim_{x\to 0}(\cos x + x\sin x)^{\frac{1}{x^2}} = \lim_{x\to 0}e^{\ln y} = e^{\lim_{x\to 0}\ln y} = e^{\frac{1}{2}}.$$

最后我们指出:定理 1 或 2 所述的洛必达法则的条件仅是所求极限存在(或为∞)的充分条件,当分子、分母的导数之商 $\dfrac{f'(x)}{g'(x)}$ 的极限不存在时(等于无穷大的情况除外),$\dfrac{f(x)}{g(x)}$ 的极限仍可能存在.

例 10　验证极限 $\lim\limits_{x\to\infty}\dfrac{x+\sin x}{x}$ 存在,但不能用洛必达法则得出.

解　显然,$\lim\limits_{x\to\infty}\dfrac{x+\sin x}{x} = 1+\lim\limits_{x\to\infty}\dfrac{\sin x}{x} = 1+0 = 1$,极限是存在的.此极限属 $\dfrac{\infty}{\infty}$ 型未定式,但是由于 $\dfrac{(x+\sin x)'}{(x)'} = \dfrac{1+\cos x}{1}$,当 $x\to\infty$ 时极限不存在,也不是无穷大,因此所给极限不能应用洛必达法则求得.

习题 2−8

1. 用洛必达法则求下列极限:

(1) $\lim\limits_{x\to 0}\dfrac{e^x-1}{x}$;

(2) $\lim\limits_{x\to 0}\dfrac{\ln(1+x)}{x}$;

(3) $\lim\limits_{x\to 0}\dfrac{\sinh x}{x}$;

(4) $\lim\limits_{x\to a}\dfrac{\sin x-\sin a}{x-a}$;

(5) $\lim\limits_{x\to\pi}\dfrac{\sin 2x}{\pi-x}$;

(6) $\lim\limits_{x\to 1}\dfrac{x^m-1}{x^n-1}$;

(7) $\lim\limits_{x\to\frac{\pi}{2}^+}\dfrac{\tan x}{\tan 3x}$;

(8) $\lim\limits_{x\to+\infty}\dfrac{\ln\left(1+\dfrac{1}{x}\right)}{\operatorname{arccot} x}$;

(9) $\lim\limits_{x\to 0}\left(\dfrac{1}{x}-\dfrac{1}{\sin x}\right)$;

(10) $\lim\limits_{x\to 0}\left(\dfrac{1}{x}-\dfrac{1}{e^x-1}\right)$;

(11) $\lim\limits_{x\to 0}\dfrac{\tan x-\sin x}{x^3}$;

(12) $\lim\limits_{x\to 0}x^2 e^{1/x^2}$;

(13) $\lim\limits_{x\to 0^+}\left(\dfrac{1}{x}\right)^{\tan x}$;

(14) $\lim\limits_{x\to 0}\left(\dfrac{\sin x}{x}\right)^{\frac{1}{x^2}}$.

2. 证明:$\lim\limits_{x\to+\infty}\dfrac{x^n}{e^{\lambda x}} = 0$,其中 $\lambda>0$,$n\in\mathbf{R}^+$.

3. 设函数 $f(x)$ 在点 x_0 处有连续的二阶导数,证明

$$\lim_{h\to 0}\dfrac{f(x_0+h)+f(x_0-h)-2f(x_0)}{h^2} = f''(x_0).$$

4. 验证极限 $\lim\limits_{x\to 0}\dfrac{x^2\sin\dfrac{1}{x}}{\sin x}$ 存在,但不能用洛必达法则得出.

5. 讨论函数

$$f(x) = \begin{cases} \left[\dfrac{(1+x)^{\frac{1}{x}}}{e} \right]^{\frac{1}{x}} & 当\ x > 0, \\ e^{-\frac{1}{2}} & 当\ x \leqslant 0 \end{cases}$$

在点 $x = 0$ 处的连续性.

第九节　函数单调性与曲线凹凸性的判别法

一、函数单调性的判别法

现在我们利用导数来研究函数的单调性. 假设函数 $y = f(x)$ 在 $[a, b]$ 上单调增加(单调减少), 那么它的图形是一条沿 x 轴正向上升(下降)的曲线. 这时, 如图 2-22(图 2-23)所示, 曲线上各点处的切线斜率非负(非正), 即 $f'(x) \geqslant 0 (\leqslant 0)$. 由此可见, 函数的单调性与其导数的符号有着密切的联系.

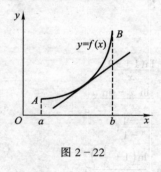

图 2-22

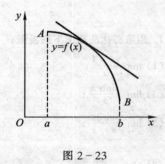

图 2-23

事实上, 由导数的定义及极限的保号性质, 容易证得上述观察到的结论, 即

如果可导函数 $f(x)$ 在区间 $[a, b]$ 上单调增加(减少), 则对任意的 $x \in (a, b)$, 有 $f'(x) \geqslant 0 (\leqslant 0)$.

反过来, 我们也可以由导数的符号来判定函数的单调性.

函数单调性的判定法　设函数 $f(x)$ 在闭区间 $[a, b]$ 上连续, 在开区间 (a, b) 内可导, 那么,

(1) 如果对于任意的 $x \in (a, b)$, 有 $f'(x) > 0$, 则 $f(x)$ 在 $[a, b]$ 上单调增加;

(2) 如果对于任意的 $x \in (a, b)$, 有 $f'(x) < 0$, 则 $f(x)$ 在 $[a, b]$ 上单调减少.

证　在 $[a, b]$ 上任取两点 x_1、x_2, 其中 $x_1 < x_2$, 在区间 $[x_1, x_2]$ 上应用拉格朗日中值定理, 得到

$$f(x_2) - f(x_1) = f'(\xi)(x_2 - x_1) \quad (x_1 < \xi < x_2).$$

由上式可见,如果 $f'(x) > 0$, $x \in (a,b)$, 就有 $f'(\xi) > 0$, 于是 $f(x_2) - f(x_1) > 0$, 即 $f(x_1) < f(x_2)$. 这说明函数 $f(x)$ 在 $[a,b]$ 上单调增加. 类似地可以说明, 如果 $f'(x) < 0$, $x \in (a,b)$, 那么 $f(x)$ 在 $[a,b]$ 上单调减少.

如果把判定法中的闭区间 $[a,b]$ 换成其他各种类型的区间(包括无穷区间), 结论也是成立的.

例 1　判定函数 $y = x - \sin x$ 在 $[0, 2\pi]$ 上的单调性.

解　因为在 $(0, 2\pi)$ 内有

$$y' = 1 - \cos x > 0,$$

所以函数 $y = x - \sin x$ 在 $[0, 2\pi]$ 上单调增加(图 2-24).

例 2　讨论函数 $y = e^x - x - 1$ 的单调性.

解　函数 $y = e^x - x - 1$ 的定义域是 $(-\infty, +\infty)$, 并且

$$y' = e^x - 1.$$

在 $(-\infty, 0)$ 内 $y' < 0$, 所以函数 $y = e^x - x - 1$ 在 $(-\infty, 0]$ 上单调减少; 在 $(0, +\infty)$ 内 $y' > 0$, 所以函数 $y = e^x - x - 1$ 在 $[0, +\infty)$ 上单调增加.

注意到, $x = 0$ 是函数 $y = e^x - x - 1$ 的单调减少区间 $(-\infty, 0]$ 与单调增加区间 $[0, +\infty)$ 的分界点, 而该点正是函数的驻点(图 2-25).

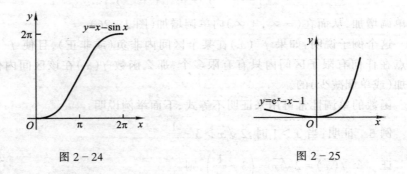

图 2-24　　　　　　　　　　　　　　图 2-25

从例 2 可以看出, 有些函数在它的整个定义域上不是单调的, 但是, 当我们用函数的驻点将定义域划分成若干个区间后, 则函数在各个部分区间上是单调的. 需要指出, 如果函数在某些点处不可导, 那么, 在进行划分时, 分点还应包括这些导数不存在的点. 归纳起来, 可得出如下的求函数的单调区间的做法:

设函数在区间 I 上有定义, 用函数的驻点与导数不存在的点来划分区间 I, 使函数的导数在各个部分区间内保持固定的符号, 就能得到函数的各个单调区间.

例 3　确定函数 $f(x) = (2x - 5)\sqrt[3]{x^2}$ 的单调区间.

解　$f(x)$ 的定义域是无穷区间 $(-\infty, +\infty)$，并且在 $(-\infty, +\infty)$ 内连续.

求 $f(x)$ 的导数：当 $x \neq 0$ 时有

$$f'(x) = \frac{10}{3}x^{\frac{2}{3}} - \frac{10}{3}x^{-\frac{1}{3}} = \frac{10}{3} \cdot \frac{x-1}{\sqrt[3]{x}}.$$

显然，当 $x = 1$ 时，$f'(x) = 0$. 当 $x = 0$ 时，导数不存在. 用 $x = 0$（导数不存在的点）及 $x = 1$（函数的驻点）将区间 $(-\infty, +\infty)$ 划分为三个部分区间：$(-\infty, 0]$，$[0, 1]$，$[1, +\infty)$. 现将每个部分区间上导数的符号与函数单调性列表如下（表中 ↗ 表示单调增加，↘ 表示单调减少）：

x	$(-\infty, 0)$	0	$(0, 1)$	1	$(1, +\infty)$
$f'(x)$	$+$	不存在	$-$	0	$+$
$f(x)$	↗		↘		↗

故 $f(x)$ 在 $(-\infty, 0]$，$[1, +\infty)$ 内单调增加，在 $[0, 1]$ 上单调减少.

例 4　判断函数 $f(x) = x + \cos x$ $(-\infty < x < +\infty)$ 的单调性.

解　在区间 $(-\infty, +\infty)$ 内，$f(x)$ 连续、可导，且 $f'(x) = 1 - \sin x \geqslant 0$，其中等号仅在点 $x = 2k\pi + \frac{\pi}{2}(k \in \mathbf{Z})$ 处成立，故 $f(x)$ 在每个区间

$$\left[2k\pi + \frac{\pi}{2}, 2(k+1)\pi + \frac{\pi}{2}\right]$$

上单调增加，从而在 $(-\infty, +\infty)$ 内单调增加（图 2-26）.

这个例子说明：如果 $f'(x)$ 在某个区间内非负（或非正），且使 $f'(x)$ 为零的点在任何有限子区间内只有有限多个，那么函数 $f(x)$ 在该区间内仍是单调增加（或单调减少）的.

函数的单调性常可用来证明不等式，下面举例说明.

例 5　证明：当 $x > 1$ 时，$2\sqrt{x} > 3 - \frac{1}{x}$.

证　令 $f(x) = 2\sqrt{x} - \left(3 - \frac{1}{x}\right)$，则

$$f'(x) = \frac{1}{\sqrt{x}} - \frac{1}{x^2} = \frac{1}{x^2}(x\sqrt{x} - 1).$$

因为 $f(x)$ 在区间 $[1, +\infty)$ 上连续，并且在 $(1, +\infty)$ 内 $f'(x) > 0$，因此 $f(x)$ 在 $[1, +\infty)$ 上单调增加，从而当 $x > 1$ 时，$f(x) > f(1) = 0$. 这就得到

$$2\sqrt{x} > 3 - \frac{1}{x} \quad (x > 1).$$

图 2-27 是函数 $y = 2\sqrt{x}$ 与 $y = 3 - \frac{1}{x}$ 的图形 $(x > 1)$.

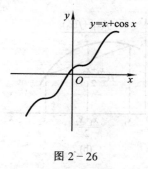

图 2 - 26

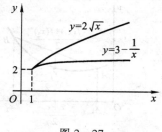

图 2 - 27

二、曲线的凹凸性及其判别法

我们已经看到,函数的单调性反映在图形上是曲线的上升和下降,但是曲线在上升和下降的过程中还有一个弯曲方向的问题.图形的弯曲方向在几何上用曲线弧的"凹凸性"来描述.现观察图 2-28(a)中的曲线,即函数 $y=f(x)$ 的图形,我们直观上称这种形状的曲线是"向下凸"的.它有如下的几何特征:如果在该曲线上任取两点,那么这两点间的弧段总是位于连接这两点的弦的下方.这就是说,如果点 $A(x_1,f(x_1))$ 与点 $B(x_2,f(x_2))$ 是曲线上的任意两点,那么 x 轴上两点 x_1、x_2 的中点 $\dfrac{x_1+x_2}{2}$ 所对应的函数值 $f\left(\dfrac{x_1+x_2}{2}\right)$,总是小于它在弦 AB 上所对应的点的纵坐标 $\dfrac{f(x_1)+f(x_2)}{2}$.①

因此下凸弧的几何特征可用下列不等式加以刻画:

$$f\left(\frac{x_1+x_2}{2}\right)<\frac{f(x_1)+f(x_2)}{2}\quad(x_1、x_2\text{ 是弧上任意两点的横坐标}).$$

类似地,我们直观上称图 2-28(b)所示的曲线是"向上凸"的.根据同样的分析,可知其几何特征能用以下的不等式加以刻画:

$$f\left(\frac{x_1+x_2}{2}\right)>\frac{f(x_1)+f(x_2)}{2}\quad(x_1、x_2\text{ 是弧上任意两点的横坐标}).$$

以此作为背景,我们给出曲线凹凸性的定义:

定义　设函数 $f(x)$ 在区间 I 内连续,如果对任意的 $x_1,x_2\in I$ $(x_1\neq x_2)$,

---

①　因为弦 AB 所在直线的方程为

$$y=\frac{f(x_2)-f(x_1)}{x_2-x_1}(x-x_2)+f(x_2),$$

把 $x=\dfrac{x_1+x_2}{2}$ 代入上式后,得

$$y=\frac{f(x_1)+f(x_2)}{2}.$$

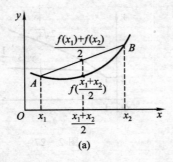
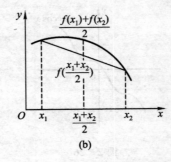

图 2-28

总有

$$f\left(\frac{x_1 + x_2}{2}\right) < \frac{f(x_1) + f(x_2)}{2} \tag{1}$$

则称曲线 $y = f(x)$ 在区间 I 内是下凸的(或称凹弧);如果对任意的 $x_1, x_2 \in I$ ($x_1 \ne x_2$),总有

$$f\left(\frac{x_1 + x_2}{2}\right) > \frac{f(x_1) + f(x_2)}{2} \tag{2}$$

则称曲线 $y = f(x)$ 在区间 I 内是上凸的(或称凸弧).

如果曲线 $y = f(x)$ 在经过点 $(x_0, f(x_0))$ 时改变了凹凸性,那么称点 $(x_0, f(x_0))$ 是曲线 $y = f(x)$ 的拐点,如图 2-29 所示.

如果函数 $f(x)$ 在区间 I 内可导,那么可以利用导数的单调性来判定曲线 $y = f(x)$ 的凹凸性,判别方法如下:

曲线凹凸性判别法 1 设 $f(x)$ 在 I 内可导,且导函数 $f'(x)$ 在 I 内单调增加(或单调减少),那么曲线 $y = f(x)$ 在 I 内是下凸的(或上凸的).

证 设 $f'(x)$ 在 I 内单调增加,任取 $x_1, x_2 \in I$(不妨设 $x_1 < x_2$),记 $x_0 = \dfrac{x_1 + x_2}{2}$.

根据微分中值公式,有

图 2-29

$$f(x_1) = f(x_0) + f'(\xi_1)(x_1 - x_0) \quad (x_1 < \xi_1 < x_0),$$

和

$$f(x_2) = f(x_0) + f'(\xi_2)(x_2 - x_0) \quad (x_0 < \xi_2 < x_2).$$

于是得

$$\frac{f(x_1) + f(x_2)}{2} = f(x_0) + f'(\xi_1)\frac{x_1 - x_0}{2} + f'(\xi_2)\frac{x_2 - x_0}{2}$$

$$= f(x_0) + \frac{1}{4}(x_2 - x_1)[f'(\xi_2) - f'(\xi_1)],$$

由于 $\xi_1 < x_0 < \xi_2$ 和 $f'(x)$ 在 I 内单调增加,故 $f'(\xi_2) - f'(\xi_1) > 0$,又 $x_2 - x_1 > 0$,所以上式左端大于 $f(x_0)$,从而有

$$\frac{f(x_1) + f(x_2)}{2} > f(x_0) = f\left(\frac{x_1 + x_2}{2}\right),$$

这就证明了曲线 $y = f(x)$ 在 I 内是下凸的.

同样可以证明 $f'(x)$ 在 I 内减少的情况.证毕.

本判别法的几何意义是:若曲线弧各点处的切线斜率是单调增加的,则该曲线弧是下凸的;若各点处的切线斜率是单调减少的,则该曲线弧是上凸的.

曲线的凹凸性的这个几何特征常可用来判定某些曲线的大致形态.比如说,设某物体沿直线向前运动,其位置函数为 $s = s(t)$.如果该物体是作减速(或加速)运动,那么就可以断定 $s = s(t)$ 的图形是一条上升且向上凸(或向下凸)的曲线.

如果函数 $y = f(x)$ 在区间 I 内还是二阶可导的,那么就可以方便地利用二阶导数的符号来判定曲线的凹凸性.

曲线凹凸性判别法 2　若 $f(x)$ 在 I 内二阶可导,且对于任意的 $x \in I$,有 $f''(x) > 0$（或 $f''(x) < 0$）,则曲线 $y = f(x)$ 在 I 内是下凸的（或上凸的）.

这个判别法可由曲线凹凸性判别法 1 直接推得.

例 6　讨论下列曲线的凹凸性:

(1) $y = x^{4/3}$;　　(2) $y = x^3$;　　(3) $y = \sqrt[3]{x}$.

解　这三个函数的定义域均为 $(-\infty, +\infty)$.

(1) $y' = \frac{4}{3}x^{1/3}$,显然 y' 在 $(-\infty, +\infty)$ 内是单调增加的,故曲线 $y = x^{4/3}$ 在整个定义域 $(-\infty, +\infty)$ 内是下凸的.(图 2-30(a)).

(2) $y' = 3x^2$, $y'' = 6x$.在 $(-\infty, 0)$ 内, $y'' < 0$,所以曲线 $y = x^3$ 在 $(-\infty, 0)$ 内是上凸的;在 $(0, +\infty)$ 内, $y'' > 0$,所以曲线 $y = x^3$ 在 $(0, +\infty)$ 内是下凸的.点 $(0,0)$ 是曲线的拐点(图 2-30(b)).

(3) 当 $x \neq 0$ 时, $y' = \frac{1}{3} \cdot \frac{1}{x^{2/3}}$, $y'' = -\frac{2}{9} \cdot \frac{1}{x^{5/3}}$,在点 $x = 0$ 处, $y = \sqrt[3]{x}$ 的二阶导数不存在.而在 $(-\infty, 0)$ 内 $y'' > 0$;在 $(0, +\infty)$ 内, $y'' < 0$,所以曲线 $y = \sqrt[3]{x}$ 在 $(-\infty, 0)$ 是下凸的,在 $(0, +\infty)$ 是上凸的.点 $(0,0)$ 是曲线的拐点(图 2-30(c)).

例 7　讨论例 3 中的曲线 $f(x) = (2x - 5)\sqrt[3]{x^2}$ 的凹凸性.

解　在例 3 中已经求出当 $x \neq 0$ 时, $f'(x) = \frac{10}{3} \cdot \frac{x-1}{\sqrt[3]{x}}$,从而当 $x \neq 0$ 时,

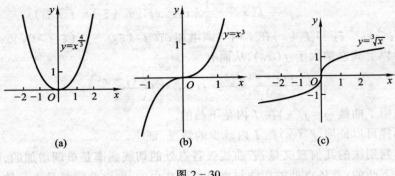

图 2 - 30

$f''(x) = \dfrac{10}{9} \cdot \dfrac{2x+1}{x\sqrt[3]{x}}$；当 $x = 0$ 时，导数不存在，二阶导数当然也不存在．当 $x = -\dfrac{1}{2}$ 时，$f''(x) = 0$．于是，二阶导数不存在的点 $x = 0$ 与二阶导数等于零的点 $x = -\dfrac{1}{2}$ 将函数的定义域 $(-\infty, +\infty)$ 划分为三个部分区间：$\left(-\infty, -\dfrac{1}{2}\right)$，$\left(-\dfrac{1}{2}, 0\right), (0, +\infty)$．现将每个部分区间上二阶导数的符号与曲线的凹凸性列表表示如下：

x	$\left(-\infty, -\dfrac{1}{2}\right)$	$-\dfrac{1}{2}$	$\left(-\dfrac{1}{2}, 0\right)$	0	$(0, +\infty)$
$f''(x)$	$-$	0	$+$	不存在	$+$
$y = f(x)$	上凸		下凸		下凸

由以上讨论的结果可见，曲线 $y = (2x - 5)\sqrt[3]{x^2}$ 在 $\left(-\infty, -\dfrac{1}{2}\right)$ 内是上凸的，在 $\left(-\dfrac{1}{2}, 0\right)$ 内是下凸的，在 $(0, +\infty)$ 内也是下凸的．从而，曲线上的点 $\left(-\dfrac{1}{2}, -3\sqrt[3]{2}\right)$ 是拐点．点 $(0, 0)$ 不是曲线的拐点．

由例 7 我们看到，如果连续函数 $y = f(x)$ 在它的定义域内除了一些点外均二阶可导，那么只要用使得 $f''(x) = 0$ 的点与二阶导数不存在的点来划分定义域，使 $f''(x)$ 在各个部分区间内保持固定的符号，则在这样得出的各个部分区间内，曲线 $y = f(x)$ 的凹凸性就保持不变，进而就能求出曲线上的各个拐点．

我们还指出，如果曲线在拐点处有切线，那么，曲线在拐点附近的弧段分别位于这条切线的两侧．以图 2 - 29 所示情况为例，如果拐点一侧的曲线是下凸的,那么切线在该侧弧的下方;这时拐点另一侧的曲线必是上凸的,因此切线在该侧弧的上方.

曲线的凹凸性也可以用来证明一些不等式.

例 8 证明:$a\ln a + b\ln b > (a+b)\ln\left(\dfrac{a+b}{2}\right)$ $(a>0, b>0, a\neq b)$.

证 令 $f(x) = x\ln x$ $(x>0)$. 因为

$$f'(x) = \ln x + 1, \quad f''(x) = \frac{1}{x} > 0,$$

所以曲线 $y = x\ln x$ 是下凸的,故当 $a>0, b>0, a\neq b$ 时,有

$$f\left(\frac{a+b}{2}\right) < \frac{f(a)+f(b)}{2}$$

即

$$\frac{a+b}{2}\ln\frac{a+b}{2} < \frac{a\ln a + b\ln b}{2},$$

两端乘以 2 后就是所需证明的不等式.

例 9 利用例 3 和例 7 的讨论结果,试描绘出函数 $y = (2x-5)\sqrt[3]{x^2}$ 的图形.

解 我们把例 3 和例 7 解题过程中的两张表格合在一起,就可从总体上把握住函数图形在各个区间上的变化情况.

从表中可看到 $M_1\left(-\dfrac{1}{2}, -3\sqrt[3]{2}\right)$ 为拐点;

$(0,0)$ 为图形上由上升变为下降的分界点(根据下节定义,$x=0$ 称为函数的极大值点);

$M_2(1, -3)$ 为图形上由下降变为上升的分界点(根据下节定义,$x=1$ 称为函数的极小值点).

x	$\left(-\infty, -\dfrac{1}{2}\right)$	$-\dfrac{1}{2}$	$\left(-\dfrac{1}{2}, 0\right)$	0	$(0,1)$	1	$(1, +\infty)$
$f'(x)$	$+$	$+$	$+$	不存在	$-$	0	$+$
$f''(x)$	$-$	0	$+$	不存在	$+$	$+$	$+$
$y=f(x)$	⌢	拐点	⌣		⌢		⌣

又,注意到 $y'|_{x=0} = \infty$,因此函数图形在 $(0,0)$ 处具有铅直切线.

再算出图形上若干个点,比如 $M_3(-1, -7)$ 和 $M_4\left(\dfrac{5}{2}, 0\right)$,就能比较准确地作出函数图形(图 2-31).

从本例可以看出,利用一阶和二阶导数提供的信息,我们就能够把握住函数

图形上的关键点,以及关键点之间的图形的大致形状,从而较为准确地描绘出函数图形.

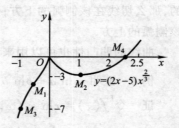

但是,利用导数作图毕竟是一种手工操作,不仅费时费力,其准确性受到较大限制,依靠计算机及数学软件的强大功能,我们只需在计算机上输入一些简单的命令,即使函数的表达式比较复杂,其图形也能迅速地显示出来.

以下我们通过例子来说明.

图 2-31

例 10　在 Mathematica 中绘出函数 $f(x) = 1 + \dfrac{36x}{(x+3)^2}$ 的图形.

解　为方便,我们首先定义函数,即打开 Mathematica 后键入

$$f[x\_] := 1 + 36x/(x+3)\hat{\ }2$$

并运行.我们不妨作出区间 $[-10,10]$ 上函数 $f(x)$ 的图形,即键入

$$Plot[f[x], \{x, -10, 10\}]$$

运行后得到图 2-32,这时 Mathematica 将自动选择相应 y 的显示范围,图中的曲线差不多是 $y = f(x)$ 图形的"全貌",但是图形细节并不清楚,原因是纵坐标显示范围太大,为此可限制纵坐标的显示范围.例如限制纵坐标的显示范围为 $[-10,5]$,即键入

$$Plot[f[x], \{x, -10, 10\}, PlotRange - > \{-10, 5\}]$$

运行得到图 2-33,该图已能基本反映出曲线的准确信息.

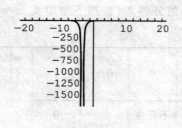

图 2-32

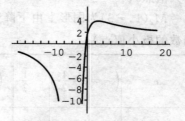

图 2-33

需要指出的是,尽管计算机作图简捷、快速、适用面广,但由于计算机显示的局限性,往往会丢失一些重要特征,出现"失真"现象.为快速、准确地把函数图形的主要部分或者关键部分显示出来,就需要利用导数的知识,对图形进行判断和"复原".通过综合运用微积分的知识和计算机的作图功能,才能方便且准确地得出函数的图形.

习题 2-9

1. 研究下列函数的单调性：

(1) $f(x) = x - \arctan x$；　　　　　(2) $f(x) = \left(1 + \dfrac{1}{x}\right)^x$　$(x > 0)$.

2. 确定下列函数的单调区间：

(1) $y = 2x^3 - 9x^2 + 12x - 3$；　　　(2) $y = \dfrac{x}{1 + x^2}$；

(3) $y = \dfrac{x^2 - 2x + 2}{x - 1}$；　　　　　(4) $y = x^n e^{-x}$　$(n > 0, x \geqslant 0)$.

3. 设 $f(x)$ 和 $g(x)$ 在 $(-\infty, +\infty)$ 内都可导，且有 $f'(x) > g'(x)$，$f(a) = g(a)$，证明：当 $x > a$ 时，$f(x) > g(x)$；当 $x < a$ 时，$f(x) < g(x)$.

4. 证明下列不等式：

(1) $1 + x\ln(x + \sqrt{1 + x^2}) > \sqrt{1 + x^2}$　$(x > 0)$；

(2) $\sin x + \tan x > 2x$　$\left(0 < x < \dfrac{\pi}{2}\right)$；

(3) $\tan x > x + \dfrac{1}{3}x^3$　$\left(0 < x < \dfrac{\pi}{2}\right)$.

5. 讨论下列函数的零点的个数：

(1) $f(x) = \sin x - x$；　　　　　(2) $f(x) = \ln x - ax$　$(a > 0)$.

6. 讨论下列曲线的凹凸性：

(1) $y = x + \dfrac{1}{x}$；　　　　　(2) $y = e^{-x^2}$；

(3) $y = \dfrac{x^2}{4} + \sin x$；　　　　(4) $y = \ln(1 + x^2)$.

7. 问 a、b 为何值时，点 $(1, 3)$ 为曲线 $y = ax^3 + bx^2$ 的拐点？

8. 试决定 $y = k(x^2 - 3)^2$ 中 k 的值，使曲线在拐点处的法线通过原点.

9. 利用曲线的凹凸性，证明下列不等式：

(1) $\dfrac{1}{2}(x^n + y^n) > \left(\dfrac{x + y}{2}\right)^n$ $(x > 0, y > 0, x \neq y, n > 1)$；

(2) $\dfrac{e^x + e^y}{2} > e^{\frac{x+y}{2}}$　$(x \neq y)$.

10. 描绘下列函数的图形：

(1) $y = e^{-(x-1)^2}$；　　　　　(2) $y = \dfrac{x}{1 + x^2}$.

11. 设水以常速（即单位时间注入的水的体积为常数）注入图 2-34 所示的罐中，直至将水罐注满.

画出水位高度随时间变化的函数 $y = y(t)$ 的图形（不要求精确图形，但应画出曲线的凹凸方向并表示出拐点）.

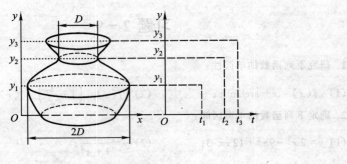

图 2−34

第十节 函数的极值与最大、最小值

一、函数的极值及其求法

定义 设函数 $f(x)$ 的定义域为 D. 如果存在点 x_0 的某个邻域 $U(x_0) \subset D$, 使得对任意的 $x \in \overset{\circ}{U}(x_0)$, 有

$$f(x) < f(x_0) \ (\text{或} \ f(x) > f(x_0)),$$

则称 $f(x_0)$ 是函数 $f(x)$ 的一个极大值(或极小值)(local maximum(minimum)), 点 x_0 是 $f(x)$ 的一个极大值点(或极小值点). 函数的极大值或极小值统称为<u>极值</u>, 极大值点或极小值点统称为<u>极值点</u>.

函数的极大值和极小值概念是局部性的. 如果 $f(x_0)$ 是函数 $f(x)$ 的一个极大值, 那只是就 x_0 附近一个局部范围来说, $f(x_0)$ 是 $f(x)$ 的一个最大值; 如果就 $f(x)$ 的整个定义域来说, $f(x_0)$ 不见得是最大值. 关于极小值, 其意义也类似(参见图 2−35).

在本章第六节中, 费马定理已经告诉我们, 如果函数 $f(x)$ 可导, 并且点 x_0 是它的极值点, 那么点 x_0 必然是它的驻点. 但是函数的驻点未必是它的极值点. 例如函数 $f(x) = x^3$, 点 $x_0 = 0$ 是它的驻点, 但是在 $(-\infty, +\infty)$ 内函数 $f(x) = x^3$ 是单调增加的, 所以点 $x_0 = 0$ 不是它的极值点. 可见, 函数的驻点只是可能的极值点. 此外, 函数在它的不可导点处也可能取得极值. 例如, 函数 $f(x) = |x|$ 在点 $x = 0$ 处不可导, 但是在该点取得极小值.

为了叙述的方便, 我们把函数的驻点及不可导点叫做<u>可疑极值点</u>.

那么哪些可疑极值点确为函数的极值点呢? 我们有下面两个充分条件.

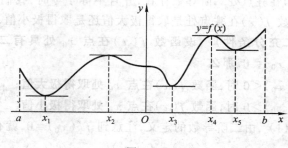

图 2-35

定理 1（第一充分条件）　设函数 $f(x)$ 在点 x_0 处连续，在点 x_0 的某去心邻域 $\overset{\circ}{U}(x_0,\delta)$ 内可导.

（1）若 $x\in(x_0-\delta,x_0)$ 时，$f'(x)>0$，而 $x\in(x_0,x_0+\delta)$ 时，$f'(x)<0$，则 $f(x)$ 在点 x_0 处取得极大值；

（2）若 $x\in(x_0-\delta,x_0)$ 时，$f'(x)<0$，而 $x\in(x_0,x_0+\delta)$ 时，$f'(x)>0$，则 $f(x)$ 在点 x_0 处取得极小值；

（3）若 $x\in\overset{\circ}{U}(x_0,\delta)$ 时，$f'(x)$ 的符号保持不变，则点 x_0 不是 $f(x)$ 的极值点.

证　就情形（1）而言，根据函数单调性的判定法，可知函数 $f(x)$ 在 $(x_0-\delta,x_0]$ 内单调增加，而在 $[x_0,x_0+\delta)$ 内单调减少，故当 $x\in\overset{\circ}{U}(x_0,\delta)$ 时，总有 $f(x)<f(x_0)$. 所以，$f(x_0)$ 是 $f(x)$ 的一个极大值.

类似地可以证明情形（2）与（3）. 证毕.

根据定理 1，如果函数 $f(x)$ 在所讨论的区间内连续，除了某些点外处处可导，那么就可以按下列步骤来求得函数 $f(x)$ 在该区间内的极值点与相应的极值：

（1）求导数 $f'(x)$，并求出 $f(x)$ 的全部驻点与不可导点；

（2）根据 $f'(x)$ 在每个驻点或不可导点的左、右邻近是否变号，确定该点是否为极值点；如果是极值点，进一步确定是极大值点还是极小值点；

（3）求出各极值点处的函数值，就得到相应的极值.

例如，上节例 3 中的函数 $f(x)=(2x-5)\sqrt[3]{x^2}$ 在 $(-\infty,+\infty)$ 内连续，在 $(-\infty,+\infty)$ 内除点 $x=0$ 外可导，$x=1$ 是它的驻点. 在 $(-\infty,0)$ 内，$f'(x)>0$；在 $(0,1)$ 内，$f'(x)<0$，故不可导点 $x=0$ 是它的一个极大值点，极大值 $f(0)=0$；又在 $(1,+\infty)$ 内，$f'(x)>0$，故驻点 $x=1$ 是它的一个极小值点，极小值 $f(1)=-3$.

当函数 $f(x)$ 在驻点处二阶导数存在,并且不等于零时,我们可以用下面的定理 2 来判定函数 $f(x)$ 在驻点处是取得极大值还是取得极小值.

定理 2(第二充分条件)   **设函数 $f(x)$ 在点 x_0 处具有二阶导数,并且 $f'(x_0)=0$, $f''(x_0) \neq 0$. 那么**

(1)   **当 $f''(x_0) < 0$ 时,函数 $f(x)$ 在点 x_0 处取得极大值;**   相反

(2)   **当 $f''(x_0) > 0$ 时,函数 $f(x)$ 在点 x_0 处取得极小值.**

证   在情形(1),由二阶导数的定义,注意到 $f'(x_0)=0$,就有

$$f''(x_0) = \lim_{x \to x_0} \frac{f'(x) - f'(x_0)}{x - x_0} = \lim_{x \to x_0} \frac{f'(x)}{x - x_0} < 0.$$

根据函数极限的保号性质,当 x 在 x_0 的足够小邻域内,并且 $x \neq x_0$ 时有

$$\frac{f'(x)}{x - x_0} < 0.$$

由此可见,在此邻域内,当 $x < x_0$ 时,$f'(x) > 0$,当 $x > x_0$ 时,$f'(x) < 0$.于是,根据定理 1 可知,$f(x)$ 在 x_0 处取得极大值.

类似地可以证明情形(2).证毕.

定理 2 告诉我们,如果函数 $f(x)$ 在驻点 x_0 处的二阶导数 $f''(x_0) \neq 0$,那么驻点 x_0 必定是极值点,并且可以由 $f''(x_0)$ 的符号来判定 $f(x_0)$ 是极大值还是极小值.但是要注意,定理 2 没有就 $f''(x_0) = 0$ 的情形进行讨论,事实上,当 x_0 是驻点而且 $f''(x_0) = 0$ 时,$f(x_0)$ 可能是极大值,也可能是极小值,甚至可能不是极值.例如,$f_1(x) = -x^4$,$f_2(x) = x^4$,$f_3(x) = x^3$ 这三个函数在点 $x = 0$ 处就分别属于这三种情况.因此,当 x_0 是函数 $f(x)$ 的驻点时,如果 $f''(x_0) = 0$(或者二阶导数在点 x_0 处不存在),那么我们还得用定理 1 来判定驻点是否为极值点.

例 1   求函数 $f(x) = x^2(x^4 - 3x^2 + 3)$ 的极值.

解   显然函数 $f(x)$ 在 $(-\infty, +\infty)$ 内连续,并且存在各阶导数.

$$f'(x) = 2x(x^4 - 3x^2 + 3) + x^2(4x^3 - 6x)$$
$$= 6x(x^2 - 1)^2,$$
$$f''(x) = 6(x^2 - 1)^2 + 6x \cdot 2(x^2 - 1) \cdot 2x$$
$$= 6(x^2 - 1)(5x^2 - 1).$$

令 $f'(x) = 0$,求得驻点 $x_1 = -1$,$x_2 = 0$,$x_3 = 1$.

因为 $f''(x_2) = 6 > 0$,所以,$f(x)$ 在 $x_2 = 0$ 处取得极小值,极小值为 $f(0) = 0$.由于 $f''(x_1) = f''(x_3) = 0$,故不能应用定理 2.但是,当 x 取 x_1 左、右两侧附近的值时,$f'(x) < 0$;当 x 取 x_3 左、右两侧附近的值时,$f'(x) > 0$,所以根据定理 1 的(3)可知,$f(x)$ 在 $x_1 = -1$ 与 $x_3 = 1$ 处都没有极值.

二、最大值与最小值问题

第一目讨论了函数的极值及其求法,在此基础上,我们可以进一步讨论函数在一个区间上的最大值、最小值的求法问题了.最大(最小)值的应用很广泛,人们做任何事情,小至日常用具的制作,大至生产科研和各类经营活动,都要讲究效率,考虑怎样以最小的投入得到最大的产出.这类问题在数学上往往可以归结为求某一函数 $f(x)$ 在某个集合 D 内的最大值或最小值的问题.函数 $f(x)$ 称为目标函数,集合 D 称为约束集.这类问题统称为优化问题.

解决优化问题要根据不同问题的具体情况采用不同的数学方法.如果问题所涉及的目标函数具有连续性和可导性,其约束集又是一个区间,那么往往可以采用微分学的方法来解决.

现在假定函数 $f(x)$ 在闭区间 $[a,b]$ 上连续,除有限个点外可导,并且至多在有限个点处导数为零.在这样的假定下,首先根据闭区间上连续函数的性质可知,$f(x)$ 在 $[a,b]$ 上的最大值、最小值必定存在.其次,如果最大值(或最小值)在开区间 (a,b) 内的某点 x_0 处取得,那么这个最大值(或最小值)$f(x_0)$ 必定是 $f(x)$ 的一个极大值(或极小值).于是,根据第一目的讨论,x_0 必定是 $f(x)$ 的驻点或不可导点.另外,$f(x)$ 的最大值(或最小值)也可能在区间的端点 $x = a$ 或 $x = b$ 处取得.因此,我们可以用下述方法求出 $f(x)$ 在 $[a,b]$ 上的最大值与最小值:

> (1) 求出 $f(x)$ 在 (a,b) 内的驻点 $x_1, x_2, \cdots, x_s$ 与不可导点 $x_1', x_2', \cdots, x_t'$;
>
> (2) 算出 $f(x_i)$ $(i = 1, 2, \cdots, s)$,$f(x_j')$ $(j = 1, 2, \cdots, t)$ 及 $f(a)$ 与 $f(b)$;
>
> (3) 比较上列诸值的大小,就得
> $$\max_{x \in [a,b]} f(x) = \max\{f(x_1), \cdots, f(x_s), f(x_1'), \cdots, f(x_t'), f(a), f(b)\},$$
> $$\min_{x \in [a,b]} f(x) = \min\{f(x_1), \cdots, f(x_s), f(x_1'), \cdots, f(x_t'), f(a), f(b)\}.$$

例 2 求函数 $f(x) = |x - 2| e^x$ 在闭区间 $[0,3]$ 上的最大值与最小值.

解
$$f(x) = \begin{cases} -(x-2)e^x & 当 \ 0 \leqslant x \leqslant 2, \\ (x-2)e^x & 当 \ 2 < x \leqslant 3. \end{cases}$$
按导数的定义,当 $x = 2$ 时,$f(x)$ 不可导.当 $x = 2$ 时,可求得
$$f'(x) = \begin{cases} -(x-1)e^x & 当 \ 0 < x < 2, \\ (x-1)e^x & 当 \ 2 < x < 3. \end{cases}$$
可见在 $(0,3)$ 内,$x = 1$ 是 $f(x)$ 的驻点.又 $x = 2$ 是 $f(x)$ 的不可导点.由于
$$f(0) = 2, \quad f(1) = e, \quad f(2) = 0, \quad f(3) = e^3,$$

可见 $f(x)$ 在 $x=2$ 时取得最小值 0,在 $x=3$ 时取得最大值 e^3.

例 3 铁路线上 AB 段的距离为 100 km. 工厂 C 距 A 处 20 km,并且 AC 垂直于 AB(图 2-36). 为了运输需要,要在 AB 线上选定一点 D 向工厂修筑一条公路. 已知铁路每千米货运的运费与公路每千米货运的运费之比为 $3:5$. 为了使货物从供应站 B 运到工厂 C 的运费最省,问点 D 应选在何处?

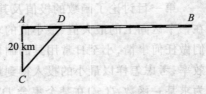

图 2-36

解 设 $AD=x$(km),那么 $DB=100-x,CD=\sqrt{20^2+x^2}=\sqrt{400+x^2}$. 由已知条件,不妨设铁路上每千米货运的运费为 $3k$,公路上每千米货运的运费为 $5k$(k 是某个正数,它的取值不影响本题的求解). 设从点 B 到点 C 需要的总运费为 y,则

$$y=5k\cdot CD+3k\cdot DB$$
$$=5k\sqrt{400+x^2}+3k(100-x)\quad(0\leqslant x\leqslant 100).$$

于是问题就归结为求函数 y 在闭区间 $[0,100]$ 上的最小值点.

现在先求 y 对 x 的导数:

$$y'=k\left(\frac{5x}{\sqrt{400+x^2}}-3\right),$$

得 $x=15$ 是函数 y 在 $(0,100)$ 内惟一的驻点. 又由于

$$y\Big|_{x=0}=400k,\ y\Big|_{x=15}=380k,\ y\Big|_{x=100}=500k\sqrt{1+\frac{1}{5^2}},$$

其中以 $y\Big|_{x=15}=380k$ 为最小,因此,当 $AD=15$ km 时,总运费最省.

例 4 设 x_1 与 x_2 是两个任意正数,满足条件:$x_1+x_2=a$(a 是常数),求

$$x_1^m x_2^n$$

的最大值,其中 $m,n>0$.

解 设 $f(x)=x^m(a-x)^n,0<x<a$. 按题意,需求 $f(x)$ 在开区间 $(0,a)$ 内的最大值.

由于本题的约束集是开区间,故例 2、例 3 的解法不完全适用于本例. 为此我们采用如下的解法:

先求出 $f(x)$ 的导数并求出其驻点.

$$f'(x)=x^{m-1}(a-x)^{n-1}[ma-(m+n)x],$$

可知 $x_0=\dfrac{ma}{m+n}$ 是 $f(x)$ 在 $(0,a)$ 内的惟一驻点.

然后我们判断 $f'(x)$ 在区间 $(0,x_0)$ 和 (x_0,a) 内的符号情况. 由 $f'(x)$ 的表达式可知,当 $x\in(0,x_0)$ 时,$f'(x)>0$,从而 $f(x)$ 单调增加;当 $x\in(x_0,$

a）时，$f'(x) < 0$，从而 $f(x)$ 单调减少. 因此，$f(x_0)$ 即为 $f(x)$ 在开区间 $(0,$ $a)$ 内的最大值：

$$f(x_0) = f\left(\frac{ma}{m+n}\right) = m^m n^n \left(\frac{a}{m+n}\right)^{m+n}.$$

$m = n = 1$ 时的特殊情形是大家熟知的结果：和为定数的两个正数，当它们相等时其乘积最大.

例 4 的解法说明：如果 $f(x)$ 在区间 I（开或闭，有限或无限）内连续、可导且在 I 内只有惟一驻点 x_0，那么定理 1 用于判定 $f(x)$ 的极值的第一充分条件可用来判定 $f(x)$ 在区间 I 上的最大（小）值，即

(1) 若 $x < x_0$ 时，$f'(x) > 0$，而 $x > x_0$ 时，$f'(x) < 0$，则 $f(x_0)$ 为 $f(x)$ 在 I 内的最大值；

(2) 若 $x < x_0$ 时，$f'(x) < 0$，而 $x > x_0$ 时，$f'(x) > 0$，则 $f(x_0)$ 为 $f(x)$ 在 I 内的最小值.

具有上述特性的函数在 I 内的图形只有一个"峰"或一个"谷"，如图 2-37 所示. 这类函数在应用问题中经常出现.

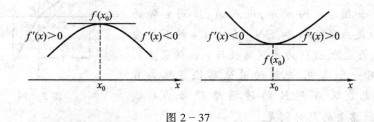

图 2-37

在实际问题中，如果根据问题的性质可以判断目标函数 $f(x)$ 在其约束集 I 的内部确有最大值或最小值，而 $f(x)$ 在 I 内可导且只有惟一的驻点 x_0，那么就可以断言 $f(x_0)$ 必定是 $f(x)$ 的最大值或最小值，不再需要另行判定.

例 5 某公园欲建一矩形绿地，该绿地包括一块面积为 600 m^2 的矩形草坪，以及草坪外面的步行小道. 草坪的位置和步行小道的宽度如图 2-38 所示. 问应如何选择绿地的长和宽，可使所占用的土地面积最小？

解 设绿地的一边长为 $x(\text{m})$，则它的另一边长为

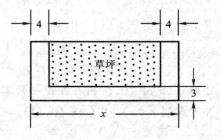

图 2-38

$$\frac{600}{x-8} + 3.$$

因此,绿地总面积为

$$A(x) = \frac{600x}{x-8} + 3x \quad (8 < x < +\infty).$$

先求 $A(x)$ 的导数:

$$A'(x) = \frac{600(x-8) - 600x}{(x-8)^2} + 3$$

$$= \frac{3(x-48)(x+32)}{(x-8)^2},$$

由此得 $A(x)$ 在 $(8, +\infty)$ 内的惟一驻点 $x = 48$.

　　由于绿地所占面积的最小值必定存在,且必在区间 $(8, +\infty)$ 内取得,据此可以断言,当 $x = 48$ 时,$A(x)$ 最小. 所以绿地的两边长分别为 48 m 和 18 m时,它所占土地的面积最小.

　　例 6　光的折射定律　设在 x 轴的上下两侧有两种不同的介质 I 和 II,光在介质 I 和介质 II 中的传播速度分别是 v_1 和 v_2. 又设点 A 在 I 内,点 B 在 II 内,要使光线从 A 传播到 B 耗时最少,问光线应取怎样的路径?

　　解　如图 2 - 39 所示,设点 A、B 到 x 轴的距离分别是 $AM = h_1$ 和 $BN = h_2$,MN 的长度为 l,MP 的长度为 x(P 为光线路径与 x 轴的交点). 由于在同一介质中,光线的最速路径显然为直线,因此光线从 A 到 B 的传播路径必为折线 APB,其所需要的总时间是

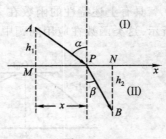

图 2 - 39

$$t(x) = \frac{1}{v_1}\sqrt{h_1^2 + x^2} + \frac{1}{v_2}\sqrt{h_2^2 + (l-x)^2}, \quad x \in [0, l].$$

　　下面来确定 x 满足什么条件时,$t(x)$ 取得最小值. 先求 t 对 x 的导数.

$$t'(x) = \frac{1}{v_1}\frac{x}{\sqrt{h_1^2 + x^2}} - \frac{1}{v_2}\frac{l-x}{\sqrt{h_2^2 + (l-x)^2}}.$$

由于 $t'(0) < 0, t'(l) > 0$,且

$$t''(x) = \frac{1}{v_1}\frac{h_1^2}{(h_1^2 + x^2)^{\frac{3}{2}}} + \frac{1}{v_2}\frac{h_2^2}{[h_2^2 + (l-x)^2]^{\frac{3}{2}}} > 0, \quad x \in [0, l],$$

可知 $t'(x)$ 在 $[0, l]$ 内存在惟一的零点 x_0,即 $t(x)$ 在 $(0, l)$ 内有惟一驻点 x_0,再考虑到 $t''(x) > 0$($x \in (0, l)$),可知 x_0 必为 $t(x)$ 在 $[0, l]$ 上的最小值点.

　　x_0 满足 $t'(x_0) = 0$,即

$$\frac{1}{v_1}\frac{x_0}{\sqrt{h_1^2 + x_0^2}} = \frac{1}{v_2}\frac{l-x_0}{\sqrt{h_2^2 + (l-x_0)^2}}.$$

记 $\dfrac{x_0}{\sqrt{h_1^2 + x_0^2}} = \sin \alpha$, $\dfrac{l - x_0}{\sqrt{h_2^2 + (l - x_0)^2}} = \sin \beta$, 就得到

$$\frac{\sin \alpha}{v_1} = \frac{\sin \beta}{v_2},$$

其中 α, β 分别是光线的入射角与折射角, 这就是光学中著名的折射定律. 它给出了当光线从介质 Ⅰ 中的 A 点沿最速路径传播到介质 Ⅱ 中的 B 点时, 光线与介质界面的交点 P 所应满足的条件. 物理学通过实验发现了折射定律, 而数学则论证了隐藏在这一规律后面的数量关系: 光线是沿着耗时最少的路径传播的, 这使人们对折射定律取得了更加深刻的认识.

习题 2 - 10

1. 求下列函数的极值:

(1) $y = 2x^3 - 6x^2 - 18x + 7$;

(2) $y = x - \ln(1 + x)$;

(3) $y = \sqrt{x} \ln x$;

(4) $y = x + \dfrac{1}{x}$;

(5) $y = x + \sqrt{1 - x}$;

(6) $y = \dfrac{3x^2 + 4x + 4}{x^2 + x + 1}$;

(7) $y = e^x \cos x$;

(8) $y = 2e^x + e^{-x}$.

2. 试问: a 为何值时, 函数 $f(x) = a\sin x + \dfrac{1}{3}\sin 3x$ 在 $x = \dfrac{\pi}{3}$ 处取得极值? 它是极小值还是极大值? 并求此极值.

3. 求下列函数在指定区间上的最大值、最小值:

(1) $y = x^4 - 8x^2 + 2$, $x \in [-1, 3]$;

(2) $y = 2x^3 - 6x^2 - 18x - 7$, $x \in [1, 4]$;

(3) $y = x + \sqrt{1 - x}$, $x \in [-5, 1]$;

(4) $y = (x - 1) \cdot \sqrt[3]{x^2}$, $x \in \left[-1, \dfrac{1}{2}\right]$.

4. 下列函数在指定区间上是否存在最大值和最小值? 如有, 求出它的值, 并说明是最大值还是最小值:

(1) $y = x^2 - \dfrac{54}{x}$, $x \in (-\infty, 0)$;

(2) $y = \dfrac{x}{(x + 1)^2}$, $x \in (-\infty, -1)$;

(3) $y = \dfrac{x}{x^2 + 1}$, $x \in (0, +\infty)$.

5. 设两个正数 x_1 与 x_2 的乘积是定数 a, 求 $x_1^m + x_2^n$ 的最小值.

6. 求点 $(0, a)$ 到曲线 $x^2 = 4y$ 的最近距离.

7. 要造一圆柱形油罐, 体积为 V, 问底半径 r 和高 h 等于多少时, 才能使表面积最小? 这时底直径与高的比是多少?

8. 作半径为 r 的球的外切正圆锥,问圆锥的高 h 等于多少时,才能使圆锥的体积最小? 最小体积为多少?

9. 假定足球门宽度为 4 m,在距离右门柱 6 m 处一球员沿垂直于底线的方向带球前进, 问:他在离底线几米的地方将获得最大的射门张角(图 2-40)?

10. 某天文台的外形是圆柱体的上方接一半球体(图 2-41),其体积是 V.考虑材料和 加工两方面的因素,半球顶表面每平方米的费用是圆柱体侧面每平方米的费用的 2 倍.问圆 柱体的底面半径 R 与它的高 h 的比例为多少时,费用最省?

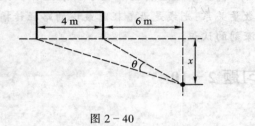
图 2-40

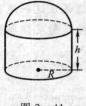
图 2-41

11. 要在海岛 I 与某城市 C 之间铺设一条地下光缆(图 2-42),经地质勘测后分析,每千 米的铺设成本,在 $y>0$ 的水下区域是 c_1,在 $y<0$ 的地下区域是 c_2.证明:为使得铺设该光缆 的总成本最低,θ_1 和 θ_2 应该满足

$$c_1 \sin \theta_1 = c_2 \sin \theta_2.$$

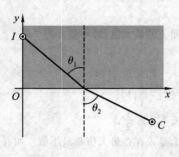
图 2-42

12. 烟囱向其周围地区散落烟尘而污染环境.已知落在地面某处的烟尘浓度与该处至烟 囱距离的平方成反比,而与该烟囱喷出的烟尘量成正比.现有两座烟囱相距 20 km,其中一座 烟囱喷出的烟尘量是另一座的 8 倍,试求出两座烟囱连线上的一点,使该点的烟尘浓度最小.

13. 货车以每小时 x km 的常速行驶 130 km,按交通法规限制 $50 \leqslant x \leqslant 100$.假设汽油的 价格是 4 元/升,而汽车耗油的速率是 $\left(2+\dfrac{x^2}{360}\right)$ 升/时,司机的工资是 28 元/小时,试问最经 济的车速是多少? 这次行车的总费用是多少?

14. 甲、乙两地相距 s km,汽车从甲地匀速地行驶到乙地,已知汽车每小时的运输成本

（以元为单位）由可变部分与固定部分组成：可变部分与速度（单位为 km/h）的平方成正比，比例系数为 b；固定部分为 a 元．试问为使全程运输成本最小，汽车应以多大速度行驶？

第十一节　曲线的曲率

在工程技术中，常常需要研究平面曲线的弯曲程度．例如，在设计铁路弯道时需要考虑轨道曲线的弯曲程度，弯曲程度较小则需提供较大的铺设空间，弯曲程度较大则须限制火车的运行速度，这是因为火车转弯时产生的离心力与弯曲程度有关．这些都要求我们从数学上对曲线的弯曲程度给出定量刻画，于是就产生了曲线的曲率概念．

一、平面曲线的曲率概念

我们直观地认识到：直线不弯曲，半径较小的圆比半径较大的圆弯曲得厉害些，而其他曲线的不同部分有不同的弯曲程度．例如，抛物线 $y = x^2$ 在顶点附近比远离顶点的部分弯曲得厉害些．

在图 2-43 中我们看到，弧段 $\overparen{M_1 M_2}$ 比较平直，当动点沿这段弧从 M_1 移动到 M_2 时，切线转过的角度 α 不大，而弧段 $\overparen{M_2 M_3}$ 弯曲得比较厉害，切线转过的角度 β 就比较大．

但是，转角的大小还不能完全反映曲线弯曲的程度．例如在图 2-44 中我们看到，两段弧 $\overparen{M_1 M_2}$ 与 $\overparen{N_1 N_2}$ 尽管它们的切线转角 γ 相同，但是弯曲程度并不相同，短弧段比长弧段弯曲得更厉害．可见，曲线弧的弯曲程度还与弧段的长度有关．基于以上分析，我们就用单位弧长上的切线转角的大小来反映曲线的弯曲程度．

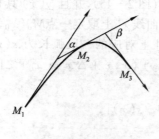

图 2-43

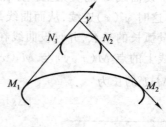

图 2-44

于是引进曲率的概念如下：

设平面曲线 C 是光滑的[①]，在 C 上取定一点 M_0 作为度量弧长的基点. M、M' 为 C 上两点. 设弧 $\overset{\frown}{M_0 M}$ 的长为 s，$\overset{\frown}{M_0 M'}$ 的长为 $s + \Delta s$，则弧段 $\overset{\frown}{MM'}$ 的长为 $|\Delta s| = |(s + \Delta s) - s|$（参见图 2-45）. 又从点 M 到点 M'，曲线的切线的转角为 $|\Delta \alpha|$，称 $\left| \dfrac{\Delta \alpha}{\Delta s} \right|$ 为弧 MM' 的平均曲率，并且记为 $\overline{K}$，即

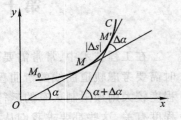

图 2-45

$$\overline{K} = \left| \frac{\Delta \alpha}{\Delta s} \right| .$$

如果当点 M' 沿曲线趋于点 M 时，平均曲率 $\overline{K}$ 的极限存在，那么称这个极限为曲线 C 在点 M 处的曲率(curvature)，并记为 K，即

$$K = \lim_{M' \to M} \left| \frac{\Delta \alpha}{\Delta s} \right| .$$

对于直线来说，任一点处的切线都与直线本身重合，所以对于直线上任一点 M，当动点从点 M 移动到另外一点 M' 时，$\Delta \alpha = 0$，从而 $\dfrac{\Delta \alpha}{\Delta s} = 0$，因此 $K = 0$. 这就是说，直线上任何一点 M 处的曲率都等于零. 这与我们的直觉"直线不弯曲"相一致.

设圆的半径为 r，由平面几何知识可知圆周上任意两点 M、M' 处切线所夹的角等于圆弧 $\overset{\frown}{MM'}$ 所对的中心角. 这说明，当动点从点 M 移动到点 M' 时，切线的转角为 $|\Delta \alpha| = \dfrac{|\Delta s|}{r}$，从而 $\left| \dfrac{\Delta \alpha}{\Delta s} \right| = \dfrac{1}{r}$，因此，$K = \dfrac{1}{r}$. 这说明圆上任一点 M 处的曲率都等于圆半径的倒数. 这与我们的直觉"圆的弯曲程度处处相同，圆半径越小，圆弯曲得越厉害"是一致的.

二、曲率公式

现在从(1)式导出便于实际计算的曲率公式.

设曲线 C 的直角坐标方程是 $y = y(x)$（图 2-45），并且 $y(x)$ 具有二阶导数（这时 $y'(x)$ 连续，从而曲线是光滑的）. 在曲线 C 上取定一点 $M_0(x_0, y_0)$ 作为度量弧长的基点，并且设曲线在区间 $[x_0, x]$ 上对应的一段弧长为 $s(x)$，那么曲线上的点 $M(x, y)$ 与 $M'(x + \Delta x, y + \Delta y)$（$x, x + \Delta x > x_0$）之间的一段弧 $\overset{\frown}{MM'}$ 的长为

$$|\Delta s| = |s(x + \Delta x) - s(x)|,$$

① 设平面曲线 C 的参数方程为 $\begin{cases} x = x(t) \\ y = y(t) \end{cases}$，如果 $x'(t), y'(t)$ 是连续函数且 $[x'(t)]^2 + [y'(t)]^2 \neq 0$，则称曲线 C 是光滑的. 从几何上看，光滑曲线具有连续转动的切线.

而线段 MM' 的长度(弦长)是

$$|MM'| = \sqrt{(\Delta x)^2 + (\Delta y)^2}.$$

对于光滑曲线,可以证明,弧 $\overset{\frown}{MM'}$ 的长度 $|\Delta s|$ 与其对应的弦长 $|MM'|$ 是 $M' \rightarrow$ M 时的等价无穷小(参见第三章第八节的附),即 $\lim\limits_{\Delta x \to 0} \dfrac{|\Delta s|}{|MM'|} = 1$,故有

$$\lim_{\Delta x \to 0} \left|\frac{\Delta s}{\Delta x}\right| = \lim_{\Delta x \to 0} \frac{|\Delta s|}{|MM'|}\frac{|MM'|}{|\Delta x|} = \lim_{\Delta x \to 0} \frac{\sqrt{(\Delta x)^2 + (\Delta y)^2}}{|\Delta x|}$$

$$= \lim_{\Delta x \to 0} \sqrt{1 + \left(\frac{\Delta y}{\Delta x}\right)^2} = \sqrt{1 + y'^2(x)} ;$$

另一方面,设 α 表示曲线的切线对于 x 轴正向的转角 $\left(-\dfrac{\pi}{2} < \alpha < \dfrac{\pi}{2}\right)$,则有

$$\alpha = \arctan y',$$

$$\lim_{\Delta x \to 0} \left|\frac{\Delta \alpha}{\Delta x}\right| = \left|\frac{\mathrm{d}\alpha}{\mathrm{d}x}\right| = \left|\frac{y''}{1 + y'^2}\right|,$$

从而有

$$\lim_{M' \to M} \left|\frac{\Delta \alpha}{\Delta s}\right| = \lim_{\Delta x \to 0} \left|\frac{\Delta \alpha}{\Delta s}\right| = \lim_{\Delta x \to 0} \frac{\left|\dfrac{\Delta \alpha}{\Delta x}\right|}{\left|\dfrac{\Delta s}{\Delta x}\right|} = \frac{|y''|}{(1 + y'^2)^{3/2}}.$$

根据(1)式,就得曲线在点 $M(x,y)$ 处的曲率公式

$$K = \frac{|y''|}{(1 + y'^2)^{3/2}}. \tag{2}$$

当曲线 C 由参数方程

$$\begin{cases} x = \varphi(t), \\ y = \psi(t) \end{cases}$$

给出时,可以利用由参数方程确定的函数的求导法,求出 $\dfrac{\mathrm{d}y}{\mathrm{d}x}$, $\dfrac{\mathrm{d}^2 y}{\mathrm{d}x^2}$,代入(2)式便得到

$$K = \frac{|\varphi'(t)\psi''(t) - \varphi''(t)\psi'(t)|}{[\varphi'^2(t) + \psi'^2(t)]^{\frac{3}{2}}}. \tag{3}$$

例1　计算抛物线 $y = ax^2 + bx + c$ 上任意一点处的曲率,并且求出曲率最大的位置.

解　由 $y = ax^2 + bx + c$ 得到

$$y' = 2ax + b, \quad y'' = 2a,$$

代入公式(2)得到

$$K = \frac{|2a|}{[1 + (2ax + b)^2]^{\frac{3}{2}}}.$$

当 $2ax + b = 0$，即 $x = -\dfrac{b}{2a}$ 时，K 的分母最小，因而 K 有最大值 $|2a|$，$x = -\dfrac{b}{2a}$ 对应的是抛物线的顶点，因此，抛物线在顶点处的曲率最大.

设曲线 C 在点 $M(x, y)$ 处的曲率为 K（$K \neq 0$）.作出点 M 处曲线 C 的法线，并且在曲线凹向一侧的法线上取点 D，使 $|MD| = \dfrac{1}{K} = \rho$.以点 D 为圆心，ρ 为半径作圆（图 2–46），我们称这个圆为曲线 C 在点 M 处的曲率圆（circle of curvature）.圆心 D 称为曲线 C 在点 M 处的曲率中心（center of curvature），半径 $\rho = \dfrac{1}{K}$ 称为曲线 C 在点 M 处的曲率半径（radius of curvature）.

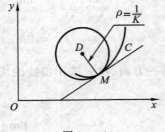

图 2–46

由以上规定可见，曲线 C 在点 M 处与其曲率圆有相同的切线与曲率，并且在点 M 邻近处有相同的凸向.因此在实际问题中，常用曲率圆在点 M 邻近的一段圆弧来近似代替该点邻近的曲线弧，以使问题简化.

例 2　物体作平面曲线运动时所受的向心力　某游乐场的空中游艺车沿抛物线路径 $y = \dfrac{x^2}{100}$（y 轴铅直向上，单位为 m）作俯冲运行，在坐标原点 O 处游艺车的速度为 $v = 20$ m/s.若一乘客的质量 $m = 70$ kg，求当游艺车俯冲至最低点即原点 O 处时，该乘客对坐椅的压力.

解　由于物体作圆周转动所受到的向心力的大小为 $m\dfrac{v^2}{R}$，其中 m 是物体的质量，v 为线速率，R 为转动半径，因此，故当物体作一般的平面曲线运动时，在某点所受到的向心力的大小为 $m\dfrac{v^2}{\rho}$，这里 ρ 为曲线在该点处的曲率半径，即 $m\dfrac{v^2}{\rho} = mv^2 K$，$K$ 为曲率.

在原点 O 处乘客对坐椅的压力 f 是乘客所受离心力与乘客所受重力之和，即

$$f = mv^2 K + mg,$$

其中 $v = 20$，$m = 70$，K 为游艺车运行路线在原点处的曲率，

$$K = \left.\frac{|y''|}{(1 + y'^2)^{3/2}}\right|_{x=0} = \frac{1}{50}.$$

于是得　　　　$$f = mv^2 K + mg = 70\left(\frac{400}{50} + 9.8\right) = 1\,246 \ (\text{N}).$$

例3　铁路弯道的缓和曲线　铁轨弯道的主要部分是呈圆弧形的(称为主弯道).为了使列车在转弯时既平稳又安全,除了必须使直道与弯道相切以外,还须考虑让轨道曲线的曲率在切点邻近连续地变化(这时列车在该点邻近所受向心力也将是连续地变化).我们知道,直线的曲率是零,而半径为 R 的圆弧的曲率是 $\dfrac{1}{R}$,如果直道与圆弧形弯道直接相切,则在切点处曲率有一跳跃度 $\left|\dfrac{1}{R}-0\right|$,只有当 R 充分大,列车在转弯时才显得较平稳,但是实际铺设铁轨时,由于地形的限制,弯道的半径 R 不可能随意放大,故需要在直道与弯道之间加一段称作**缓和曲线**的弯道,以使得铁轨的曲率连续地从零过渡到 $\dfrac{1}{R}$.

目前一般采用三次抛物线作为缓和曲线.在图 2-47 中以 $x<0$,$y=0$ 表示直道,$\overset{\frown}{AB}$ 表示半径设定为 R 的圆弧弯道,$\overset{\frown}{OA}$ 表示缓和弯道.设 A 点的坐标为 (x_0,y_0),并设 $\overset{\frown}{OA}$ 的方程为 $y=\dfrac{x^3}{aRl}$,其中 l 是缓和曲线 $\overset{\frown}{OA}$ 的长度,a 是待定常数.

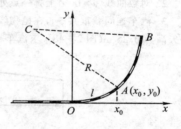

图 2-47

由于 $\overset{\frown}{OA}$ 的曲率

$$K=\frac{|y''|}{(1+y'^2)^{\frac{3}{2}}}=\frac{6x}{aRl}\frac{1}{\left[1+\left(\dfrac{3x^2}{aRl}\right)^2\right]^{\frac{3}{2}}},$$

可见当 x 从 0 变化至 x_0 时,曲率连续地从 0 变到

$$K_A=\frac{6x_0}{aRl}\frac{1}{\left[1+\left(\dfrac{3x_0^2}{aRl}\right)^2\right]^{\frac{3}{2}}}.$$

因为 x_0 近似地等于 l,即 $\dfrac{x_0}{l}\approx1$,故

$$K_A\approx\frac{6}{aR\left(1+\dfrac{9l^2}{a^2R^2}\right)^{\frac{3}{2}}}.$$

由于在实用中,总是把比值 $\dfrac{l}{R}$ 取得较小,使得 $\left(1+\dfrac{9l^2}{a^2R^2}\right)^{\frac{3}{2}}$ 接近于 1,故取 $a=6$ 时,有 $K_A\approx\dfrac{1}{R}$,从而我们得缓和曲线的方程

$$y=\frac{x^3}{6Rl}.$$

习题 2 - 11

1. 求下列曲线在指定点处的曲率及曲率半径:

(1) 椭圆 $2x^2 + y^2 = 1$ 在点 $(0,1)$ 处;

(2) 抛物线 $y = x^2 - 4x + 3$ 在顶点处;

(3) 悬链线 $y = a \cosh \dfrac{x}{a}$ $(a > 0)$ 在点 (x_0, y_0) 处;

(4) 摆线 $\begin{cases} x = t - \sin t \\ y = 1 - \cos t \end{cases}$ 在对应 $t = \dfrac{\pi}{2}$ 的点处;

(5) 阿基米德螺线 $\rho = a\theta(a > 0)$ 在对应 $\theta = \pi$ 的点处.

2. 对数曲线 $y = \ln x$ 上哪一点处的曲率半径最小? 求出该点处的曲率半径.

3. 汽车连同载重共 5 t,在抛物线拱桥上行驶,速度为 21.6 km/h,桥的跨度为 10 m,拱的矢高为 0.25 m(图 2 - 48).求汽车越过桥顶时对桥的压力.

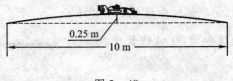

0.25 m

10 m

图 2 - 48

*第十二节   一元函数微分学在经济中的应用

经济学家面对着规模越来越大的经济和商业行为,日益转向于用数学方法来帮助自己进行分析和决策.今天,他们正越来越广泛地应用数学的理论进行经济理论的研究.这里我们仅介绍与导数概念相关的"边际"与"弹性"这两个经济学中的概念.

在经济学中,经常涉及以下三个函数:

成本函数 $C(x)$ = 生产 x 单位产品的总成本;

收益函数 $R(x)$ = 销售 x 单位产品的总收益;

利润函数 $P(x) = R(x) - C(x)$ = 生产 x 单位产品并全部销售出去后的总利润.

这三个函数中的自变量 x 只能取非负整数,但是对于现代企业而言,产品的生产、销售数量是一个很大的数目,相对而言,一个单位产品的增减对总数产生的影响是很微小的.因此,通常把 x 看成连续变量,并且为了用微积分理论来处理问题,就假设以上三个函数为定义在非负实数集上的可导函数.

现在以成本函数为例,假设生产某种产品的成本函数已知为 $C(x)$,在产量为 x 时,增加产量 Δx,相应的成本增加 $\Delta C = C(x+\Delta x)-C(x)$. $\dfrac{\Delta C}{\Delta x}$ 为产品增加部分的<u>平均成本</u>,也就是产量的变化引起成本变化的平均变化率.令 $\Delta x \to 0$,取 $\dfrac{\Delta C}{\Delta x}$ 的极限,经济学中称极限值 $\lim\limits_{\Delta x \to 0} \dfrac{\Delta C}{\Delta x}$ 为这种产品在产量为 x 时的<u>边际成本</u>(marginal costing),记为 MC,即

$$MC = \lim_{\Delta x \to 0} \frac{\Delta C}{\Delta x},$$

其意义是当产量处于 x 这一水平时,成本的瞬时变化率.边际成本 MC 与平均成本 $AC = \dfrac{C(x)}{x}$ 进行比较的结果就可以作为生产决策的一个因素.例如,在产量为 x 的这一水平上,如果 $MC < AC$,那么可以考虑增加产量以降低单位产品的成本,否则就要考虑削减产量以降低单位产品的成本.

把边际成本的概念与导数概念进行比较,可以发现,边际成本就是成本函数在给定点 x 处的导数.

由同样的思想方法,经济学中称极限值 $\lim\limits_{\Delta x \to 0} \dfrac{\Delta R}{\Delta x}$ 为<u>边际收益</u>(marginal receipt),称极限值 $\lim\limits_{\Delta x \to 0} \dfrac{\Delta P}{\Delta x}$ 为<u>边际利润</u>(marginal profit),它们分别是收益函数 $R(x)$ 与利润函数 $P(x)$ 在给定点 x 处的导数,它们分别反映了当产量处于 x 这一水平时,收益与利润的瞬时变化率.

例 1 上海某公共汽车公司举办市内观光旅游.若票价为每人 40 元,则一周游客约 1 000 人;若票价为每人 30 元,则一周游客约 1 400 人.假定游客人数 x 与票价 p 是线性关系,那么为了使一周的收益最大,票价应定为多少?又若举办此项观光旅游的一周成本约 $C(x) = 20\,000 + 10\,x$(元),问为使一周的利润最大,票价应定为多少?

解 因为票价 p 与游客人数 x 是线性关系,即 p 与 x 满足直线方程

$$\frac{p-40}{30-40} = \frac{x-1\,000}{1\,400-1\,000},$$

由此得到

$$p = -\frac{1}{40}x + 65, \tag{1}$$

从而收益为

$$R(x) = xp = -\frac{1}{40}x^2 + 65x,$$

边际收益为

$$MR = R'(x) = -\frac{1}{20}x + 65.$$

由于 $R(x)$ 为开口向下的抛物线,所以当边际收益为零时,收益达到最大值,即当 $x = 1\,300$ 时,$R(x)$ 有最大值.此时的票价即可以从 $x = 1\,300$ 代入(1)式得到:

$$p = -\frac{1}{40} \times 1\,300 + 65 = 32.5\,\text{元},$$

当考虑利润时,我们得到一周的利润为

$$P(x) = R(x) - C(x) = -\frac{1}{40}x^2 + 55x - 20\,000,$$

所以边际利润为

$$MP = P'(x) = -\frac{1}{20}x + 55.$$

$P(x)$ 的图形也是开口向下的抛物线,所以,当边际利润为零时,利润达到最大值,即当 $x = 1\,100$ 时,$P(x)$ 有最大值.此时的票价以 $x = 1\,100$ 代入(1)式得到:

$$p = -\frac{1}{40} \times 1\,100 + 65 = 37.5\,\text{元}.$$

根据以上分析,结论是 32.5 元的票价极可能带来最大的每周收益,但 37.5 元的票价极可能带来最大的每周利润.

下面我们讨论经济学中所谓"弹性"的概念.市场中某种商品的需求量 y 是其价格 p 的函数 $y = y(p)$,这也是经济学中常见的一个函数,称为需求函数.需求函数 $y(p)$ 通常是价格 p 的单调减少函数.生产这种商品的企业经营者需要掌握需求对价格变化而发生反应的激烈程度,才有可能作出正确的决策.

假设某种商品的需求函数是 $y = y(p)$,目前价格为 $p = p_0$.假设在这个价格基础上,价格有改变量 Δp,那么需求量的改变量将是 $\Delta y = y(p_0 + \Delta p) - y(p_0)$.这时候,价格的相对改变量是 $\dfrac{\Delta p}{p_0}$,需求量的相对改变量是 $\dfrac{\Delta y}{y(p_0)}$,两者的比为

$$\frac{\dfrac{\Delta y}{y(p_0)}}{\dfrac{\Delta p}{p_0}} = \frac{p_0}{y(p_0)} \cdot \frac{\Delta y}{\Delta p},$$

令 $\Delta p \to 0$,把极限记为 e_{yp},即

$$e_{yp} = \lim_{\Delta p \to 0} \frac{\dfrac{\Delta y}{y(p_0)}}{\dfrac{\Delta p}{p_0}} = \frac{p_0}{y(p_0)} \cdot \lim_{\Delta p \to 0} \frac{\Delta y}{\Delta p} = \frac{p_0}{y(p_0)}y'(p_0),$$

在经济学中,称 e_{yp} 为当价格为 p_0 时需求量对价格的**弹性**(elasticity),或称为弹性系数.它反映了当价格为 p_0 时,商品的需求量对价格变化的反应程度.具体地说,当价格在 p_0 的基础上有 1% 的变动时,需求量将产生大约 e_{yp}% 的变化.

一般地,设函数 $y = f(x)$ 在点 x_0 处可导,那么就称以下极限为函数 $y = f(x)$ 在 x_0 处的弹性:

$$\lim_{\Delta x \to 0} \frac{\dfrac{\Delta y}{y_0}}{\dfrac{\Delta x}{x_0}} = \lim_{\Delta x \to 0} \frac{x_0}{f(x_0)} \frac{f(x_0 + \Delta x) - f(x_0)}{\Delta x} = \frac{x_0}{f(x_0)} f'(x_0),$$

并记为 e_{yx},即

$$e_{yx} = \frac{x_0}{f(x_0)} f'(x_0).$$

由弹性的定义可见,它与函数的导数概念密切相关.但是它是一个与变量的度量单位无关的量.由于 $|\Delta x|$ 很小时,有

$$e_{yx} \approx \frac{\dfrac{\Delta y}{y_0}}{\dfrac{\Delta x}{x_0}},$$

所以,在经济学中可以把 e_{yx} 理解为在 x_0 的水平上变量 x 有 1% 的微小变化时,因变量 y 将产生的变动的百分数.

例 2 假设某种商品的市场需求函数是 $y = 4\,000(100 - p^2)$.需求量 y 的单位是千克,价格 p 的单位是元.如果目前这种商品的价格是 5 元/千克,求这时候需求量对价格的弹性 e_{yp}.

解
$$y'(p) = -8\,000p,$$

当 $p_0 = 5$(元)时,

$$y(5) = 3 \times 10^5 (千克),\ y'(5) = -.4 \times 10^4 (千克／元),$$

所以

$$e_{yp} = \frac{p_0}{y(p_0)} y'(p_0) = -\frac{2}{3} \approx -0.67.$$

这说明当这种商品的价格在 5 元/千克的水平时,价格上升 1%,那么市场的需求量相应地大约下降 0.67%.在经济学中,如果 $|e_{yp}| < 1$,那么称之为低弹性,表示价格的变化对需求的影响并不大.

总 习 题 二

1. 在"充分而非必要"、"必要而非充分"和"充分必要"三者中选择一个正确的填入下列

空格内：

(1) $f(x)$ 在点 x_0 连续是 $f(x)$ 在点 x_0 可导的_____条件；

(2) $f(x)$ 在点 x_0 的左导数 $f'_-(x_0)$ 及右导数 $f'_+(x_0)$ 都存在且相等是 $f(x)$ 在点 x_0 可导的_____条件；

(3) $f(x)$ 在点 x_0 可导是 $f(x)$ 在点 x_0 可微的_____条件；

(4) 对可导函数 $f(x)$ 而言，x_0 为 $f(x)$ 的驻点是 x_0 为 $f(x)$ 的极值点的_____条件；

(5) $f'(x)$ 在 $[a,b]$ 上恒大于零是 $f(x)$ 在 $[a,b]$ 上单调增加的_____条件；

(6) 对 $\dfrac{0}{0}$ 未定式 $\lim\limits_{x \to x_0} \dfrac{f(x)}{g(x)}$，极限 $\lim\limits_{x \to x_0} \dfrac{f'(x)}{g'(x)}$ 存在是极限 $\lim\limits_{x \to x_0} \dfrac{f(x)}{g(x)}$ 存在的_____条件.

2. 图 2-49 中有三条曲线 a、b、c，其中一条是汽车的位置函数的曲线，另一条是汽车的速度函数的曲线，还有一条是汽车的加速度函数的曲线，试确定哪条曲线是哪个函数的图形，并说明理由.

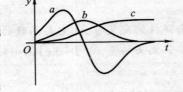

图 2-49

3. 把图 2-50 中各条曲线与下面的说明对应起来.

(1) 一杯放在餐桌上的冰水的温度(室温高于0°C)；

(2) 在计算连续复利的银行账户中存入一笔现金后，此账户中钱的数目；

(3) 匀减速运动的汽车的速度；

(4) 从加热炉中取出使其自然冷却的钢的温度.

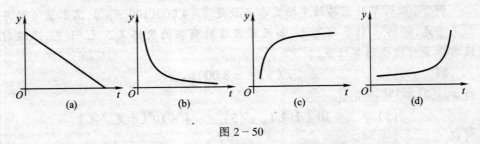

图 2-50

4. 设函数 $f(x) = (x^2 - 3x + 2)\sin x$，则方程 $f'(x) = 0$ 在 $(0,\pi)$ 内根的个数为(　　).

(A) 0个　　　　(B) 至多1个　　　　(C) 2个　　　　(D) 至少3个

5. 已知函数 $y = f(x)$ 对一切 x 满足 $xf''(x) + x^2 f'(x) = e^x - 1$，若 $f'(x_0) = 0(x_0 \neq 0)$，则(　　).

(A) $f(x_0)$ 是 $f(x)$ 的极大值

(B) $f(x_0)$ 是 $f(x)$ 的极小值

(C) $f(x_0)$ 不是 $f(x)$ 的极值

(D) 不能断定 $f(x_0)$ 是否 $f(x)$ 的极值

6. 设 $f(x) = \begin{cases} \dfrac{x}{1 + e^{1/x}} & \text{当 } x \neq 0, \\ 0 & \text{当 } x = 0. \end{cases}$　求 $f'_-(0)$ 和 $f'_+(0)$，又问 $f'(0)$ 是否存在？

7. 求导数:

(1) 设 $y = \arctan \dfrac{1+x}{1-x}$,求 y';

(2) 设 $y = \ln\tan\dfrac{x}{2} - \cos x \cdot \ln\tan x$,求 y';

(3) 设函数 $y = y(x)$ 由方程 $e^y + xy = e$ 所确定,求 $y''(0)$;

(4) 设 $\begin{cases} x = \ln\sqrt{1+t^2}, \\ y = \arctan t, \end{cases}$ 求 $\dfrac{d^2 y}{dx^2}$.

8. 已知函数 $y = f(x)$ 为一指数函数与一幂函数之积,满足:

(1) $\lim\limits_{x \to +\infty} f(x) = 0$,$\lim\limits_{x \to -\infty} f(x) = -\infty$;

(2) $y = f(x)$ 在 $(-\infty, +\infty)$ 内的图形只有一条水平切线与一个拐点.

试写出 $f(x)$ 的一个可能的表达式.

9. 设 $f(x)$ 在 $(-l, l)$ 内可导.证明:如果 $f(x)$ 是偶函数,那么 $f'(x)$ 是奇函数;如果 $f(x)$ 是奇函数,那么 $f'(x)$ 是偶函数.

10. 设 $a_0 + \dfrac{a_1}{2} + \cdots + \dfrac{a_n}{n+1} = 0$.证明:多项式

$$f(x) = a_0 + a_1 x + \cdots + a_n x^n$$

在 $(0,1)$ 内至少有一个零点.

11. 求下列极限

(1) $\lim\limits_{x \to 0} \dfrac{(1+x)^{\frac{1}{x}} - e}{x}$;　　(2) $\lim\limits_{x \to 0} \left[\dfrac{1}{\ln(1+x)} - \dfrac{1}{x} \right]$;

(3) $\lim\limits_{x \to +\infty} \left(\dfrac{2}{\pi} \arctan x \right)^x$;

(4) $\lim\limits_{x \to \infty} \left[(a_1^{1/x} + a_2^{1/x} + \cdots + a_n^{1/x})/n \right]^{nx}$(其中 $a_1, a_2, \cdots, a_n > 0$).

12. 证明下列不等式:

(1) 当 $0 < x_1 < x_2 < \dfrac{\pi}{2}$ 时,$\dfrac{\tan x_2}{\tan x_1} > \dfrac{x_2}{x_1}$;

(2) 当 $x > 0$ 时,$\ln\left(1 + \dfrac{1}{x}\right) < \dfrac{1}{\sqrt{x^2 + x}}$.

13. 设 $y = f(x)$ 在 $x = x_0$ 的某邻域内具有三阶连续导数,如果 $f'(x_0) = 0$,$f''(x_0) = 0$,而 $f'''(x_0) \neq 0$,试问 $x = x_0$ 是否为极值点? 为什么? 又 $(x_0, f(x_0))$ 是否为拐点? 为什么?

14. 求数列 $\left(\sqrt[n]{n} \right)_{n=1}^{\infty}$ 的最大项.

15. 设 $f^{(n)}(x_0)$ 存在,且 $f(x_0) = f'(x_0) = \cdots = f^{(n)}(x_0) = 0$,证明

$$f(x) = o\left[(x - x_0)^n \right] \quad (x \to x_0).$$

* 16. 设某商店以每台 350 元的价格出售手掌型游戏机时,每周可售出 200 台.市场调查指出,当价格每台降低 10 元时,一周的销售量可增加 20 台.若商店欲获得最大的销售金额,应把每台售价降低多少元?

🖳 17. 试用 Mathematica 求出下列函数的导数:

(1) $y = \sin x^3$;　　　　　　　　(2) $y = \arctan(\ln x)$;

(3) $y = \left(1 + \dfrac{1}{x}\right)^x$;　　　　　　(4) $y = 2xf(x^2)$.

💻 18. 利用 Mathematica 作出函数 $f(x) = \dfrac{1}{x^2 + 2x + c}(-5 \leqslant x \leqslant 4)$ 的图形, c 分别取 $-1, 0, 1, 2, 3$ 等 5 个值, 试比较作出的 5 个图, 并从图上观察极值点、驻点、单调增加、单调减少区间, 上凸、下凸区间以及渐近线.

💻 19. 利用 Mathematica 作出函数 $f(x) = \ln(1 + x)$ 及其麦克劳林多项式 $P_i(x)$ 的图形 ($i = 1, 2, \cdots, 10$). 观察这些多项式逼近 $f(x)$ 的情况, 并与 $\sin x$ 的麦克劳林多项式逼近 $\sin x$ 的情况比较之. 试分析两者的差别及造成这种差别的原因.

第三章
一元函数积分学

INTEGRAL CALCULUS OF
ONE VARIABLE FUNCTIONS

本章讨论一元函数积分学(多元函数积分学将在下册中介绍).一元函数积分学有两个基本问题:第一个问题是对于给定的函数 $f(x)$,寻找可导函数 $F(x)$,使 $F'(x) = f(x)$,这是第二章所讨论的求导问题的逆问题,由此引出了原函数和不定积分的概念;第二个问题是计算诸如曲边图形的面积等这类涉及微小量的无穷积累的问题,由此引出了定积分的概念.定积分是一元函数积分学中最基本的概念,它在很多几何量与物理量的计算中有重要应用.

从表面上看,以上两个问题互不相关,但实际上两者之间有着紧密的内在联系.17 世纪,主要由牛顿、莱布尼茨建立起来的微积分基本公式揭示:在一定条件下,一个函数的定积分可通过计算它的原函数而方便地计算出来.这个重要结论使求定积分和求不定积分这两个基本问题联系了起来,从而使微分学和积分学构成一个统一的整体.

在本章中,我们将先介绍原函数和不定积分的概念及其计算方法,接着介绍定积分的概念和性质,并通过讨论积分上限函数的性质导出微积分基本公式.本章最后将通过例子介绍定积分在几何学和物理学中的一些应用.

第一节　不定积分的概念及其性质

一、原函数和不定积分的概念

定义 1　如果在区间 I 内，可导函数 $F(x)$ 的导函数为 $f(x)$，即对任意的 $x \in I$，都有

$$F'(x) = f(x) \text{ 或 } \mathrm{d}F(x) = f(x)\mathrm{d}x,$$

那么，函数 $F(x)$ 称为 $f(x)$ 在区间 I 内的原函数(primitive function)．

例如，因为 $(\sin x)' = \cos x$，$x \in (-\infty, +\infty)$，所以 $\sin x$ 是 $\cos x$ 在 $(-\infty, +\infty)$ 内的原函数．又例如，当 $x > 0$ 时，$(\ln x)' = \dfrac{1}{x}$，于是 $\ln x$ 是 $\dfrac{1}{x}$ 在 $(0, +\infty)$ 内的原函数；当 $x < 0$ 时，$(\ln|x|)' = [\ln(-x)]' = \dfrac{1}{-x} \cdot (-1) = \dfrac{1}{x}$，于是 $\ln|x|$ 是 $\dfrac{1}{x}$ 在 $(-\infty, 0)$ 内的原函数．因为当 $x > 0$ 时，$x = |x|$，因此 $\ln|x|$ 是 $\dfrac{1}{x}$ 在 $(-\infty, 0)$ 或 $(0, +\infty)$ 内的原函数的统一表达式．

关于原函数，我们要说明三点：一是原函数的存在性，即具备什么条件的函数必有原函数？二是原函数的个数，即如果某函数有原函数，那么它的原函数有多少？三是原函数之间的关系，即某函数如果有多个原函数，那么这些原函数之间有什么联系？

1. 我们首先给出原函数的存在条件，它的证明将在第六节中给出：

原函数存在定理　如果函数 $f(x)$ 在区间 I 内连续，那么在区间 I 内必定存在可导函数 $F(x)$，使得对每一个 $x \in I$，都有

$$F'(x) = f(x),$$

即连续函数必定存在原函数．

我们已经知道初等函数在其定义域内的任一区间内连续，因此每个初等函数在其定义域内的任一区间内都有原函数．

2. 如果函数 $f(x)$ 在区间 I 内有原函数 $F(x)$，那么对于任意常数 C，由于对任意的 $x \in I$，有 $(F(x) + C)' = F'(x) = f(x)$，所以 $F(x) + C$ 也是 $f(x)$ 在 I 内的原函数．这说明如果函数 $f(x)$ 在 I 内有原函数，那么它在 I 内就有无限多个原函数．

3. 设 $F(x)$ 和 $\Phi(x)$ 为函数 $f(x)$ 在区间 I 内的两个原函数，那么对任意的 $x \in I$，

$$[\Phi(x) - F(x)]' = \Phi'(x) - F'(x) = f(x) - f(x) = 0,$$

由于导数恒为零的函数必为常数，因而 $\Phi(x) - F(x) = C_0$，所以 $\Phi(x) = F(x) + C_0$（C_0 是某个常数）. 这说明 $f(x)$ 的任何两个原函数之间只差一个常数.

由此可见，当 C 是任意常数时，表达式

$$F(x) + C$$

就可以表示 $f(x)$ 的任意一个原函数，从而 $f(x)$ 的全体原函数所组成的集合就是函数族

$$\left\{ F(x) + C \;\middle|\; -\infty < C < +\infty \right\}.$$

有了以上的说明，我们引进下述定义：

定义 2　函数 $f(x)$ 在区间 I 内带有任意常数项的原函数称为 $f(x)$ 在 I 内的不定积分(indefinite integral)，记为

$$\int f(x)\mathrm{d}x,$$

其中记号 $\int$ 称为积分号，$f(x)$ 称为被积函数，$f(x)\mathrm{d}x$ 称为被积表达式，x 称为积分变量.

由定义 2 以及前面的说明可见，

如果 $F(x)$ 是 $f(x)$ 在区间 I 内的一个原函数，那么

$$\int f(x)\mathrm{d}x = F(x) + C.$$

这说明，要计算函数的不定积分，只需求出它的一个原函数，再加上任意常数 C 就可以了.

例 1　求 $\int x^2 \mathrm{d}x$.

解　因为 $\left(\dfrac{1}{3}x^3\right)' = x^2$，所以 $\dfrac{1}{3}x^3$ 是 x^2 的一个原函数，因此

$$\int x^2 \mathrm{d}x = \frac{1}{3}x^3 + C.$$

例 2　求 $\int \dfrac{\mathrm{d}x}{1 + x^2}$.

解　因为 $(\arctan x)' = \dfrac{1}{1 + x^2}$，所以 $\arctan x$ 是 $\dfrac{1}{1 + x^2}$ 的一个原函数，因此

$$\int \frac{\mathrm{d}x}{1 + x^2} = \arctan x + C.$$

从不定积分的定义，我们可以得到下述关系：

由于 $\int f(x)\mathrm{d}x$ 表示 $f(x)$ 的任意一个原函数，所以

$$\frac{\mathrm{d}}{\mathrm{d}x}\left[\int f(x)\mathrm{d}x\right] = f(x),$$

又由于 $f(x)$ 是 $f'(x)$ 的一个原函数,所以

$$\int f'(x)\mathrm{d}x = f(x) + C.$$

由此可见,如果不计任意常数,求导运算与求不定积分的运算(简称积分运算)是互逆的.

二、基本积分表

既然积分运算是求导运算的逆运算,因此从导数公式可以得到相应的积分公式.例如,因为 $\left(\dfrac{x^{\mu+1}}{\mu+1}\right)' = x^{\mu}$,所以就有

$$\int x^{\mu}\mathrm{d}x = \frac{x^{\mu+1}}{\mu+1} + C \quad (\mu \neq -1).$$

类似地可以得到其他积分公式.下面我们把一些基本的积分公式列成一个表,称为基本积分表.

$(1)\displaystyle\int k\,\mathrm{d}x = kx + C$($k$ 是常数, $k=1$ 时,$\displaystyle\int \mathrm{d}x = x + C$);	$(8)\displaystyle\int \dfrac{\mathrm{d}x}{\cos^2 x} = \int \sec^2 x\,\mathrm{d}x = \tan x + C;$
	$(9)\displaystyle\int \dfrac{\mathrm{d}x}{\sin^2 x} = \int \csc^2 x\,\mathrm{d}x = -\cot x + C;$
$(2)\displaystyle\int x^{\mu}\mathrm{d}x = \dfrac{x^{\mu+1}}{\mu+1} + C(\mu \neq -1);$	$(10)\displaystyle\int \sec x \tan x\,\mathrm{d}x = \sec x + C;$
$(3)\displaystyle\int \dfrac{\mathrm{d}x}{x} = \ln|x| + C;$	$(11)\displaystyle\int \csc x \cot x\,\mathrm{d}x = -\csc x + C;$
$(4)\displaystyle\int \dfrac{\mathrm{d}x}{1+x^2} = \arctan x + C;$	$(12)\displaystyle\int \mathrm{e}^x\mathrm{d}x = \mathrm{e}^x + C;$
$(5)\displaystyle\int \dfrac{\mathrm{d}x}{\sqrt{1-x^2}} = \arcsin x + C;$	$(13)\displaystyle\int a^x\mathrm{d}x = \dfrac{a^x}{\ln a} + C(a>0,a\neq 1);$
$(6)\displaystyle\int \cos x\,\mathrm{d}x = \sin x + C;$	$(14)\displaystyle\int \sinh x\,\mathrm{d}x = \cosh x + C;$
$(7)\displaystyle\int \sin x\,\mathrm{d}x = -\cos x + C;$	$(15)\displaystyle\int \cosh x\,\mathrm{d}x = \sinh x + C.$

以上十五个基本积分公式是求不定积分的基础,必须熟记.下面举几个应用幂函数的积分公式(2)的例子.

例 3 求 $\displaystyle\int x^2 \sqrt{x}\,\mathrm{d}x$.

解 $\displaystyle\int x^2 \sqrt{x}\,\mathrm{d}x = \int x^{\frac{5}{2}}\mathrm{d}x = \dfrac{x^{\frac{5}{2}+1}}{\frac{5}{2}+1} + C = \dfrac{2}{7}x^{\frac{7}{2}} + C = \dfrac{2}{7}x^3 \sqrt{x} + C.$

例 4　求 $\int \dfrac{\mathrm{d}x}{x\sqrt[3]{x}}$.

解　$\int \dfrac{\mathrm{d}x}{x\sqrt[3]{x}} = \int x^{-\frac{4}{3}}\mathrm{d}x = \dfrac{x^{-\frac{4}{3}+1}}{-\frac{4}{3}+1} + C = -3x^{-\frac{1}{3}} + C = -\dfrac{3}{\sqrt[3]{x}} + C.$

以上两个例子表明,对于被积函数是用根式或分式表示的幂函数的情形,应先把它们化为 x^{μ} 的形式,然后应用幂函数的积分公式(2)来求不定积分.

三、不定积分的性质

根据不定积分的定义,可以推得如下的性质:

性质 1　设 $u(x)$ 和 $v(x)$ 均有原函数,则

$$\int [u(x) \pm v(x)]\mathrm{d}x = \int u(x)\mathrm{d}x \pm \int v(x)\mathrm{d}x. \tag{1}$$

事实上,对上式的右端求导,并利用求导法则,得

$$\left[\int u(x)\mathrm{d}x \pm \int v(x)\mathrm{d}x\right]' = \left[\int u(x)\mathrm{d}x\right]' \pm \left[\int v(x)\mathrm{d}x\right]' = u(x) \pm v(x),$$

这表明(1)式的右端是 $u(v) \pm v(x)$ 的原函数,又(1)式右端有两个积分记号,形式上含两个任意常数,由于两个任意常数之和仍为任意常数,故实际上含一个任意常数,因此(1)式右端是 $u(x) \pm v(x)$ 的不定积分.

容易验证,性质 1 对于有限个函数都是成立的.

类似地可以证明不定积分的性质 2.

性质 2　设 $u(x)$ 有原函数,k 为非零常数,则

$$\int ku(x)\mathrm{d}x = k\int u(x)\mathrm{d}x. \tag{2}$$

利用基本积分表及以上 2 个性质,可以求出一些简单函数的不定积分.

例 5　求 $\int \dfrac{(x-1)^3}{x}\mathrm{d}x$.

解　$\begin{aligned}\int \dfrac{(x-1)^3}{x}\mathrm{d}x &= \int \dfrac{x^3 - 3x^2 + 3x - 1}{x}\mathrm{d}x \\ &= \int \left(x^2 - 3x + 3 - \dfrac{1}{x}\right)\mathrm{d}x \\ &= \int x^2\mathrm{d}x - 3\int x\mathrm{d}x + 3\int \mathrm{d}x - \int \dfrac{1}{x}\mathrm{d}x \\ &= \dfrac{1}{3}x^3 - \dfrac{3}{2}x^2 + 3x - \ln|x| + C.\end{aligned}$

注意,由于求导运算与积分运算互逆,所以,如果对积分的结果求导,导数恰等于被积函数,那么积分的结果是正确的.就例 5 的结果而言,由于

$$\left(\dfrac{1}{3}x^3 - \dfrac{3}{2}x^2 + 3x - \ln|x| + C\right)'$$

$$= x^2 - 3x + 3 - \frac{1}{x} = \frac{x^3 - 3x^2 + 3x - 1}{x} = \frac{(x-1)^3}{x},$$

所以结果是正确的.

例 6   求 $\int 3^{x+1}\mathrm{e}^x \mathrm{d}x$.

解   因为 $3^{x+1}\mathrm{e}^x = 3 \cdot (3\mathrm{e})^x$,所以利用(2)式以及把 $3\mathrm{e}$ 看作 a 并利用积分公式(13),我们可以得到

$$\int 3^{x+1}\mathrm{e}^x \mathrm{d}x = 3\int (3\mathrm{e})^x \mathrm{d}x = 3 \cdot \frac{(3\mathrm{e})^x}{\ln(3\mathrm{e})} + C = \frac{3^{x+1}\mathrm{e}^x}{1 + \ln 3} + C.$$

例 7   求 $\int \frac{x^4}{1 + x^2}\mathrm{d}x$.

解   基本积分表中没有这种类型的积分,但是我们可以先把被积函数变形并利用不定积分的性质,化为表中所列类型的积分,然后再逐项求积分:

$$\begin{aligned}
\int \frac{x^4}{1 + x^2}\mathrm{d}x &= \int \frac{x^4 - 1 + 1}{1 + x^2}\mathrm{d}x \\
&= \int \frac{(x^2 + 1)(x^2 - 1) + 1}{1 + x^2}\mathrm{d}x \\
&= \int \left(x^2 - 1 + \frac{1}{1 + x^2} \right)\mathrm{d}x \\
&= \int x^2 \mathrm{d}x - \int \mathrm{d}x + \int \frac{1}{1 + x^2}\mathrm{d}x \\
&= \frac{1}{3}x^3 - x + \arctan x + C.
\end{aligned}$$

例 7 的解法是常用的,下面再举几个这样的例子.

例 8   求 $\int \cos^2 \frac{x}{2}\mathrm{d}x$.

解 $\int \cos^2 \frac{x}{2}\mathrm{d}x = \int \frac{1 + \cos x}{2}\mathrm{d}x = \frac{1}{2}\left(\int \mathrm{d}x + \int \cos x\,\mathrm{d}x \right)$

$\qquad\qquad = \frac{1}{2}(x + \sin x) + C.$

例 9   求 $\int \tan^2 x\,\mathrm{d}x$.

解 $\int \tan^2 x\,\mathrm{d}x = \int (\sec^2 x - 1)\mathrm{d}x = \int \sec^2 x\,\mathrm{d}x - \int \mathrm{d}x = \tan x - x + C.$

例 10   求 $\int \frac{\mathrm{d}x}{\sin^2 \frac{x}{2} \cdot \cos^2 \frac{x}{2}}$.

解 $\int \frac{\mathrm{d}x}{\sin^2 \frac{x}{2} \cos^2 \frac{x}{2}} = \int \frac{\mathrm{d}x}{\left(\frac{\sin x}{2} \right)^2} = 4\int \csc^2 x\,\mathrm{d}x = -4\cot x + C.$

习题 3 – 1

1. 下列各题中哪些函数是同一函数的原函数:

(1) $\dfrac{1}{2}\sin^2 x$, $-\dfrac{1}{4}\cos 2x$, $-\dfrac{1}{4}\cos^2 x$;

(2) $\ln x$, $\ln 2x$, $\ln|x|$, $\ln x + C$.

2. 求下列不定积分:

(1) $\displaystyle\int 5x^2 \mathrm{d}x$;

(2) $\displaystyle\int x\sqrt{x}\,\mathrm{d}x$;

(3) $\displaystyle\int \dfrac{\mathrm{d}x}{x\sqrt{x}}$;

(4) $\displaystyle\int \sqrt[m]{x^n}\,\mathrm{d}x$;

(5) $\displaystyle\int (x^2 + 3x + 4)\mathrm{d}x$;

(6) $\displaystyle\int \dfrac{(x+3)^3}{x^2}\mathrm{d}x$;

(7) $\displaystyle\int \dfrac{x^4 + x^2 + 1}{x^2 + 1}\mathrm{d}x$;

(8) $\displaystyle\int \dfrac{\mathrm{d}h}{\sqrt{2gh}}$ (g 是常数);

(9) $\displaystyle\int (\sqrt{x} + 1)(x - \sqrt{x} + 1)\mathrm{d}x$;

(10) $\displaystyle\int \mathrm{e}^x\left(1 - \dfrac{\mathrm{e}^{-x}}{\sqrt{x}}\right)\mathrm{d}x$;

(11) $\displaystyle\int a^x \mathrm{e}^x \mathrm{d}x$ ($a > 0, a \neq \dfrac{1}{\mathrm{e}}$);

(12) $\displaystyle\int \dfrac{2\cdot 3^x - 5\cdot 2^x}{3^x}\mathrm{d}x$;

(13) $\displaystyle\int \sec x(\sec x - \tan x)\mathrm{d}x$;

(14) $\displaystyle\int \sin^2 \dfrac{x}{2}\mathrm{d}x$;

(15) $\displaystyle\int \dfrac{\mathrm{d}x}{1 + \cos 2x}$;

(16) $\displaystyle\int \dfrac{\cos 2x}{\cos x - \sin x}\mathrm{d}x$;

(17) $\displaystyle\int \dfrac{\cos 2x}{\cos^2 x \sin^2 x}\mathrm{d}x$;

(18) $\displaystyle\int \dfrac{1 + \cos^2 x}{1 + \cos 2x}\mathrm{d}x$;

(19) $\displaystyle\int \dfrac{\mathrm{d}x}{x^2(1 + x^2)}$;

(20) $\displaystyle\int \dfrac{3x^4 + 2x^2}{x^2 + 1}\mathrm{d}x$.

第二节　不定积分的换元积分法

利用基本积分表及不定积分的性质,所能计算的不定积分是十分有限的,本节将把复合函数的求导法反过来用于求不定积分,通过变量代换的方法来求函数的不定积分,这种方法称为换元积分法.

一、不定积分的第一类换元法

定理 1　设函数 $f(u)$ 在区间 I 上连续, $u = \varphi(x)$ 在区间 I_x 上有连续的导数且其值域含于 I 内,则有换元公式

$$\int f[\varphi(x)]\varphi'(x)\mathrm{d}x = \left[\int f(u)\mathrm{d}u\right]_{u=\varphi(x)}. \text{①} \qquad (1)$$

证 因为 $f(u)$ 连续,故它有原函数 $F(u)$,满足 $F'(u) = f(u)$ 或者

$$\int f(u)\mathrm{d}u = F(u) + C,$$

根据复合函数求导法则,有

$$\left(\left[\int f(u)\mathrm{d}u\right]_{u=\varphi(x)}\right)' = (F[\varphi(x)] + C)'$$

$$= F'[\varphi(x)]\varphi'(x) = f[\varphi(x)]\varphi'(x),$$

这说明 $\left[\int f(u)\mathrm{d}u\right]_{u=\varphi(x)}$ 是 $f[\varphi(x)]\varphi'(x)$ 的原函数,又由于它含有任意常数,从而有(1)式成立.

公式(1)给出的方法也叫不定积分的第一类换元法.

在什么情况下可以用公式(1)来求不定积分呢? 当我们要求某个不定积分 $\int g(x)\mathrm{d}x$ 时,如果被积函数 $g(x)$ 可以被配制成 $f[\varphi(x)]\varphi'(x)$ 的形式,而 $\int f(u)\mathrm{d}u$ 比较容易求出,那么,就可以应用公式(1)求得 $\int g(x)\mathrm{d}x$,即

$$\int g(x)\mathrm{d}x = \int f[\varphi(x)]\varphi'(x)\mathrm{d}x = \left[\int f(u)\mathrm{d}u\right]_{u=\varphi(x)}.$$

例 1 求 $\int \cos(2x+3)\mathrm{d}x$.

解 被积函数 $\cos(2x+3)$ 是 $\cos u$ 与 $u = 2x+3$ 的复合函数,并且 $u' = (2x+3)' = 2$,于是有

$$\int \cos(2x+3)\mathrm{d}x = \int \frac{1}{2}\cos(2x+3) \cdot (2x+3)'\mathrm{d}x = \frac{1}{2}\int \cos u\,\mathrm{d}u$$

$$= \frac{1}{2}\sin u + C = \frac{1}{2}\sin(2x+3) + C.$$

例 2 求 $\int \dfrac{\mathrm{d}x}{a^2 + x^2}$.

解 因为 $\int \dfrac{\mathrm{d}x}{a^2 + x^2} = \int \dfrac{1}{a^2} \cdot \dfrac{\mathrm{d}x}{1 + \left(\dfrac{x}{a}\right)^2}$,如果令 $u = \dfrac{x}{a}$,那么 $u' = \dfrac{1}{a}$,于是有

$$\int \frac{\mathrm{d}x}{a^2 + x^2} = \int \frac{1}{a} \cdot \frac{1}{1 + \left(\dfrac{x}{a}\right)^2} \cdot \frac{1}{a}\mathrm{d}x = \frac{1}{a}\int \frac{\mathrm{d}u}{1 + u^2}$$

---

① 记号 $\left[\int f(u)\mathrm{d}u\right]_{u=\varphi(x)}$ 表示先求出不定积分 $\int f(u)\mathrm{d}u$,然后将 $u = \varphi(x)$ 代入积分结果中.

$$= \frac{1}{a}\arctan u + C = \frac{1}{a}\arctan \frac{x}{a} + C.$$

我们可以把解题过程以一种比较简略的形式写出来,如下例所示.

例 3　求 $\displaystyle\int \frac{\mathrm{d}x}{\sqrt{a^2 - b^2 x^2}} (a > 0, b > 0).$

解　$\displaystyle\int \frac{\mathrm{d}x}{\sqrt{a^2 - b^2 x^2}} = \frac{1}{a}\int \frac{\mathrm{d}x}{\sqrt{1 - \left(\frac{b}{a}x\right)^2}} \xlongequal[(u = \frac{b}{a}x)]{} \frac{1}{a}\int \frac{1}{\sqrt{1 - u^2}} \cdot \frac{a}{b}\mathrm{d}u$

$$= \frac{1}{b}\int \frac{\mathrm{d}u}{\sqrt{1 - u^2}} = \frac{1}{b}\arcsin u + C$$

$$= \frac{1}{b}\arcsin\left(\frac{b}{a}x\right) + C.$$

特别地,当 $b = 1$ 时为 $\displaystyle\int \frac{\mathrm{d}x}{\sqrt{a^2 - x^2}} = \arcsin \frac{x}{a} + C.$

由以上三个例子可以看到,对于形如 $\displaystyle\int f(ax + b)\mathrm{d}x (a \neq 0)$ 的积分,可以作变换 $u = ax + b$,得到

$$\int f(ax + b)\mathrm{d}x = \int \frac{1}{a}f(ax + b)(ax + b)'\mathrm{d}x = \frac{1}{a}\left[\int f(u)\mathrm{d}u\right]_{u = ax + b}.$$

下面我们对换元公式(1)作一些说明:不定积分 $\displaystyle\int f(u)\mathrm{d}u$ 中的记号 $\mathrm{d}u$,本来是整个不定积分记号中不可分离的一部分,并不是一个独立的微分记号.但定理 1 告诉我们,只要满足定理的条件,$\mathrm{d}u$ 就可以作为微分记号来对待.作换元 $u = \varphi(x)$ 时,$f[\varphi(x)]$ 换成了 $f(u)$,$\varphi'(x)\mathrm{d}x$ 就换成 $\mathrm{d}u$,而由微分定义知 $\varphi'(x)\mathrm{d}x$ 恰是 $u = \varphi(x)$ 的微分,所以(1)式也可以写成

$$\int f[\varphi(x)]\mathrm{d}[\varphi(x)] = \left[\int f(u)\mathrm{d}u\right]_{u = \varphi(x)}.$$

从上式可见,施行第一类换元法时,需将被积表达式中的一部分先写成微分形式,故通常也把第一类换元法称作"凑微分"法.当我们对变量代换及其微分比较熟练时,就不一定写出中间变量 u,而采用以下的表达方式:

例 4　求 $\displaystyle\int x\mathrm{e}^{x^2}\mathrm{d}x.$

解　$\displaystyle\int x\mathrm{e}^{x^2}\mathrm{d}x = \frac{1}{2}\int \mathrm{e}^{x^2} \cdot 2x\mathrm{d}x = \frac{1}{2}\int \mathrm{e}^{x^2}\mathrm{d}(x^2) = \frac{1}{2}\mathrm{e}^{x^2} + C.$

在上例中,实际上已经用了变量代换 $u = x^2$,并在求出积分 $\dfrac{1}{2}\displaystyle\int \mathrm{e}^u\mathrm{d}u$ 后又代回了 $u = x^2$,只是我们不把这些步骤写出来罢了.

例 5　求 $\displaystyle\int x\sqrt{1 - 4x^2}\mathrm{d}x.$

解 $\displaystyle\int x\sqrt{1-4x^2}\,\mathrm{d}x = -\frac{1}{8}\int\sqrt{1-4x^2}\cdot(-8x)\,\mathrm{d}x$

$$= -\frac{1}{8}\int(1-4x^2)^{\frac{1}{2}}\mathrm{d}(1-4x^2)$$

$$= -\frac{1}{8}\cdot\frac{2}{3}(1-4x^2)^{\frac{3}{2}} + C = -\frac{1}{12}(1-4x^2)\sqrt{1-4x^2} + C.$$

例 6 求 $\displaystyle\int\tan x\,\mathrm{d}x$.

解 $\displaystyle\int\tan x\,\mathrm{d}x = \int\frac{\sin x}{\cos x}\,\mathrm{d}x = -\int\frac{\mathrm{d}(\cos x)}{\cos x} = -\ln|\cos x| + C.$

例 7 求 $\displaystyle\int\frac{\mathrm{d}x}{x^2-a^2}(a\neq 0)$.

解 $\displaystyle\int\frac{\mathrm{d}x}{x^2-a^2} = \frac{1}{2a}\int\left(\frac{1}{x-a}-\frac{1}{x+a}\right)\mathrm{d}x$

$$= \frac{1}{2a}\left[\int\frac{1}{x-a}\mathrm{d}(x-a) - \int\frac{1}{x+a}\mathrm{d}(x+a)\right]$$

$$= \frac{1}{2a}\left[\ln|x-a| - \ln|x+a|\right] + C = \frac{1}{2a}\ln\left|\frac{x-a}{x+a}\right| + C.$$

由以上结果可得

$$\int\frac{\mathrm{d}x}{a^2-x^2} = -\int\frac{\mathrm{d}x}{x^2-a^2} = -\frac{1}{2a}\ln\left|\frac{x-a}{x+a}\right| + C$$

$$= \frac{1}{2a}\ln\left|\frac{x+a}{x-a}\right| + C\,(a\neq 0).$$

例 8 求 $\displaystyle\int\frac{\mathrm{d}x}{x(1+2\ln x)}$.

解 $\displaystyle\int\frac{\mathrm{d}x}{x(1+2\ln x)} = \int\frac{\mathrm{d}(\ln x)}{1+2\ln x} = \frac{1}{2}\int\frac{\mathrm{d}(1+2\ln x)}{1+2\ln x}$

$$= \frac{1}{2}\ln|1+2\ln x| + C.$$

例 9 求 $\displaystyle\int\sinh\frac{x}{a}\,\mathrm{d}x$.

解 $\displaystyle\int\sinh\frac{x}{a}\,\mathrm{d}x = a\int\sinh\frac{x}{a}\,\mathrm{d}\left(\frac{x}{a}\right) = a\cosh\frac{x}{a} + C.$

例 10 求 $\displaystyle\int\sec x\,\mathrm{d}x$.

解 $\displaystyle\int\sec x\,\mathrm{d}x = \int\frac{\mathrm{d}x}{\cos x} = \int\frac{\cos x}{\cos^2 x}\,\mathrm{d}x = \int\frac{\mathrm{d}(\sin x)}{1-\sin^2 x}$

$$= \frac{1}{2}\ln\left|\frac{\sin x+1}{\sin x-1}\right| + C = \ln|\sec x+\tan x| + C.$$

求解此题时,我们利用了例 7.利用本例,我们又可以得到

$$\int \csc x \, \mathrm{d}x = \int \sec\left(x - \frac{\pi}{2}\right)\mathrm{d}x = \int \sec\left(x - \frac{\pi}{2}\right)\mathrm{d}\left(x - \frac{\pi}{2}\right)$$

$$= \ln\left|\sec\left(x - \frac{\pi}{2}\right) + \tan\left(x - \frac{\pi}{2}\right)\right| + C$$

$$= \ln|\csc x - \cot x| + C.$$

例 11　求 $\int \sin^3 x \, \mathrm{d}x$.

解　$\int \sin^3 x \, \mathrm{d}x = \int \sin^2 x \, \sin x \, \mathrm{d}x$

$$= -\int (1 - \cos^2 x)\mathrm{d}(\cos x)$$

$$= -\int \mathrm{d}(\cos x) + \int \cos^2 x \, \mathrm{d}(\cos x)$$

$$= -\cos x + \frac{1}{3}\cos^3 x + C.$$

例 12　求 $\int \sin^4 x \, \mathrm{d}x$.

解　$\int \sin^4 x \, \mathrm{d}x = \int \left(\frac{1 - \cos 2x}{2}\right)^2 \mathrm{d}x$

$$= \frac{1}{4}\int (1 - 2\cos 2x + \cos^2 2x)\mathrm{d}x$$

$$= \frac{1}{4}\int \left(1 - 2\cos 2x + \frac{1 + \cos 4x}{2}\right)\mathrm{d}x$$

$$= \frac{1}{4}\left(\int \frac{3}{2}\mathrm{d}x - \int 2\cos 2x \, \mathrm{d}x + \int \frac{1}{2}\cos 4x \, \mathrm{d}x\right)$$

$$= \frac{3}{8}\int \mathrm{d}x - \frac{1}{4}\int \cos 2x \, \mathrm{d}(2x) + \frac{1}{32}\int \cos 4x \, \mathrm{d}(4x)$$

$$= \frac{3}{8}x - \frac{1}{4}\sin 2x + \frac{1}{32}\sin 4x + C.$$

例 13　求 $\int \sin^2 x \cos^3 x \, \mathrm{d}x$.

解　$\int \sin^2 x \cos^3 x \, \mathrm{d}x = \int \sin^2 x \cos^2 x \cos x \, \mathrm{d}x = \int \sin^2 x (1 - \sin^2 x)\mathrm{d}(\sin x)$

$$= \int (\sin^2 x - \sin^4 x)\mathrm{d}(\sin x)$$

$$= \frac{1}{3}\sin^3 x - \frac{1}{5}\sin^5 x + C.$$

例 14　求 $\int \tan^3 x \, \sec x \, \mathrm{d}x$.

解　$\int \tan^3 x \, \sec x \, \mathrm{d}x = \int \tan^2 x \sec x \tan x \, \mathrm{d}x$

$$= \int (\sec^2 x - 1)\mathrm{d}(\sec x)$$

$$= \frac{1}{3}\sec^3 x - \sec x + C.$$

在以上涉及三角函数积分的各例中,我们充分利用了三角函数的平方关系和倍角公式,从而凑出了恰当的微分.下面一例有所不同,需要用到三角函数的积化和差公式.

例 15 求 $\int \cos 3x \cos 2x \, dx$.

解
$$
\begin{aligned}
\int \cos 3x \cos 2x \, dx &= \int \frac{1}{2}(\cos 5x + \cos x) \, dx \\
&= \frac{1}{10} \int \cos 5x \, d(5x) + \frac{1}{2} \int \cos x \, dx \\
&= \frac{1}{10} \sin 5x + \frac{1}{2} \sin x + C.
\end{aligned}
$$

二、不定积分的第二类换元法

第一类换元法是通过变量代换 $u = \varphi(x)$,将积分 $\int f[\varphi(x)]\varphi'(x) \, dx$ 化为 $\int f(u) \, du$.第二类换元法则相反,它是通过变量代换 $x = \psi(t)$ 将积分 $\int f(x) \, dx$ 化为 $\int f[\psi(t)]\psi'(t) \, dt$.在求出后一个积分后,再以 $x = \psi(t)$ 的反函数 $t = \psi^{-1}(x)$ 代回去.这样,换元公式可表为

$$
\int f(x) \, dx = \left[\int f[\psi(t)]\psi'(t) \, dt \right]_{t = \psi^{-1}(x)}.
$$

为保证上式成立,除被积函数应存在原函数外,换元函数 $x = \psi(t)$ 还应满足反函数存在的条件.我们给出下面的定理.

定理 2 设函数 $f(x)$ 在区间 I 上连续, $x = \psi(t)$ 在 I 的对应区间 I_t 内单调并有连续导数,且 $\psi'(t) \neq 0$,则有换元公式

$$
\int f(x) \, dx = \left[\int f[\psi(t)]\psi'(t) \, dt \right]_{t = \psi^{-1}(x)}, \tag{2}
$$

其中 $t = \psi^{-1}(x)$ 是 $x = \psi(t)$ 的反函数.

证 由给定条件知,函数 $f[\psi(t)]\psi'(t)$ 存在原函数,设它的一个原函数为 $\Phi(t)$,并记 $\Phi[\psi^{-1}(x)] = F(x)$.利用复合函数的求导法则及反函数的导数公式,得到

$$
F'(x) = \frac{d\Phi}{dt} \cdot \frac{dt}{dx} = f[\psi(t)]\psi'(t) \cdot \frac{1}{\psi'(t)} = f[\psi(t)] = f(x),
$$

即 $F(x)$ 为 $f(x)$ 的原函数.因此有

$$
\int f(x) \, dx = F(x) + C = \Phi[\psi^{-1}(x)] + C = \left[\int f[\psi(t)]\psi'(t) \, dt \right]_{t = \psi^{-1}(x)}.
$$

这就证明了公式(2).

公式(2)给出的方法也叫不定积分的第二类换元法.

例 16　求 $\displaystyle\int \sqrt{a^2 - x^2}\,\mathrm{d}x \ (a > 0)$.

解　求这个积分的困难在于被积函数是根式 $\sqrt{a^2 - x^2}$. 但是利用三角公式 $\sin^2 t + \cos^2 t = 1$, 作变量代换 $x = a\sin t$, 就可以化去根号. 为保证定理 2 的条件 得到满足, 取 $t \in \left(-\dfrac{\pi}{2}, \dfrac{\pi}{2}\right)$, 于是 $x = a\sin t$ 有反函数 $t = \arcsin\dfrac{x}{a}$.

$$\int \sqrt{a^2 - x^2}\,\mathrm{d}x \xlongequal{(x = a\sin t)} a^2\int \cos^2 t\,\mathrm{d}t = a^2 \int \frac{1}{2}(1 + \cos 2t)\,\mathrm{d}t$$

$$= \frac{a^2}{2}\left(t + \frac{1}{2}\sin 2t\right) + C = \frac{a^2}{2}(t + \sin t \cdot \cos t) + C.$$

因为 $t \in \left(-\dfrac{\pi}{2}, \dfrac{\pi}{2}\right)$, 所以 $\cos t = \sqrt{1 - \sin^2 t} = \sqrt{1 - \dfrac{x^2}{a^2}} = \dfrac{1}{a}\sqrt{a^2 - x^2}$, 于是

$$\int \sqrt{a^2 - x^2}\,\mathrm{d}x = \frac{a^2}{2}\arcsin\frac{x}{a} + \frac{1}{2}x\sqrt{a^2 - x^2} + C.$$

例 17　求 $\displaystyle\int \frac{\mathrm{d}x}{\sqrt{x^2 + a^2}} \quad (a > 0)$.

解　可以利用三角公式 $1 + \tan^2 t = \sec^2 t$ 来化去根号. 设 $x = a\tan t, t \in \left(-\dfrac{\pi}{2}, \dfrac{\pi}{2}\right)$, 则

$$\int \frac{\mathrm{d}x}{\sqrt{x^2 + a^2}} = \int \frac{a\sec^2 t}{a\sec t}\mathrm{d}t = \int \sec t\,\mathrm{d}t.$$

利用例 10, 注意到 $t \in \left(-\dfrac{\pi}{2}, \dfrac{\pi}{2}\right)$, 从而 $\sec t > 0$, 并用 $\sec t > |\tan t|$, 故得到

$$\int \frac{\mathrm{d}x}{\sqrt{x^2 + a^2}} = \ln(\sec t + \tan t) + C = \ln\left(\frac{x}{a} + \frac{\sqrt{x^2 + a^2}}{a}\right) + C$$

$$= \ln(x + \sqrt{x^2 + a^2}) + C_1,$$

其中 $C_1 = C - \ln a$, 仍是任意常数.

例 18　求 $\displaystyle\int \frac{\mathrm{d}x}{\sqrt{x^2 - a^2}} \quad (a > 0)$.

解　可以利用三角公式 $\sec^2 t - 1 = \tan^2 t$ 来化去根号. 被积函数的定义域是 $(-\infty, -a) \cup (a, +\infty)$. 先求出被积函数在区间 $(a, +\infty)$ 内的不定积分. 设 $x = a\sec t \left(0 < t < \dfrac{\pi}{2}\right)$, 则

$$\int \frac{\mathrm{d}x}{\sqrt{x^2 - a^2}} = \int \frac{a\sec t \cdot \tan t}{a\tan t}\mathrm{d}t = \int \sec t\,\mathrm{d}t = \ln(\sec t + \tan t) + C$$

$$= \ln\left(\frac{x}{a} + \frac{\sqrt{x^2 - a^2}}{a}\right) + C = \ln(x + \sqrt{x^2 - a^2}) + C_1,$$

其中 $C_1 = C - \ln a$.

类似可求得被积函数在区间 $(-\infty, -a)$ 内的不定积分：

$$\int \frac{\mathrm{d}x}{\sqrt{x^2 - a^2}} = \ln(-x - \sqrt{x^2 - a^2}) + C.$$

两个区间内的不定积分可写成统一的表达式

$$\int \frac{\mathrm{d}x}{\sqrt{x^2 - a^2}} = \ln \left| x + \sqrt{x^2 - a^2} \right| + C.$$

在本节的例题中，有几个积分在以后常会遇到，所以它们通常也被当作公式使用. 这样，我们在基本积分表中再添加以下几个公式（其中常数 $a > 0$）：

$$(4)' \int \frac{\mathrm{d}x}{a^2 + x^2} = \frac{1}{a}\arctan \frac{x}{a} + C;$$

$$(5)' \int \frac{\mathrm{d}x}{\sqrt{a^2 - x^2}} = \arcsin \frac{x}{a} + C;$$

$$(16) \int \frac{\mathrm{d}x}{x^2 - a^2} = \frac{1}{2a}\ln \left| \frac{x - a}{x + a} \right| + C;$$

$$(17) \int \sec x \, \mathrm{d}x = \ln |\sec x + \tan x| + C;$$

$$(18) \int \csc x \, \mathrm{d}x = \ln |\csc x - \cot x| + C;$$

$$(19) \int \frac{\mathrm{d}x}{\sqrt{x^2 + a^2}} = \ln(x + \sqrt{x^2 + a^2}) + C;$$

$$(20) \int \frac{\mathrm{d}x}{\sqrt{x^2 - a^2}} = \ln |x + \sqrt{x^2 - a^2}| + C.$$

例 19　求 $\displaystyle\int \frac{\mathrm{d}x}{x^2 + 2x + 3}$.

解　$\displaystyle\int \frac{\mathrm{d}x}{x^2 + 2x + 3} = \int \frac{\mathrm{d}(x + 1)}{(x + 1)^2 + (\sqrt{2})^2}$,

于是利用 $(4)'$，便得到

$$\int \frac{\mathrm{d}x}{x^2 + 2x + 3} = \frac{1}{\sqrt{2}}\arctan \frac{x + 1}{\sqrt{2}} + C.$$

例 20　求 $\displaystyle\int \frac{\mathrm{d}x}{\sqrt{1 + x - x^2}}$.

解　$\displaystyle\int \frac{\mathrm{d}x}{\sqrt{1 + x - x^2}} = \int \frac{\mathrm{d}\left(x - \frac{1}{2}\right)}{\sqrt{\left(\frac{\sqrt{5}}{2}\right)^2 - \left(x - \frac{1}{2}\right)^2}}$,

于是利用 $(5)'$，便得到

$$\int \frac{\mathrm{d}x}{\sqrt{1 + x - x^2}} = \arcsin\frac{2x - 1}{\sqrt{5}} + C.$$

习题 3 - 2

1. 在下列各式等号右端的空白处填入适当的系数,使等式成立(例如: $\mathrm{d}x = \frac{1}{4}\mathrm{d}(4x + 5)$):

(1) $\mathrm{d}x = \underline{}\mathrm{d}(ax + b)$ $(a \neq 0)$;

(2) $\dfrac{\mathrm{d}x}{\sqrt{x}} = \underline{}\mathrm{d}(\sqrt{x})$;

(3) $x\mathrm{d}x = \underline{}\mathrm{d}(kx^2 + b)$ $(k \neq 0)$;

(4) $x^3\mathrm{d}x = \underline{}\mathrm{d}(3x^4 - 2)$;

(5) $\mathrm{e}^{ax}\mathrm{d}x = \underline{}\mathrm{d}(\mathrm{e}^{ax} + b)$ $(a \neq 0)$;

(6) $\cos\left(\dfrac{3}{2}x\right)\mathrm{d}x = \underline{}\mathrm{d}\left(\sin\left(\dfrac{3}{2}x\right)\right)$;

(7) $\dfrac{\mathrm{d}x}{x} = \underline{}\mathrm{d}(a - b\ln x)$ $(b \neq 0)$;

(8) $\dfrac{\mathrm{d}x}{1 + 9x^2} = \underline{}\mathrm{d}(\arctan 3x)$;

(9) $\dfrac{\mathrm{d}x}{\sqrt{1 - x^2}} = \underline{}\mathrm{d}(1 - \arcsin x)$;

(10) $\dfrac{x\mathrm{d}x}{\sqrt{1 - x^2}} = \underline{}\mathrm{d}(\sqrt{1 - x^2})$.

2. 求下列不定积分:

(1) $\displaystyle\int \mathrm{e}^{3t}\mathrm{d}t$;

(2) $\displaystyle\int (2x + 5)^{10}\mathrm{d}x$;

(3) $\displaystyle\int \frac{\mathrm{d}x}{1 - 3x}$;

(4) $\displaystyle\int x(2x^2 - 5)^5\mathrm{d}x$;

(5) $\displaystyle\int \frac{\sin\sqrt{t}}{\sqrt{t}}\mathrm{d}t$;

(6) $\displaystyle\int \tan\sqrt{1 + x^2} \cdot \frac{x\mathrm{d}x}{\sqrt{1 + x^2}}$;

(7) $\displaystyle\int \frac{\mathrm{d}x}{\sin x\cos x}$;

(8) $\displaystyle\int \frac{\mathrm{d}x}{x\ln x\ln(\ln x)}$;

(9) $\displaystyle\int x\mathrm{e}^{-2x^2}\mathrm{d}x$;

(10) $\displaystyle\int \frac{x}{\sqrt{2 - 3x^2}}\mathrm{d}x$;

(11) $\displaystyle\int \frac{\sin x}{\cos^4 x}\mathrm{d}x$;

(12) $\displaystyle\int \frac{\sin x + \cos x}{\sqrt[3]{\sin x - \cos x}}\mathrm{d}x$;

(13) $\displaystyle\int \frac{1 - x}{\sqrt{9 - 4x^2}}\mathrm{d}x$;

(14) $\displaystyle\int \frac{\sin x\cos x}{1 + \sin^4 x}\mathrm{d}x$;

(15) $\displaystyle\int \cos^3 x\mathrm{d}x$;

(16) $\displaystyle\int \sin 3x\cos 2x\mathrm{d}x$;

(17) $\displaystyle\int \sin 3x\sin 2x\mathrm{d}x$;

(18) $\displaystyle\int \cos 3x\cos 2x\mathrm{d}x$;

(19) $\displaystyle\int \tan^3 x\sec^3 x\mathrm{d}x$;

(20) $\displaystyle\int \tan^{10}x\sec^2 x\mathrm{d}x$;

(21) $\displaystyle\int \frac{\arctan\sqrt{x}}{\sqrt{x}(1 + x)}\mathrm{d}x$;

(22) $\displaystyle\int \frac{x^2\mathrm{d}x}{\sqrt{a^2 - x^2}}$ $(a > 0)$;

(23) $\displaystyle\int \frac{\sqrt{x^2 - 9}}{x}\mathrm{d}x$;

(24) $\displaystyle\int \frac{\mathrm{d}x}{x\sqrt{x^2 - 1}}$;

(25) $\displaystyle\int \frac{\mathrm{d}x}{\sqrt{(x^2 + 1)^3}}$;

(26) $\displaystyle\int \frac{\mathrm{d}x}{x + \sqrt{1 - x^2}}$.

第三节 不定积分的分部积分法

设函数 $u = u(x)$ 与 $v = v(x)$ 都具有连续导数. 我们知道, 两个函数乘积的导数公式为

$$(uv)' = u'v + uv',$$

移项得

$$uv' = (uv)' - u'v.$$

对这个等式两边求不定积分, 就得

$$\int uv' \mathrm{d}x = uv - \int u'v \mathrm{d}x. \tag{1}$$

如果求 $\int uv' \mathrm{d}x$ 有困难, 而求 $\int u'v \mathrm{d}x$ 比较容易, 那么利用公式(1)就可以解决问题了.

在使用公式(1)时, 先要求出被积函数的部分因子 v' 的原函数 v, 故把这种方法称为**分部积分法**, 公式(1)称为**分部积分公式**. 为了简便, 公式(1)可以写成以下形式:

$$\int u \mathrm{d}v = uv - \int v \mathrm{d}u. \tag{2}$$

现在通过例子说明如何运用这个重要公式.

例 1 求 $\int x \cos x \mathrm{d}x$.

解 用分部积分法的第一步是选择 u 和 $\mathrm{d}v$.

现在设 $u = x, \mathrm{d}v = \cos x \mathrm{d}x$, 那么 $\mathrm{d}u = \mathrm{d}x, v = \sin x$, 代入公式(2), 得到

$$\int x \cos x \mathrm{d}x = x \sin x - \int \sin x \mathrm{d}x,$$

其中 $\int v \mathrm{d}u = \int \sin x \mathrm{d}x$ 很容易求出, 于是得

$$\int x \cos x \mathrm{d}x = x \sin x + \cos x + C.$$

在本例中, 如果设 $u = \cos x, \mathrm{d}v = x \mathrm{d}x$, 那么 $\mathrm{d}u = -\sin x \mathrm{d}x, v = \dfrac{x^2}{2}$, 代入公式(2), 得到

$$\int x \cos x \mathrm{d}x = \frac{1}{2} x^2 \cos x + \int \frac{1}{2} x^2 \sin x \mathrm{d}x,$$

由于 $\int v \mathrm{d}u = -\int \dfrac{1}{2} x^2 \sin x \mathrm{d}x$ 比原来的积分 $\int x \cos x \mathrm{d}x$ 更不容易求出, 所以按

这种方式选取 u 和 dv 是不恰当的.

由此可见,使用分部积分公式的关键是正确选择 u 和 dv. 选择 u 和 dv 的一般原则是:(i) v 要容易求出;(ii) $\int v\,du$ 要比 $\int u\,dv$ 容易求得. 根据此原则,假如被积函数是两类基本初等函数的乘积,那么一般可按照反三角函数、对数函数、幂函数、三角函数、指数函数的顺序,把排在前面的那类函数选作 u,而把排在后面的那类函数选作 v'.

例 2　求 $\int x\mathrm{e}^x\,dx$.

解　被积函数是幂函数和指数函数的乘积,故设 $u=x$,$dv=\mathrm{e}^x\,dx$,则 $du=dx$,$v=\mathrm{e}^x$,于是

$$\int x\mathrm{e}^x\,dx = x\mathrm{e}^x - \int \mathrm{e}^x\,dx = x\mathrm{e}^x - \mathrm{e}^x + C = (x-1)\mathrm{e}^x + C.$$

例 3　求 $\int x^2\mathrm{e}^x\,dx$.

解　设 $u=x^2$,$dv=\mathrm{e}^x\,dx$,则 $du=2x\,dx$,$v=\mathrm{e}^x$,于是

$$\int x^2\mathrm{e}^x\,dx = x^2\mathrm{e}^x - 2\int x\mathrm{e}^x\,dx.$$

这里 $\int x\mathrm{e}^x\,dx$ 比 $\int x^2\mathrm{e}^x\,dx$ 容易求出,因为被积函数中 x 的幂次前者比后者降低了一次. 由例 2 可知,对 $\int x\mathrm{e}^x\,dx$ 再使用一次分部积分法就可求出结果,于是

$$\begin{aligned}
\int x^2\mathrm{e}^x\,dx &= x^2\mathrm{e}^x - 2\int x\mathrm{e}^x\,dx\\
&= x^2\mathrm{e}^x - 2(x\mathrm{e}^x - \mathrm{e}^x) + C\\
&= (x^2 - 2x + 2)\mathrm{e}^x + C.
\end{aligned}$$

在使用分部积分法的过程中,运用"凑微分"的技巧,可以不必按部就班地写出 u 和 v 的表达式而直接用分部积分公式(2)写出求解过程.

例 4　求 $\int x\ln x\,dx$.

解　被积函数是幂函数和对数函数的乘积,把 $\ln x$ 视为 u,把 $x\,dx$ 凑为 $\frac{1}{2}d(x^2)$,于是

$$\begin{aligned}
\int x\ln x\,dx &= \frac{1}{2}\int \ln x\,d(x^2) \xrightarrow{\text{公式(2)}} \frac{1}{2}\left[x^2\ln x - \int x^2\,d(\ln x)\right]\\
&= \frac{1}{2}x^2\ln x - \frac{1}{2}\int x^2\cdot\frac{1}{x}\,dx = \frac{1}{2}x^2\ln x - \frac{1}{2}\int x\,dx\\
&= \frac{1}{2}x^2\ln x - \frac{1}{4}x^2 + C.
\end{aligned}$$

例 5　求 $\int \arctan x\,dx$.

解　被积函数是反三角函数和幂函数($1 = x^0$)的乘积,故把 $\arctan x$ 视为 u,于是

$$\int \arctan x\,\mathrm{d}x = x\arctan x - \int x\,\mathrm{d}(\arctan x) = x\arctan x - \int \frac{x}{1+x^2}\,\mathrm{d}x$$

$$= x\arctan x - \frac{1}{2}\int \frac{\mathrm{d}(1+x^2)}{1+x^2}$$

$$= x\arctan x - \frac{1}{2}\ln(1+x^2) + C.$$

这个例子说明,在积分过程中往往要兼用换元法和分部积分法.

以下两个例子的求解过程是通过两次或数次分部积分,获得所求不定积分满足的一个方程,然后把不定积分解出来.这也是一种比较典型的求不定积分的方法.

例 6　求 $\displaystyle\int \mathrm{e}^x \sin x\,\mathrm{d}x$.

解　被积函数是指数函数和三角函数的乘积,故可设 $u = \sin x, \mathrm{d}v = \mathrm{e}^x\mathrm{d}x = \mathrm{d}(\mathrm{e}^x)$,于是

$$\int \mathrm{e}^x \sin x\,\mathrm{d}x = \int \sin x\,\mathrm{d}(\mathrm{e}^x) = \sin x \cdot \mathrm{e}^x - \int \mathrm{e}^x\mathrm{d}(\sin x)$$

$$= \mathrm{e}^x \sin x - \int \mathrm{e}^x \cos x\,\mathrm{d}x.$$

对等式右端的不定积分,再设 $u = \cos x, \mathrm{d}v = \mathrm{e}^x\mathrm{d}x = \mathrm{d}(\mathrm{e}^x)$,使用一次分部积分法,得到

$$\int \mathrm{e}^x \cos x\,\mathrm{d}x = \int \cos x\,\mathrm{d}(\mathrm{e}^x)$$

$$= \cos x \cdot \mathrm{e}^x - \int \mathrm{e}^x\mathrm{d}(\cos x)$$

$$= \mathrm{e}^x \cos x + \int \mathrm{e}^x \sin x\,\mathrm{d}x,$$

即

$$\int \mathrm{e}^x \sin x\,\mathrm{d}x = \mathrm{e}^x \sin x - \mathrm{e}^x \cos x - \int \mathrm{e}^x \sin x\,\mathrm{d}x.$$

由上述等式可解得

$$\int \mathrm{e}^x \sin x\,\mathrm{d}x = \frac{1}{2}\mathrm{e}^x(\sin x - \cos x) + C.$$

注意:因为上式右端已不包含不定积分项,所以必须加上任意常数 C.

例 7　用分部积分法解上一节中的例 16:$\displaystyle\int \sqrt{a^2 - x^2}\,\mathrm{d}x \ (a > 0)$.

解　设 $u = \sqrt{a^2 - x^2}, \mathrm{d}v = \mathrm{d}x$,则

$$\int \sqrt{a^2 - x^2}\,\mathrm{d}x = x\sqrt{a^2 - x^2} - \int x\,\mathrm{d}(\sqrt{a^2 - x^2})$$

$$= x\sqrt{a^2 - x^2} + \int \frac{x^2}{\sqrt{a^2 - x^2}}\,\mathrm{d}x$$

$$= x\sqrt{a^2 - x^2} + \int \frac{a^2 - (a^2 - x^2)}{\sqrt{a^2 - x^2}}\mathrm{d}x$$

$$= x\sqrt{a^2 - x^2} + a^2\int \frac{\mathrm{d}x}{\sqrt{a^2 - x^2}} - \int \sqrt{a^2 - x^2}\mathrm{d}x$$

$$= x\sqrt{a^2 - x^2} + a^2\arcsin\frac{x}{a} - \int \sqrt{a^2 - x^2}\mathrm{d}x.$$

由上述等式可解得

$$\int \sqrt{a^2 - x^2}\mathrm{d}x = \frac{1}{2}x\sqrt{a^2 - x^2} + \frac{a^2}{2}\arcsin\frac{x}{a} + C.$$

以下举一个用分部积分法建立不定积分的递推公式的例子.

例 8 求 $I_n = \int \dfrac{\mathrm{d}x}{(x^2 + a^2)^n}$, 其中 $n \in \mathbf{Z}^+$.

解 设 $u = \dfrac{1}{(x^2 + a^2)^n}$, $\mathrm{d}v = \mathrm{d}x$, 则 $\mathrm{d}u = \dfrac{-2nx}{(x^2 + a^2)^{n+1}}\mathrm{d}x$, $v = x$, 于是

$$I_n = \frac{x}{(x^2 + a^2)^n} + 2n\int \frac{x^2}{(x^2 + a^2)^{n+1}}\mathrm{d}x$$

$$= \frac{x}{(x^2 + a^2)^n} + 2n\int \frac{x^2 + a^2 - a^2}{(x^2 + a^2)^{n+1}}\mathrm{d}x$$

$$= \frac{x}{(x^2 + a^2)^n} + 2nI_n - 2na^2I_{n+1},$$

即得

$$I_{n+1} = \frac{1}{2na^2}\left[\frac{x}{(x^2 + a^2)^n} + (2n - 1)I_n\right].$$

将上式中的 n 换成 $n-1$, 就得

$$I_n = \frac{1}{a^2}\left[\frac{1}{2(n - 1)} \cdot \frac{x}{(x^2 + a^2)^{n-1}} + \frac{2n - 3}{2n - 2}I_{n-1}\right] \ (n \in \mathbf{Z}^+, n > 1).$$

因为已知 $I_1 = \dfrac{1}{a}\arctan\dfrac{x}{a} + C$, 所以对任意确定的 $n > 1$, 由此公式都可求得 I_n.

习题 3 - 3

求下列各不定积分:

1. $\int \ln x\,\mathrm{d}x$. 　　　　　　　　2. $\int \arcsin x\,\mathrm{d}x$.

3. $\int x\mathrm{e}^{-x}\,\mathrm{d}x$. 　　　　　　　　4. $\int (x^2 - 2x + 5)\mathrm{e}^{-x}\,\mathrm{d}x$.

5. $\int \mathrm{e}^{-2x}\sin\dfrac{x}{2}\,\mathrm{d}x$. 　　　　　　6. $\int x\ln(x - 1)\,\mathrm{d}x$.

7. $\int x^2\ln x\,\mathrm{d}x$. 　　　　　　　8. $\int (x^2 + 5x + 6)\cos 2x\,\mathrm{d}x$.

9. $\int (x^2 + 3)\arctan x\,\mathrm{d}x$.　　　　10. $\int x\tan^2 x\,\mathrm{d}x$.

11. $\int x\sin x\cos x\,\mathrm{d}x$.　　　　12. $\int \dfrac{(\ln x)^2}{x^2}\,\mathrm{d}x$.

13. $\int \mathrm{e}^{\sqrt[3]{x}}\,\mathrm{d}x$.　　　　14. $\int \sin(\ln x)\,\mathrm{d}x$.

15. $\int \dfrac{\sin^2 x}{\mathrm{e}^x}\,\mathrm{d}x$.　　　　16. $\int \ln(x + \sqrt{1 + x^2})\,\mathrm{d}x$.

17. $\int \mathrm{e}^x\left(\dfrac{1}{x} + \ln x\right)\mathrm{d}x$.　　　　18. $\int (\arcsin x)^2\,\mathrm{d}x$.

第四节　有理函数的不定积分

　　前面我们介绍了不定积分的性质以及求不定积分的两个基本方法——换元积分法和分部积分法. 可以看到,求不定积分不像求导数那样有一定的程序可循,往往有赖于特殊的技巧. 但是下面讨论的有理函数的积分,在某些条件下,可按一定的程序计算出来.

　　有理函数(rational function)是指两个多项式的商:

$$R(x) = \frac{P(x)}{Q(x)} = \frac{a_0 x^n + a_1 x^{n-1} + \cdots + a_{n-1}x + a_n}{b_0 x^m + b_1 x^{m-1} + \cdots + b_{m-1}x + b_m}, \tag{1}$$

其中 m 和 n 都是非负整数;$a_0, a_1, a_2, \cdots, a_n$ 和 $b_0, b_1, b_2, \cdots, b_m$ 都是实数,并且 $a_0 \neq 0, b_0 \neq 0$. 当 $m \leqslant n$ 时,(1)式称为假分式;当 $m > n$ 时,(1)式称为真分式. 我们总假定分子 $P(x)$ 与分母 $Q(x)$ 是没有公因式的.

　　下面来说明不定积分 $\int R(x)\,\mathrm{d}x$ 的求法.

　　首先,利用多项式的除法,我们总可以将一个假分式化为一个多项式和一个真分式之和,而多项式的不定积分是容易求得的,于是我们只需研究真分式的不定积分.

　　下面假设 $R(x) = \dfrac{P(x)}{Q(x)}$ 为真分式,它的不定积分可按下列三步求出:

　　第一步:将 $Q(x)$ 在实数范围内分解成一次式和二次质因式的乘积,分解结果只含两种类型的因式:一种是 $(x - a)^k$,另一种是 $(x^2 + px + q)^l$,其中 $p^2 - 4q < 0, k, l$ 为正整数.

　　第二步:按照 $Q(x)$ 的分解结果,将真分式 $\dfrac{P(x)}{Q(x)}$ 拆成若干个部分分式之和(部分分式是指如下形式的简单真分式:$\dfrac{A}{(x - a)^k}$ 或 $\dfrac{Mx + N}{(x^2 + px + q)^k}$,其中 k 为正整数,$p^2 - 4q < 0$). 具体方法是:

若 $Q(x)$ 有因式 $(x-a)^k$，则和式中对应地含有以下 k 个部分分式之和：

$$\frac{A_1}{(x-a)^k} + \frac{A_2}{(x-a)^{k-1}} + \cdots + \frac{A_k}{x-a};$$

若 $Q(x)$ 有因式 $(x^2+px+q)^l$，则和式中对应地含有以下 l 个部分分式之和：

$$\frac{M_1 x + N_1}{(x^2+px+q)^l} + \frac{M_2 x + N_2}{(x^2+px+q)^{l-1}} + \cdots + \frac{M_l x + N_l}{x^2+px+q}.$$

按代数学中的定理可知，这样的分解是惟一的，分解式中的诸常数 $A_i(1\leqslant i\leqslant k)$、$M_j,N_j(1\leqslant j\leqslant l)$ 可通过待定系数法求得.

第三步：通过换元法等积分方法，求出各部分分式的原函数.

例 1　求 $\displaystyle\int \frac{x-2}{x^2-x-2}\mathrm{d}x$.

解　被积函数为真分式，分解分母得 $x^2-x-2=(x-2)(x+1)$，根据上面第二步的说明，把分式写成两个部分分式之和：

$$\frac{x+2}{x^2-x-2} = \frac{x+2}{(x-2)(x+1)} = \frac{A}{x-2} + \frac{B}{x+1},$$

将上式右端通分，由上式两端的分子相等，得

$$x+2 = A(x+1) + B(x-2) = (A+B)x + (A-2B),$$

比较系数，得

$$\begin{cases} A+B=1, \\ A-2B=2. \end{cases}$$

解得 $A = \dfrac{4}{3}, B = -\dfrac{1}{3}$，从而有

$$\frac{x+2}{x^2-x-2} = \frac{4}{3(x-2)} - \frac{1}{3(x+1)}$$

于是，所求积分

$$\int \frac{x+2}{x^2-x-2}\mathrm{d}x = \frac{4}{3}\int \frac{1}{x-2}\mathrm{d}x - \frac{1}{3}\int \frac{1}{x+1}\mathrm{d}x$$

$$= \frac{4}{3}\ln|x-2| - \frac{1}{3}\ln|x+1| + C.$$

例 2　求 $\displaystyle\int \frac{x^4+2x^2-1}{x^3+1}\mathrm{d}x$.

解　由于被积函数是假分式，故先将它写成多项式与真分式之和：

$$\frac{x^4+2x^2-1}{x^3+1} = \frac{x(x^3+1)+(2x^2-x-1)}{x^3+1} = x + \frac{2x^2-x-1}{x^3+1},$$

然后将上式右端真分式写成部分分式之和，为此将分式的分母分解因式，得

$$x^3+1 = (x+1)(x^2-x+1).$$

按前面的第二步的说明,把分式写成两个部分分式之和:

$$\frac{2x^2 - x - 1}{x^3 + 1} = \frac{2x^2 - x - 1}{(x + 1)(x^2 - x + 1)} = \frac{A}{x + 1} + \frac{Bx + C}{x^2 - x + 1},$$

将上式右端通分,由上式两端的分子相等,得

$$2x^2 - x - 1 = A(x^2 - x + 1) + (Bx + C)(x + 1)$$
$$= (A + B)x^2 + (B + C - A)x + (A + C),$$

比较上式两端系数,得

$$\begin{cases} A + B = 2, \\ B + C - A = -1, \\ A + C = -1. \end{cases}$$

解得 $A = \dfrac{2}{3}, B = \dfrac{4}{3}, C = -\dfrac{5}{3}$. 从而有

$$\frac{2x^2 - x - 1}{x^3 + 1} = \frac{2}{3(x + 1)} + \frac{4x - 5}{3(x^2 - x + 1)}.$$

于是所求积分

$$\int \frac{x^4 + 2x^2 - 1}{x^3 + 1} dx$$

$$= \int x\,dx + \int \frac{2}{3(x + 1)} dx + \int \frac{4x - 5}{3(x^2 - x + 1)} dx$$

$$= \frac{x^2}{2} + \frac{2}{3}\ln|x + 1| + \frac{1}{3}\int \frac{2(2x - 1) - 3}{x^2 - x + 1} dx$$

$$= \frac{x^2}{2} + \frac{2}{3}\ln|x + 1| + \frac{2}{3}\int \frac{d(x^2 - x + 1)}{x^2 - x + 1} - \int \frac{dx}{x^2 - x + 1}$$

$$= \frac{x^2}{2} + \frac{2}{3}\ln|x + 1| + \frac{2}{3}\ln(x^2 - x + 1) - \int \frac{dx}{\left(x - \dfrac{1}{2}\right)^2 + \dfrac{3}{4}}$$

$$= \frac{x^2}{2} + \frac{2}{3}\ln|x + 1| + \frac{2}{3}\ln(x^2 - x + 1) - \frac{2}{\sqrt{3}}\arctan\frac{2x - 1}{\sqrt{3}} + C.$$

例 3　求 $\displaystyle\int \frac{x^2 + 1}{(x^2 - 1)(x + 1)} dx$.

解　$Q(x) = (x^2 - 1)(x + 1) = (x - 1)(x + 1)^2,$

设

$$\frac{x^2 + 1}{(x - 1)(x + 1)^2} = \frac{A}{x - 1} + \frac{B}{x + 1} + \frac{C}{(x + 1)^2},$$

将上式右端通分,由两端的分子相等得

$$x^2 + 1 = A(x + 1)^2 + B(x - 1)(x + 1) + C(x - 1). \tag{2}$$

如果用上例的方法确定系数需要解线性方程组,运算比较复杂.这时也可采用下法:取适当的 x 值代入恒等式(2)来求出待定常数 A、B 和 C. 比如在(2)式

中令 $x = 1$，得 $A = \dfrac{1}{2}$；令 $x = -1$，得 $C = -1$；令 $x = 0$，得 $1 = A - B - C$，$B = A$ $- C - 1 = \dfrac{1}{2}$. 于是

$$\int \frac{x^2 + 1}{(x^2 - 1)(x + 1)} \mathrm{d}x = \frac{1}{2}\int \frac{\mathrm{d}x}{x - 1} + \frac{1}{2}\int \frac{\mathrm{d}x}{x + 1} - \int \frac{\mathrm{d}x}{(x + 1)^2}$$

$$= \frac{1}{2}\ln |x^2 - 1| + \frac{1}{x + 1} + C.$$

最后指出，虽然上面介绍的求有理函数积分的步骤是普遍适用的，但在具体实施时，要根据被积函数的特点，灵活处理.

例 4　求 $\displaystyle\int \frac{x^2 + 2}{(x - 1)^4} \mathrm{d}x$.

解　令 $t = x - 1$，把分母简化为 t^4，从而便于分解成部分分式并积分：

$$\int \frac{x^2 + 2}{(x - 1)^4} \mathrm{d}x = \int \frac{(t + 1)^2 + 2}{t^4} \mathrm{d}t = \int \left(\frac{1}{t^2} + \frac{2}{t^3} + \frac{3}{t^4} \right) \mathrm{d}t$$

$$= - \left(\frac{1}{t} + \frac{1}{t^2} + \frac{1}{t^3} \right) + C$$

$$= - \left[\frac{1}{x - 1} + \frac{1}{(x - 1)^2} + \frac{1}{(x - 1)^3} \right] + C.$$

有时被积函数中含有一些简单的根式，如 $\sqrt[n]{ax + b}$，$\sqrt[n]{\dfrac{ax + b}{cx + d}}$ 等，这时通过变量代换，有可能消去根号而将被积函数化为有理函数.

例 5　求 $\displaystyle\int \frac{\sqrt{x - 1}}{x} \mathrm{d}x$.

解　令 $u = \sqrt{x - 1}$，于是 $x = u^2 + 1$，$\mathrm{d}x = 2u\,\mathrm{d}u$，从而

$$\int \frac{\sqrt{x - 1}}{x} \mathrm{d}x = \int \frac{u}{u^2 + 1} \cdot 2u\,\mathrm{d}u = 2\int \frac{u^2}{u^2 + 1} \mathrm{d}u$$

$$= 2\int \left(1 - \frac{1}{1 + u^2} \right) \mathrm{d}u = 2(u - \arctan u) + C$$

$$= 2(\sqrt{x - 1} - \arctan \sqrt{x - 1}) + C.$$

例 6　求 $\displaystyle\int \frac{1}{x} \sqrt{\frac{1 + x}{x}} \mathrm{d}x$.

解　令 $t = \sqrt{\dfrac{1 + x}{x}}$，于是 $\dfrac{1 + x}{x} = t^2$，$x = \dfrac{1}{t^2 - 1}$，$\mathrm{d}x = - \dfrac{2t\,\mathrm{d}t}{(t^2 - 1)^2}$，从而

$$\int \frac{1}{x} \sqrt{\frac{1 + x}{x}} \mathrm{d}x = \int (t^2 - 1) t \cdot \frac{-2t}{(t^2 - 1)^2} \mathrm{d}t = -2\int \frac{t^2}{t^2 - 1} \mathrm{d}t$$

$$= -2\int \left(1 + \frac{1}{t^2 - 1} \right) \mathrm{d}t = -2t - \ln \left| \frac{t - 1}{t + 1} \right| + C$$

$$= -2\sqrt{\frac{1+x}{x}} - \ln\left| x\left(\sqrt{\frac{1+x}{x}} - 1\right)^2\right| + C.$$

如果被积函数是由三角函数 $\sin x$、$\cos x$ 及常数经过有限次四则运算所构成的函数,那么通过作变换 $u = \tan\dfrac{x}{2}$,也可将原积分化为关于 u 的有理函数的积分. 因为此时由三角公式可得到

$$\sin x = \frac{2\tan\dfrac{x}{2}}{1 + \tan^2\dfrac{x}{2}} = \frac{2u}{1 + u^2}, \quad \cos x = \frac{1 - \tan^2\dfrac{x}{2}}{1 + \tan^2\dfrac{x}{2}} = \frac{1 - u^2}{1 + u^2},$$

$$\mathrm{d}u = \frac{1}{2}\sec^2\frac{x}{2}\mathrm{d}x, \quad \text{即 } \mathrm{d}x = \frac{2}{1 + u^2}\mathrm{d}u,$$

将上面三式代入积分表达式,就可得关于 u 的有理函数的积分. 但是,在多数情况下,施行这种变换后引起的积分运算比较繁复,故不应把这种变换作为首选方法. 下面举一例说明.

例 7   求不定积分 $\displaystyle\int \frac{\mathrm{d}x}{\sin x + \cos x}$.

解   作变换 $u = \tan\dfrac{x}{2}$,则 $\sin x = \dfrac{2u}{1 + u^2}$,$\cos x = \dfrac{1 - u^2}{1 + u^2}$,$\mathrm{d}x = \dfrac{2\mathrm{d}u}{1 + u^2}$,于是得

$$\begin{aligned}
\int \frac{\mathrm{d}x}{\sin x + \cos x} &= \int \frac{2}{1 + 2u - u^2}\mathrm{d}u \\
&= \frac{\sqrt{2}}{2}\int\left[\frac{1}{u - (1 - \sqrt{2})} - \frac{1}{u - (1 + \sqrt{2})}\right]\mathrm{d}u \\
&= \frac{\sqrt{2}}{2}\ln\left|\frac{u - (1 - \sqrt{2})}{u - (1 + \sqrt{2})}\right| + C \\
&= \frac{\sqrt{2}}{2}\ln\left|\frac{\tan\dfrac{x}{2} - 1 + \sqrt{2}}{\tan\dfrac{x}{2} - 1 - \sqrt{2}}\right| + C.
\end{aligned}$$

但是这一不定积分如果采用下面的方法来求,则显得简便一些:

$$\begin{aligned}
\int \frac{\mathrm{d}x}{\sin x + \cos x} &= \frac{\sqrt{2}}{2}\int \frac{\mathrm{d}x}{\dfrac{\sqrt{2}}{2}\sin x + \dfrac{\sqrt{2}}{2}\cos x} = \frac{\sqrt{2}}{2}\int \frac{\mathrm{d}x}{\cos\left(x - \dfrac{\pi}{4}\right)} \\
&= \frac{\sqrt{2}}{2}\int \sec\left(x - \frac{\pi}{4}\right)\mathrm{d}\left(x - \frac{\pi}{4}\right) \\
&= \frac{\sqrt{2}}{2}\ln\left|\sec\left(x - \frac{\pi}{4}\right) + \tan\left(x - \frac{\pi}{4}\right)\right| + C.
\end{aligned}$$

本章以上四节讨论了求不定积分的几种基本方法. 求不定积分,通常是指用

初等函数来表示该不定积分.根据连续函数存在原函数的定理,初等函数在其定义域内的任一区间内一定有原函数.但是,很多函数的原函数不一定是初等函数,人们习惯上把这种情况称为不定积分"积不出".例如

$$\int e^{-x^2} dx, \int \frac{dx}{\ln x}, \int \sin x^2 dx, \int \frac{\sin x}{x} dx, \int \sqrt{1 - k^2 \sin^2 x} \, dx \ (0 < |k| < 1)$$

等等这些在概率论、数论、光学、傅里叶分析等领域里有重要应用的积分,都属于"积不出"的范围(证明从略).

最后我们简单地说明一下利用积分表和数学软件来求不定积分的问题.为了方便应用,人们把常用的积分公式汇集成表,称为积分表.求积分时,我们可以根据被积函数的类型,直接或经过简单变形后,在表内查得所需要的结果.现在在计算机上,依靠 Mathematica 和其他一些数学软件的符号运算功能,也可以很快地求出一些不定积分.这方面的练习放在本章总习题和实验课中进行.

习题 3 - 4

求下列不定积分:

1. $\int \dfrac{x^3}{x+3} dx$.

2. $\int \dfrac{2x+3}{x^2+3x-10} dx$.

3. $\int \dfrac{x^2+1}{(x^2-1)x} dx$.

4. $\int \dfrac{dx}{x(x^2+1)}$.

5. $\int \dfrac{dx}{(x^2+1)(x^2+x+1)}$.

6. $\int \dfrac{dx}{1+\sqrt[3]{x+1}}$.

7. $\int \dfrac{dx}{\sqrt{x}+\sqrt[4]{x}}$.

8. $\int \sqrt{\dfrac{1-x}{1+x}} \cdot \dfrac{dx}{x}$.

9. $\int \dfrac{dx}{3+\cos x}$.

10. $\int \dfrac{dx}{1+\sin x+\cos x}$.

第五节 定 积 分

一、定积分问题举例

在第一章第一节中,我们举了一个计算曲边三角形的面积的例子,并指出这个问题蕴含了定积分的概念.本节我们将把这个例子推广到更一般的情况——曲边梯形面积的计算问题,然后再讲一个计算变速直线运动的路程的问题.我们将从这两个实际问题引出定积分的概念.

1. 曲边梯形的面积

设函数 $y = f(x)$ 在 $[a,b]$ 上连续、非负.由曲线 $y = f(x)$,直线 $x = a$, $x =$

b 与 x 轴围成的平面图形,即平面点集 $\{(x,y)\mid 0\leqslant y\leqslant f(x),\ a\leqslant x\leqslant b\}$ 称为曲边梯形(图3-1),其中 x 轴上的区间 $[a,b]$ 称为其底边,曲线弧 $y=f(x)$ 称为其曲边.

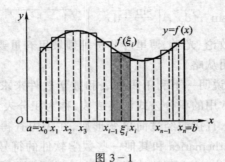

图 3-1

我们知道,矩形面积=底×高,这个公式给出了矩形面积的计算方法.现在,曲边梯形在其底边上各点处的高 $f(x)$ 是变动的,它的面积就不能按矩形面积公式来计算.然而,由于函数 $y=f(x)$ 在 $[a,b]$ 上是连续的,在 $[a,b]$ 的一个很小的子区间上,$f(x)$ 的变化将是很小的.因此如果限制在一个很小的局部来看,曲边梯形接近于矩形.基于这一事实,我们通过如下的步骤来计算它的面积:

第一步划分:把曲边梯形面积划分成许多窄曲边梯形面积之和.为此在区间 $[a,b]$ 中任意插入 $(n-1)$ 个分点

$$a=x_0<x_1<x_2<\cdots<x_{i-1}<x_i<\cdots<x_{n-1}<x_n=b,$$

把区间 $[a,b]$ 分为 n 个小区间

$$[x_0,x_1],[x_1,x_2],\cdots,[x_{i-1},x_i],\cdots,[x_{n-1},x_n],$$

各个小区间的长度依次为

$$\Delta x_1=x_1-x_0,\Delta x_2=x_2-x_1,\cdots,\Delta x_i=x_i-x_{i-1},\cdots,\Delta x_n=x_n-x_{n-1}.$$

用直线 $x=x_i(i=1,2,\cdots,n-1)$ 把曲边梯形分为 n 个窄曲边梯形.设这些窄曲边梯形的面积分别为 $\Delta A_1,\Delta A_2,\cdots,\Delta A_n$,则

$$A=\Delta A_1+\Delta A_2+\cdots+\Delta A_n.$$

第二步近似:把每个窄曲边梯形近似地看作为一个窄矩形,从而求出其面积的近似值.为此在每个小区间 $[x_{i-1},x_i]$ 上任取一点 ξ_i,用以 $[x_{i-1},x_i]$ 为底、$f(\xi_i)$ 为高的窄矩形近似替代对应的第 i 个窄曲边梯形,从而得

$$\Delta A_i\approx f(\xi_i)\Delta x_i(i=1,2,\cdots,n).$$

第三步求和:把窄矩形的面积加起来,以所得之和作为曲边梯形面积 A 的近似值.即有

$$A=\Delta A_1+\Delta A_2+\cdots+\Delta A_n$$

$$\approx f(\xi_1)\Delta x_1 + f(\xi_2)\Delta x_2 + \cdots + f(\xi_n)\Delta x_n$$

$$= \sum_{i=1}^{n} f(\xi_i)\Delta x_i.$$

第四步**逼近**:显然,随着对区间 $[a,b]$ 的划分不断加细,第三步所得近似值的精确度将不断提高,并不断逼近面积的精确值.我们记 $\lambda = \max\{\Delta x_1, \Delta x_2, \cdots, \Delta x_n\}$,并令 $\lambda \to 0$(这样可保证所有小区间的长度都无限缩小),取上述和式的极限,就得到了曲边梯形的面积

$$A = \lim_{\lambda \to 0} \sum_{i=1}^{n} f(\xi_i)\Delta x_i.$$

2. 变速直线运动的路程

设某物体作直线运动,已知其速度 $v = v(t)$ 在时间间隔 $[T_1, T_2]$ 上是 t 的连续函数,并且 $v(t) \geqslant 0$.我们要计算物体在这段时间内所经过的路程 s.

我们已经知道,如果物体作匀速直线运动,那么路程可按下列公式计算:

$$路程 = 速度 \times 时间.$$

但是,现在速度不是常量而是变量,我们不能由上述公式来计算路程 s.然而,由于速度函数 $v(t)$ 在 $[T_1, T_2]$ 上连续,在很短的一段时间里,速度的变化将是很小的,物体的运动可近似地看作匀速运动.基于这一事实,我们可以用以下的步骤来计算所求的路程 s:

第一步**划分**:把整段路程划分成许多小段路程之和.为此,在时间间隔 $[T_1, T_2]$ 中任意插入 $(n-1)$ 个分点

$$T_1 = t_0 < t_1 < t_2 < \cdots < t_{i-1} < t_i < \cdots < t_{n-1} < t_n = T_2,$$

把 $[T_1, T_2]$ 分为 n 个小段

$$[t_0, t_1], [t_1, t_2], \cdots, [t_{i-1}, t_i], \cdots, [t_{n-1}, t_n],$$

各小段时间的长依次为

$$\Delta t_1 = t_1 - t_0, \Delta t_2 = t_2 - t_1, \cdots, \Delta t_i = t_i - t_{i-1}, \cdots, \Delta t_n = t_n - t_{n-1}.$$

设在时间段 $[t_{i-1}, t_i]$ 内物体经过的路程为 $\Delta s_i (i = 1, 2, \cdots, n)$,则

$$s = \Delta s_1 + \Delta s_2 + \cdots + \Delta s_n.$$

第二步**近似**:把每个时间段内的运动都近似看作匀速运动,从而求出该段时间内所经过的路程的近似值.为此在每一个时间段 $[t_{i-1}, t_i]$ 上任取一个时刻 τ_i,以 τ_i 时刻的速度 $v(\tau_i)$ 替代 $[t_{i-1}, t_i]$ 上各个时刻的速度,得到这段时间内物体所经过的路程的近似值为 $v(\tau_i)\Delta t_i (i = 1, 2, \cdots, n)$.

第三步**求和**:把这 n 个时间段内物体经过的路程的近似值加起来,得到所求路程的近似值.即有

$$s = \Delta s_1 + \Delta s_2 + \cdots + \Delta s_n$$

$$\approx v(\tau_1)\Delta t_1 + v(\tau_2)\Delta t_2 + \cdots + v(\tau_n)\Delta t_n.$$

$$= \sum_{i=1}^{n} v(\tau_i) \Delta t_i.$$

第四步**逼近**:随着对时间间隔 $[T_1, T_2]$ 的划分不断加细,显然第三步所得的近似值的精确度将不断提高,并不断逼近路程的精确值 s. 我们记 $\lambda = \max\{\Delta t_1, \Delta t_2, \cdots, \Delta t_n\}$,当 $\lambda \to 0$ 时,取上述和式的极限,就得到变速直线运动的路程

$$s = \lim_{\lambda \to 0} \sum_{i=1}^{n} v(\tau_i) \Delta t_i.$$

二、定积分的定义

从上面两个例子可以看到:曲边梯形的面积取决于它的高度 $y = f(x)$,以及底边上点 x 的变化区间 $[a, b]$;直线运动的路程取决于它的速度 $v = v(t)$,以及时间 t 的变化区间 $[T_1, T_2]$. 这两个所要计算的量,虽然实际意义不同,但是它们都取决于一个函数及其自变量的变化区间. 并且,计算这些量的方法与步骤都相同,这些量最后都归结为具有相同结构的一种特定和的极限:

$$\text{曲边梯形面积 } A = \lim_{\lambda \to 0} \sum_{i=1}^{n} f(\xi_i) \Delta x_i,$$

$$\text{变速直线运动的路程 } s = \lim_{\lambda \to 0} \sum_{i=1}^{n} v(\tau_i) \Delta t_i.$$

现在我们抓住它们在数量关系上共同的本质与特性加以概括,就可以抽象出以下定积分的定义.

定义 设函数 $f(x)$ 在 $[a, b]$ 上有界. 在区间 $[a, b]$ 中任意插入 $(n-1)$ 个分点

$$a = x_0 < x_1 < x_2 < \cdots < x_{i-1} < x_i < \cdots < x_{n-1} < x_n = b,$$

把区间 $[a, b]$ 分为 n 个小区间

$$[x_0, x_1], [x_1, x_2], \cdots, [x_{i-1}, x_i], \cdots, [x_{n-1}, x_n],$$

各个小区间的长度依次为

$$\Delta x_1 = x_1 - x_0, \Delta x_2 = x_2 - x_1, \cdots, \Delta x_i = x_i - x_{i-1}, \cdots, \Delta x_n = x_n - x_{n-1}.$$

在每个小区间 $[x_{i-1}, x_i]$ 上任取一点 $\xi_i (x_{i-1} \leqslant \xi_i \leqslant x_i)$,作函数值 $f(\xi_i)$ 与该小区间长度 Δx_i 的乘积 $f(\xi_i) \Delta x_i (i = 1, 2, \cdots, n)$,并作和

$$\sum_{i=1}^{n} f(\xi_i) \Delta x_i. \tag{1}$$

记 $\lambda = \max\{\Delta x_1, \Delta x_2, \cdots, \Delta x_n\}$. 如果不论对区间 $[a, b]$ 怎样分法,也不论在小区间 $[x_{i-1}, x_i]$ 上点 ξ_i 怎样取法,只要当 $\lambda \to 0$ 时,和 $\sum_{i=1}^{n} f(\xi_i) \Delta x_i$ 总趋于确定

的常数 I，那么称极限 I 为函数 $f(x)$ 在区间 $[a,b]$ 上的定积分（简称积分）(definite integral)，记为 $\int_a^b f(x)\mathrm{d}x$，即

$$\int_a^b f(x)\mathrm{d}x = I = \lim_{\lambda \to 0}\sum_{i=1}^n f(\xi_i)\Delta x_i, \tag{2}$$

其中 $f(x)$ 称为被积函数，$f(x)\mathrm{d}x$ 称为被积表达式，x 称为积分变量，a 与 b 分别称为积分下限与积分上限，$[a,b]$ 称为积分区间，而和 $\sum_{i=1}^n f(\xi_i)\Delta x_i$ 称为 $f(x)$ 的一个积分和.

如果 $f(x)$ 在 $[a,b]$ 上的定积分存在，那么称 $f(x)$ 在 $[a,b]$ 上可积 (integrable).

例如，当 $f(x) \equiv 1$ 时，由定积分的定义，得

$$I = \lim_{\lambda \to 0}\sum_{i=1}^n f(\xi_i)\Delta x_i = \lim_{\lambda \to 0}\sum_{i=1}^n \Delta x_i = b - a,$$

故 $f(x) \equiv 1$ 在区间 $[a,b]$ 上可积，且 $\int_a^b \mathrm{d}x = b - a$.

需要注意，定积分 I 是积分和 $\sum_{i=1}^n f(\xi_i)\Delta x_i$ 的极限，I 仅与被积函数 $f(x)$ 及积分区间 $[a,b]$ 有关，与所用积分变量的符号无关. 如果既不改变被积函数 f，也不改变积分区间 $[a,b]$，而只把积分变量 x 改写为其他字母，如 t 或 u 等等，那么定积分的值不变，即有

$$\int_a^b f(x)\mathrm{d}x = \int_a^b f(t)\mathrm{d}t = \int_a^b f(u)\mathrm{d}u.$$

上面定义的定积分是由黎曼[①]最先以一般形式陈述并加以研究了其应用范围，故也称为 $f(x)$ 的黎曼积分，$\sum_{i=1}^n f(\xi_i)\Delta x_i$ 称为 $f(x)$ 的黎曼（积分）和，$f(x)$ 在 $[a,b]$ 上可积也称为黎曼可积. 我们把区间 $[a,b]$ 上全体可积函数之集记为 $R[a,b]$，$f \in R[a,b]$ 即表示 $f(x)$ 在 $[a,b]$ 上可积.

对于定积分，自然有这样一个重要问题：函数 $f(x)$ 在区间 $[a,b]$ 上满足什么条件才可积？

我们给出两个充分条件如下：

---

① 现在使用的定积分的定义是由黎曼 (G.F.B. Riemann, 1826—1866) 给出的. 黎曼是传奇式的大数学家，是高斯 (C.F.Gauss) 晚年的学生. 黎曼在高斯的指导下，于格丁根大学获得博士学位，并随后留校任教. 尽管高斯很少称赞别的数学家，但他对黎曼却不吝褒扬之词，盛赞黎曼具有一颗"创造性的、活跃的和真正数学家的头脑". 尽管黎曼只活了 39 岁，但他对微积分、复变函数、数学物理、数论和几何基础等学科都作出了重大的贡献. 黎曼的几何空间理论为 50 年以后爱因斯坦的广义相对论提供了恰当的数学模型.

定理 1   设函数 $f(x)$ 在 $[a,b]$ 上连续,则 $f(x)$ 在 $[a,b]$ 上可积.

定理 2   设函数 $f(x)$ 在 $[a,b]$ 上有界,并且只有有限个间断点,则 $f(x)$ 在 $[a,b]$ 上可积.

这两个定理的证明从略.

利用定积分的定义,第一目中讨论的两个实际问题可以分别表述如下:

曲线 $y = f(x)$ $(\geqslant 0)$,x 轴与直线 $x = a$,$x = b$ 所围成的曲边梯形的面积 A 等于函数 $f(x)$ 在区间 $[a,b]$ 上的定积分,即

$$A = \int_a^b f(x)\mathrm{d}x.$$

物体以变速 $v = v(t)$ $(\geqslant 0)$ 作直线运动,从时刻 T_1 到时刻 T_2,物体经过的路程 s 等于速度函数 $v(t)$ 在区间 $[T_1, T_2]$ 上的定积分,即

$$s = \int_{T_1}^{T_2} v(t)\mathrm{d}t.$$

根据定积分的定义与第一目中曲边梯形面积的计算,容易知道定积分有如下的几何意义:

如果 $f(x) \geqslant 0$,$x \in [a,b]$,那么定积分 $\int_a^b f(x)\mathrm{d}x$ 表示由曲线弧 $y = f(x)$,直线 $x = a$,$x = b$ 与 x 轴所围成的位于 x 轴上方的曲边梯形的面积;如果 $f(x) \leqslant 0$,$x \in [a,b]$,那么定积分 $\int_a^b f(x)\mathrm{d}x$ 表示由曲线弧 $y = f(x)$,直线 $x = a$,$x = b$ 与 x 轴所围成的位于 x 轴下方的曲边梯形的面积的负值;如果 $f(x)$ 在 $[a,b]$ 上变号,则 $\int_a^b f(x)\mathrm{d}x$ 表示位于 x 轴上方的图形的面积减去位于 x 轴下方的图形的面积.

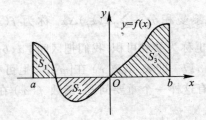

图 3-2

比如图 3-2 中,S_1,S_2 和 S_3 分别表示,所在阴影部分的面积,则

$$\int_a^b f(x)\mathrm{d}x = S_1 + S_3 - S_2.$$

下面举一个按定义计算定积分的例子.

例 1 利用定义计算定积分 $\int_0^1 x^2 \mathrm{d}x$.

解 因为被积函数 $f(x) = x^2$ 在 $[0,1]$ 上连续，故 $f(x) = x^2$ 在 $[0,1]$ 上可积，所以积分与区间 $[0,1]$ 的分法及点 ξ_i 的取法无关. 于是，为了便于计算，把区间 $[0,1]$ 分成 n 等份，分点为 $x_i = \dfrac{i}{n}$ ($i = 1, 2, \cdots, n-1$)，这样每个小区间 $[x_{i-1}, x_i]$ 的长度 $\Delta x_i = \dfrac{1}{n}$ ($i = 1, 2, \cdots, n$)，取 $\xi_i = x_i$ ($i = 1, 2, \cdots, n$). 由此得到积分和

$$\sum_{i=1}^n f(\xi_i) \Delta x_i = \sum_{i=1}^n \xi_i^2 \Delta x_i = \sum_{i=1}^n x_i^2 \Delta x_i$$
$$= \sum_{i=1}^n \left(\frac{i}{n}\right)^2 \cdot \frac{1}{n} = \frac{1}{n^3} \sum_{i=1}^n i^2$$
$$= \frac{1}{n^3} \cdot \frac{1}{6} n(n+1)(2n+1)$$
$$= \frac{1}{6}\left(1 + \frac{1}{n}\right)\left(2 + \frac{1}{n}\right).$$

当 $\lambda \to 0$，即 $n \to \infty$ 时 (现在 $\lambda = \dfrac{1}{n}$)，上式两端取极限即得

$$\int_0^1 x^2 \mathrm{d}x = \lim_{\lambda \to 0} \sum_{i=1}^n \xi_i^2 \Delta x_i = \lim_{n \to \infty} \frac{1}{6}\left(1 + \frac{1}{n}\right)\left(2 + \frac{1}{n}\right) = \frac{1}{3}.$$

本题就是第一章第一节的典型问题 1，现在我们把曲边三角形的面积表达成了定积分.

三、定积分的性质

在定积分的定义中，规定了积分上限必须大于积分下限. 这样的规定有时给定积分的使用带来了限制和不便. 为了今后计算以及应用方便起见，我们先对定积分的定义作以下两点补充规定：

(i) 当 $a = b$ 时，$\displaystyle\int_a^b f(x) \mathrm{d}x = 0$；

(ii) 当 $a > b$ 时，$\displaystyle\int_a^b f(x) \mathrm{d}x = -\int_b^a f(x) \mathrm{d}x$.

这样规定后，不论 a、b 两者的大小关系，定积分 $\displaystyle\int_a^b f(x) \mathrm{d}x$ 都有意义了.

下面讨论定积分的性质. 下列各性质中积分上下限的大小关系如不特别说明，均不加限制，并假定各性质中所列出的定积分均存在.

性质 1 $\displaystyle\int_a^b [\alpha f(x) + \beta g(x)] \mathrm{d}x = \alpha \int_a^b f(x) \mathrm{d}x + \beta \int_a^b g(x) \mathrm{d}x$ (α, β 是常数).

证　函数 $\alpha f(x) + \beta g(x)$ 在区间 $[a,b]$ 上的积分和为

$$\sum_{i=1}^{n}[\alpha f(\xi_i) + \beta g(\xi_i)]\Delta x_i = \alpha \sum_{i=1}^{n} f(\xi_i)\Delta x_i + \beta \sum_{i=1}^{n} g(\xi_i)\Delta x_i.$$

根据极限运算的性质,有

$$\lim_{\lambda \to 0}\sum_{i=1}^{n}[\alpha f(\xi_i) + \beta g(\xi_i)]\Delta x_i = \alpha \lim_{\lambda \to 0}\sum_{i=1}^{n} f(\xi_i)\Delta x_i + \beta \lim_{\lambda \to 0}\sum_{i=1}^{n} g(\xi_i)\Delta x_i,$$

即

$$\int_a^b [\alpha f(x) + \beta g(x)]\mathrm{d}x = \alpha \int_a^b f(x)\mathrm{d}x + \beta \int_a^b g(x)\mathrm{d}x.$$

这一性质称作定积分的线性性质.

性质 2　$\int_a^b f(x)\mathrm{d}x = \int_a^c f(x)\mathrm{d}x + \int_c^b f(x)\mathrm{d}x.$

证　(1) $a < c < b$ 的情形. 因为 $f(x)$ 在 $[a,b]$ 上可积,故积分和的极限与区间的分法无关,因此在划分区间时,可令 c 永远是一个分点,于是, $f(x)$ 在 $[a,b]$ 上的积分和等于 $[a,c]$ 上的积分和加 $[c,d]$ 上的积分和,记为

$$\sum_{[a,b]} f(\xi_i)\Delta x_i = \sum_{[a,c]} f(\xi_i)\Delta x_i + \sum_{[c,d]} f(\xi_i)\Delta x_i.$$

令 $\lambda \to 0$,上式两端同时取极限就得到

$$\int_a^b f(x)\mathrm{d}x = \int_a^c f(x)\mathrm{d}x + \int_c^b f(x)\mathrm{d}x ^{①}.$$

(2) a, b, c 的大小关系为其他情形. 根据定积分的补充规定以及(1)的结论,仍然有

$$\int_a^b f(x)\mathrm{d}x = \int_a^c f(x)\mathrm{d}x + \int_c^b f(x)\mathrm{d}x$$

成立. 例如当 $a < b < c$ 时,由(1)应有

$$\int_a^c f(x)\mathrm{d}x = \int_a^b f(x)\mathrm{d}x + \int_b^c f(x)\mathrm{d}x.$$

由补充规定

$$\int_b^c f(x)\mathrm{d}x = -\int_c^b f(x)\mathrm{d}x,$$

故由上式得

$$\int_a^b f(x)\mathrm{d}x = \int_a^c f(x)\mathrm{d}x - \int_b^c f(x)\mathrm{d}x = \int_a^c f(x)\mathrm{d}x + \int_c^b f(x)\mathrm{d}x.$$

一般称这一性质为定积分对积分区间的可加性.

性质 3　若 $f(x) \geqslant 0, x \in [a,b]$, 则 $\int_a^b f(x)\mathrm{d}x \geqslant 0 \ (a < b).$

---

① 可以证明:如果 $f(x)$ 在 $[a,b]$ 上可积且 $a < c < b$ 时,则 $f(x)$ 在 $[a,c]$ 和 $[c,b]$ 上均可积.

证 设 $\sum\limits_{i=1}^{n} f(\xi_i)\Delta x_i$ 是 $f(x)$ 在 $[a,b]$ 上的任一积分和. 因为 $f(x)\geqslant 0,x\in$ $[a,b]$, 故 $f(\xi_i)\geqslant 0$ $(i=1,2,\cdots,n)$, 又由于 $\Delta x_i>0$ $(i=1,2,\cdots,n)$, 所以

$$\sum_{i=1}^{n} f(\xi_i)\Delta x_i \geqslant 0.$$

令 $\lambda\to 0$ 取极限, 由极限的保号性就得到

$$\int_a^b f(x)\mathrm{d}x \geqslant 0.$$

性质 3 有以下重要推论.

推论 1 若 $f(x)\leqslant g(x)$, $x\in[a,b]$, 则 $\int_a^b f(x)\mathrm{d}x \leqslant \int_a^b g(x)\mathrm{d}x$ $(a<b)$.

证 令 $F(x)=g(x)-f(x)$, 则 $F(x)\geqslant 0$, $x\in[a,b]$. 由性质 3 与性质 1, 立刻推得结论.

推论 2 $\left|\int_a^b f(x)\mathrm{d}x\right| \leqslant \int_a^b |f(x)|\mathrm{d}x$ $(a<b)$ ①.

证 在区间 $[a,b]$ 上总有

$$-|f(x)| \leqslant f(x) \leqslant |f(x)|,$$

于是由推论 1 及性质 1, 得到

$$-\int_a^b |f(x)|\mathrm{d}x \leqslant \int_a^b f(x)\mathrm{d}x \leqslant \int_a^b |f(x)|\mathrm{d}x,$$

即

$$\left|\int_a^b f(x)\mathrm{d}x\right| \leqslant \int_a^b |f(x)|\mathrm{d}x.$$

推论 3 若 $m\leqslant f(x)\leqslant M, x\in[a,b]$, 则

$$m(b-a) \leqslant \int_a^b f(x)\mathrm{d}x \leqslant M(b-a) \ (a<b).$$

证 由假设条件与性质 3 及性质 1, 有

$$m\int_a^b \mathrm{d}x \leqslant \int_a^b f(x)\mathrm{d}x \leqslant M\int_a^b \mathrm{d}x,$$

将 $\int_a^b \mathrm{d}x = b-a$ 代入上式就得到结论.

例如, 在区间 $[0,2]$ 上, 因

$$1\leqslant \mathrm{e}^{x^2} \leqslant \mathrm{e}^4$$

故有

$$2 \leqslant \int_0^2 \mathrm{e}^{x^2}\mathrm{d}x \leqslant 2\mathrm{e}^4.$$

————————

① 由 $f(x)$ 在 $[a,b]$ 上可积可推出 $|f(x)|$ 在 $[a,b]$ 上可积, 证明从略.

通常把性质 3 及其推论叫做定积分的单调性质. 又, 在被积函数连续的条件下, 性质 3 可作进一步的改进. 见下面例 2.

例 2　设 $f(x)$ 在 $[a,b]$ 上连续, $f(x) \geqslant 0$ 但 $f(x) \not\equiv 0$, 证明 $\int_a^b f(x)\mathrm{d}x > 0$.

证　根据条件可知存在 $x_0 \in [a,b]$, 使 $f(x_0) > 0$. 由于 $f(x)$ 在 $[a,b]$ 上连续, 故 $\lim\limits_{x \to x_0} f(x) = f(x_0) > 0$. 由有极限的函数的局部保号性知, 存在一个含 x_0 的区间 $[c,d] \subset [a,b]$, 使在 $[c,d]$ 上, $f(x) > 0$. 记 $m = \min\{f(x) \mid x \in [c,d]\}$, 则 $m > 0$. 于是由定积分的性质 2 和 3 可得

$$\int_a^b f(x)\mathrm{d}x = \int_a^c f(x)\mathrm{d}x + \int_c^d f(x)\mathrm{d}x + \int_d^b f(x)\mathrm{d}x$$
$$\geqslant 0 + m(d-c) + 0 > 0.$$

性质 4(积分中值定理)　若 $f(x)$ 在 $[a,b]$ 上连续, 则在 $[a,b]$ 上至少存在一点 ξ, 使下式成立:

$$\int_a^b f(x)\mathrm{d}x = f(\xi)(b-a) \quad (a \leqslant \xi \leqslant b).$$

这个公式称为积分中值公式.

证　因为 $f(x)$ 在 $[a,b]$ 上连续, 所以 $f(x)$ 在 $[a,b]$ 上必能取到最小值 m 与最大值 M. 因此, 当 $x \in [a,b]$ 时, 有

$$m \leqslant f(x) \leqslant M.$$

利用推论 3 有

$$m(b-a) \leqslant \int_a^b f(x)\mathrm{d}x \leqslant M(b-a),$$

即

$$m \leqslant \frac{1}{b-a}\int_a^b f(x)\mathrm{d}x \leqslant M.$$

根据闭区间上连续函数的介值定理(第一章第八节), 在 $[a,b]$ 上至少存在一点 ξ, 使得

$$f(\xi) = \frac{1}{b-a}\int_a^b f(x)\mathrm{d}x.$$

两端各乘 $b-a$ 就得到所要证的等式.

积分中值公式的几何解释是: 在区间 $[a,b]$ 上至少存在一点 ξ, 使得以区间 $[a,b]$ 为底边, 以连续曲线 $y = f(x)$(不妨设 $f(x) \geqslant 0$) 为曲边的曲边梯形的面积等于同一底边而高为 $f(\xi)$ 的矩形的面积(图 3-3).

显然, 当 $b < a$ 时, 积分中值公式

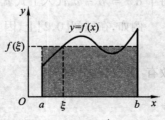

图 3-3

$$\int_a^b f(x)\mathrm{d}x = f(\xi)(b - a) \quad (b \leqslant \xi \leqslant a)$$

也是成立的.

习题 3 - 5

1. 利用定积分定义计算由抛物线 $y = x^2 + 1$,两直线 $x = a$, $x = b$ $(b > a)$ 及 x 轴所围成图形的面积.

2. 利用定积分的几何意义求出下列积分:

(1) $\displaystyle\int_0^1 (x + 1)\mathrm{d}x$;

(2) $\displaystyle\int_{-1}^2 |x|\mathrm{d}x$;

(3) $\displaystyle\int_0^a \sqrt{a^2 - x^2}\,\mathrm{d}x$;

(4) $\displaystyle\int_{-\pi}^\pi \sin x\,\mathrm{d}x$.

3. 已知物体以 $v(t) = 3t + 5$(m/s) 作直线运动,试用定积分表示物体在 $T_1 = 1$ s 到 $T_2 = 3$ s 期间所经过的路程 s,并利用定积分的几何意义求出 s 的值.

4. 设 $f(x), g(x)$ 在 $[a, b]$ 上连续,利用例 2 证明:

(1) 若 $f(x) \geqslant 0$, $x \in [a, b]$,且 $\displaystyle\int_a^b f(x)\mathrm{d}x = 0$,则 $f(x) \equiv 0$, $x \in [a, b]$;

(2) 若 $f(x) \leqslant g(x)$, $x \in [a, b]$,且 $f(x) \not\equiv g(x)$, $x \in [a, b]$,则

$$\int_a^b f(x)\mathrm{d}x < \int_a^b g(x)\mathrm{d}x.$$

5. 由定积分的性质以及第 4 题的结论,比较下列各组中积分的大小:

(1) $\displaystyle\int_0^{\frac{\pi}{4}} \sin^4 x\mathrm{d}x$ 与 $\displaystyle\int_0^{\frac{\pi}{4}} \sin^2 x\mathrm{d}x$;

(2) $\displaystyle\int_1^e \ln x\mathrm{d}x$ 与 $\displaystyle\int_1^e (\ln x)^2\mathrm{d}x$;

(3) $\displaystyle\int_e^{2e} \ln x\mathrm{d}x$ 与 $\displaystyle\int_e^{2e} (\ln x)^2\mathrm{d}x$;

(4) $\displaystyle\int_0^1 x\mathrm{d}x$ 与 $\displaystyle\int_0^1 \ln(1 + x)\mathrm{d}x$.

第六节　微积分基本定理

在上一节中,我们举过应用定积分的定义计算积分的例子.从那个例子看到,被积函数虽然是简单的二次函数 $f(x) = x^2$,但直接由定义来计算它的定积分已经是一件不太容易的事.如果被积函数是其他复杂的函数,其困难就更大.在本节中,我们将揭示定积分与原函数的内在联系,从而找到一个计算定积分的有效、简便的方法.

下面先从实际问题中寻找解决问题的线索.为此,我们对变速直线运动中的位置函数 $s(t)$ 与速度函数 $v(t)$ 之间的联系作进一步的考察.设物体沿一数轴运动,并设时刻 t 时物体所在位置为 $s(t)$,速度为 $v(t)$(为了方便计,不妨设 $v(t) \geqslant 0$).

由上一节可知,物体在时间间隔 $[T_1, T_2]$ 内经过的路程是速度函数 $v(t)$

在区间 $[T_1, T_2]$ 上的定积分 $\int_{T_1}^{T_2} v(t)\mathrm{d}t$;但是,这段路程又可以表示为位置函数 $s(t)$ 在区间 $[T_1, T_2]$ 上的增量 $s(T_2) - s(T_1)$. 所以,位置函数与速度函数之间应有关系

$$\int_{T_1}^{T_2} v(t)\mathrm{d}t = s(T_2) - s(T_1).$$

另一方面,我们已经知道 $s'(t) = v(t)$,即位置函数 $s(t)$ 是速度函数 $v(t)$ 的原函数. 所以,上述关系式表示速度函数 $v(t)$ 在区间 $[T_1, T_2]$ 上的定积分等于 $v(t)$ 的原函数 $s(t)$ 在区间 $[T_1, T_2]$ 上的增量.

上述从变速直线运动的路程这个特殊问题中得出来的关系在一定条件下具有普遍性. 在(本节)第二目中将证明:**如果函数 $f(x)$ 在 $[a, b]$ 上连续,那么 $f(x)$ 在 $[a, b]$ 上的定积分等于 $f(x)$ 的原函数在 $[a, b]$ 上的增量.** 这一重要结论给定积分的计算提供了一个有效、简便的方法.

一、积分上限的函数及其导数

设函数 $f(x)$ 在 $[a, b]$ 上可积,并且设 x 为 $[a, b]$ 上任一点. 显然 $f(x)$ 在部分区间 $[a, x]$ 上可积. 现在来考察 $f(x)$ 在部分区间 $[a, x]$ 上的定积分

$$\int_a^x f(x)\mathrm{d}x.$$

上面的表达式中 x 既表示定积分的上限,又表示积分变量. 因为定积分与积分变量的记法无关,所以在熟悉上述表达方式之前,为避免混淆,把积分变量改用其他符号,例如用 t 表示,则上面的定积分可以写成

$$\int_a^x f(t)\mathrm{d}t.$$

如果上限 x 在区间 $[a, b]$ 上任意变动,则对于任意的 $x \in [a, b]$,定积分 $\int_a^x f(t)\mathrm{d}t$ 都有一个对应值,所以它在 $[a, b]$ 上定义了一个函数,记为 $\Phi(x)$:

$$\Phi(x) = \int_a^x f(t)\mathrm{d}t \quad (a \leqslant x \leqslant b).$$

这个函数称为积分上限的函数或称为变上限积分,它具有下面的定理 1 所指出的重要性质.

定理 1 如果函数 $f(x)$ 在 $[a, b]$ 上连续,那么积分上限的函数

$$\Phi(x) = \int_a^x f(t)\mathrm{d}t$$

在 $[a, b]$ 上可导,并且它的导数为

$$\Phi'(x) = \frac{\mathrm{d}}{\mathrm{d}x}\int_a^x f(t)\mathrm{d}t = f(x) \quad (a \leqslant x \leqslant b). \tag{1}$$

证　若 $x \in (a,b)$，当上限 x 获得增量 Δx $(x + \Delta x \in [a,b])$ 时（如图 3-4所示），则 $\Phi(x)$ 在 $x + \Delta x$ 处的函数值为

$$\Phi(x + \Delta x) = \int_a^{x+\Delta x} f(t)\mathrm{d}t.$$

由此得到函数的增量

$$\begin{aligned}
\Delta\Phi &= \Phi(x + \Delta x) - \Phi(x) \\
&= \int_a^{x+\Delta x} f(t)\mathrm{d}t - \int_a^x f(t)\mathrm{d}t \\
&= \int_a^{x+\Delta x} f(t)\mathrm{d}t + \int_x^a f(t)\mathrm{d}t \\
&= \int_x^{x+\Delta x} f(t)\mathrm{d}t.
\end{aligned}$$

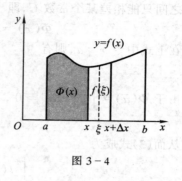

图 3-4

应用积分中值定理，即有等式

$$\Delta\Phi = f(\xi)\Delta x \quad (\xi \text{ 在 } x \text{ 与 } x + \Delta x \text{ 之间}),$$

于是就有

$$\frac{\Delta\Phi}{\Delta x} = f(\xi).$$

因为 $f(x)$ 在 $[a,b]$ 上连续，而 $\Delta x \to 0$ 时，必有 $\xi \to x$，所以 $\lim\limits_{\Delta x \to 0} f(\xi) = f(x)$，从而有

$$\lim_{\Delta x \to 0} \frac{\Delta\Phi}{\Delta x} = \lim_{\Delta x \to 0} f(\xi) = f(x).$$

这就说明，$\Phi(x)$ 在点 x 处可导，且 $\Phi'(x) = f(x)$.

若 x 取 a 或 b，则以上 $\Delta x \to 0$ 分别改为 $\Delta x \to 0^+$ 与 $\Delta x \to 0^-$，就得

$$\Phi'_+(a) = f(a) \text{ 与 } \Phi'_-(b) = f(b). \text{ 证毕}.$$

定理 1 有重要的理论意义与实用价值. 它一方面指出，若 $f(x)$ 在 $[a,b]$ 上连续，则 $f(x)$ 在 $[a,b]$ 上一定存在原函数，积分上限的函数 $\int_a^x f(t)\mathrm{d}t$ 就是它的一个原函数. 这就证明了本章第一节中的原函数存在定理. 另一方面，定理 1 还初步揭示了积分学中的定积分与原函数的联系.

二、牛顿-莱布尼茨公式

现在，我们根据定理 1 来证明以下重要的定理，它给出了用原函数计算定积分的公式.

定理 2　如果函数 $f(x)$ 在 $[a,b]$ 上连续，函数 $F(x)$ 是 $f(x)$ 在 $[a,b]$ 上的一个原函数，那么

$$\int_a^b f(x)\mathrm{d}x = F(b) - F(a). \tag{2}$$

证 因为 $F(x)$ 与 $\Phi(x) = \int_a^x f(t)\mathrm{d}t$ 都是函数 $f(x)$ 的原函数,所以,它们之间只能相差某个常数 C,即

$$\Phi(x) = F(x) + C \ (a \leqslant x \leqslant b). \tag{3}$$

在上式中令 $x = a$,则有

$$\Phi(a) = F(a) + C.$$

由于 $\Phi(a) = \int_a^a f(t)\mathrm{d}t = 0$,故得到

$$C = -F(a).$$

从而(3)式成为

$$\int_a^x f(t)\mathrm{d}t = F(x) - F(a).$$

若在上式中令 $x = b$,就得到

$$\int_a^b f(t)\mathrm{d}t = F(b) - F(a).$$

这就是(2)式.

由上一节第三目中对定积分的补充规定(ii),(2)式对 $a > b$ 的情形同样成立. 此外,为方便计, $F(b) - F(a)$ 常记为 $[F(x)]_a^b$,于是(2)又可以写成

$$\int_a^b f(x)\mathrm{d}x = [F(x)]_a^b. \tag{2'}$$

因为公式(2)先后由牛顿与莱布尼茨所建立,故公式(2)称为**牛顿-莱布尼茨公式**. 这个公式表明,函数 $F(x)$ 在区间 $[a,b]$ 上的改变量等于它的变化率在该区间上的定积分. 由于它揭示了定积分与原函数之间的内在联系,因此也被称为**微积分基本公式**,这个公式给定积分的计算提供了一个有效、简便的方法.

鉴于牛顿-莱布尼茨公式的重要性,我们在下面给出它的另一个证明. 这个证明不依赖于定理1,并且要求 $f(x)$ 满足的条件可稍微减弱,而证明过程能更直接显示积分与微分的内在联系.

设 $f(x)$ 在 $[a,b]$ 上可积,并在 $[a,b]$ 上存在原函数 $F(x)$. 我们用分点

$$a = x_0 < x_1 < x_2 < \cdots < x_n = b$$

将 $[a,b]$ 分成 n 个小区间,在 $[x_{k-1},x_k]$ 上用微分中值公式得

$$F(x_k) - F(x_{k-1}) = F'(\xi_k)(x_k - x_{k-1}) = f(\xi_k)(x_k - x_{k-1}),$$

其中 $\xi_k \in (x_{k-1},x_k)$, $k = 1,2,\cdots,n$.

记 $\Delta x_k = x_k - x_{k-1}$,于是

$$\sum_{k=1}^n f(\xi_k)\Delta x_k = \sum_{k=1}^n [F(x_k) - F(x_{k-1})] = F(b) - F(a),$$

令 $\lambda = \max_{1 \leqslant k \leqslant n}\{\Delta x_k\} \to 0$,就得到

$$\int_a^b f(x)\mathrm{d}x = \lim_{\lambda \to 0}\sum_{k=1}^n f(\xi_k)\Delta x_k = F(b) - F(a).$$

定理 2 证毕.

在以上证明过程中,由于 $f(x)$ 可积,故积分和的极限与 ξ_i 的取法无关,因此有

$$\lim_{\lambda \to 0}\sum_{k=1}^n f(\xi_k)\Delta x_k = \lim_{\lambda \to 0}\sum_{k=1}^n f(x_{k-1})\Delta x_k = \lim_{\lambda \to 0}\sum_{k=1}^n \left[\mathrm{d}F(x)\Big|_{x=x_{k-1}}\right],$$

即

$$\int_a^b f(x)\mathrm{d}x = \lim_{\lambda \to 0}\sum_{k=1}^n \left[\mathrm{d}F(x)\Big|_{x=x_{k-1}}\right]. \tag{4}$$

(4)式说明,$f(x)$ 在 $[a,b]$ 上的定积分等于它的原函数 $F(x)$ 在 $[a,b]$ 上各点处的微分的无穷积累.这是后面定积分应用中所采用的"元素法"的理论依据.

下面先举几个应用牛顿 – 莱布尼茨公式计算定积分的简单例子.

例 1 计算 $\int_0^1 \mathrm{e}^x \mathrm{d}x$.

解 由于 e^x 的一个原函数就是 e^x,所以由牛顿 – 莱布尼茨公式,有

$$\int_0^1 \mathrm{e}^x \mathrm{d}x = [\mathrm{e}^x]_0^1 = \mathrm{e}^1 - \mathrm{e}^0 = \mathrm{e} - 1.$$

例 2 计算正弦曲线 $y = \sin x$ 在 $[0,\pi]$ 上与 x 轴所围成的平面图形的面积(图 3 – 5).

解 这个图形是曲边梯形的一个特例.它的面积

$$A = \int_0^\pi \sin x \mathrm{d}x.$$

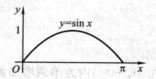

图 3 – 5

由于 $-\cos x$ 是 $\sin x$ 的一个原函数,所以

$$A = \int_0^\pi \sin x \mathrm{d}x = [-\cos x]_0^\pi$$
$$= -(-1) - (-1) = 2.$$

有时被积函数 $f(x)$ 在 $[a,b]$ 上是分段连续的,即在 $[a,b]$ 内,$f(x)$ 存在有限个第一类间断点,则此时可用定积分关于积分区间的可加性,在 $f(x)$ 保持连续的每个部分区间上,分别计算定积分,然后把结果相加.

例 3 已知函数

$$f(x) = \begin{cases} 2x & \text{当 } 0 \le x \le 1, \\ 2+x & \text{当 } 1 < x \le 2. \end{cases}$$

求积分上限的函数 $\Phi(x) = \int_0^x f(t)\mathrm{d}t$ 在 $[0,2]$ 上的表达式.

解 因为被积函数是分段函数,所以,通过计算定积分而确定 $\Phi(x)$ 的表达

式时也要分段考虑.

当 $0 \leqslant x \leqslant 1$ 时,

$$\Phi(x) = \int_0^x f(t)\mathrm{d}t = \int_0^x 2t\mathrm{d}t = \left[t^2\right]_0^x = x^2;$$

当 $1 < x \leqslant 2$ 时,

$$\Phi(x) = \int_0^x f(t)\mathrm{d}t = \int_0^1 f(t)\mathrm{d}t + \int_1^x f(t)\mathrm{d}t$$

$$= \int_0^1 2t\mathrm{d}t + \int_1^x (2+t)\mathrm{d}t \quad ①$$

$$= \left[t^2\right]_0^1 + \left[2t + \frac{1}{2}t^2\right]_1^x$$

$$= \frac{1}{2}x^2 + 2x - \frac{3}{2},$$

所以

$$\Phi(x) = \begin{cases} x^2 & \text{当 } 0 \leqslant x \leqslant 1, \\ \dfrac{1}{2}x^2 + 2x - \dfrac{3}{2} & \text{当 } 1 < x \leqslant 2. \end{cases}$$

下面再举几个应用定理 1 的例子.

例 4 设 $f(x)$ 在 $[0, +\infty)$ 上连续,并且 $x \in [0, +\infty)$ 时,$f(x) > 0$. 证明函数

$$F(x) = \frac{\displaystyle\int_0^x tf(t)\mathrm{d}t}{\displaystyle\int_0^x f(t)\mathrm{d}t}$$

在 $(0, +\infty)$ 内为单调增加函数.

证 首先要指出,由上一节的例 2,当 $x > 0$ 时,分母 $\displaystyle\int_0^x f(t)\mathrm{d}t > 0$,所以 $F(x)$ 在 $(0, +\infty)$ 内有定义.

由公式(2)得,当 $x > 0$ 时,

$$\frac{\mathrm{d}}{\mathrm{d}x}\int_0^x tf(t)\mathrm{d}t = xf(x), \quad \frac{\mathrm{d}}{\mathrm{d}x}\int_0^x f(t)\mathrm{d}t = f(x),$$

故

$$F'(x) = \frac{xf(x)\displaystyle\int_0^x f(t)\mathrm{d}t - f(x)\displaystyle\int_0^x tf(t)\mathrm{d}t}{\left(\displaystyle\int_0^x f(t)\mathrm{d}t\right)^2}$$

---

① 把第二个积分 $\displaystyle\int_1^x f(t)\mathrm{d}t$ 写作 $\displaystyle\int_1^x (2+t)\mathrm{d}t$ 时,我们将 $f(t)$ 在 $t = 1$ 处的值由 2 改为 3. 利用定积分的定义容易证明,改变被积函数在有限多个点处的函数值,不会改变积分值.

$$= \frac{f(x)\int_0^x (x-t)f(t)\mathrm{d}t}{\left(\int_0^x f(t)\mathrm{d}t\right)^2}.$$

由假设条件,在区间 $[0,x]$ $(x>0)$ 上 $f(t)>0$, $(x-t)f(t) \geqslant 0$,且 $(x-t)f(t) \not\equiv 0$,故由上一节的例 2 又可知

$$\int_0^x (x-t)f(t)\mathrm{d}t > 0,$$

所以当 $x \in (0,\infty)$ 时 $F'(x)>0$,从而 $F(x)$ 在 $(0,\infty)$ 内为单调增加函数.

　　例 5　试证明:积分中值定理中的 ξ 可在开区间 (a,b) 取得,即如果 $f(x)$ 在 $[a,b]$ 上连续,则至少存在一点 $\xi \in (a,b)$,使得

$$\int_a^b f(x)\mathrm{d}x = f(\xi)(b-a).$$

　　证　令 $F(x) = \int_a^x f(t)\mathrm{d}t$ $(a \leqslant x \leqslant b)$,由定理 1 知, $F(x)$ 在 $[a,b]$ 上可导,根据拉格朗日中值定理推得,至少存在一点 $\xi \in (a,b)$,使得

$$F(b) - F(a) = F'(\xi)(b-a),$$

即

$$\int_a^b f(t)\mathrm{d}t = f(\xi)(b-a).$$

　　根据定理 2 还可以推得如下有用的结论:

　　设函数 $f(t)$ 连续,又设函数 $\varphi(x)$ 及 $\psi(x)$ 可导,则

$$\left(\int_{\psi(x)}^{\varphi(x)} f(t)\mathrm{d}t\right)' = f[\varphi(x)]\varphi'(x) - f[\psi(x)]\psi'(x). \tag{5}$$

　　事实上,设 $F(t)$ 是 $f(t)$ 一个原函数,由定理 2,得

$$\int_{\psi(x)}^{\varphi(x)} f(t)\mathrm{d}t = F[\varphi(x)] - F[\psi(x)].$$

于是

$$\left(\int_{\psi(x)}^{\varphi(x)} f(t)\mathrm{d}t\right)' = F'[\varphi(x)]\varphi'(x) - F'[\psi(x)]\psi'(x)$$

$$= f[\varphi(x)]\varphi'(x) - f[\psi(x)]\psi'(x).$$

　　显然当 $\varphi(x)=x$, $\psi(x)=a$ 时,公式(5)就成为公式(1),因此公式(5)是公式(1)的推广.

　　例 6　求 $\displaystyle\lim_{x \to 0} \frac{\int_{\cos x}^1 \mathrm{e}^{-t^2}\mathrm{d}t}{x^2}$.

　　解　这是 $\dfrac{0}{0}$ 型未定式,应用洛必达法则计算.利用公式(5),分子的导数为

$$\left(\int_{\cos x}^{1} e^{-t^2} dt\right)' = e^{-1^2}(1)' - e^{-\cos^2 x}(\cos x)'$$

$$= \sin x e^{-\cos^2 x}.$$

因此

$$\lim_{x \to 0} \frac{\int_{\cos x}^{1} e^{-t^2} dt}{x^2} = \lim_{x \to 0} \frac{\sin x e^{-\cos^2 x}}{2x} = \frac{1}{2e}.$$

习题 3 – 6

1. 计算下列函数 $y = y(x)$ 的导数 $\dfrac{dy}{dx}$：

(1) $y = \displaystyle\int_0^x \cos(t^2 + 1) dt$；

(2) $y = \displaystyle\int_x^0 \sqrt{1 + t^4}\, dt$；

(3) $y = \displaystyle\int_0^{x^2} \ln(1 + t) dt$；

(4) $y = \displaystyle\int_{\sin x}^{\cos x} e^t\, dt$；

(5) $\begin{cases} x = \displaystyle\int_0^t (1 - \cos u) du, \\ y = \displaystyle\int_0^{\sqrt{t}} \sin u\, du; \end{cases}$

(6) $\displaystyle\int_0^y e^t dt + \int_0^{xy} \cos t\, dt = 0$.

2. 计算下列各定积分：

(1) $\displaystyle\int_1^2 \left(x^2 + \frac{1}{x^2}\right) dx$；

(2) $\displaystyle\int_1^4 \left(\sqrt{x} + \frac{1}{\sqrt{x}}\right) dx$；

(3) $\displaystyle\int_0^{\frac{\pi}{4}} \tan^2 x\, dx$；

(4) $\displaystyle\int_0^3 \sqrt{4 - 4x + x^2}\, dx$；

(5) $\displaystyle\int_0^{2\pi} |\sin x|\, dx$；

(6) $\displaystyle\int_0^{\frac{3}{2}} \frac{dx}{\sqrt{9 - x^2}}$；

(7) $\displaystyle\int_{-1}^0 \frac{3x^4 + 3x^2 + 1}{x^2 + 1} dx$；

(8) $\displaystyle\int_{-2}^5 f(x) dx$，其中 $f(x) = \begin{cases} 13 - x^2 & \text{当 } x < 2, \\ 1 + x^2 & \text{当 } x \geqslant 2. \end{cases}$

3. 求下列极限：

(1) $\displaystyle\lim_{x \to 0} \frac{\int_0^x \cos t^2 dt}{x}$；

(2) $\displaystyle\lim_{x \to 0} \frac{\int_0^{x^2} t^{\frac{3}{2}} dt}{\int_0^x t(t - \sin t) dt}$；

(3) $\displaystyle\lim_{x \to 0} \frac{\int_0^x \sin t^2 dt}{x^3}$；

(4) $\displaystyle\lim_{x \to 1} \frac{\int_1^{x^2} e^{t^2} dt}{\ln x}$.

4. 设

$$f(x) = \begin{cases} x & \text{当 } 0 \leqslant x \leqslant 1, \\ 2 - x & \text{当 } 1 < x \leqslant 2, \\ 0 & \text{当 } x < 0 \text{ 或 } x > 2. \end{cases}$$

求 $\Phi(x) = \displaystyle\int_0^x f(t)\mathrm{d}t$ 在 $(-\infty, +\infty)$ 内的表达式.

5. 设 $f(x)$ 在 $[a,b]$ 上连续,在 (a,b) 内可导,且 $f'(x) \leqslant 0$,$x \in (a,b)$,

$$F(x) = \frac{1}{x-a}\int_a^x f(t)\mathrm{d}t,$$

证明: $F'(x) \leqslant 0$,$x \in (a,b)$.

6. 设 $f(x)$ 在 $[a,b]$ 上连续,且 $f(x) > 0$,$x \in [a,b]$,

$$F(x) = \int_a^x f(t)\mathrm{d}t + \int_b^x \frac{1}{f(t)}\mathrm{d}t, x \in [a,b].$$

证明:(1) $F'(x) \geqslant 2$;

(2) 方程 $F(x) = 0$ 在区间 (a,b) 内有且仅有一个根.

第七节　定积分的换元法与分部积分法

牛顿－莱布尼茨公式告诉我们,计算连续函数 $f(x)$ 的定积分 $\displaystyle\int_a^b f(x)\mathrm{d}x$ 可以转化为求 $f(x)$ 的原函数在区间 $[a,b]$ 上的增量.这说明连续函数的定积分计算与不定积分计算有着密切的联系.在不定积分的计算中有换元法与分部积分法两种方法,因此在一定的条件下,我们也可以在定积分的计算中应用换元法与分部积分法.

一、定积分的换元法

定理　设函数 $f(x)$ 在 $[a,b]$ 上连续[①].**如果函数 $x = \varphi(t)$ 满足下列条件**:

(1) $\varphi(\alpha) = a$,$\varphi(\beta) = b$,且 $\varphi([\alpha,\beta])$(或 $\varphi([\beta,\alpha])$)等于 $[a,b]$;

(2) $\varphi(t)$ 在 $[\alpha,\beta]$(或 $[\beta,\alpha]$ 上)**具有连续导数,**

那么

$$\int_a^b f(x)\mathrm{d}x = \int_\alpha^\beta f[\varphi(t)]\varphi'(t)\mathrm{d}t. \tag{1}$$

公式(1)称为定积分的换元公式.

证　由定理条件可知,(1)式两端的被积函数分别是 $[a,b]$ 和 $[\alpha,\beta]$(或 $[\beta,\alpha]$)上的连续函数,故(1)式两端的定积分都存在,并且两端被积函数的原函数也存在.所以(1)式两端的定积分都可由牛顿－莱布尼茨公式计算.设 $F(x)$ 是 $f(x)$ 的一个原函数,则

$$\int_a^b f(x)\mathrm{d}x = F(b) - F(a).$$

[①]　实际上只要 $f(x)$ 在 $[a,b]$ 上可积,定理的结论仍然成立.

另一方面,对 $F(x)$ 与 $x = \varphi(t)$ 的复合函数 $F[\varphi(t)]$,由复合函数求导法则,有

$$\frac{\mathrm{d}F[\varphi(t)]}{\mathrm{d}t} = \frac{\mathrm{d}F}{\mathrm{d}x} \cdot \frac{\mathrm{d}x}{\mathrm{d}t} = f(x)\varphi'(t) = f[\varphi(t)]\varphi'(t),$$

即 $F[\varphi(t)]$ 是 $f[\varphi(t)]\varphi'(t)$ 的一个原函数. 因此有

$$\int_\alpha^\beta f[\varphi(t)]\varphi'(t)\mathrm{d}t = F[\varphi(\beta)] - F[\varphi(\alpha)] = F(b) - F(a).$$

所以(1)式成立.

显然,当 $a > b$ 时,公式仍然成立.

应用换元公式时要注意:用 $x = \varphi(t)$ 把原来变量 x 换为新变量 t 时,积分限也要换为相应于新变量 t 的积分限.

例 1 计算 $\int_0^{\frac{a}{2}} \sqrt{a^2 - x^2}\,\mathrm{d}x\ (a > 0)$.

解 设 $x = a\sin t$,则 $\mathrm{d}x = a\cos t\,\mathrm{d}t$,并且当 $x = 0$ 时,$t = 0$;当 $x = \dfrac{a}{2}$ 时,$t = \dfrac{\pi}{6}$. 于是

$$\int_0^{\frac{a}{2}} \sqrt{a^2 - x^2}\,\mathrm{d}x = a^2 \int_0^{\frac{\pi}{6}} \cos^2 t\,\mathrm{d}t$$

$$= a^2 \int_0^{\frac{\pi}{6}} \frac{1 + \cos 2t}{2}\,\mathrm{d}t = \frac{a^2}{2}\left[t + \frac{1}{2}\sin 2t\right]_0^{\frac{\pi}{6}}$$

$$= \frac{a^2}{2}\left(\frac{\pi}{6} + \frac{\sqrt{3}}{4}\right) = \left(\frac{\pi}{12} + \frac{\sqrt{3}}{8}\right)a^2.$$

例 2 计算 $\int_{-2}^{-\sqrt{2}} \dfrac{\mathrm{d}x}{\sqrt{x^2 - 1}}$.

解 设 $x = \sec t\ \left(\dfrac{\pi}{2} < t < \pi\right)$,则 $\mathrm{d}x = \sec t \cdot \tan t\,\mathrm{d}t$;且当 $x = -2$ 时,$t = \dfrac{2\pi}{3}$;当 $x = -\sqrt{2}$ 时,$t = \dfrac{3\pi}{4}$. 于是

$$\int_{-2}^{-\sqrt{2}} \frac{\mathrm{d}x}{\sqrt{x^2 - 1}} = \int_{\frac{2\pi}{3}}^{\frac{3\pi}{4}} \frac{\sec t \cdot \tan t\,\mathrm{d}t}{\sqrt{\sec^2 t - 1}} = \int_{\frac{2\pi}{3}}^{\frac{3\pi}{4}} \frac{\sec t \cdot \tan t\,\mathrm{d}t}{|\tan t|} = -\int_{\frac{2\pi}{3}}^{\frac{3\pi}{4}} \sec t\,\mathrm{d}t$$

$$= -\left[\ln|\sec t + \tan t|\right]_{\frac{2\pi}{3}}^{\frac{3\pi}{4}} = \ln \frac{2 + \sqrt{3}}{1 + \sqrt{2}}.$$

计算本例中的定积分时需要注意:因为关于积分变量 x 的积分区间为 $[-2, -\sqrt{2}]$,因此在作换元 $x = \sec t$ 时,比较方便的是取该函数的单调区间 $\dfrac{2\pi}{3} < t < \dfrac{3\pi}{4}$,从而 $\sqrt{\sec^2 t - 1} = |\tan t| = -\tan t$.

换元公式也可以反过来使用. 为方便计, 把换元公式(1)的左、右两端对调位置, 同时把 t 改记为 x, 而把 x 改记为 t, 得到

$$\int_a^b f[\varphi(x)]\varphi'(x)\mathrm{d}x = \int_\alpha^\beta f(t)\mathrm{d}t.$$

这样, 可以用 $t = \varphi(x)$ 来引入新变量 t, 而 $\alpha = \varphi(a)$, $\beta = \varphi(b)$.

例 3 计算 $\int_0^{\frac{\pi}{2}} \cos^5 x \sin x \mathrm{d}x$.

解 设 $t = \cos x$, 则 $\mathrm{d}t = -\sin x \mathrm{d}x$, 并且当 $x = 0$ 时, $t = 1$; 当 $x = \frac{\pi}{2}$ 时, $t = 0$. 于是

$$\int_0^{\frac{\pi}{2}} \cos^5 x \sin x \mathrm{d}x = -\int_1^0 t^5 \mathrm{d}t = \int_0^1 t^5 \mathrm{d}t = \left[\frac{t^6}{6}\right]_0^1 = \frac{1}{6}.$$

在例 3 中, 可类似于不定积分的第一类换元法 (凑微分法) 直接求得被积函数的原函数, 而不必明显地写出新变量 t, 这样定积分的上、下限就不用变更. 现在用这种记法计算如下:

$$\int_0^{\frac{\pi}{2}} \cos^5 x \sin x \mathrm{d}x = -\int_0^{\frac{\pi}{2}} \cos^5 x \mathrm{d}(\cos x) = -\left[\frac{\cos^6 x}{6}\right]_0^{\frac{\pi}{2}} = \frac{1}{6}.$$

例 4 计算 $\int_0^\pi \sqrt{\sin^3 x - \sin^5 x}\,\mathrm{d}x$.

解 由于 $\sqrt{\sin^3 x - \sin^5 x} = \sqrt{\sin^3 x(1 - \sin^2 x)} = \sin^{\frac{3}{2}} x \,|\cos x|$. 当 $x \in \left[0, \frac{\pi}{2}\right]$ 时, $|\cos x| = \cos x$; 当 $x \in \left[\frac{\pi}{2}, \pi\right]$ 时, $|\cos x| = -\cos x$, 所以

$$\int_0^\pi \sqrt{\sin^3 x - \sin^5 x}\,\mathrm{d}x = \int_0^{\frac{\pi}{2}} \sin^{\frac{3}{2}} x \cos x \mathrm{d}x + \int_{\frac{\pi}{2}}^\pi \sin^{\frac{3}{2}} x(-\cos x)\mathrm{d}x$$

$$= \int_0^{\frac{\pi}{2}} \sin^{\frac{3}{2}} x \mathrm{d}(\sin x) - \int_{\frac{\pi}{2}}^\pi \sin^{\frac{3}{2}} x \mathrm{d}(\sin x)$$

$$= \left[\frac{2}{5}\sin^{\frac{5}{2}} x\right]_0^{\frac{\pi}{2}} - \left[\frac{2}{5}\sin^{\frac{5}{2}} x\right]_{\frac{\pi}{2}}^\pi = \frac{2}{5} - \left(-\frac{2}{5}\right) = \frac{4}{5}.$$

例 5 证明下框中的结论:

> 若 $f(x)$ 在 $[-a, a]$ 上连续, 并且为偶函数, 则
> $$\int_{-a}^a f(x)\mathrm{d}x = 2\int_0^a f(x)\mathrm{d}x;$$
> 若 $f(x)$ 在 $[-a, a]$ 上连续, 并且为奇函数, 则
> $$\int_{-a}^a f(x)\mathrm{d}x = 0.$$

证　因为

$$\int_{-a}^{a} f(x)\mathrm{d}x = \int_{-a}^{0} f(x)\mathrm{d}x + \int_{0}^{a} f(x)\mathrm{d}x,$$

对积分 $\int_{-a}^{0} f(x)\mathrm{d}x$ 作代换 $x = -t$，则得

$$\int_{-a}^{0} f(x)\mathrm{d}x = -\int_{a}^{0} f(-t)\mathrm{d}t = \int_{0}^{a} f(-t)\mathrm{d}t = \int_{0}^{a} f(-x)\mathrm{d}x,$$

于是

$$\int_{-a}^{a} f(x)\mathrm{d}x = \int_{0}^{a} f(-x)\mathrm{d}x + \int_{0}^{a} f(x)\mathrm{d}x = \int_{0}^{a} [f(-x) + f(x)]\mathrm{d}x.$$

由此可推得：若 $f(x)$ 为偶函数，即 $f(-x) = f(x)$，则有

$$f(-x) + f(x) = 2f(x),$$

因此

$$\int_{-a}^{a} f(x)\mathrm{d}x = 2\int_{0}^{a} f(x)\mathrm{d}x;$$

若 $f(x)$ 为奇函数，即 $f(-x) = -f(x)$，则有 $f(-x) + f(x) = 0$，因此

$$\int_{-a}^{a} f(x)\mathrm{d}x = 0.$$

在计算偶函数、奇函数在对称于原点的区间上的定积分的时候，利用上述结论，常能带来很大的方便．

例 6　设 $f(x)$ 是以 l 为周期的连续函数，证明：对任意实数 a，有

$$\int_{a}^{a+l} f(x)\mathrm{d}x = \int_{0}^{l} f(x)\mathrm{d}x.$$

证　$\int_{a}^{a+l} f(x)\mathrm{d}x = \int_{a}^{0} f(x)\mathrm{d}x + \int_{0}^{l} f(x)\mathrm{d}x + \int_{l}^{a+l} f(x)\mathrm{d}x.$

在积分 $\int_{l}^{a+l} f(x)\mathrm{d}x$ 中，令 $x = l + t$，并因 f 以 l 为周期，故有

$$\int_{l}^{l+a} f(x)\mathrm{d}x = \int_{0}^{a} f(l + t)\mathrm{d}t = \int_{0}^{a} f(t)\mathrm{d}t = -\int_{a}^{0} f(x)\mathrm{d}x.$$

于是

$$\int_{a}^{a+l} f(x)\mathrm{d}x = \int_{a}^{0} f(x)\mathrm{d}x + \int_{0}^{l} f(x)\mathrm{d}x - \int_{a}^{0} f(x)\mathrm{d}x = \int_{0}^{l} f(x)\mathrm{d}x.$$

本例说明周期函数在长度为一个周期的区间上的积分与区间的位置无关，这是周期函数定积分的特殊性质．

例 7　若 $f(x)$ 在 $[0,1]$ 上连续，证明：

(1) $\int_{0}^{\frac{\pi}{2}} f(\sin x)\mathrm{d}x = \int_{0}^{\frac{\pi}{2}} f(\cos x)\mathrm{d}x;$

(2) $\int_{0}^{\pi} x f(\sin x)\mathrm{d}x = \pi \int_{0}^{\frac{\pi}{2}} f(\sin x)\mathrm{d}x$，由此计算 $\int_{0}^{\pi} \dfrac{x\sin x}{1 + \cos^{2} x}\mathrm{d}x.$

证 (1)设 $x = \dfrac{\pi}{2} - t$,则 $\mathrm{d}x = -\mathrm{d}t$,并且当 $x = 0$ 时,$t = \dfrac{\pi}{2}$;当 $x = \dfrac{\pi}{2}$ 时,$t = 0$. 于是

$$\int_0^{\frac{\pi}{2}} f(\sin x)\mathrm{d}x = -\int_{\frac{\pi}{2}}^0 f\left[\sin\left(\frac{\pi}{2} - t\right)\right]\mathrm{d}t = \int_0^{\frac{\pi}{2}} f(\cos t)\mathrm{d}t,$$

即

$$\boxed{\int_0^{\frac{\pi}{2}} f(\sin x)\mathrm{d}x = \int_0^{\frac{\pi}{2}} f(\cos x)\mathrm{d}x.}$$

(2)设 $x = \dfrac{\pi}{2} + t$,则 $\mathrm{d}x = \mathrm{d}t$,并且当 $x = 0$ 时,$t = -\dfrac{\pi}{2}$;当 $x = \pi$ 时,$t = \dfrac{\pi}{2}$. 于是

$$\int_0^\pi x f(\sin x)\mathrm{d}x = \int_{-\frac{\pi}{2}}^{\frac{\pi}{2}} \left(\frac{\pi}{2} + t\right) f\left[\sin\left(\frac{\pi}{2} + t\right)\right]\mathrm{d}t$$

$$= \int_{-\frac{\pi}{2}}^{\frac{\pi}{2}} \left(\frac{\pi}{2} + t\right) f(\cos t)\mathrm{d}t = \frac{\pi}{2}\int_{-\frac{\pi}{2}}^{\frac{\pi}{2}} f(\cos t)\mathrm{d}t + \int_{-\frac{\pi}{2}}^{\frac{\pi}{2}} t f(\cos t)\mathrm{d}t$$

$$= \pi\int_0^{\frac{\pi}{2}} f(\cos t)\mathrm{d}t + 0 \quad (\text{这一步用到 } f(\cos t) \text{ 为偶函数而}$$

$$t f(\cos t) \text{ 为奇函数})$$

$$= \pi\int_0^{\frac{\pi}{2}} f(\cos t)\mathrm{d}t,$$

再利用本题(1)的结果,即得

$$\int_0^\pi x f(\sin x)\mathrm{d}x = \pi\int_0^{\frac{\pi}{2}} f(\sin x)\mathrm{d}x.$$

利用上式,有

$$\int_0^\pi \frac{x\sin x}{1 + \cos^2 x}\mathrm{d}x = \pi\int_0^{\frac{\pi}{2}} \frac{\sin x}{1 + \cos^2 x}\mathrm{d}x = -\pi\int_0^{\frac{\pi}{2}} \frac{\mathrm{d}(\cos x)}{1 + \cos^2 x}$$

$$= -\pi\left[\arctan(\cos x)\right]_0^{\frac{\pi}{2}} = \frac{\pi^2}{4}.$$

例 8 设函数

$$f(x) = \begin{cases} x\mathrm{e}^{-x^2} & \text{当 } x < 0, \\ \dfrac{x - 1}{\sqrt{x + 1}} & \text{当 } x \geqslant 0, \end{cases}$$

求 $\displaystyle\int_1^5 f(x - 2)\mathrm{d}x$.

解 设 $x - 2 = t$,则 $\mathrm{d}x = \mathrm{d}t$,并且当 $x = 1$ 时,$t = -1$;当 $x = 5$ 时,$t = 3$. 于

是

$$\int_1^5 f(x-2)\mathrm{d}x = \int_{-1}^3 f(t)\mathrm{d}t = \int_{-1}^0 f(t)\mathrm{d}t + \int_0^3 f(t)\mathrm{d}t$$

$$= \int_{-1}^0 t\mathrm{e}^{-t^2}\mathrm{d}t + \int_0^3 \frac{t-1}{\sqrt{t+1}}\mathrm{d}t$$

$$= \left[-\frac{1}{2}\mathrm{e}^{-t^2}\right]_{-1}^0 + \int_0^3 \left(\sqrt{t+1} - \frac{2}{\sqrt{t+1}}\right)\mathrm{d}t$$

$$= -\frac{1}{2} + \frac{1}{2\mathrm{e}} + \left[\frac{2}{3}(t+1)^{\frac{3}{2}} - 4(t+1)^{\frac{1}{2}}\right]_0^3 = \frac{1}{2\mathrm{e}} + \frac{1}{6}.$$

二、定积分的分部积分法

设函数 $u = u(x)$, $v = v(x)$ 在区间 $[a,b]$ 上可导,则有

$$(uv)' = u'v + uv'.$$

再设 $u'(x)$、$v'(x)$ 在区间 $[a,b]$ 上连续,于是上式两端的定积分都存在,从而得到

$$[uv]_a^b = \int_a^b (uv)'\mathrm{d}x = \int_a^b u'v\mathrm{d}x + \int_a^b uv'\mathrm{d}x,$$

移项后即得到定积分的分部积分公式

$$\int_a^b uv'\mathrm{d}x = [uv]_a^b - \int_a^b vu'\mathrm{d}x, \tag{2}$$

或

$$\int_a^b u\mathrm{d}v = [uv]_a^b - \int_a^b v\mathrm{d}u. \tag{2'}$$

例 9 计算 $\int_0^{\frac{1}{2}} \arcsin x\,\mathrm{d}x$.

解 设 $u = \arcsin x$, $\mathrm{d}v = \mathrm{d}x$, 则 $\mathrm{d}u = \dfrac{\mathrm{d}x}{\sqrt{1-x^2}}$, $v = x$, 代入公式(2)便得到

$$\int_0^{\frac{1}{2}} \arcsin x\,\mathrm{d}x = [x\arcsin x]_0^{\frac{1}{2}} - \int_0^{\frac{1}{2}} \frac{x\mathrm{d}x}{\sqrt{1-x^2}}$$

$$= \frac{\pi}{12} + \frac{1}{2}\int_0^{\frac{1}{2}}(1-x^2)^{-\frac{1}{2}}\mathrm{d}(1-x^2)$$

$$= \frac{\pi}{12} + \left[\sqrt{1-x^2}\right]_0^{\frac{1}{2}} = \frac{\pi}{12} + \frac{\sqrt{3}}{2} - 1.$$

上例中,在应用定积分的分部积分法后,还应用了定积分的换元法.

例 10 计算 $\int_0^1 \mathrm{e}^{\sqrt{x}}\mathrm{d}x$.

解 先用换元法. 令 $\sqrt{x} = t$, 则 $x = t^2$, $\mathrm{d}x = 2t\mathrm{d}t$; 并且当 $x = 0$ 时, $t = 0$;

当 $x = 1$ 时, $t = 1$. 于是

$$\int_0^1 e^{\sqrt{x}} dx = 2\int_0^1 te^t dt.$$

再用分部积分法计算上式右端的定积分.

$$\int_0^1 te^t dt = \int_0^1 t d(e^t) = [te^t]_0^1 - \int_0^1 e^t dt = e - [e^t]_0^1 = 1,$$

因此

$$\int_0^1 e^{\sqrt{x}} dx = 2.$$

例 11 证明定积分公式:

$$I_n = \int_0^{\frac{\pi}{2}} \sin^n x \, dx \left(= \int_0^{\frac{\pi}{2}} \cos^n x \, dx \right)$$

$$= \begin{cases} \dfrac{n-1}{n} \cdot \dfrac{n-3}{n-2} \cdot \cdots \cdot \dfrac{1}{2} \cdot \dfrac{\pi}{2} & \text{当 } n \text{ 为正偶数} \\[3mm] \dfrac{n-1}{n} \cdot \dfrac{n-3}{n-2} \cdot \cdots \cdot \dfrac{2}{3} & \text{当 } n \text{ 为大于 1 的奇数.} \end{cases}$$

证 当 $n > 1$ 时,设 $u = \sin^{n-1} x, dv = \sin x dx$,则 $du = (n-1)\sin^{n-2} x \cos x dx$, $v = -\cos x$,于是由公式(2)得到

$$I_n = \left[-\cos x \sin^{n-1} x \right]_0^{\frac{\pi}{2}} + (n-1)\int_0^{\frac{\pi}{2}} \sin^{n-2} x \cos^2 x \, dx$$

$$= (n-1)\int_0^{\frac{\pi}{2}} \sin^{n-2} x (1 - \sin^2 x) \, dx$$

$$= (n-1)I_{n-2} - (n-1)I_n,$$

由此得到递推公式

$$I_n = \frac{n-1}{n} I_{n-2}.$$

因为 $I_0 = \int_0^{\frac{\pi}{2}} dx = \dfrac{\pi}{2}$,所以,当 n 是正偶数时,由递推公式得到

$$I_n = \frac{n-1}{n} \cdot \frac{n-3}{n-2} \cdot \cdots \cdot \frac{3}{4} \cdot \frac{1}{2} \cdot \frac{\pi}{2};$$

又因为 $I_1 = \int_0^{\frac{\pi}{2}} \sin x dx = 1$,所以当 n 是大于 1 的奇数时,由递推公式得到

$$I_n = \frac{n-1}{n} \cdot \frac{n-3}{n-2} \cdot \cdots \cdot \frac{4}{5} \cdot \frac{2}{3}.$$

又由例 7(1)可知, $\int_0^{\frac{\pi}{2}} \sin^n x \, dx = \int_0^{\frac{\pi}{2}} \cos^n x \, dx$,证毕.

这个公式在定积分的计算中是很有用的,值得注意. 例如可直接应用这个公

式求得下面的定积分：

$$\int_0^{\frac{\pi}{2}} \sin^4 x \cos^2 x \, dx = \int_0^{\frac{\pi}{2}} \sin^4 x (1 - \sin^2 x) \, dx = \int_0^{\frac{\pi}{2}} \sin^4 x \, dx - \int_0^{\frac{\pi}{2}} \sin^6 x \, dx$$

$$= \left(\frac{3}{4} \cdot \frac{1}{2} - \frac{5}{6} \cdot \frac{3}{4} \cdot \frac{1}{2} \right) \frac{\pi}{2} = \frac{\pi}{32}.$$

习题 3－7

1. 计算下列定积分：

(1) $\int_{\frac{\pi}{6}}^{\frac{\pi}{2}} \sin\left(2x + \frac{\pi}{3}\right) dx$；

(2) $\int_{-2}^{-1} \frac{dx}{(11 + 5x)^3}$；

(3) $\int_0^{\frac{\pi}{2}} \sin x \cos^2 x \, dx$；

(4) $\int_0^{\pi} (1 - \cos^3 \theta) d\theta$；

(5) $\int_{\frac{\pi}{6}}^{\frac{\pi}{3}} \sin^2 \theta \, d\theta$；

(6) $\int_0^1 \frac{\sqrt{x}}{1 + \sqrt{x}} dx$；

(7) $\int_0^{\sqrt{2}} \sqrt{2 - x^2} \, dx$；

(8) $\int_0^2 x^2 \sqrt{4 - x^2} \, dx$；

(9) $\int_{\frac{1}{\sqrt{2}}}^1 \frac{\sqrt{1 - x^2}}{x^2} dx$；

(10) $\int_0^1 \frac{dx}{(4 - x^2)^{3/2}}$；

(11) $\int_0^1 x^2 \sqrt{1 - x^2} \, dx$；

(12) $\int_{-1}^1 \frac{x \, dx}{\sqrt{5 - 4x}}$；

(13) $\int_0^1 x e^{-x^2} \, dx$；

(14) $\int_1^e \frac{dx}{x \sqrt{1 + \ln x}}$；

(15) $\int_{-\frac{\pi}{2}}^{\frac{\pi}{2}} \sqrt{\cos x - \cos^3 x} \, dx$；

(16) $\int_0^{\pi} \sqrt{1 + \cos 2x} \, dx$.

2. 计算下列定积分：

(1) $\int_0^1 x^2 e^x \, dx$；

(2) $\int_1^2 x \ln \sqrt{x} \, dx$；

(3) $\int_0^1 x \arctan x \, dx$；

(4) $\int_0^{\pi} x \sin 2x \, dx$；

(5) $\int_0^{\frac{\pi}{2}} e^{2x} \cos x \, dx$；

(6) $\int_{\frac{\pi}{4}}^{\frac{\pi}{3}} \frac{x}{\sin^2 x} dx$；

(7) $\int_1^e \sin(\ln x) \, dx$；

(8) $\int_{\frac{1}{e}}^e |\ln x| \, dx$.

3. 利用函数的奇偶性计算下列定积分：

(1) $\int_{-\pi}^{\pi} x^4 \sin x \, dx$；

(2) $\int_{-\frac{\pi}{2}}^{\frac{\pi}{2}} 6 \cos^4 \theta \, d\theta$；

(3) $\int_{-\frac{1}{2}}^{\frac{1}{2}} \frac{(\arcsin x)^2}{\sqrt{1 - x^2}} dx$；

(4) $\int_{-1}^1 |x| \ln(x + \sqrt{1 + x^2}) \, dx$.

4. 设

$$f(x) = \begin{cases} \dfrac{1}{1+e^x} & \text{当 } x < 0, \\[2mm] \dfrac{1}{1+x} & \text{当 } x \geqslant 0. \end{cases}$$

求 $\displaystyle\int_0^2 f(x-1)\mathrm{d}x$.

5. 设 $f(x)$ 在 $[a,b]$ 上连续，且 $\displaystyle\int_a^b f(x)\mathrm{d}x = 1$，求 $\displaystyle\int_a^b f(a+b-x)\mathrm{d}x$.

6. 证明：$\displaystyle\int_0^1 x^m(1-x)^n \mathrm{d}x = \int_0^1 x^n(1-x)^m \mathrm{d}x$.

7. 计算 $\displaystyle\int_0^{n\pi} |\sin x| \, \mathrm{d}x$.

8. 求 $I_m = \displaystyle\int_0^{\pi} x\sin^m x \, \mathrm{d}x \ (m \in \mathbf{Z}^+)$.

第八节　定积分的几何应用举例

　　在本节以及下一节，我们将应用定积分来计算一些几何量和物理量．凡是能用定积分计算的量，一定分布在某个区间（比如 $[a,b]$）上，并且对于该区间具有可加性．我们以本章第五节的引例 1 来说明这个特性．该引例讨论的曲边梯形的面积 A 与区间 $[a,b]$ 有关，当把 $[a,b]$ 分成 n 个部分区间时，则所求量 A 也相应地分成 n 个部分量 $\Delta A_i(i=1,2,\cdots,n)$，$\Delta A_i$ 表示与第 i 个小区间相对应的窄曲边梯形的面积．而 A 就等于所有这些部分量之和，即 $A = \displaystyle\sum_{i=1}^n \Delta A_i$，这时我们就称面积 A 对区间 $[a,b]$ 具有可加性．几何中的面积、体积、弧长，物理中的功、转动惯量等等的量都具有这种特性，因此都可考虑用定积分来计算．

　　用定积分计算某个量，关键在于把所求量通过定积分表达出来．那么如何找出积分表达式呢？在物理和工程科学中经常采用的方法是所谓的元素法．它的大致步骤是这样的：设所求量 U 是一个与某变量（设为 x）的变化区间 $[a,b]$ 有关的量，且关于区间 $[a,b]$ 具有可加性．我们就设想把 $[a,b]$ 分成 n 个小区间，并把其中一个代表性的小区间记作 $[x, x+\mathrm{d}x]$，然后就寻求相应于这个小区间的部分量 ΔU 的近似值，如果 ΔU 有形如 $f(x)\mathrm{d}x$ 的近似表达式（其中 $f(x)$ 为 $[a,b]$ 上的一个连续函数在点 x 处的值，$\mathrm{d}x$ 为小区间的长度），那么就把 $f(x)\mathrm{d}x$ 称为量 U 的元素并记作 $\mathrm{d}U^{①}$，即

$$\mathrm{d}U = f(x)\mathrm{d}x,$$

---

　　① 这里 ΔU 与 $\mathrm{d}U$ 相差一个比 $\mathrm{d}x$ 高阶的无穷小．

接着以元素 $f(x)dx$ 作为被积表达式在$[a,b]$上作积分,就得到所求量 U 的积分表达式:

$$U = \int_a^b f(x)dx.$$

如果结合本章第五节的两个引例来读上面这段说明,可以看出,元素法不过是那两个例子中得出定积分表达式的四个步骤的简化形式而已.

下面我们将结合具体例子来介绍元素法的应用.

本节以及下一节所述各类问题仅是举例而已.定积分的实质是具有可加性的连续变量的求和问题,凡属这类问题,即使书中并未提及,也可按同样的思路加以解决.

一、平面图形的面积

直角坐标情形   设曲边形由两条曲线 $y=f_1(x)$、$y=f_2(x)$(其中 $f_1(x)$ 和$f_2(x)$均在$[a,b]$上连续且 $f_2(x)\geqslant f_1(x)$,$x\in[a,b]$)及直线 $x=a$、$x=b$ 所围成(图3-6)(以下简称平面图形 $f_1(x)\leqslant y\leqslant f_2(x)$,$a\leqslant x\leqslant b$),我们来求出它的面积 A.

取 x 为积分变量,它的变化区间为$[a,b]$.设想把$[a,b]$分成若干个小区间,并把其中的代表性小区间记作$[x,x+dx]$.与这个小区间相对应的窄曲边形的面积 ΔA 近似等于高为 $f_2(x)-$

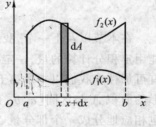

图 3-6

$f_1(x)$,底为 dx 的窄矩形的面积$[f_2(x)-f_1(x)]dx$,从而得面积元素 dA,即

$$dA = [f_2(x)-f_1(x)]dx.$$

于是得

平面图形 $f_1(x)\leqslant y\leqslant f_2(x)$,$a\leqslant x\leqslant b$ 的面积为

$$A = \int_a^b [f_2(x)-f_1(x)]dx.$$

如果曲边形由两条曲线 $x=g_1(y)$、$x=g_2(y)$(其中 $g_1(y)$和 $g_2(y)$均在$[c,d]$上连续,且 $g_2(y)\geqslant g_1(y)$,$y\in[c,d]$)及直线 $y=c$、$y=d$ 所围成(图3-7)(以下简称平面图形 $g_1(y)\leqslant x\leqslant g_2(y)$,$c\leqslant y\leqslant d$),则同样可得

平面图形 $g_1(y)\leqslant x\leqslant g_2(y)$,$c\leqslant y\leqslant d$ 的面积为

$$A = \int_c^d [g_2(y)-g_1(y)]dy.$$

下面计算几个具体图形的面积.

例1　计算由两条抛物线：$y^2 = x$，$y = x^2$ 所围成的图形的面积.

解　这两条抛物线所围成的图形如图 $3-8$ 所示.为了具体确定图形所在范围，先求出这两条抛物线的交点为$(0,0)$与$(1,1)$，从而知道图形介于直线 $x = 0$ 与 $x = 1$ 之间.图形可以看成是介于两条曲线 $y = x^2$ 与 $y = \sqrt{x}$ 及直线 $x = 0$，$x = 1$ 之间的曲边形.所以，它的面积

$$A = \int_0^1 (\sqrt{x} - x^2)\,\mathrm{d}x = \left[\frac{2}{3}x^{\frac{3}{2}} - \frac{1}{3}x^3\right]_0^1 = \frac{1}{3}.$$

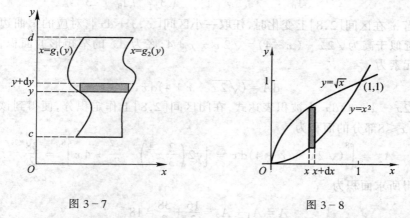

图 $3-7$　　　　　　　　　　　图 $3-8$

例2　计算抛物线 $y^2 = 2x$ 与直线 $y = x - 4$ 所围成的图形的面积.

解　这个图形如图 $3-9(a)$ 所示.求出抛物线与直线的交点为$(2,-2)$与$(8,4)$.

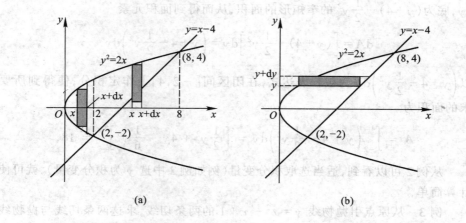

(a)　　　　　　　　　　　(b)

图 $3-9$

如果选取横坐标 x 为积分变量（如图 $3-9(a)$ 所示），它的变化区间为

$[0,8]$.

当 x 在区间 $[0,2]$ 上变化时,任取一小区间 $[x,x+\mathrm{d}x]$,对应的窄曲边形的面积近似于高为 $\sqrt{2x}-(-\sqrt{2x})=2\sqrt{2x}$,底为 $\mathrm{d}x$ 的窄矩形的面积,从而面积元素为

$$\mathrm{d}A = 2\sqrt{2x}\,\mathrm{d}x,$$

以 $2\sqrt{2x}\,\mathrm{d}x$ 为被积表达式,在闭区间 $[0,2]$ 上作定积分,便得到该图形在 $0\leqslant x \leqslant 2$ 部分的面积为

$$A_1 = \int_0^2 2\sqrt{2x}\,\mathrm{d}x = \left[2\sqrt{2}\left(\frac{2}{3}x^{\frac{3}{2}}\right)\right]_0^2 = \frac{16}{3};$$

当 x 在区间 $[2,8]$ 上变化时,任取一小区间 $[x,x+\mathrm{d}x]$,对应的窄曲边形的面积近似于高为 $\sqrt{2x}-(x-4)=\sqrt{2x}-x+4$,底为 $\mathrm{d}x$ 的窄矩形的面积,从而面积元素为

$$\mathrm{d}A = (\sqrt{2x}-x+4)\mathrm{d}x,$$

以 $(\sqrt{2x}-x+4)\mathrm{d}x$ 为被积表达式,在闭区间 $[2,8]$ 上作定积分,便得到该图形在 $2\leqslant x\leqslant 8$ 部分的面积为

$$A_2 = \int_2^8 (\sqrt{2x}-x+4)\mathrm{d}x = \left[\sqrt{2}\left(\frac{2}{3}x^{\frac{3}{2}}\right)-\frac{x^2}{2}+4x\right]_2^8 = \frac{38}{2}.$$

从而得所求面积为

$$A = A_1 + A_2 = \frac{16}{3}+\frac{38}{3} = 18.$$

如果选取纵坐标 y 为积分变量(如图 3-9(b)所示),它的变化区间为 $[-2,4]$,在 $[-2,4]$ 上任取一小区间 $[y,y+\mathrm{d}y]$,对应的窄曲边形的面积近似于高为 $\mathrm{d}y$,底为 $(y+4)-\frac{1}{2}y^2$ 的窄矩形的面积,从而得到面积元素

$$\mathrm{d}A = \left[(y+4)-\frac{1}{2}y^2\right]\mathrm{d}y = \left(y+4-\frac{1}{2}y^2\right)\mathrm{d}y.$$

以 $\left(y+4-\frac{1}{2}y^2\right)\mathrm{d}y$ 为被积表达式,在闭区间 $[-2,4]$ 上作定积分,便得到所要求的面积为

$$A = \int_{-2}^4 \left(y+4-\frac{1}{2}y^2\right)\mathrm{d}y = \left[\frac{1}{2}y^2+4y-\frac{1}{6}y^3\right]_{-2}^4 = 18.$$

从例 2 可以看到,适当选取积分变量(例如例 2 中选 y 为积分变量),就可使计算简单.

例 3 从原点引抛物线 $y=x^2-x+1$ 的两条切线,求这两条切线与抛物线所围成的图形的面积.

解 该图形如图 3-10 所示.设切点坐标为 $(x_0, x_0^2-x_0+1)$,根据导数的

几何意义,得切线的斜率为

$$k = 2x_0 - 1,$$

由于切线通过原点,故有

$$2x_0 - 1 = \frac{x_0^2 - x_0 + 1}{x_0},$$

解得 $x_0 = \pm 1$,即切点分别为 $A(-1,3)$ 和 B (1,1),切线方程分别为

$$y = -3x \ 和 \ y = x.$$

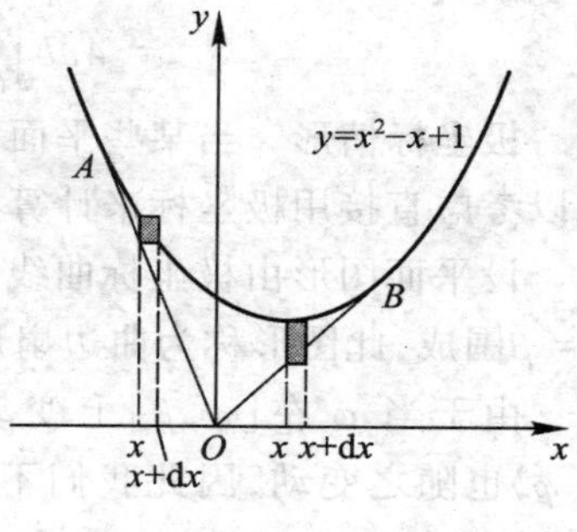

从图 3-10 可知,当 x 在区间 $[-1,0]$ 上变化时,面积元素为

$$dA = [x^2 - x + 1 - (-3x)]dx = (x + 1)^2 dx;$$

当 x 在区间 $[0,1]$ 上变化时,面积元素为

$$dA = (x^2 - x + 1 - x)dx = (x - 1)^2 dx.$$

从而得所求面积为

$$A = \int_{-1}^{0} (x + 1)^2 dx + \int_{0}^{1} (x - 1)^2 dx = \left[\frac{1}{3}(x + 1)^3 \right]_{-1}^{0} + \left[\frac{1}{3}(x - 1)^3 \right]_{0}^{1} = \frac{2}{3}.$$

图 3-10

例4　求椭圆 $\dfrac{x^2}{a^2} + \dfrac{y^2}{b^2} = 1$ 所围成的图形的面积.

解　由于这个椭圆关于两坐标轴都对称(图 3-11),所以椭圆所围成的图形的面积为 $A = 4A_1$,其中 A_1 为这个椭圆在第一象限部分与两坐标轴所围图形的面积.设 (x,y) 为椭圆弧上任意一点,则由元素法可得 A_1 的面积元素为

$$dA_1 = ydx,$$

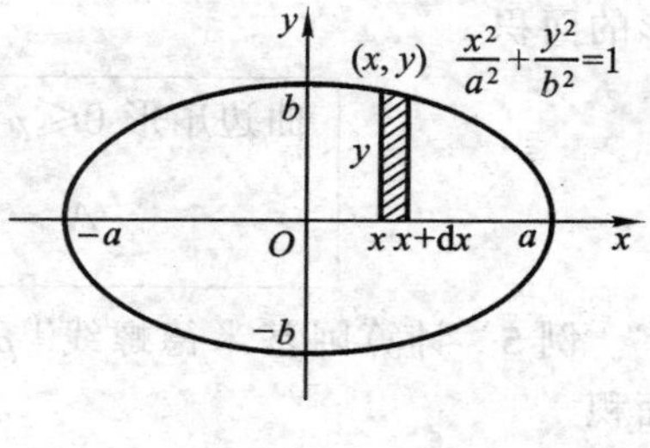

于是

$$A = 4A_1 = 4\int_{0}^{a} ydx.$$

图 3-11

利用椭圆的参数方程

$$\begin{cases} x = a\cos t, \\ y = b\sin t, \end{cases}$$

对上面的定积分进行换元,即令 $x = a\cos t$,则 $y = b\sin t$,$dx = -a\sin t dt$;当 $x = 0$ 时,$t = \dfrac{\pi}{2}$;当 $x = a$ 时,$t = 0$. 于是

$$A = 4\int_{0}^{a} ydx = 4\int_{\frac{\pi}{2}}^{0} b\sin t(-a\sin t)dt$$

$$= 4ab\int_0^{\frac{\pi}{2}}\sin^2 t\,\mathrm{d}t = 4ab\cdot\frac{1}{2}\cdot\frac{\pi}{2} = \pi ab.$$

极坐标情形   当某些平面图形的边界曲线适于用极坐标方程表示时,我们可以考虑直接用极坐标来计算这些平面图形的面积.

设平面图形由极坐标曲线 $\rho = \rho(\varphi)$($\rho(\varphi)$ 在 $[\alpha,\beta]$ 上连续)与射线 $\varphi = \alpha$,$\varphi = \beta$ 围成,此图形称为曲边扇形(图 3 – 12).现在求它的面积.

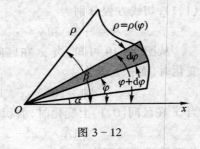

由于当 φ 在 $[\alpha,\beta]$ 上变动时,极径 $\rho = \rho(\varphi)$ 也随之变动,因此我们不能直接利用圆扇形的面积公式 $A = \dfrac{1}{2}R^2\varphi$ 来计算曲边扇形的面积.取极角 φ 为积分变量,其变化区间为 $[\alpha,\beta]$,在 $[\alpha,\beta]$ 上任取一小区间 $[\varphi,\varphi+\mathrm{d}\varphi]$,对应的窄曲边扇形的面积近似等于半径为 $\rho(\varphi)$,中心角为 $\mathrm{d}\varphi$ 的圆扇形的面积,从而得到曲边扇形的面积元素

图 3 – 12

$$\mathrm{d}A = \frac{1}{2}[\rho(\varphi)]^2\mathrm{d}\varphi.$$

以 $\dfrac{1}{2}[\rho(\varphi)]^2\mathrm{d}\varphi$ 为被积表达式,在闭区间 $[\alpha,\beta]$ 上作定积分,便得到所求曲边扇形的面积.

> 曲边扇形 $0\leqslant\rho\leqslant\rho(\varphi)$,$\alpha\leqslant\varphi\leqslant\beta$ 的面积为
> $$A = \int_\alpha^\beta\frac{1}{2}[\rho(\varphi)]^2\mathrm{d}\varphi.$$

例 5   计算阿基米德螺线[①]$\rho = a\varphi$ 的一环($0\leqslant\varphi\leqslant 2\pi$)与极轴所围图形的面积.

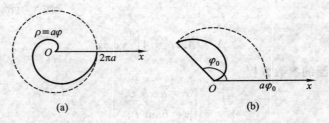

图 3 – 13

---

① 当质点沿着极径作匀速直线运动,而极径又围绕极点匀速转动时,质点的运动轨迹即为阿基米德螺线.

解　所围图形如图 3 - 13(a)所示,按照极坐标下曲边扇形的面积计算公式,此图形的面积为

$$A = \int_0^{2\pi} \frac{1}{2}(a\varphi)^2 \mathrm{d}\varphi = \left[\frac{a^2\varphi^3}{6}\right]_0^{2\pi} = \frac{4}{3}\pi^3 a^2.$$

这一面积值恰好等于半径为 $2\pi a$ 的圆面积的三分之一. 早在两千多年前,阿基米德采用穷竭法就已知道了这个结果,他在《论螺线》一文中说:"旋转第一圈时所产生的螺线与始线所围的面积是'第一圆'面积的三分之一". 更一般地容易验证,阿基米德螺线 $\rho = a\varphi$ 位于 $0 \leqslant \varphi \leqslant \varphi_0 \leqslant 2\pi$ 的一段与射线 $\varphi = \varphi_0$ 所围图形(图 3 - 13(b))的面积恰好等于半径为 $a\varphi_0$,顶角为 φ_0 的圆扇形面积的三分之一.

例 6　计算心形线[①]$\rho = a(1 + \cos\varphi)\,(a > 0)$所围成的图形的面积.

解　所围图形如图 3 - 14 所示,容易知道该图形关于极轴对称,因此所求面积是极轴上方部分图形面积的 2 倍,按照极坐标下曲边扇形的面积计算公式,极轴上方部分图形面积为

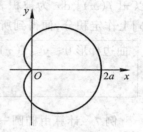

图 3 - 14

$$A_1 = \int_0^\pi \frac{1}{2}\left[a(1 + \cos\varphi)\right]^2 \mathrm{d}\varphi = \frac{a^2}{2}\int_0^\pi (1 + 2\cos\varphi + \cos^2\varphi)\mathrm{d}\varphi$$

$$= \frac{a^2}{2}\int_0^\pi \left(1 + 2\cos\varphi + \frac{1 + \cos 2\varphi}{2}\right)\mathrm{d}\varphi$$

$$= \frac{a^2}{2}\left[\frac{3}{2}\varphi + 2\sin\varphi + \frac{1}{4}\sin 2\varphi\right]_0^\pi = \frac{3}{4}\pi a^2,$$

因此,所求面积为

$$A = 2A_1 = \frac{3}{2}\pi a^2.$$

二、体积

一般立体的体积计算将在以后的重积分中讨论. 有两种比较特殊的立体的体积可以利用定积分计算.

1. 旋转体的体积

平面图形绕着它所在平面内的一条直线旋转一周所成的立体称为旋转体. 这条直线称为旋转轴. 我们现在求曲边梯形 $0 \leqslant y \leqslant f(x), a \leqslant x \leqslant b$(其中 $f(x)$

———————

　①　当动圆沿另一个定圆的圆周外部滚动时(两圆位于同一平面上且半径相等),动圆圆周上一点的运动轨迹即为心形线.

在[a,b]上连续)绕 x 轴旋转一周所成的旋转体的体积(图 3-15).

取 x 为积分变量．它的变化区间为[a, b]．在[a,b]上任取一小区间[x,x+dx]，相应的窄曲边梯形绕 x 轴旋转而成的薄片的体积近似于以$|f(x)|$为底半径、dx 为高的扁圆柱体(图 3-15)的体积，从而得到体积元素

$$dV = \pi[f(x)]^2 dx.$$

以 $\pi[f(x)]^2 dx$ 为被积表达式，在闭区间[a, b]上作定积分，便得到所求旋转体的体积．

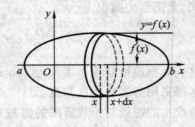

图 3-15

> 曲边梯形 $0 \leqslant y \leqslant f(x)$，$a \leqslant x \leqslant b$ 绕 x 轴旋转一周所成的旋转体的体积为
> $$V = \int_a^b \pi[f(x)]^2 dx.$$

例 7 计算由椭圆$\dfrac{x^2}{a^2} + \dfrac{y^2}{b^2} = 1$围成的图形绕 x 轴旋转一周所成的旋转体(称为旋转椭球体)的体积．

解 这个旋转椭球体可以看作是由上半椭圆 $y = \dfrac{b}{a}\sqrt{a^2 - x^2}$ 与 x 轴围成的图形绕 x 轴旋转一周而成的立体．所以它的体积

$$V = \int_{-a}^a \pi\left[\frac{b}{a}\sqrt{a^2 - x^2}\right]^2 dx = \frac{\pi b^2}{a^2}\int_{-a}^a (a^2 - x^2)dx$$

$$= \frac{\pi b^2}{a^2}\left[a^2 x - \frac{1}{3}x^3\right]_{-a}^a = \frac{4}{3}\pi ab^2.$$

当 $a = b$ 时，旋转椭球体就成为半径为 a 的球体，它的体积为$\dfrac{4}{3}\pi a^3$.

用类似的方法可以推出：

> 曲边梯形 $0 \leqslant x \leqslant \varphi(y)$，$c \leqslant y \leqslant d$ 绕 y 轴旋转一周所成的旋转体的体积为
> $$V = \int_c^d \pi[\varphi(y)]^2 dy.$$

例 8 计算由下半圆周 $y = 1 - \sqrt{2x - x^2}$ 与直线 $y = 1$所围成的半圆，分别绕 x 轴和 y 轴所成的旋转体的体积．

解 这个图形绕 x 轴旋转一周所成的旋转体的体积为平面图形 $OABD$(矩形)和 $OACBD$(矩形去除阴影部分)分别绕 x 轴旋转而成的旋转体的体积之差(图 3-16)，即

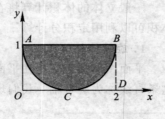

图 3-16

$$V_x = \int_0^2 \pi \cdot 1^2 \mathrm{d}x - \int_0^2 \pi(1 - \sqrt{2x - x^2})^2 \mathrm{d}x = \pi \int_0^2 (2\sqrt{2x - x^2} - 2x + x^2)\mathrm{d}x,$$

而

$$\int_0^2 (-2x + x^2)\mathrm{d}x = \left[-x^2 + \frac{1}{3}x^3\right]_0^2 = -\frac{4}{3},$$

$$\int_0^2 \sqrt{2x - x^2}\,\mathrm{d}x = \int_0^2 \sqrt{1 - (1 - x)^2}\,\mathrm{d}x \xrightarrow{x = 1 - \sin t} \int_{\frac{\pi}{2}}^{-\frac{\pi}{2}} \cos t \cdot (-\cos t)\mathrm{d}t$$

$$= 2\int_0^{\frac{\pi}{2}} \cos^2 t\,\mathrm{d}t = 2 \cdot \frac{1}{2} \cdot \frac{\pi}{2} = \frac{\pi}{2}.$$

因此

$$V_x = \pi\left(2 \cdot \frac{\pi}{2} - \frac{4}{3}\right) = \frac{\pi(3\pi - 4)}{3}.$$

这个图形绕 y 轴旋转一周所成的旋转体的体积为平面图形 $OABC$（曲边梯形）和 OAC（曲边三角形）分别绕 y 轴旋转而成的旋转体的体积之差（图 3 - 16），曲边 CB 和 CA 的方程分别为

$$x = 1 + \sqrt{2y - y^2}\ \text{和}\ x = 1 - \sqrt{2y - y^2},$$

因此

$$V_y = \int_0^1 \pi(1 + \sqrt{2y - y^2})^2 \mathrm{d}y - \int_0^1 \pi(1 - \sqrt{2y - y^2})^2 \mathrm{d}y = 4\pi \int_0^1 \sqrt{2y - y^2}\,\mathrm{d}y$$

$$= 4\pi \int_0^1 \sqrt{1 - (1 - y)^2}\,\mathrm{d}y \xrightarrow{y = 1 - \sin t} 4\pi \int_{\frac{\pi}{2}}^0 \cos t \cdot (-\cos t)\mathrm{d}t$$

$$= 4\pi \int_0^{\frac{\pi}{2}} \cos^2 t\,\mathrm{d}t = 4\pi \cdot \frac{1}{2} \cdot \frac{\pi}{2} = \pi^2.$$

2. 平行截面面积为已知的立体的体积

从计算旋转体体积的过程中可以看出：如果一个立体不是旋转体，但却知道该立体上垂直于一定轴的各个截面的面积，那么这个立体的体积也可以用定积分计算.

如图 3 - 17 所示，取上述定轴为 x 轴，并设该立体在过点 $x = a$，$x = b$ 且垂直于 x 轴的两个平面之间. 设过点 x 且垂直于 x 轴的截面面积为 x 的已知函数 $A(x)$，并假定 $A(x)$ 在 $[a, b]$ 上连续. 这时，取 x 为积分变量，其变化区间为 $[a, b]$. 立体中相应于 $[a, b]$ 上的任一小区

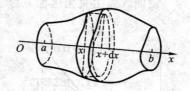

图 3 - 17

间 $[x, x + \mathrm{d}x]$ 的一薄片的体积近似于底面积为 $A(x)$、高为 $\mathrm{d}x$ 的扁柱体的体积，从而得体积元素

$$\mathrm{d}V = A(x)\mathrm{d}x.$$

以 $A(x)\mathrm{d}x$ 为被积表达式,在闭区间$[a,b]$上作定积分,便得到

> 夹在过点 $x=a$ 和 $x=b$ 且垂直于 x 轴的两个平面之间、且平行截面面积为 $A(x)$ 的立体体积为
> $$V = \int_a^b A(x)\mathrm{d}x.$$

　　由上述公式可知,若两个立体的对应于同一 x 的平行截面的面积恒相等,则两立体必等积.我国古代数学家早就知道这一原理.南北朝时期的大数学家祖冲之和他的儿子祖暅在计算球体体积时就指出:"幂势既同则积不容异"(幂势的意思就是截面积).在国外,这一原理直到一千多年后才被意大利数学家提出来.

　　例 9　一平面经过半径为 R 的圆柱体的底圆中心,并且与底面交成角 α.计算这个平面截圆柱体所得立体的体积.

　　解　取这个平面与底面的交线为 x 轴,底面上过圆心,且垂直于 x 轴的直线为 y 轴,则底圆的方程为 $x^2 + y^2 = R^2$(图 3-18).立体中过点 x 且垂直于 x 轴的截面是一个直角三角形.它的两条直角边的长度分别为 y 与 $y\tan\alpha$,即 $\sqrt{R^2 - x^2}$ 与 $\sqrt{R^2 - x^2}\tan\alpha$.因而截面面积为

$$A(x) = \frac{1}{2}(R^2 - x^2)\tan\alpha,$$

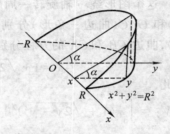

图 3-18

于是所求立体的体积为

$$V = \int_{-R}^{R} \frac{1}{2}(R^2 - x^2)\tan\alpha\,\mathrm{d}x = \frac{1}{2}\tan\alpha\left[R^2 x - \frac{1}{3}x^3\right]_{-R}^{R} = \frac{2}{3}R^3\tan\alpha.$$

三、平面曲线的弧长

直角坐标情形

设曲线弧由直角坐标方程
$$y = f(x) \quad (a \leqslant x \leqslant b)$$

给出,其中 $f(x)$ 在$[a,b]$上具有一阶连续导数.现在用元素法来计算这曲线弧的长度.

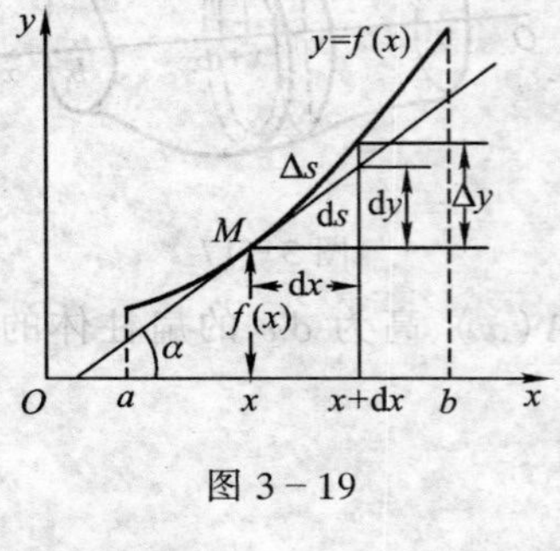

　　取横坐标 x 为积分变量,其变化区间为$[a,b]$.曲线 $y = f(x)$ 上对应于区间$[a,b]$上任一小区间$[x, x+\mathrm{d}x]$的一段弧的长度 Δs 可以用该曲线在点 $M(x, f(x))$ 处的切线上相应的一小段的长度来近似代替(图 3-19).而这相应切线段的长度为

图 3-19

$$\sqrt{(dx)^2 + (dy)^2} = \sqrt{1 + y'^2}\,dx,$$

以此作为弧长元素 ds[①],即

$$ds = \sqrt{1 + y'^2}\,dx.$$

以 $\sqrt{1 + y'^2}\,dx$ 为被积表达式,在闭区间 $[a,b]$ 上作定积分,便得所求的弧长.

> 曲线弧段 $y = f(x)\,(a \leqslant x \leqslant b)$ 的长度为
> $$s = \int_a^b \sqrt{1 + y'^2}\,dx.$$

例 10　计算曲线 $y = \dfrac{1}{2}(x-1)^{\frac{3}{2}}$ 上相应于 $1 \leqslant x \leqslant 2$ 的一段弧(图 3-20)的长度.

解　因 $y' = \dfrac{3}{4}(x-1)^{\frac{1}{2}}$,故弧长元素,

$$ds = \sqrt{1 + \left[\frac{3}{4}(x-1)^{\frac{1}{2}}\right]^2}\,dx = \frac{1}{4}\sqrt{9x + 7}\,dx,$$

因此,所求弧长为

$$s = \int_1^2 \frac{1}{4}\sqrt{9x + 7}\,dx = \left[\frac{1}{54}(9x + 7)^{\frac{3}{2}}\right]_1^2 = \frac{61}{54}.$$

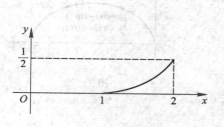

图 3-20

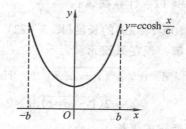

图 3-21

例 11　计算悬链线 $y = c\cosh\dfrac{x}{c}$[②] 上介于 $x = -b$ 与 $x = b$ 之间的一段弧(图 3-21)的长度.

解　由于对称性,要计算的弧长为相应于 x 从 0 到 b 的一段弧长的两倍.

现在,$y' = \sinh\dfrac{x}{c}$,从而弧长元素

$$ds = \sqrt{1 + \sinh^2\frac{x}{c}}\,dx = \cosh\frac{x}{c}\,dx.$$

---

① 弧长元素 $\sqrt{1 + y'^2}\,dx$ 即是微分学中的弧微分,关于弧微分的概念参见本目最后的附.
② 关于悬链线的概念及其方程,参见第四章第五节例 5.

因此,所求的弧长为

$$s = 2\int_0^b \cosh\frac{x}{c}\,\mathrm{d}x = 2c\left[\sinh\frac{x}{c}\right]_0^b = 2c\sinh\frac{b}{c}.$$

参数方程情形

设曲线弧由参数方程

$$\begin{cases} x = \varphi(t), \\ y = \psi(t) \end{cases} \quad (\alpha \leqslant t \leqslant \beta)$$

给出,其中 $\varphi(t)$、$\psi(t)$ 在 $[\alpha,\beta]$ 上具有连续导数. 现在计算这曲线弧的长度.

取参数 t 为积分变量,它的变化区间为 $[\alpha,\beta]$. 相应于 $[\alpha,\beta]$ 上任一小区间 $[t,t+\mathrm{d}t]$ 的小弧段的长度的近似值,即弧长元素为

$$\begin{aligned}
\mathrm{d}s &= \sqrt{(\mathrm{d}x)^2 + (\mathrm{d}y)^2} = \sqrt{\varphi'^2(t)(\mathrm{d}t)^2 + \psi'^2(t)(\mathrm{d}t)^2} \\
&= \sqrt{\varphi'^2(t) + \psi'^2(t)}\,\mathrm{d}t.
\end{aligned}$$

于是,

> 曲线弧段 $x = \varphi(t), y = \psi(t)\ (\alpha \leqslant t \leqslant \beta)$ 的长度为
>
> $$s = \int_\alpha^\beta \sqrt{\varphi'^2(t) + \psi'^2(t)}\,\mathrm{d}t.$$

例 12 计算摆线 $\begin{cases} x = a(t - \sin t), \\ y = a(1 - \cos t) \end{cases} (a > 0)$ 一拱 $(0 \leqslant t \leqslant 2\pi)$ 的长度(图 3-22).

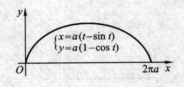

图 3-22

解 现在弧长元素为

$$\begin{aligned}
\mathrm{d}s &= \sqrt{a^2(1 - \cos t)^2 + a^2\sin^2 t}\,\mathrm{d}t \\
&= a\sqrt{2(1 - \cos t)}\,\mathrm{d}t = 2a\sin\frac{t}{2}\,\mathrm{d}t.
\end{aligned}$$

从而所求的弧长

$$s = \int_0^{2\pi} 2a\sin\frac{t}{2}\,\mathrm{d}t = 2a\left[-2\cos\frac{t}{2}\right]_0^{2\pi} = 8a.$$

例 13 求椭圆 $\dfrac{x^2}{a^2} + \dfrac{y^2}{b^2} = 1\,(a > b)$ 的周长.

解 为方便起见,将椭圆方程用参数式

$$\begin{cases} x = a\sin t, \\ y = b\cos t \end{cases} \quad (0 \leqslant t \leqslant 2\pi)$$

表示. 于是,

$$\begin{aligned}
\mathrm{d}s &= \sqrt{\left(\frac{\mathrm{d}x}{\mathrm{d}t}\right)^2 + \left(\frac{\mathrm{d}y}{\mathrm{d}t}\right)^2}\,\mathrm{d}t = \sqrt{a^2\cos^2 t + b^2\sin^2 t}\,\mathrm{d}t \\
&= \sqrt{a^2 - (a^2 - b^2)\sin^2 t}\,\mathrm{d}t = a\sqrt{1 - \varepsilon^2\sin^2 t}\,\mathrm{d}t,
\end{aligned}$$

其中 $\varepsilon = \dfrac{\sqrt{a^2 - b^2}}{a}$ 为椭圆的离心率.

再利用椭圆的对称性,可得椭圆周长

$$s = 4a \int_0^{\frac{\pi}{2}} \sqrt{1 - \varepsilon^2 \sin^2 t} \, dt.$$

此积分称为椭圆积分. 由于被积函数的原函数不是初等函数,故椭圆积分不能用牛顿-莱布尼茨公式计算. 但借助数学软件(例如 Mathematica)进行数值积分,可方便地求出积分的近似值. 比如设 $a = 5, b = 3$,则可用下述命令计算积分值(关于此命令的意义可查阅本书附录一):

```
a = 5;b = 3;eps = Sqrt[a^2 - b^2]/a;
NIntegrate[4 * a * Sqrt[1 - eps^2 * Sin[t]^2],{t,0,Pi/2}]
```

执行此命令后,计算机立即输出结果:25.527.

只需改变 a 和 b 的值,即可求得各种大小的椭圆的周长.

极坐标情形

设曲线弧由极坐标方程

$$\rho = \rho(\varphi) \quad (\alpha \leqslant \varphi \leqslant \beta)$$

给出,其中 $\rho(\varphi)$ 在 $[\alpha, \beta]$ 上具有连续导数. 现在来计算这曲线弧的长度.

由直角坐标与极坐标的关系可得

$$\begin{cases} x = \rho(\varphi)\cos\varphi, \\ y = \rho(\varphi)\sin\varphi \end{cases} \quad (\alpha \leqslant \varphi \leqslant \beta).$$

这就是以极角 φ 为参数的曲线弧的参数方程. 于是弧长元素为

$$ds = \sqrt{x'^2(\varphi) + y'^2(\varphi)} \, d\varphi = \sqrt{\rho^2(\varphi) + \rho'^2(\varphi)} \, d\varphi,$$

从而,

> 曲线弧段 $\rho = \rho(\varphi)(\alpha \leqslant \varphi \leqslant \beta)$ 的长度为
>
> $$s = \int_\alpha^\beta \sqrt{\rho^2(\varphi) + \rho'^2(\varphi)} \, d\varphi.$$

例 14 求心形线 $\rho = a(1 + \cos\varphi)$(图 3-23)的周长.

解 由于对称性,要计算的周长为心形线在极轴上方部分弧长度的两倍.

现在,$\rho'(\varphi) = -a\sin\varphi$,从而弧长元素

$$ds = \sqrt{a^2(1 + \cos\varphi)^2 + (-a\sin\varphi)^2} \, d\varphi$$
$$= a\sqrt{2(1 + \cos\varphi)} \, d\varphi$$

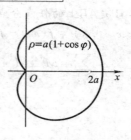

图 3-23

$$= 2a \left| \cos \frac{\varphi}{2} \right| \mathrm{d}\varphi.$$

因此,所求的周长为

$$
\begin{aligned}
s &= 2 \int_0^\pi 2a \left| \cos \frac{\varphi}{2} \right| \mathrm{d}\varphi \\
&= 4a \int_0^\pi \cos \frac{\varphi}{2} \mathrm{d}\varphi \\
&= 4a \left[2\sin \frac{\varphi}{2} \right]_0^\pi \\
&= 8a.
\end{aligned}
$$

附　关于平面曲线弧长的概念

我们已经知道,圆的周长可以利用圆的内接正多边形的周长当边数无限增加时的极限来定义. 对于一般的曲线,我们也用类似的方法来给出其长度的概念.

设有一条以 A、B 为端点的曲线弧 $\overset{\frown}{AB}$. 在弧 $\overset{\frown}{AB}$ 上依次任取分点 $A = M_0$, $M_1, M_2, \cdots, M_{n-1}, M_n = B$,并且依次连接相邻的分点得到一条内接折线(图 3 - 24). 当分点的数量无限增加而且每一个小弧段 $\overset{\frown}{M_{i-1}M_i}$ ($i = 1, 2, \cdots, n$) 都缩向一点时,如果折线的长 $\sum_{i=1}^n |M_{i-1}M_i|$ 的极限存在,那么称此曲线弧是可求长的,并把此极限称为曲线弧 $\overset{\frown}{AB}$ 的弧长.

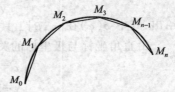

图 3 - 24

我们指出:**光滑曲线弧是可求长的**.

关于这个结论,我们仅就直角坐标情形给出证明. 设曲线弧 $\overset{\frown}{AB}$ 的直角坐标方程为

$$y = f(x) \ (a \leqslant x \leqslant b),$$

其中 $f(x)$ 在 $[a, b]$ 上具有一阶连续导数. 设 $A = M_0, M_1, M_2, \cdots, M_{n-1}, M_n = B$ 是 $\overset{\frown}{AB}$ 上的任意分点,它们依次对应于 $a = x_0, x_1, x_2, \cdots, x_n = b$,记 $\Delta x_i = x_i - x_{i-1}$, $\Delta y_i = f(x_i) - f(x_{i-1})$ ($i = 1, 2, \cdots, n$),则折线的总长度为

$$
\begin{aligned}
\sum_{i=1}^n |M_{i-1}M_i| &= \sum_{i=1}^n \sqrt{(\Delta x_i)^2 + (\Delta y_i)^2} \\
&= \sum_{i=1}^n \sqrt{(\Delta x_i)^2 + [y'(\xi_i)\Delta x_i]^2} \ (由微分中值定理). \\
&= \sum_{i=1}^n \sqrt{1 + [y'(\xi_i)]^2} \Delta x_i \quad (\xi_i \in (x_{i-1}, x_i)).
\end{aligned}
$$

当分点无限增加而每个小弧段 $\overset{\frown}{M_{i-1}M_i}$ 都缩向一点时, 必有 $\lambda = \max\limits_{1\leqslant i\leqslant n}\{\Delta x_i\}\to 0$,
而

$$\lim_{\lambda\to 0}\sum_{i=1}^{n}\sqrt{1+[y'(\xi_i)]^2}\,\Delta x_i = \int_a^b\sqrt{1+y'^2}\,\mathrm{d}x,$$

于是得 $\sum\limits_{i=1}^{n}|M_{i-1}M_i|$ 的极限为 $\displaystyle\int_a^b\sqrt{1+y'^2}\,\mathrm{d}x$. 这说明 AB 是可求长的, 且
AB 的长度

$$s = \int_a^b\sqrt{1+y'^2}\,\mathrm{d}x.$$

如果 x 是 $[a,b]$ 中任意一点, 则区间 $[a,x]$ 所对应的弧长为

$$s(x) = \int_a^x\sqrt{1+y'^2}\,\mathrm{d}x.$$

由上式定义的函数 $s(x)$ 称为 $[a,b]$ 上的弧长函数. 弧长函数 $s(x)$ 的微分称为
弧微分. 由积分上限函数的求导公式即得弧微分公式

$$\boxed{\,\mathrm{d}s = \sqrt{1+y'^2}\,\mathrm{d}x.\,}$$

下面我们利用弧微分公式来讨论光滑曲线上的弧段长、弦长及对应的切线
段长之间的等价无穷小关系.

设 $M(x,y)$, $M'(x+\Delta x, y+\Delta y)(\Delta x>0)$ 是光滑曲线 $y=f(x)$ 上的两
点, 则弧 $\overset{\frown}{MM'}$ 的长度为

$$\begin{aligned}
\Delta s &= \int_x^{x+\Delta x}\sqrt{1+y'^2}\,\mathrm{d}t\\
&= \sqrt{1+y'^2(\zeta)}\,\Delta x(\zeta\in(x,x+\Delta x))\text{（由积分中值定理）},
\end{aligned}$$

弦 MM' 的长度为

$$\begin{aligned}
|MM'| &= \sqrt{(\Delta x)^2+(\Delta y)^2}\\
&= \sqrt{1+y'^2(\tau)}\,\Delta x(\tau\in(x,x+\Delta x))\text{（由微分中值定理）},
\end{aligned}$$

对应的切线段长度为

$$\mathrm{d}s = \sqrt{(\Delta x)^2+[y'(x)\Delta x]^2} = \sqrt{1+y'^2(x)}\,\Delta x.$$

当 $M'\to M$ 时, 有 $\Delta x\to 0$, 这时 $\zeta\to x$, $\tau\to x$, 且因 $f'(x)$ 连续, 故有

$$\lim_{M'\to M}\frac{\Delta s}{\mathrm{d}s} = \lim_{\Delta x\to 0}\frac{\sqrt{1+y'^2(\zeta)}\,\Delta x}{\sqrt{1+y'^2(x)}\,\Delta x} = \frac{\sqrt{1+y'^2(x)}}{\sqrt{1+y'^2(x)}} = 1.$$

同样,

$$\lim_{M' \to M} \frac{|MM'|}{\mathrm{d}s} = \lim_{\Delta x \to 0} \frac{\sqrt{1 + y'^2(\tau)}\Delta x}{\sqrt{1 + y'^2(x)}\Delta x} = \frac{\sqrt{1 + y'^2(x)}}{\sqrt{1 + y'^2(x)}} = 1.$$

这说明:

当 $M' \to M$ 时,$\Delta s \sim |MM'| \sim \mathrm{d}s$.

习题 3－8

1. 求下列曲线所围成的图形的面积:

(1) $x^2 + 3y^2 = 6y$ 与直线 $y = x$(两部分都要计算);

(2) $y = \dfrac{1}{x}$ 与直线 $y = x$ 及 $x = 2$;

(3) $y = \ln x$,y 轴与直线 $y = \ln a$,$y = \ln b(b > a > 0)$;

(4) $\sqrt{x} + \sqrt{y} = 1$ 与两坐标轴;

(5) $x = 2y - y^2$ 与 $y = 2 + x$;

(6) $y = 2^x$ 与直线 $y = 1 - x$,$x = 1$.

2. 求下列图形的面积:

(1) $y = x^2 - x + 2$ 与通过坐标原点的两条切线所围成的图形;

(2) $y^2 = 2x$ 与点 $\left(\dfrac{1}{2}, 1\right)$ 处的法线所围成的图形.

3. 求下列曲线所围成的图形的面积:

(1) $\rho = a\sin 3\varphi$;

(2) $\rho^2 = a^2\cos 2\varphi$ (图见附录二).

4. 求下列曲线所围成的图形的面积:

(1) $\begin{cases} x = a\cos^3 t, \text{①} \\ y = a\sin^3 t; \end{cases}$　　　(2) $\begin{cases} x = a(t - \sin t), \\ y = a(1 - \cos t) \end{cases}$ $(0 \leqslant t \leqslant 2\pi)$ 与 $y = 0$.

5. 求下列曲线所围成的图形的公共部分的面积:

(1) $\rho = 3$ 及 $\rho = 2(1 + \cos\varphi)$;　　　(2) $\rho = \sqrt{2}\sin\varphi$ 及 $\rho^2 = \cos 2\varphi$(图见附录二).

6. 试求 a, b 的值,使得由曲线 $y = \cos x$ $\left(0 \leqslant x \leqslant \dfrac{\pi}{2}\right)$ 与两坐标轴所围成的图形的面积被曲线 $y = a\sin x$ 与 $y = b\sin x$ 三等分.

7. 计算下列各立体的体积:

(1) 抛物线 $y^2 = 4x$ 与直线 $x = 1$ 围成的图形绕 x 轴旋转所得的旋转体;

(2) 圆片 $x^2 + (y - 5)^2 \leqslant 16$ 绕 x 轴旋转所得的旋转体;

(3) 摆线 $x = a(t - \sin t), y = a(1 - \cos t)$ 的一拱$(0 \leqslant t \leqslant 2\pi)$ 与 x 轴围成的图形绕直线 $y = 2a$ 旋转所得的旋转体;

————————

① 此参数方程所表示的曲线称为星形线.当动圆沿着另一个定圆的圆周内部滚动时(两圆位于同一平面上且动圆半径为定圆半径的四分之一),动圆圆周上一点的轨迹即为星形线(图见附录二).

(4) 曲线弧 $y = \cos x \left(-\dfrac{\pi}{2} \leqslant x \leqslant \dfrac{\pi}{2}\right)$ 与 x 轴围成的图形分别绕 x 轴、y 轴旋转所得的旋转体.

8. 有一立体,底面是长轴为 $2a$,短轴为 $2b$ 的椭圆,而垂直于长轴的截面都是等边三角形,求其体积.

9. 用元素法推证:由平面图形 $0 \leqslant a \leqslant x \leqslant b, 0 \leqslant y \leqslant f(x)$ 绕 y 轴旋转所得的旋转体的体积为

$$V = 2\pi \int_a^b x f(x) \mathrm{d}x.$$

利用此结论,试求由 $y = \sin x \ (0 \leqslant x \leqslant \pi)$ 与 x 轴围成的图形绕 y 轴旋转所成的旋转体的体积.

10. 计算下列各弧长:

(1) 曲线 $y = \ln x$ 相应于 $\sqrt{3} \leqslant x \leqslant \sqrt{8}$ 的一段弧;

(2) 半立方抛物线的一支: $y = x^{3/2}$ 上 $x = 0$ 到 $x = 1$ 的一段弧(图见附录二);

(3) 星形线 $x = \cos^3 t, y = \sin^3 t$ 的全长;

(4) 对数螺线 $\rho = \mathrm{e}^{2\varphi}$ 上 $\varphi = 0$ 到 $\varphi = 2\pi$ 的一段弧;

11. 在摆线 $x = a(t - \sin t), y = a(1 - \cos t)$ 上求分摆线第一拱的长成 $1:3$ 的点的坐标.

第九节　定积分的物理应用举例

一、作功

从物理学知道,如果物体在作直线运动的过程中受到常力 F 作用,并且力 F 的方向与物体运动的方向一致,那么当物体移动了距离 s 时,力 F 对物体所作的功是 $W = F \cdot s$.

如果物体在运动过程中所受到的力是变化的,那么就遇到变力对物体作功的问题.下面通过具体例子说明如何计算变力所作的功.

例 1　把一个带电量为 $+q$ 的点电荷放在 r 轴的原点 O 处,它产生一个电场,并对周围的电荷产生作用力.由物理学知道,如果有一个单位正电荷放在这个电场中距离原点 O 为 r 的地方,那么电场对它的作用力的大小为

图 3 – 25

$F = k\dfrac{q}{r^2}$(k 是常数).如图3–25,当这个单位正电荷在电场中从 $r = a$ 处沿 r 轴移动到 $r = b(a < b)$ 处时,计算电场力 F 对它所作的功.

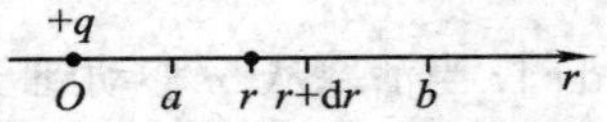

解　在上述移动过程中,电场对这个单位正电荷的作用力是不断变化的.

取 r 为积分变量,它的变化区间为 $[a,b]$.在 $[a,b]$ 上任取一小区间 $[r,r+dr]$.当单位正电荷从 r 移动到 $r+dr$ 时,可近似地认为它所受到的电场力为常力 $\dfrac{kq}{r^2}$,于是电场力所作的功近似于 $\dfrac{kq}{r^2}dr$,从而得功元素为

$$dW = \frac{kq}{r^2}dr.$$

于是所求的功为

$$W = \int_a^b \frac{kq}{r^2}dr = kq\left[-\frac{1}{r}\right]_a^b = kq\left(\frac{1}{a} - \frac{1}{b}\right).$$

例 2　内燃机动力的产生可简化为如下的模型:把汽缸体看成一个圆柱形容器,在圆柱形容器中盛有一定量的气体,在等温条件下,由于气体的膨胀,把容器中的活塞从一点处推移到另一点处,经过一定的机械装置将活塞的这一直线运动的动力传输出去.如果活塞的面积为 S,计算活塞从点 a 移到点 b 的过程中气体压力所作的功.

解　取坐标系如图 3-26 所示.活塞的位置可以用坐标 x 来表示.由物理学知道,一定量的气体在等温条件下,压强 p 与体积 V 的乘积是常数 k,即

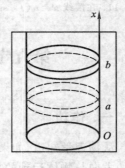

$$pV = k \text{ 或 } p = \frac{k}{V}.$$

因为 $V = xS$,所以

$$p = \frac{k}{xS},$$

于是作用在活塞上的力

$$F = p \cdot S = \frac{k}{xS} \cdot S = \frac{k}{x}.$$

图 3-26

在气体膨胀过程中,体积 V 是变的,因而 x 也是变的,所以作用在活塞上的力也是变的.

取 x 为积分变量,它的变化区间为 $[a,b]$.在 $[a,b]$ 上任取一小区间 $[x,x+dx]$.当活塞从 x 移动到 $x+dx$ 时,变力 F 所作的功近似于 $\dfrac{k}{x}dx$,从而得功元素为

$$dW = \frac{k}{x}dx,$$

于是所求的功为

$$W = \int_a^b \frac{k}{x}dx = k[\ln x]_a^b = k\ln\frac{b}{a}.$$

下面再举一个计算功的例子. 它虽不是变力作功问题,但是也要用定积分来计算.

例3 一个半径为 $R(\mathrm{m})$ 的球形贮水箱内盛满了某种液体. 如果把箱内的液体从顶部全部抽出,需要作多少功?

解 作 x 轴如图 3-27 所示, $x=0$ 是球心的位置. 取 x 为积分变量,它的变化区间为 $[-R,R]$. 在 $[-R,R]$ 上任取一小区间 $[x,x+\mathrm{d}x]$,相应于该小区间的一薄层液体的底面积近似为 $\pi(R^2-x^2)$,高度为 $\mathrm{d}x$,故体积近似为 $\pi(R^2-x^2)\mathrm{d}x$. 如果液体的密度为 $\rho(\mathrm{kg/m^3})$,则这一层液体的重力近似为 $\rho g\pi(R^2-x^2)\mathrm{d}x$,其中 g 为重力加速度,且这层液体离顶部的距离为 $R-x$,故把这层液体从顶部抽出需作的功近似地为

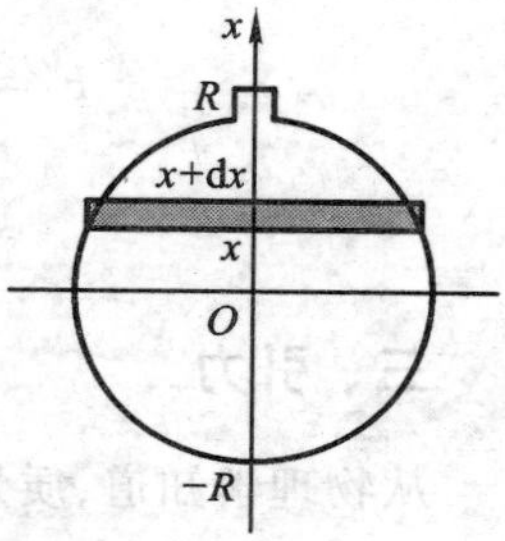

$$\mathrm{d}W = \rho g\pi(R^2-x^2)(R-x)\mathrm{d}x,$$

这就是功元素. 于是所求功为

$$W = \int_{-R}^{R}\rho g\pi(R^2-x^2)(R-x)\mathrm{d}x$$

$$= \rho g\pi\int_{-R}^{R}R(R^2-x^2)\mathrm{d}x - \rho g\pi\int_{-R}^{R}x(R^2-x^2)\mathrm{d}x.$$

显然上式右端第二个定积分为 0(想想为什么?),故有

$$W = 2\rho g\pi R\int_{0}^{R}(R^2-x^2)\mathrm{d}x = \frac{4}{3}\rho g\pi R^4(\mathrm{J}).$$

图 3-27

二、水压力

从物理学知道,水深 d 处的压强为 $p=\rho gd$,其中 ρ 是水的密度, g 是重力加速度. 如果有一面积为 A 的平板水平地置于深度 d 处,那么平板一侧所受的水压力为 $F=pA$. 如果平板非水平地置于水中,那么由于在不同深度处,压强 p 不相等,故平板一侧所受的水压力就不能用上述方法计算. 下面我们举例说明它的计算方法.

例4 某水库的闸门形状为等腰梯形,它的两条底边各长 10 m 和 6 m,高为 20 m,较长的底边与水面相齐. 计算闸门的一侧所受的水压力.

解 如图 3-28,以闸门的长底边的中点为原点且铅直向下作 x 轴. 取 x 为积分变量,它的变化范围为 $[0,20]$. 在 $[0,20]$ 上任取一个小区间 $[x,x+\mathrm{d}x]$,闸门上相应于该小区间的窄条各点处所受到水的压强近

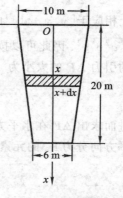

图 3-28

似于 $xg(kN/m^2)$（取水的密度为 $\rho = 1\,000$ kg/m³）. 这窄条的长度近似为 $10 - \dfrac{x}{5}$，高度为 dx，因而这一窄条的一侧所受的水压力近似为

$$dF = gx\left(10 - \frac{x}{5}\right)dx,$$

这就是压力元素. 于是所求的压力为

$$F = \int_0^{20} gx\left(10 - \frac{x}{5}\right)dx = g\left[5x^2 - \frac{x^3}{15}\right]_0^{20}$$

$$= g\left(2\,000 - \frac{1\,600}{3}\right) \approx 14\,373(kN).$$

三、引力

从物理学知道，质量分别为 m_1、m_2，相距为 r 的两质点间的引力大小为 $F = G\dfrac{m_1 m_2}{r^2}$，其中 G 为引力系数. 引力的方向沿着两质点的连线的方向.

如要计算一根细棒对一个质点的引力，那么，由于细棒上各点与该质点的距离是变化的，并且各点对该质点的引力的方向也是变化的，因此就不能用上述公式来计算. 下面我们举例说明用定积分来进行计算的方法.

例 5　设有一根长度为 l、线密度为 μ 的均匀细直棒，在其中垂线上距棒 a 单位处有一质量为 m 的质点 M. 试计算该棒对质点 M 的引力.

解　取坐标系如图 3 - 29 所示，使棒位于 y 轴上，质点 M 位于 x 轴上，棒的中点为原点 O. 取 y 为积分变量，它的变化区间为 $\left[-\dfrac{l}{2}, \dfrac{l}{2}\right]$. 在 $\left[-\dfrac{l}{2}, \dfrac{l}{2}\right]$ 上任取一小区间 $[y, y + dy]$. 把细直棒

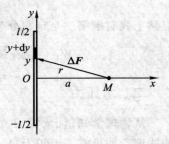

图 3 - 29

上相应于 $[y, y + dy]$ 的一段近似地看成质点，其质量为 μdy，与 M 相距 $r = \sqrt{a^2 + y^2}$. 因此可以按照两质点间的引力计算公式求出这段细直棒对质点 M 的引力 $\Delta \boldsymbol{F}$ 的大小为

$$\Delta F \approx G\frac{m\mu dy}{a^2 + y^2},$$

进而求出 $\Delta \boldsymbol{F}$ 在水平方向分力 ΔF_x 的近似值，即细直棒对质点 M 的引力在水平方向分力 F_x 的元素为

$$dF_x = -G\frac{am\mu dy}{(a^2 + y^2)^{3/2}}.$$

于是得到引力在水平方向的分力为

$$F_x = -\int_{-\frac{l}{2}}^{\frac{l}{2}} \frac{Gam\mu}{(a^2 + y^2)^{3/2}} \mathrm{d}y = -\frac{2Gm\mu l}{a} \frac{1}{\sqrt{4a^2 + l^2}}.$$

上式中的负号表示 F_x 指向 x 轴的负向,又由对称性知,引力在铅直方向分力为 $F_y = 0$.

请注意,如本例所示,计算引力时,要先求出引力元素在各坐标轴上的分量,然后再用定积分算出引力沿各坐标轴的分力.

习题 3 – 9

1. 由实验知道,弹簧在拉伸过程中,拉力与弹簧的伸长量成正比,已知弹簧拉伸 1 cm 需要的力是 3 N,如果把弹簧拉伸 3 cm,计算需要作的功.

2. 已知弹簧自然长度为 0.6 m,10 N 的力使它伸长到 1 m. 问使弹簧从 0.9 m 伸长到 1.1 m 时需要作的功.

3. 直径为 20 cm,高为 80 cm 的圆柱形容器内充满压强为 10 N/cm² 的蒸汽. 设温度保持不变,要使蒸汽体积缩小一半,问需要作多少功?

4. 一物体按规律 $x = ct^3$ 作直线运动,媒质的阻力与速度的平方成正比. 计算物体由 $x = 0$ 移至 $x = a$ 时,克服媒质阻力所作的功.

5. 用铁锤将一铁钉击入木板,设木板对铁钉的阻力与铁钉击入木板的深度成正比. 在击第一次时,将铁钉击入木板 1 cm. 如果铁锤每次打击铁钉所作的功相等,问铁锤击第二次时,铁钉又被击入多少?

6. 一半径为 3 m 的球形水箱内有一半容量的水,现要将水抽到水箱顶端上方 7 m 高处,问需要作多少功?

7. 洒水车上的水箱是一个横放的椭圆柱体,端面椭圆的长轴长为 2 m,与水平面平行,短轴长为 1.5 m,水箱长 4 m. 当水箱注满水时,水箱一个端面所受的水压力是多少? 当水箱里注有一半的水时,水箱一个端面所受的水压力又是多少?

8. 边长为 a 和 b 的矩形薄板,与液面成 α 角斜沉于液体内,长边平行于液面而位于深 h 处. 设 $a > b$,液体的密度为 ρ,试求薄板每面所受的压力.

9. 设有一长度为 l,线密度为 μ 的均匀细直棒,另有质量为 m 的质点 M,若

(1)质点 M 在与棒一端垂直距离为 a 单位处;

(2)质点 M 在棒的延长线上,距离棒的近端为 a 单位处,

试在这两种情形下求这细棒对质点 M 的引力.

第十节 平 均 值

本节我们将定积分作为工具,建立起连续函数在一个区间上的三种不同的平均值的概念.每种平均值都反映了在一个区间上取值的函数的某种数字特

征,并各有其实际应用背景.

一、函数的算术平均值

在实际问题中,常常用一组数据的算术平均值来描述这组数据的概貌.例如,对某一零件的长度进行 n 次测量,测得的值为 $y_1, y_2, \cdots, y_n$. 这时,可以用 $y_1, y_2, \cdots, y_n$ 的算术平均值

$$\frac{y_1 + y_2 + \cdots + y_n}{n} = \frac{1}{n} \sum_{i=1}^{n} y_i \tag{1}$$

作为这一零件的长度的近似值.但是,在工程技术与自然科学中,有时还要考虑一个连续函数 $f(x)$ 在区间 $[a,b]$ 上所取的"一切值"的平均值.例如求交流电在一个周期上的平均功率就是这样的例子.下面就来讨论如何规定及计算连续函数 $f(x)$ 在区间 $[a,b]$ 上的平均值.

先把区间 $[a,b]$ 分成 n 等份,设分点为

$$a = x_0 < x_1 < x_2 < \cdots < x_n = b,$$

每个小区间的长度为 $\Delta x_i = \dfrac{b-a}{n} (i = 1, 2, \cdots, n)$. 设在分点 $x_1, x_2, \cdots, x_n$ 处 $f(x)$ 的函数值依次为 $y_1, y_2, \cdots, y_n$,那么可以用它们的平均值

$$\frac{y_1 + y_2 + \cdots + y_n}{n}$$

来近似表达函数 $f(x)$ 在 $[a,b]$ 上所取的"一切值"的平均值.如果 n 取得比较大,那么上述平均值就能比较确切地表达函数 $f(x)$ 在 $[a,b]$ 上所取的"一切值"的平均值.因此自然地,我们就称极限

$$\overline{y} = \lim_{n \to \infty} \frac{y_1 + y_2 + \cdots + y_n}{n}$$

为函数 $f(x)$ 在区间 $[a,b]$ 上的算术平均值(简称平均值). 现在

$$\begin{aligned}
\overline{y} &= \lim_{n \to \infty} \frac{y_1 + y_2 + \cdots + y_n}{n} \\
&= \lim_{n \to \infty} \frac{y_1 + y_2 + \cdots + y_n}{b-a} \cdot \frac{b-a}{n} \\
&= \lim_{n \to \infty} \frac{1}{b-a} \sum_{i=1}^{n} f(x_i) \Delta x_i = \frac{1}{b-a} \int_a^b f(x) \mathrm{d}x,
\end{aligned}$$

因此得

> 连续函数 $y = f(x)$ 在区间 $[a,b]$ 上的平均值 $\overline{y}$ 等于函数 $f(x)$ 在区间 $[a,b]$ 上的定积分除以区间 $[a,b]$ 的长度 $b-a$,即
> $$\overline{y} = \frac{1}{b-a} \int_a^b f(x) \mathrm{d}x. \tag{2}$$

请读者注意我们是怎样从有限多个数值的算术平均值的概念出发,得出连续函数在一个区间上的平均值的定义的,其中关键之举是使用了极限方法.

例 1 计算纯电阻电路中正弦交流电 $i = I_\text{m}\sin \omega t$ 在一个周期上的功率的平均值(简称平均功率).

解 设电阻为 R,则电路中的电压 $u = iR = I_\text{m}R\sin \omega t$,而功率 $P = ui = I_\text{m}^2R\sin^2 \omega t$. 因此功率在长度为一个周期的区间 $\left[0, \dfrac{2\pi}{\omega}\right]$ 上的平均值

$$\overline{P} = \frac{\omega}{2\pi}\int_0^{\frac{2\pi}{\omega}} I_\text{m}^2 R\sin^2 \omega t\, \mathrm{d}t = \frac{I_\text{m}^2 R}{2\pi}\int_0^{\frac{2\pi}{\omega}} \sin^2 \omega t\, \mathrm{d}(\omega t)$$

$$= \frac{I_\text{m}^2 R}{4\pi}\int_0^{\frac{2\pi}{\omega}} (1 - \cos 2\omega t)\, \mathrm{d}(\omega t) = \frac{I_\text{m}^2 R}{4\pi}\left[\omega t - \frac{1}{2}\sin 2\omega t\right]_0^{\frac{2\pi}{\omega}}$$

$$= \frac{I_\text{m}^2 R}{4\pi}\cdot 2\pi = \frac{I_\text{m}^2 R}{2} = \frac{I_\text{m}U_\text{m}}{2} \quad (U_\text{m} = I_\text{m}R).$$

这就是说,纯电阻电路中正弦交流电的平均功率为电流、电压的峰值的乘积的二分之一.

通常交流电器上标明的功率就是平均功率.

二、函数的加权平均值

我们以商业中的一个问题为例来讨论函数的加权平均.

假设某商店销售某种商品,以每单位商品售价 3 元,销售了 100 个单位商品.调整价格后以每单位商品售价 2.5 元,销售了 300 个单位商品.那么,在整个销售过程中,这种商品的平均价格为

$$\frac{3\times 100 + 2.5\times 300}{400} = 2.625(元),$$

这种平均称为加权平均.一般地,设 $y_1, y_2, \cdots, y_n$ 为实数,$k_1, k_2, \cdots, k_n > 0$,称

$$\frac{k_1 y_1 + k_2 y_2 + \cdots + k_n y_n}{k_1 + k_2 + \cdots + k_n} \tag{3}$$

为 $y_1, y_2, \cdots, y_n$ 关于 $k_1, k_2, \cdots, k_n$ 的加权平均值,其中 $y_1, y_2, \cdots, y_n$ 称为资料数据,$k_1, k_2, \cdots, k_n$ 称为权数. 当 $k_i = 1(i = 1, 2, \cdots, n)$ 时,加权平均(3)就是算术平均(1).

现在我们讨论连续变量的情形.假设某商店销售某种商品,在时间段 $[T_1, T_2]$ 内,该商品的价格与单位时间内的销售量都与时间有关.如果已知在时刻 t 时,价格 $p = p(t)$,单位时间内的销售量 $q = q(t)$,那么如何计算这种商品在时间段 $[T_1, T_2]$ 上的平均价格呢?下面我们用元素法分析,并且给出它的计算方法.

在区间 $[T_1, T_2]$ 上任取一小区间 $[t, t + \mathrm{d}t]$. 在这短暂的时间间隔内,这种

商品的价格近似于 $p(t)$,销售量近似于 $q(t)\mathrm{d}t$,因此,在这段短暂的时间间隔内,销售这种商品所得到的收益近似于

$$p(t)q(t)\mathrm{d}t.$$

这就是在 $[t,t+\mathrm{d}t]$ 这段时间内销售这种商品所得的收益元素

$$\mathrm{d}R = p(t)q(t)\mathrm{d}t.$$

于是,在 $[T_1,T_2]$ 这段时间内销售这种商品的总收益与总销售量分别为

$$R = \int_{T_1}^{T_2} p(t)q(t)\mathrm{d}t \quad 与 \quad Q = \int_{T_1}^{T_2} q(t)\mathrm{d}t,$$

从而这段时间内这种商品的平均价格为

$$\overline{p} = \frac{\displaystyle\int_{T_1}^{T_2} p(t)q(t)\mathrm{d}t}{\displaystyle\int_{T_1}^{T_2} q(t)\mathrm{d}t}.$$

一般地,如果 $f(x)$,$w(x)$ 均为 $[a,b]$ 上的连续函数,且 $w(x)\geqslant 0$($w(x)\not\equiv 0$),那么

$$\overline{f} = \frac{\displaystyle\int_a^b f(x)w(x)\mathrm{d}x}{\displaystyle\int_a^b w(x)\mathrm{d}x} \tag{4}$$

称为函数 $f(x)$ 关于权函数 $w(x)$ 在区间 $[a,b]$ 上的加权平均值.

在(4)式中,若令 $w(x)\equiv 1$,则得到(2)式,加权平均就变成了算术平均.

三、函数的均方根平均值

非恒定电流(如正弦交流电)是随时间的变化而变化的,那么为什么一般使用的非恒定电流的电器上却标明着确定的电流值呢?原来这些电器上标明的电流值都是一种特定的平均值,习惯上称为有效值.

周期性非恒定电流 $i(t)$(如正弦交流电)的有效值是如下规定的:如果在一个周期 T 内,$i(t)$ 在负载电阻 R 上消耗的平均功率等于取固定值 I 的恒定电流在 R 上消耗的功率,则称这个 I 值为 $i(t)$ 的有效值.下面来计算 $i(t)$ 的有效值.

固定值为 I 的电流在电阻 R 上消耗的功率为 I^2R,电流 $i(t)$ 在 R 上消耗的功率为 $i^2(t)R$,它在 $[0,T]$ 上的平均值为 $\dfrac{1}{T}\displaystyle\int_0^T i^2(t)R\mathrm{d}t$. 因此

$$I^2R = \frac{1}{T}\int_0^T i^2(t)R\mathrm{d}t = \frac{R}{T}\int_0^T i^2(t)\mathrm{d}t,$$

从而

$$I^2 = \frac{1}{T}\int_0^T i^2(t)\mathrm{d}t,$$

即

$$I = \sqrt{\frac{1}{T}\int_0^T i^2(t)\mathrm{d}t}.$$

例如正弦电流 $i(t) = I_\mathrm{m}\sin \omega t$ 的有效值为

$$I = \sqrt{\frac{\omega}{2\pi}\int_0^{\frac{2\pi}{\omega}} I_\mathrm{m}^2\sin^2 \omega t\,\mathrm{d}t} = \sqrt{\frac{I_\mathrm{m}^2}{2\pi}\int_0^{\frac{2\pi}{\omega}} \sin^2 \omega t\,\mathrm{d}(\omega t)}$$

$$= \sqrt{\frac{I_\mathrm{m}^2}{4\pi}\left[\omega t - \frac{1}{2}\sin 2\omega t\right]_0^{\frac{2\pi}{\omega}}} = \frac{I_\mathrm{m}}{\sqrt{2}}.$$

就是说，正弦交流电的有效值等于它的峰值的 $\frac{1}{\sqrt{2}}$.

若函数 $f(x)$ 在 $[a,b]$ 上连续，在数学中把 $\sqrt{\dfrac{1}{b-a}\displaystyle\int_a^b f^2(x)\mathrm{d}x}$ 称为函数 $f(x)$ 在区间 $[a,b]$ 上的均方根平均值（简称为均方根）. 因此周期性电流 $i(t)$ 的有效值就是它在一个周期上的均方根.

习题 3-10

1. 计算函数 $y = \sqrt{a^2 - x^2}$ 在区间 $[-a, a]$ 上的平均值.

2. 一物体以速度 $v = 3t^2 + 2t(\mathrm{m/s})$ 作直线运动. 试计算它在 $t = 0\,\mathrm{s}$ 到 $t = 3\,\mathrm{s}$ 这段时间内的平均速度.

3. 某可控硅控制线路中，流过负载 R 的电流 $i(t)$ 为

$$i(t) = \begin{cases} 0 & \text{当 } 0 \leqslant t \leqslant t_0, \\ 5\sin \omega t & \text{当 } t_0 < t \leqslant \dfrac{T}{2}, \end{cases}$$

其中 $\omega = \dfrac{2\pi}{T}$, t_0 称为触发时间. 如果 $T = 0.02\,\mathrm{s}$,

(1) 当触发时间 $t_0 = 0.002\,5\,\mathrm{s}$ 时，求 $\left[0, \dfrac{T}{2}\right]$ 内电流的平均值;

(2) 当触发时间为 t_0 时，求 $\left[0, \dfrac{T}{2}\right]$ 内电流的平均值.

4. 计算正弦交流电 $i = I_\mathrm{m}\sin \omega t$ 经半波整流后得到的电流

$$i(t) = \begin{cases} I_\mathrm{m}\sin \omega t & \text{当 } 0 \leqslant t \leqslant \dfrac{\pi}{\omega}, \\ 0 & \text{当 } \dfrac{\pi}{\omega} < t \leqslant \dfrac{2\pi}{\omega} \end{cases}$$

的有效值.

5. 已知函数 $f(x) = 10x - x^2$，权函数 $\omega(x) = x$，求 $x = 0$ 到 $x = 5$ 时，函数 $f(x)$ 关于权函数 $\omega(x)$ 的加权平均数.

第十一节　反　常　积　分

前面讨论的定积分，其积分区间是有限区间，被积函数是有界函数. 但是，在一些实际问题中，我们常遇到积分区间是无穷区间，或者被积函数是无界函数的积分. 它们已经不属于前面所说的定积分. 因此需要对定积分作如下两种推广，从而形成"反常积分"的概念.

一、无穷限的反常积分

在第九节的例 1 中，我们已经知道在带电量为 $+q$ 的点电荷(位于 r 轴的原点)形成的电场内，单位正电荷从 $r = a$ 处沿 r 轴移至 $r = b$ 处时，电场力 F 作的功为 $W = kq\left(\dfrac{1}{a} - \dfrac{1}{b}\right)$. 如果单位正电荷移至"无穷远处"，即令 $b \to +\infty$，那么电场力作的功应是

$$W_\infty = \lim_{b \to +\infty} \int_a^b k\frac{q}{r^2}\mathrm{d}r = \lim_{b \to +\infty} kq\left(\frac{1}{a} - \frac{1}{b}\right) = \frac{kq}{a}.$$

这个数值就是电场在点 $r = a$ 处的电位.

这里计算 W_∞ 的问题，就可看作是函数 $k\dfrac{q}{r^2}$ 在无穷区间 $[a, +\infty)$ 上的积分问题. 我们下面来对这个问题进行一般性的讨论.

设函数 $f(x)$ 在 $[a, +\infty)$ 的任何有限子区间上可积，则对于任意的 $b > a$，定积分 $\displaystyle\int_a^b f(x)\mathrm{d}x$ 存在. 现在把上限 b 看作变量，考虑积分上限的函数

$$F(b) = \int_a^b f(x)\mathrm{d}x.$$

当 $b \to +\infty$ 时，$F(b)$ 可能有极限，也可能没有极限. 不管这个极限是否存在，我们都借用定积分的记号，将其表示为如下的形式记号：

$$\int_a^{+\infty} f(x)\mathrm{d}x, \tag{1}$$

并把记号(1)称为 $f(x)$ 在无穷区间 $[a, +\infty)$ 上的反常积分(improper integral).

定义 1　设函数 $f(x)$ 在 $[a, +\infty)$ 的任何有限子区间上可积，如果极限

$$\lim_{b \to +\infty} \int_a^b f(x)\mathrm{d}x \tag{2}$$

存在,则称反常积分 $\int_a^{+\infty} f(x)\mathrm{d}x$ 收敛,并把此极限称为反常积分 $\int_a^{+\infty} f(x)\mathrm{d}x$ 的值,即有

$$\int_a^{+\infty} f(x)\mathrm{d}x = \lim_{b\to+\infty}\int_a^b f(x)\mathrm{d}x. \tag{3}$$

如果(2)式表示的极限不存在,则称反常积分 $\int_a^{+\infty} f(x)\mathrm{d}x$ 发散.

类似地,若函数 $f(x)$ 在 $(-\infty, b]$ 的任何有限子区间上可积,我们把记号

$$\int_{-\infty}^b f(x)\mathrm{d}x \tag{4}$$

称为 $f(x)$ 在无穷区间 $(-\infty, b]$ 上的反常积分. 如果极限

$$\lim_{a\to-\infty}\int_a^b f(x)\mathrm{d}x \tag{5}$$

存在,则称反常积分 $\int_{-\infty}^b f(x)\mathrm{d}x$ 收敛,并把此极限称为反常积分 $\int_{-\infty}^b f(x)\mathrm{d}x$ 的值,即有

$$\int_{-\infty}^b f(x)\mathrm{d}x = \lim_{a\to-\infty}\int_a^b f(x)\mathrm{d}x. \tag{6}$$

如果(5)式的极限不存在,则称反常积分 $\int_{-\infty}^b f(x)\mathrm{d}x$ 发散.

又,若函数 $f(x)$ 在 $(-\infty, +\infty)$ 的任何有限子区间上可积,我们把记号

$$\int_{-\infty}^{+\infty} f(x)\mathrm{d}x \tag{7}$$

称为 $f(x)$ 在无穷区间 $(-\infty, +\infty)$ 上的反常积分. 如果反常积分 $\int_{-\infty}^0 f(x)\mathrm{d}x$ 与 $\int_0^{+\infty} f(x)\mathrm{d}x$ 均收敛,则称反常积分 $\int_{-\infty}^{+\infty} f(x)\mathrm{d}x$ 收敛,且定义其值为

$$\int_{-\infty}^{+\infty} f(x)\mathrm{d}x = \int_{-\infty}^0 f(x)\mathrm{d}x + \int_0^{+\infty} f(x)\mathrm{d}x$$

$$= \lim_{a\to-\infty}\int_a^0 f(x)\mathrm{d}x + \lim_{b\to+\infty}\int_0^b f(x)\mathrm{d}x, \tag{8}$$

否则就称反常积分 $\int_{-\infty}^{+\infty} f(x)\mathrm{d}x$ 发散.

上述三类反常积分统称为无穷限的反常积分.

由反常积分的定义可见,计算带电荷为 $+q$ 的点电荷形成的电场内与它相距 $r = a$ 的点处的电位就是计算一个反常积分 $\int_a^{+\infty} k\dfrac{q}{r^2}\mathrm{d}r$.

例 1　计算反常积分 $\int_{-\infty}^{+\infty} \dfrac{\mathrm{d}x}{1+x^2}$.

解　由(7)式得到

$$\int_{-\infty}^{+\infty} \frac{\mathrm{d}x}{1+x^2} = \int_{-\infty}^{0} \frac{\mathrm{d}x}{1+x^2} + \int_{0}^{+\infty} \frac{\mathrm{d}x}{1+x^2}$$

$$= \lim_{a \to -\infty} \int_{a}^{0} \frac{\mathrm{d}x}{1+x^2} + \lim_{b \to +\infty} \int_{0}^{b} \frac{\mathrm{d}x}{1+x^2}$$

$$= \lim_{a \to -\infty} [\arctan x]_{a}^{0} + \lim_{b \to +\infty} [\arctan x]_{0}^{b}$$

$$= -\lim_{a \to -\infty} \arctan a + \lim_{b \to +\infty} \arctan b = -\left(-\frac{\pi}{2}\right) + \frac{\pi}{2} = \pi.$$

这个反常积分值的几何意义是：当 $a \to -\infty$，$b \to +\infty$ 时，虽然图 3-30 中的曲线向左、右无限延伸，但是它与 x 轴所"围成"的面积却有有限值 π。

例2　自地面铅直向上发射火箭．试问初速度达到多大时，火箭才能脱离地球的引力范围？

解　取坐标系如图 3-31 所示，r 轴铅直向上，原点在地球中心．设地球半径为 R，质量为 M，火箭质量为 m．取 r 为积分变量，它的变化区间是 $[R, +\infty)$．在 $[R, +\infty)$ 上任取一小区间 $[r, r+\mathrm{d}r]$．当火箭由 r 上升到 $r+\mathrm{d}r$ 时，所受的地球引力近似等于 $G \dfrac{mM}{r^2}$，克服引力需作的功近似等于 $G \dfrac{mM}{r^2} \mathrm{d}r$，由此得功元素为

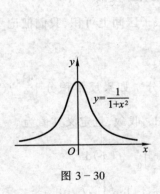

图 3-30

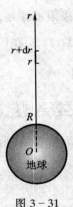

图 3-31

$$\mathrm{d}W = G \frac{mM}{r^2} \mathrm{d}r.$$

由于火箭在地面时，地球对火箭的引力为 mg（g 为重力加速度），故有 $G \dfrac{mM}{R^2} = mg$，即

$$G = \frac{R^2 g}{M},$$

从而

$$dW = \frac{mgR^2}{r^2}dr.$$

使火箭脱离地球引力范围,可理解为使火箭上升到无穷远处,于是克服地球引力所需作的功为

$$W_\infty = \int_R^{+\infty} \frac{mgR^2}{r^2}dr = \left[-\frac{mgR^2}{r}\right]_R^{+\infty①} = mgR.$$

要使火箭能脱离地球引力范围,必须使火箭的初始动能 $\frac{1}{2}mv_0^2 \geqslant W_\infty$,即

$$\frac{1}{2}mv_0^2 \geqslant mgR.$$

由此可以得到

$$v_0 \geqslant \sqrt{2gR} \approx 11.2(\text{km/s}).$$

这就是说,使火箭脱离地球引力范围需要的初速度至少为 11.2 km/s,这个速度称为第二宇宙速度.

例 3 证明反常积分 $\int_1^{+\infty} \frac{dx}{x^p}$ 当 $p > 1$ 时收敛,当 $p \leqslant 1$ 时发散.

证 当 $p = 1$ 时,

$$\int_1^{+\infty} \frac{dx}{x^p} = \int_1^{+\infty} \frac{dx}{x} = [\ln x]_1^{+\infty} = +\infty;$$

当 $p \neq 1$ 时,

$$\int_1^{+\infty} \frac{dx}{x^p} = \left[\frac{x^{1-p}}{1-p}\right]_1^{+\infty} = \begin{cases} +\infty & \text{当 } p < 1, \\ \dfrac{1}{p-1} & \text{当 } p > 1. \end{cases}$$

因此,反常积分 $\int_1^{+\infty} \frac{dx}{x^p}$ 当 $p > 1$ 时收敛,其值为 $\frac{1}{p-1}$;当 $p \leqslant 1$ 时发散.

二、无界函数的反常积分

现在我们把定积分推广到被积函数为无界函数的情形. 如果函数 $f(x)$ 在点 a 的任一邻域内无界,则称 a 是 $f(x)$ 的瑕点. 对在区间 $(a,b]$ 的任一闭子区间上可积,而点 a 为瑕点的函数 $f(x)$,我们借用定积分的记号,引入如下的形式记号

$$\int_a^b f(x)dx, \tag{9}$$

并把它称为无界函数 $f(x)$ 在 $(a,b]$ 上的反常积分.

---

① 为方便计,一般把 $\lim\limits_{b \to +\infty} [F(x)]_a^b$ 记为 $[F(x)]_a^{+\infty}$.

定义 2　设函数 $f(x)$ 在区间 $(a,b]$ 的任一闭子区间上可积，a 是 $f(x)$ 的瑕点．取 $\varepsilon > 0$，如果极限

$$\lim_{\varepsilon \to 0^+} \int_{a+\varepsilon}^{b} f(x)\mathrm{d}x \tag{10}$$

存在，那么称反常积分 $\int_a^b f(x)\mathrm{d}x$ 收敛，并把此极限称为反常积分 $\int_a^b f(x)\mathrm{d}x$ 的值，即有

$$\int_a^b f(x)\mathrm{d}x = \lim_{\varepsilon \to 0^+} \int_{a+\varepsilon}^{b} f(x)\mathrm{d}x. \tag{11}$$

否则就称反常积分 $\int_a^b f(x)\mathrm{d}x$ 发散．

类似地，对在区间 $[a,b)$ 的任一闭子区间上可积、而以点 b 为瑕点的函数 $f(x)$，根据积分

$$\int_a^{b-\varepsilon} f(x)\mathrm{d}x \tag{12}$$

当 $\varepsilon \to 0^+$ 时是否存在极限来称 $f(x)$ 在 $[a,b)$ 上的反常积分 $\int_a^b f(x)\mathrm{d}x$ 收敛或发散，并在收敛时，把此极限称为反常积分的值，即有

$$\int_a^b f(x)\mathrm{d}x = \lim_{\varepsilon \to 0^+} \int_a^{b-\varepsilon} f(x)\mathrm{d}x. \tag{13}$$

又，设点 $c \in (a,b)$，函数 $f(x)$ 以点 c 为瑕点，那么当两个反常积分 $\int_a^c f(x)\mathrm{d}x$ 和 $\int_c^b f(x)\mathrm{d}x$ 均收敛时，称反常积分 $\int_a^b f(x)\mathrm{d}x$ 收敛，且定义其值为

$$\begin{aligned} \int_a^b f(x)\mathrm{d}x &= \int_a^c f(x)\mathrm{d}x + \int_c^b f(x)\mathrm{d}x \\ &= \lim_{\varepsilon \to 0^+} \int_a^{c-\varepsilon} f(x)\mathrm{d}x + \lim_{\varepsilon' \to 0^+} \int_{c+\varepsilon'}^{b} f(x)\mathrm{d}x, \end{aligned} \tag{14}$$

否则称反常积分 $\int_a^b f(x)\mathrm{d}x$ 发散．

注意：无界函数的反常积分的记号与通常的定积分的记号形式上完全一样，但前者有收敛、发散的问题而后者没有．碰到具体问题时要注意加以区分．

例 4　计算反常积分 $\int_0^a \dfrac{\mathrm{d}x}{\sqrt{a^2 - x^2}}$ $(a > 0)$．

解　因为

$$\lim_{x \to a^-} \frac{1}{\sqrt{a^2 - x^2}} = +\infty,$$

所以 $x = a$ 是被积函数的无穷间断点，故为瑕点．于是，

$$\int_0^a \frac{\mathrm{d}x}{\sqrt{a^2-x^2}} = \lim_{\varepsilon \to 0^+} \int_0^{a-\varepsilon} \frac{\mathrm{d}x}{\sqrt{a^2-x^2}}$$

$$= \lim_{\varepsilon \to 0^+} \left[\arcsin \frac{x}{a} \right]_0^{a-\varepsilon} = \lim_{\varepsilon \to 0^+} \arcsin \frac{a-\varepsilon}{a} = \frac{\pi}{2}.$$

这个反常积分值的几何意义是:虽然位于曲线 $y = \dfrac{1}{\sqrt{a^2-x^2}}$ 之下,x 轴之

上,直线 $x=0$ 与 $x=a$ 之间的图形是无界的,但它的

"面积"却有有限值 $\dfrac{\pi}{2}$(图3－32).

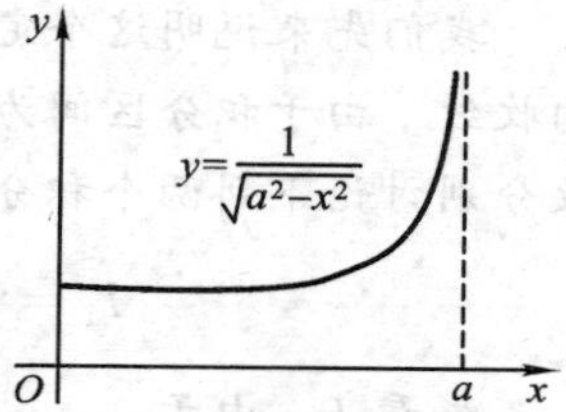

例 5 讨论反常积分 $\displaystyle\int_{-1}^1 \frac{\mathrm{d}x}{x^2}$ 的收敛性.

解 被积函数 $f(x) = \dfrac{1}{x^2}$ 在 $[-1,0)$ 和 $(0,1]$ 内

连续,$x=0$ 为它的瑕点.由于

图 3－32

$$\lim_{\varepsilon \to 0^+} \int_{-1}^{-\varepsilon} \frac{\mathrm{d}x}{x^2} = \lim_{\varepsilon \to 0^+} \left[-\frac{1}{x} \right]_{-1}^{-\varepsilon} = \lim_{\varepsilon \to 0^+} \left(\frac{1}{\varepsilon} - 1 \right) = +\infty,$$

即反常积分 $\displaystyle\int_{-1}^0 \frac{\mathrm{d}x}{x^2}$ 发散,所以反常积分 $\displaystyle\int_{-1}^1 \frac{\mathrm{d}x}{x^2}$ 发散.

注意,如果疏忽了 $x=0$ 是被积函数的无穷间断点而应用牛顿－莱布尼茨

公式,就会得到以下的错误结果:

$$\int_{-1}^1 \frac{\mathrm{d}x}{x^2} = \left[-\frac{1}{x} \right]_{-1}^1 = -1 - 1 = -2.$$

例 6 证明反常积分 $\displaystyle\int_0^1 \frac{\mathrm{d}x}{x^q}$ 当 $q<1$ 时收敛,当 $q \geqslant 1$ 时发散.

证 当 $q=1$ 时,

$$\int_0^1 \frac{\mathrm{d}x}{x^q} = \int_0^1 \frac{\mathrm{d}x}{x} = \lim_{\varepsilon \to 0^+} \int_\varepsilon^1 \frac{\mathrm{d}x}{x} = \lim_{\varepsilon \to 0^+} \left[\ln x \right]_\varepsilon^1$$

$$= \left[\ln x \right]_0^{1 \textcircled{1}} = +\infty;$$

当 $q \neq 1$ 时,

$$\int_0^1 \frac{\mathrm{d}x}{x^q} = \left[\frac{x^{1-q}}{1-q} \right]_0^1 = \begin{cases} \dfrac{1}{1-q} & \text{当 } q<1, \\ +\infty & \text{当 } q>1. \end{cases}$$

因此,反常积分 $\displaystyle\int_0^1 \frac{\mathrm{d}x}{x^q}$ 当 $q<1$ 时收敛,其值为 $\dfrac{1}{1-q}$;当 $q \geqslant 1$ 时发散.

---

① 为方便计,一般把 $\displaystyle\lim_{\varepsilon \to 0^+} \left[F(x) \right]_{a+\varepsilon}^b$ 记为 $\left[F(x) \right]_a^b$.

*三、Γ函数

利用反常积分可以定义一个在理论和实用中都有重要意义的 Γ 函数. 这个函数的定义是

$$\Gamma(s) = \int_0^{+\infty} e^{-x} x^{s-1} dx \quad (s > 0). \tag{15}$$

我们先来说明这个定义是有意义的, 即对任意的 $s>0$,(15)式右端的积分均收敛. 由于积分区间为无穷区间, 又当 $s-1<0$ 时, $x=0$ 是被积函数的瑕点, 故分别讨论下列两个积分的收敛性:

$$I_1 = \int_1^{+\infty} e^{-x} x^{s-1} dx, \quad I_2 = \int_0^1 e^{-x} x^{s-1} dx.$$

先看 I_1. 由于

$$\lim_{x \to +\infty} \frac{e^{-x} x^{s-1}}{x^{-2}} = \lim_{x \to +\infty} \frac{x^{s+1}}{e^x} = 0,$$

故存在正数 M, 当 $x \geqslant M$ 时, 有 $0 < e^{-x} x^{s-1} < \dfrac{1}{x^2}$. 于是对任意的正数 $b > M$, 有

$$F(b) = \int_M^b e^{-x} x^{s-1} dx < \int_M^b \frac{1}{x^2} dx \leqslant \int_M^{+\infty} \frac{1}{x^2} dx = \frac{1}{M}.$$

上式表明, 函数 $F(b)$ 在区间 $[M, +\infty)$ 上有上界, 又显然 $F(b)$ 随着 b 的增加而增加, 于是按照 "$[M, +\infty)$ 上的单调有界函数 $F(x)$ 必有极限 $\lim\limits_{x \to +\infty} F(x)$" 的准则①, 可知下列极限

$$\lim_{b \to +\infty} F(b) = \lim_{b \to +\infty} \int_M^b e^{-x} x^{s-1} dx$$

存在, 从而知 $I_1 = \int_1^{+\infty} e^{-x} x^{s-1} dx \ (s > 0)$ 收敛.

再看 I_2, 当 $s \geqslant 1$ 时, I_2 是定积分, 有确定值. 当 $0 < s < 1$ 时, $x=0$ 是被积函数的瑕点, 此时, 由于 $x>0$, 故总有

$$0 < e^{-x} x^{s-1} = \frac{1}{x^{1-s}} \cdot \frac{1}{e^x} < \frac{1}{x^{1-s}},$$

因此对任意的 $0 < \varepsilon < 1$, 有

$$G(\varepsilon) = \int_\varepsilon^1 e^{-x} x^{s-1} dx < \int_\varepsilon^1 \frac{1}{x^{1-s}} dx \leqslant \int_0^1 \frac{1}{x^{1-s}} dx = \frac{1}{s}.$$

上式表明函数 $G(\varepsilon)$ 在区间 $(0,1]$ 内有上界, 又显然 $G(\varepsilon)$ 的值随着 ε 的减小而增加, 因此根据极限 $\lim\limits_{x \to +\infty} F(x)$ 存在的类似理由, 可知极限

---

① 参见总习题一第 8 题.

$$\lim_{\varepsilon \to 0^+} G(\varepsilon) = \lim_{\varepsilon \to 0^+} \int_\varepsilon^1 e^{-x} x^{s-1} dx$$

存在,即 $I_2 = \int_0^1 e^{-x} x^{s-1} dx$ 收敛.

综合以上讨论可知,反常积分 $\int_0^{+\infty} e^{-x} x^{s-1} dx$ 对 $s > 0$ 均收敛. Γ函数的图形如图 3－33 所示.

Γ函数有一个重要的递推公式

$$\Gamma(s+1) = s\Gamma(s) \quad (s > 0).$$

事实上,利用分部积分法和极限 $\lim\limits_{x \to +\infty} x^s e^{-x} = 0$,可得

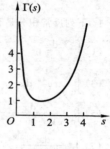

图 3－33

$$\begin{aligned}
\Gamma(s+1) &= \int_0^{+\infty} e^{-x} x^s dx = -\int_0^{+\infty} x^s d(e^{-x}) \\
&= [-x^s e^{-x}]_0^{+\infty} + s\int_0^{+\infty} e^{-x} x^{s-1} dx \\
&= s\Gamma(s).
\end{aligned}$$

根据这个递推公式,对任意的 $s > 1$,$\Gamma(s)$ 的值可由 Γ函数在区间 $(0,1]$ 内某点处的值推算出来. 人们已把 Γ函数在 $(0,1]$ 内的值详细计算出来并制成表格供查阅.

如果 s 是正整数 n,则反复运用上面的递推公式可得

$$\Gamma(n+1) = n\Gamma(n) = n(n-1)\Gamma(n-1) = \cdots = n(n-1)\cdots 2 \cdot 1 \cdot \Gamma(1),$$

而 $\Gamma(1) = \int_0^{+\infty} e^{-x} dx = 1$,因此

$$\Gamma(n+1) = n!.$$

据此可把 Γ函数看作是阶乘的推广.

在 $\Gamma(s) = \int_0^{+\infty} e^{-x} x^{s-1} dx$ 中,作代换 $x = u^2$,得

$$\Gamma(s) = 2\int_0^{+\infty} e^{-u^2} u^{2s-1} du. \tag{16}$$

再令 $2s - 1 = t$ 或 $s = \dfrac{1+t}{2}$,即有

$$\int_0^{+\infty} e^{-u^2} u^t du = \frac{1}{2}\Gamma\left(\frac{1+t}{2}\right) \quad (t > -1).$$

上式左端是应用上常见的反常积分,它的值可以通过上式用 Γ函数计算出来.

在 (16) 中令 $s = \dfrac{1}{2}$,得

$$2\int_0^{+\infty} e^{-u^2} du = \Gamma\left(\frac{1}{2}\right).$$

可以证明 $\Gamma\left(\dfrac{1}{2}\right) = \sqrt{\pi}$(证略),从而

$$\int_0^{+\infty} e^{-u^2} du = \frac{\sqrt{\pi}}{2},$$

上式左端的积分是在概率论中常用到的一个反常积分.

习题 3−11

1. 下列反常积分是否收敛？如果收敛求出它的值：

(1) $\displaystyle\int_1^{+\infty} \frac{dx}{x^3}$;

(2) $\displaystyle\int_1^{+\infty} \frac{dx}{\sqrt{x}}$;

(3) $\displaystyle\int_0^{+\infty} x e^{-ax} dx \ (a>0)$;

(4) $\displaystyle\int_0^{+\infty} e^{-ax} \cos bx \, dx \ (a>0, b>0)$;

(5) $\displaystyle\int_0^{+\infty} \frac{dx}{1+x+x^2}$;

(6) $\displaystyle\int_0^2 \frac{dx}{\sqrt{x(2-x)}}$;

(7) $\displaystyle\int_0^2 \frac{dx}{(1-x)^2}$;

(8) $\displaystyle\int_1^2 \frac{x}{\sqrt{x-1}} dx$;

(9) $\displaystyle\int_{-\frac{\pi}{2}}^{\frac{\pi}{2}} \frac{dx}{1-\cos x}$;

(10) $\displaystyle\int_0^1 \sqrt{\frac{x}{1-x}} dx$.

2. 利用递推公式计算反常积分 $I_n = \displaystyle\int_0^{+\infty} x^n e^{-x} dx$.

3. 若非负函数 f 满足 $\displaystyle\int_{-\infty}^{+\infty} f(x) dx = 1$, 则 f 称为概率密度函数.

设常数 $c>0$,

$$g(x) = \begin{cases} 0 & \text{当 } x<0, \\ c e^{-cx} & \text{当 } x \geqslant 0, \end{cases}$$

证明：g 是一个概率密度函数，并计算由下式定义的数值 μ：

$$\mu = \int_{-\infty}^{+\infty} x g(x) dx.$$

4. 设 $f(t) \ (t \geqslant 0)$ 为连续函数，则由下式确定的函数 F 称为 f 的拉普拉斯① 变换：

$$F(s) = \int_0^{+\infty} f(t) e^{-st} dt,$$

其中 F 的定义域为所有使积分收敛的 s 的值的集合，试求出下列函数的拉普拉斯变换：

(1) $f(t) = 1$;   (2) $f(t) = e^t$;   (3) $f(t) = t$.

*5. 用 Γ 函数表示下列积分，并指出这些积分的收敛范围：

(1) $\displaystyle\int_0^{+\infty} e^{-x^n} dx \ (n>0)$;

(2) $\displaystyle\int_0^1 (\ln \frac{1}{x})^p dx$;

(3) $\displaystyle\int_0^{+\infty} x^m e^{-x^n} dx \ (n>0)$.

---

① 拉普拉斯(P.S.Laplace)，1749—1827，法国数学家、物理学家.

总 习 题 三

1. 在"充分而非必要"、"必要而非充分"和"充分必要"三者中选择一个正确的填入下列空格内:

(1) 函数 $f(x)$ 在 $[a,b]$ 上连续是 $f(x)$ 在 $[a,b]$ 上存在原函数的_____条件;

(2) 函数 $f(x)$ 在 $[a,b]$ 上有界是 $f(x)$ 在 $[a,b]$ 上可积的_____条件;

(3) 函数 $f(x)$ 在 $[a,b]$ 上连续是 $f(x)$ 在 $[a,b]$ 上可积的_____条件;

(4) 极限 $\lim\limits_{x\to+\infty}\int_a^x f(t)\mathrm{d}t$ 存在是反常积分 $\int_a^{+\infty} f(x)\mathrm{d}x$ 收敛的_____条件.

2. 指出下列算式的错误所在:

(1) 由分部积分法知

$$\int \frac{1}{x}\mathrm{d}x = \frac{1}{x}\cdot x - \int x\,\mathrm{d}\frac{1}{x} = 1 + \int \frac{1}{x}\mathrm{d}x,$$

因此 $0 = 1$;

(2) 因为 $\int_{-1}^{1}\frac{\mathrm{d}x}{x^2 - x + 1} \xlongequal{x=\frac{1}{t}} -\int_{-1}^{1}\frac{\mathrm{d}t}{t^2 - t + 1}$,

所以 $\int_{-1}^{1}\frac{\mathrm{d}x}{x^2 - x + 1} = 0$;

(3) $\int_{-\infty}^{+\infty}\sin x\,\mathrm{d}x = \lim\limits_{b\to+\infty}\int_{-b}^{b}\sin x\,\mathrm{d}x = 0.$

3. 设 $F(x) = \int_x^{x+2\pi}\mathrm{e}^{\sin t}\sin t\,\mathrm{d}t$,则 $F(x)($ D $)$.

   (A)为正的常数   (B)为负的常数   (C)恒为零   (D)不为常数

4. 设函数 $y = f(x)$ 具有三阶连续导数,其图形如图 3-34 所示. 那么,以下 4 个积分中,值小于零的积分是(C).

   (A) $\int_{-1}^{2} f(x)\mathrm{d}x$ (B) $\int_{-1}^{2} f'(x)\mathrm{d}x$

(C) $\int_{-1}^{2} f''(x)\mathrm{d}x$ (D) $\int_{-1}^{2} f'''(x)\mathrm{d}x$

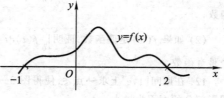

图 3-34

5. 设 $f(x) = \int_0^x\left(\int_1^{\sin t}\sqrt{1+u^4}\,\mathrm{d}u\right)\mathrm{d}t$,求 $f''(x)$.

*6. 利用定积分计算下列极限:

(1) $\lim\limits_{n\to\infty}\frac{1}{n}\left(\sqrt{1+\frac{1}{n}}+\sqrt{1+\frac{2}{n}}+\cdots+\sqrt{1+\frac{n}{n}}\right)$;

(2) $\lim\limits_{n\to\infty}\frac{1^p+2^p+\cdots+n^p}{n^{p+1}}\ (p>0).$

7. 设函数 $y = f(x)$ 有三阶连续导数,其图形如图 3-35 所示,其中 l_1 与 l_2 分别是曲线在点 $(0,0)$ 与 $(3,2)$ 处的切线. 试求积分

$$I = \int_0^3 (x^2 - 3x) f'''(x) \mathrm{d}x.$$

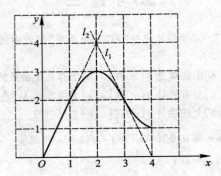

图 3 - 35

8. 设 $f(x)$ 是连续函数,证明:$\int_0^x (x - t) f(t) \mathrm{d}t = \int_0^x \left(\int_0^t f(u) \mathrm{d}u \right) \mathrm{d}t$.

9. 设 $f(x)$ 在 $[a, b]$ 上可积,又 $\Phi(x) = \int_a^x f(t) \mathrm{d}t$. 证明 $\Phi(x)$ 是 $[a, b]$ 上的连续函数.

10. 设 $f(x)$ 在 $(-\infty, +\infty)$ 上连续,且

$$F(x) = \int_0^x (2t - x) f(t) \mathrm{d}t.$$

证明:(1) 若 $f(x)$ 是偶函数,则 $F(x)$ 也是偶函数;

(2) 若 $f(x)$ 是单调减少函数,则 $F(x)$ 也是单调减少函数.

11. 设 $f(x)$ 为连续函数.

(1) 如果 $f(x)$ 是奇函数,证明 $\int_0^x f(t) \mathrm{d}t$ 为偶函数,并由此说明:$f(x)$ 的任一原函数是偶函数;

(2) 如果 $f(x)$ 是偶函数,证明 $\int_0^x f(t) \mathrm{d}t$ 为奇函数,并由此说明:$f(x)$ 的原函数中只有一个是奇函数.

12. 在区间 $[1, \mathrm{e}]$ 上求一点 ξ,使得图 3 - 36 中所示阴影部分的面积为最小.

13. 设有抛物线 $\Gamma: y = a - bx^2 (a > 0, b > 0)$,试确定常数 a、b 的值,使得 Γ 满足以下两个条件:

(1) Γ 与直线 $y = x + 1$ 相切;

(2) Γ 与 x 轴所围图形绕 y 轴旋转所得旋转体的体积为最大.

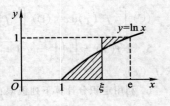

图 3 - 36

14. 设 $f(x)$、$g(x)$ 均在 $[a, b]$ 上连续,证明:

(1) $\left(\int_a^b f(x) g(x) \mathrm{d}x \right)^2 \leqslant \int_a^b f^2(x) \mathrm{d}x \int_a^b g^2(x) \mathrm{d}x$,且等号仅当 $f(x) = Cg(x)$ 或 $g(x) = Cf(x)$ 时成立(C 为常数)(柯西 - 施瓦茨不等式);

(2) $\left(\int_a^b [f(x) + g(x)]^2 dx\right)^{\frac{1}{2}} \leqslant \left(\int_a^b f^2(x) dx\right)^{\frac{1}{2}} + \left(\int_a^b g^2(x) dx\right)^{\frac{1}{2}}$，且等号仅当 $f(x)$ $= Cg(x)$ 或 $g(x) = Cf(x)$ 时成立（C 为常数）（闵可夫斯基不等式）.

15. 设星形线 $x = a\cos^3 t, y = a\sin^3 t$ 上每一点处的线密度的大小等于该点到原点距离的立方，求星形线在第一象限的弧段对位于原点处的单位质点的引力.

16. 某段河道的河床截线呈抛物线形，河两岸相距 100 m，岸与河道最深处的垂直距离为 10 m. 为了抗洪，现需要将河床改成等腰梯形状（图 3-37），试问：

(1) 河道改造后的水流量是改造前的水流量的几倍？

(2) 在改造过程中，将 1 m 长的河道里挖出的淤泥运至河岸处至少需作多少功？（设 1 m³ 的淤泥重量为 ρN）

17. 在水平放置的椭圆底柱形容器内储存某种液体. 容器的尺寸如图 3-38 所示，其中椭圆方程为 $\dfrac{x^2}{4} + y^2 = 1$（单位：m），问

(1) 当液面在过点 $(0, y)(-1 \leqslant y \leqslant 1)$ 处的水平线时，容器内液体的体积是多少 m³？

(2) 当容器内储满了液体后，以 0.16 m³/min 的速度将液体从容器顶端抽出，则当液面降至 $y = 0$ 处时，液面下降的速度是多少？

(3) 如果液体的密度为 1 000（kg/m³），抽出全部液体需作多少功？

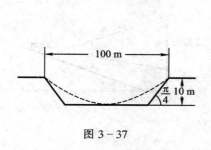

图 3-37

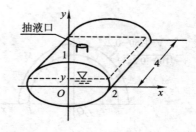

图 3-38

18. 一般来说城市人口的分布密度 $P(r)$ 随着与市中心距离 r 的增加而减小. 现有一城市的人口密度为

$$P(r) = \frac{40}{r^2 + 20}（\text{万人} / \text{km}^2）$$

试求该城市距市中心 2 km 范围内的人口数.

19. 利用 Mathematica 计算下列不定积分和定积分：

(1) $\displaystyle\int \sin^{10} x \, dx$；　　　(2) $\displaystyle\int \frac{1}{\sqrt[3]{(x+1)^2(x-1)^4}} \, dx$；

(3) $\displaystyle\int_0^1 \sin \sqrt[6]{x} \, dx$；　　　(4) $\displaystyle\int_0^1 \frac{\ln(1+x)}{1+x^2} \, dx$.

20. （利用 Mathematica 完成本题计算）如图 3-39 所示，某运动场的内、外两跑道均为半椭圆形，内道的方程为 $y = \sqrt{100 - 0.2x^2}$，外道的方程为 $y = \sqrt{150 - 0.2x^2}$. 内道起点为

$P(\sqrt{500},0)$,外道起点为 M,两跑道的终点均设在跑道与 x 轴的负半轴的交点处,为了使两跑道的长度相等,M 点应选在何处?

21. 某电影放映场内的银幕高为 7.62 m,其下沿距地面 3.05 m. 第一排座位离银幕距离为 2.74 m,每两排座位的间距为 0.91 m,共设 21 排. 剧场地面从第一排座位开始为一个倾角为 20°的斜坡,设某观众所在的座位离斜坡起点处的距离为 x m($0 \leqslant x \leqslant 18.2$). 现假设观众的最佳座位是这样的位置,它使得观众眼睛对银幕的张角 θ 达到最大,又设观众的眼睛距地面 1.22 m(图 3-40).

(1) 试证明 $\theta = \arccos\left(\dfrac{a^2 + b^2 - (7.62)^2}{2ab}\right)$,其中
$$a^2 = (2.74 + x\cos\alpha)^2 + (9.45 - x\sin\alpha)^2,$$
$$b^2 = (2.75 + x\cos\alpha)^2 + (x\sin\alpha - 1.83)^2;$$

(2) 作出 $\theta = \theta(x)$ 的图形,并利用图形估计 $\theta(x)$ 的最大值点和最大值,以及所对应的座位排数;

(3) 利用求根命令语句找出 $\dfrac{\mathrm{d}\theta}{\mathrm{d}x}$ 的零点,与(2)中得到的最大值点比较之;

(4) 利用定积分计算语句算出 θ 在区间 $[0, 18.2]$ 上的平均值,与 θ 的最大、最小值比较之.

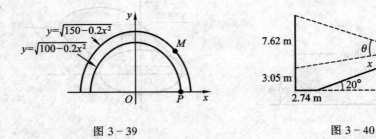

图 3-39   图 3-40

第四章
微 分 方 程

DIFFERENTIAL EQUATIONS

　　为了解决实际问题的需要,人们常常希望确定反映客观事物的内部联系的数量关系,即确定所讨论的变量之间的函数关系.寻找函数关系的方法很多,通常可对实验观察的抽样数据进行处理,从中发现规律.然而有些问题往往很难根据数据直接找出所需要的函数关系,但是在分析了问题提供的情况后,可以列出所求函数的导数所满足的关系式,这种关系式就是所谓的微分方程.分析问题并列出微分方程的过程就叫建立微分方程.当微分方程建立以后,通过一定的数学方法找出所求的未知函数来,这就是解微分方程.本章将结合具体例子介绍微分方程的一些基本概念和几种常用的微分方程的经典解法.

　　微分方程是利用一元微积分的知识解决几何问题、物理问题和其他各类实际问题的重要数学工具,也是对各种客观现象进行数学抽象、建立数学模型的重要方法,有着广泛的应用.微分方程本身是一门独立的、内容十分丰富的数学课程,本章只能对它作粗略的介绍.

第一节　微分方程的基本概念

　　我们先举两个几何、力学中的具体例子来说明微分方程的概念.

　　例 1　一条曲线通过点$(1,2)$,且在该曲线上任一点 $M(x,y)$处的切线的斜率为 $2x$,求这曲线的方程.

　　解　设所求曲线的方程为 $y = y(x)$.根据导数的几何意义,可知未知函数应满足关系式

$$\frac{\mathrm{d}y}{\mathrm{d}x} = 2x, \tag{1}$$

并且 $y = y(x)$ 还应满足条件:

$$x = 1 \text{ 时}, \quad y = 2. \tag{2}$$

　　由(1)式可得 $y = \displaystyle\int 2x\,\mathrm{d}x$, 即

$$y = x^2 + C, \tag{3}$$

其中 C 是任意常数.

　　把条件"当 $x=1$ 时,$y=2$"代入(3)式,得

$$2 = 1^2 + C,$$

由此得到 $C=1$.把 $C=1$ 代入(3)式,即得所求曲线的方程

$$y = x^2 + 1. \tag{4}$$

　　例 2　从地面上以初速度 v_0 铅直上抛一质量为 m 的物体,如果空气的阻力与物体运动的速度成正比(比例系数 $k>0$).试讨论上抛高度 h 与时间 t 的关系.

　　解　如图 4-1 建立坐标轴(h 轴),坐标轴的正向铅直向上,原点位于地面上.设物体在时刻 t 的高度为 $h(t)$.在时刻 t,物体受到两个力的作用,其一为重力,因为重力的方向与坐标轴的正向相反,故为 $-mg$;其二为空气阻力,由于阻力与运动的方向相反,故为 $-kv$.根据牛顿第二定律,物体运动的加速度应满足

$$ma = -mg - kv.$$

由导数的意义可知,速度 $v = \dfrac{\mathrm{d}h}{\mathrm{d}t}$,加速度 $a = \dfrac{\mathrm{d}^2 h}{\mathrm{d}t^2}$,从而得到如下的关系式

$$m\frac{\mathrm{d}^2 h}{\mathrm{d}t^2} = -mg - k\frac{\mathrm{d}h}{\mathrm{d}t},$$

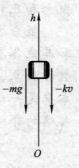

图 4-1

或者写成

$$\frac{\mathrm{d}^2 h}{\mathrm{d} t^2} + \frac{k}{m} \frac{\mathrm{d} h}{\mathrm{d} t} = - g. \tag{5}$$

这就是高度函数 $h(t)$ 应该满足的关系式. 设运动开始时刻为 $t = 0$, 则 $h(t)$ 还需满足下列条件:

$$h(0) = 0, \quad v\Big|_{t=0} = \frac{\mathrm{d} h}{\mathrm{d} t}\Big|_{t=0} = v_0. \tag{6}$$

下面验证函数

$$h(t) = C_1 + C_2 \mathrm{e}^{-\frac{k}{m} t} - \frac{mg}{k} t \tag{7}$$

(其中 C_1 与 C_2 是两个任意常数) 满足关系式 (5).

在 (7) 式的两端先后对 t 求导数及二阶导数, 得

$$\frac{\mathrm{d} h}{\mathrm{d} t} = -\frac{k}{m} C_2 \mathrm{e}^{-\frac{k}{m} t} - \frac{mg}{k}, \tag{8}$$

$$\frac{\mathrm{d}^2 h}{\mathrm{d} t^2} = \left(\frac{k}{m}\right)^2 C_2 \mathrm{e}^{-\frac{k}{m} t},$$

把以上两式代入 (5) 式, (5) 式成为恒等式. 故函数 (7) 满足关系式 (5).

把条件"当 $t = 0$ 时, $h = 0$"代入 (7) 式, 得

$$C_1 + C_2 = 0;$$

又把条件"当 $t = 0$ 时, $\dfrac{\mathrm{d} h}{\mathrm{d} t} = v_0$"代入 (8) 式,

得

$$C_2 = -\left(v_0 + \frac{mg}{k}\right) \frac{m}{k},$$

从而得

$$C_1 = -C_2 = \left(v_0 + \frac{mg}{k}\right) \frac{m}{k}.$$

把 C_1, C_2 的值代入 (7) 式, 就得

$$h(t) = \left(v_0 + \frac{mg}{k}\right) \frac{m}{k} (1 - \mathrm{e}^{-\frac{k}{m} t}) - \frac{mg}{k} t. \tag{9}$$

这就是我们要找的高度与时间的函数关系.

上述两个例子中的等式 (1) 和 (5) 都含有未知函数的导数. 一般地, 含有未知函数的导数的等式叫做微分方程 (differential equation). 未知函数是一元函数的微分方程也叫常微分方程.

微分方程中出现的未知函数的导数的最高阶数, 叫做微分方程的阶 (order). 如以上两例中的 (1) 式是一阶微分方程; (5) 式是二阶微分方程; 又如方程 $x^3 y''' - 4xy' = x^2$ 是三阶微分方程; 方程 $y^{(4)} - 4y''' + 10y'' - 12y' + 5y = \sin 2x$ 是四阶微分方程.

n 阶微分方程的一般形式是

$$F(x, y, y', \cdots, y^{(n)}) = 0. \tag{10}$$

其中 $F(x, y, y' \cdots, y^{(n)})$ 表示由 $x, y, y', \cdots, y^{(n)}$ 等变量所组成的一个表达式. 需要指出的是,作为 n 阶微分方程的(10)式, $y^{(n)}$ 是必须出现的,而 $x, y, y', \cdots,$ $y^{(n-1)}$ 等变量则可以不出现.

如果在区间 I 上有定义的某个函数 $\varphi(x)$ 满足微分方程,即将 $\varphi(x)$ 代入微分方程(10)后能使方程成为恒等式:

$$F[x, \varphi(x), \varphi'(x), \cdots, \varphi^{(n)}(x)] \equiv 0, \ x \in I,$$

就称函数 $\varphi(x)$ 是微分方程在区间 I 上的解. 如果微分方程的解中含有互相独立的任意常数[①],并且任意常数的个数与微分方程的阶数相同,那么称这样的解为微分方程的通解(general solution). 例如(3)式是方程(1)的通解;(7)式是方程(5)的通解.

从例1、例2我们看到,微分方程是对客观事物在某一范围或某一过程中的现象所作的数学上的概括,而微分方程的通解便揭露了客观事物的一般规律. 由于通解中含有任意常数,所以它还不能完全确定地反映某一客观事物的规律性. 要完全确定地反映某一特定事物的规律,还必须确定这些常数的值. 为此,要根据问题的实际情况,提出一定的条件,用来确定常数的值.

确定微分方程通解中的任意常数的值的条件叫做定解条件. 类似(2)式和(6)式这样的定解条件通常称为初值条件(initial condition),名称的来源是因为在物理问题中,这些条件往往反映了运动物体的初始状态. 由初值条件确定了通解中任意常数的值后所得到的解叫做特解(particular solution). 如(4)式是方程(1)满足初值条件(2)的特解;(9)式是方程(5)满足初值条件(6)的特解.

一般地, n 阶微分方程

$$F(x, y, y', \cdots, y^n) = 0$$

的通解为带有 n 个互相独立的任意常数的函数

$$y = y(x, C_1, C_2, \cdots, C_n), \tag{11}$$

如果给出了如下的初值条件:

$$y(x_0) = y_0, y'(x_0) = y_1, \cdots, y^{(n-1)}(x_0) = y_{n-1} \tag{12}$$

(这里 $y_0, y_1, \cdots, y_{n-1}$ 是已知实数),就能确定任意常数 $C_1, C_2, \cdots, C_n$ 的值而求出一个特解.

求微分方程(10)的满足初值条件(12)的特解,这一问题叫做微分方程初值问题或柯西问题,可以用(10)式与(12)式的联列式表示. 例如,求一阶微分方程 $F(x, y, y') = 0$ 满足初值条件 $y(x_0) = y_0$ 的特解这个一阶微分方程初值问题,

---

① 这里所说的任意常数是互相独立的,即它们不能合并而使得任意常数的个数减少(参见本章第六节中关于函数的线性相关性).

可记作

$$\begin{cases} F(x, y, y') = 0, \\ y(x_0) = y_0. \end{cases}$$

类似地,二阶微分方程初值问题,可记作

$$\begin{cases} F(x, y, y', y'') = 0, \\ y(x_0) = y_0, \\ y'(x_0) = y_1. \end{cases}$$

微分方程的解的图形称为微分方程的积分曲线.通解的图形是一族积分曲线,而特解的图形则是依据定解条件而确定的积分曲线族中的某一特定曲线.

习题 4 - 1

1.试确定下面哪个函数是哪个方程的解:

(1) $y'' - 2y' + y = 0$;　　　　　(i) $y = y(x)$ 为由方程 $x^2 - xy + y^2 = 1$ 所确定的隐函数;

(2) $(x - 2y)y' = 2x - y$;　　(ii) $y = xe^x$;

(3) $(1 + xy)y' + y^2 = 0$;　　(iii) $y = y(x)$ 为由方程 $xy + \ln y = 0$ 所确定的隐函数.

2.确定下列函数中 C_1, C_2 的值,使得函数满足所给定的条件:

(1) $y = C_1\cos x + C_2\sin x, y\mid_{x=0} = 1, y'\mid_{x=0} = 3$;

(2) $y = (C_1 + C_2 x)e^{2x}, y\mid_{x=0} = 0, y'\mid_{x=0} = 1$.

3.试求下列微分方程在指定形式下的解:

(1) $y'' + 3y' + 2y = 0$,形如 $y = e^{rx}$ 的解;

(2) $x^2 y'' + 6xy' + 4y = 0$,形如 $y = x^\lambda$ 的解.

4.写出由下列条件确定的曲线所满足的微分方程:

(1) 曲线在点 (x, y) 处的切线的斜率等于该点的横坐标的平方;

(2) 曲线上点 $P(x, y)$ 处的法线与 x 轴的交点为 Q,且线段 PQ 被 y 轴平分;

(3) 曲线上点 $P(x, y)$ 处的切线与 y 轴的交点为 Q,线段 PQ 的长度为2,且曲线通过点 $(2, 0)$;

(4) 曲线上点 $M(x, y)$ 处的切线与 x 轴、y 轴的交点依次为 P 与 Q,线段 PM 被点 Q 平分,且曲线通过点 $(3, 1)$.

第二节　可分离变量的微分方程

一阶微分方程一般可以表达为

$$F(x, y, y') = 0,$$

如果上式关于 y' 可解出,则方程可写作

$$\left(\frac{\mathrm{d}y}{\mathrm{d}x}\right) = f(x, y),$$

或写成对称的形式

$$P(x, y)\mathrm{d}x + Q(x, y)\mathrm{d}y = 0.$$

由于上述各方程中所涉及的表达式 F、f、P 及 Q 的多样性与复杂性,使得很难用一个通用公式来表达所有情况下的解,因此我们在本节至第四节将分别就一些特殊形式的一阶微分方程来讨论求解的方法.

我们知道,求微分方程

$$\frac{\mathrm{d}y}{\mathrm{d}x} = f(x)$$

的通解与求函数 $f(x)$ 的不定积分是一回事.把上面的方程改写成

$$\mathrm{d}y = f(x)\mathrm{d}x,$$

两端积分(左端以 y 为积分变量,右端以 x 为积分变量),就得到这个方程的通解

$$y = \int f(x)\mathrm{d}x + C^{①}.$$

那么,当我们面对形如

$$g(y)\mathrm{d}y = f(x)\mathrm{d}x \tag{1}$$

的一阶微分方程时,是不是也可以通过两端积分而得到它的解呢? 答案是肯定的.我们假定(1)式中的函数 $g(y)$ 与 $f(x)$ 都是连续的.对(1)式两端积分,得到

$$\int g(y)\mathrm{d}y = \int f(x)\mathrm{d}x + C^{②}.$$

设 $G(y)$ 与 $F(x)$ 分别是 $g(y)$ 与 $f(y)$ 的原函数,上式即为

$$G(y) = F(x) + C. \tag{2}$$

把(2)式看作 x, y 的二元方程,由它确定的 y 关于 x 的隐函数记作 $y = \varphi(x)$,那么在 $g(y) \neq 0$ 的条件下,由隐函数的求导法,通过在(2)式两端对 x 求导,可得

$$\frac{\mathrm{d}y}{\mathrm{d}x} = \varphi'(x) = \frac{F'(x)}{G'(y)} = \frac{f(x)}{g(y)},$$

即

$$g(y)\mathrm{d}y = f(x)\mathrm{d}x,$$

这说明当 $g(y) \neq 0$ 时,(2)式所确定的隐函数 $y = \varphi(x)$ 是微分方程(1)的解,

---

① 为了叙述的方便,我们把 $\int f(x)\mathrm{d}x$ 理解为 $f(x)$ 的任意一个确定的原函数.以后若给出微分方程的通解公式中出现 $\int f(x)\mathrm{d}x$ 时,总是这样理解.

② 两端求不定积分后出现的任意常数已合并到右端的 C 中了.

称为微分方程(1)的<u>隐式解</u>.又由于(2)式中含有任意常数,因此,(2)式所确定的隐函数是微分方程(1)的通解,称为方程(1)的<u>隐式通解</u>.(当 $f(x) \neq 0$ 时,(2)式所确定的隐函数 $x = \psi(y)$ 也可以认为是方程(1)的通解.)

如果一阶微分方程能够化为(1)式这样的形式,即化为一端只含 y 的函数和 ${\rm d}y$,另一端只含 x 的函数和 ${\rm d}x$,那么这样的一阶微分方程就称为<u>可分离变量的微分方程</u>,把可分离变量的微分方程化为(1)式的步骤称为<u>分离变量</u>,而方程的上述求解方法称为<u>分离变量法</u>.

例 1　求微分方程 $\dfrac{{\rm d}y}{{\rm d}x} = {\rm e}^x y$ 的通解.

解　所给方程是可分离变量的.两端同时乘以 $\dfrac{{\rm d}x}{y}$,即可分离变量得

$$\frac{{\rm d}y}{y} = {\rm e}^x {\rm d}x.$$

两端积分

$$\int \frac{{\rm d}y}{y} = \int {\rm e}^x {\rm d}x ;$$

得

$$\ln|y| = {\rm e}^x + C_1.$$

从而

$$y = \pm {\rm e}^{{\rm e}^x + C_1} = \pm {\rm e}^{C_1} \cdot {\rm e}^{{\rm e}^x},$$

这里 $\pm {\rm e}^{C_1}$ 为任意的非零常数.注意到 $y \equiv 0$ 也是方程的解,故令 C 为任意常数,即得所给方程的通解

$$y = C {\rm e}^{{\rm e}^x}.$$

图 4-2 是计算机画出的微分方程的积分曲线族.

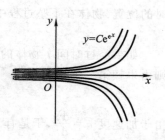

图 4-2

例 2　**铀的衰变规律**　放射性元素铀由于不断地有原子放射出微粒子而变成其他元素,铀的含量就不断减少,这种现象称为<u>衰变</u>.由原子物理学知道,铀的衰变速度与当时未衰变的原子的含量 M 成正比.已知 $t = 0$ 时,铀的含量为 M_0.求在衰变过程中铀含量 $M(t)$ 随时间 t 变化的规律.

解　铀的衰变速度就是 $M(t)$ 对时间 t 的导数 $\dfrac{{\rm d}M}{{\rm d}t}$.由于铀的衰变速度与其含量成正比,故得微分方程

$$\frac{{\rm d}M}{{\rm d}t} = -\lambda M, \tag{3}$$

其中 $\lambda(\lambda > 0)$ 是常数,称为衰变系数.λ 前置负号是由于当 t 增加时 M 减少,即 $\dfrac{{\rm d}M}{{\rm d}t} < 0$ 的缘故.由题意,初值条件为

$$M \mid_{t=0} = M_0.$$

方程(3)是可分离变量的.分离变量后得

$$\frac{\mathrm{d}M}{M} = -\lambda\,\mathrm{d}t.$$

两端积分,注意到 $M>0$,并以 $\ln C$ 表示任意常数,得

$$\ln M = -\lambda t + \ln C,$$

即

$$M = C\mathrm{e}^{-\lambda t}.$$

这就是方程(3)的通解.以初值条件代入上式,得

$$M_0 = C\mathrm{e}^{-\lambda\cdot 0} = C.$$

所以

$$M = M_0\mathrm{e}^{-\lambda t}.$$

这就是所求的铀的衰变规律.由此可见,铀的含量随时间的增加而按指数规律衰减(图 4－3).

例 3　自由落体的速度与位移的关系　设质量为 m 的物体在某种介质内受重力 G 的作用自由下坠,其间它还受到介质的浮力 B 与阻力 R 的作用.已知阻力 R 与下坠的速度 v 成正比,比例系数为 λ,即 $R = \lambda v(\lambda>0)$.试求该落体的速度与位移的函数关系.

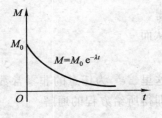

图 4－3

解　设 x 轴铅直向下,原点是物体开始下坠时的位置.物体在下坠过程中所受到的合力为

$$F = G - B - R.$$

如果经过时间 t 物体的位移为 $x = x(t)$,速度为 $v = v(t)$,则由牛顿第二定律,

$$F = ma.$$

由于加速度 $a = \dfrac{\mathrm{d}v}{\mathrm{d}t}$,于是有

$$m\,\frac{\mathrm{d}v}{\mathrm{d}t} = G - B - \lambda v,$$

即

$$\frac{\mathrm{d}v}{\mathrm{d}t} = \frac{G - B - \lambda v}{m}. \tag{4}$$

按题意,初值条件为 $x\Big|_{t=0} = 0,\ v\Big|_{t=0} = 0$.

(4)式反映的是速度与时间的关系,并没有直接反映速度与位移的联系.为了得到速度与位移的关系,我们将 $\dfrac{\mathrm{d}v}{\mathrm{d}t}$ 表示成

$$\frac{\mathrm{d}v}{\mathrm{d}t} = \frac{\mathrm{d}v}{\mathrm{d}x} \cdot \frac{\mathrm{d}x}{\mathrm{d}t} = \frac{\mathrm{d}v}{\mathrm{d}x} \cdot v,$$

于是(4)式转化为

$$v \frac{\mathrm{d}v}{\mathrm{d}x} = \frac{G - B - \lambda v}{m}.$$

分离变量后成为

$$\frac{v \mathrm{d}v}{G - B - \lambda v} = \frac{\mathrm{d}x}{m}. \tag{5}$$

并且原来的初值条件 $x \big|_{t=0} = 0$，$v \big|_{t=0} = 0$ 转化为

$$v \big|_{x=0} = 0. \tag{6}$$

在方程(5)的两端作积分,得

$$-\frac{v}{\lambda} - \frac{G - B}{\lambda^2} \ln(G - B - \lambda v) = \frac{x}{m} + C,$$

将初值条件 $v \big|_{x=0} = 0$ 代入上式,定出 $C = -\dfrac{G - B}{\lambda^2} \ln(G - B)$，从而得到由(5)式与(6)式构成的初值问题的解

$$-\frac{v}{\lambda} - \frac{G - B}{\lambda^2} \ln\left(\frac{G - B - \lambda v}{G - B}\right) = \frac{x}{m}. \tag{7}$$

(7)式就是落体的速度与位移的函数关系.

下面是一个与此有关的真实故事.

若干年以前,美国原子能委员会准备将浓缩的放射性废料装入密封的圆桶内沉至深 91.14 m 的海底(圆桶的质量 $m = 240$ kg,体积 $V = 0.208$ m^3,海水的密度 $\rho = 1\,026$ kg/m^3),当时一些科学家与生态学家都反对这种做法.科学家用实验测定出圆桶能够承受的最大撞击速度为 $v = 12.2$ m/s,如果圆桶到达海底时超过这个速度,将会因撞击海底而破裂,从而引起严重的核污染.然而原子能委员会却认为不存在这种可能性.那么圆桶到达海底时的速度究竟是否会超过 12.2 m/s 呢?

这个问题的数学模型就是上述初值问题.为了计算圆桶到达海底时的速度,现在只要将 $x = 91.14$ m 以及有关数据 $G = mg = 2\,352$ N,$B = \rho V g = 2\,091$ N,$\lambda = 1.17$ kg/s(为实际测得数据)代入(7)式并整理,就得到

$$v + 223.08 \ln(261 - 1.17v) - 1\,240.88 = 0.$$

可以用近似求根方法或直接利用数学软件的求根命令求得此方程的根

$$v \approx 13.5 \text{ m/s} > 12.2 \text{ m/s}.$$

这个结果否定了原子能委员会的提议,从而避免了可能发生的核污染事件.

我们指出,对于可分离变量的微分方程的初值问题,可直接用变上限的定积分来确定解:

$$初值问题 \begin{cases} g(y)\mathrm{d}y = f(x)\mathrm{d}x \\ y\big|_{x=x_0} = y_0 \end{cases}$$

的解为

$$\int_{y_0}^{y} g(y)\mathrm{d}y = \int_{x_0}^{x} f(x)\mathrm{d}x. \tag{8}$$

有些情况下,我们也可以用微小量分析的方法,即所谓的微元法来建立微分方程,下面举例说明这种方法.

例 4　发热体的温度与时间的关系　设一台汽车发动机在没有冷却装置的条件下运转,以 $\alpha\,℃/\mathrm{min}$ 的速率升温.发动机总成上的水箱与风扇装置是用来降低发动机的温度的增加量而使之正常运转的(称为双冷却系统).根据牛顿冷却定律,发动机冷却的速率与温差(即发动机温度与环境气温之差)成正比,比例系数 k 为已知.如果环境气温为 T_e,试求发动机温度 T 与时间 t 的函数关系.

解　设经过时间 t,发动机温度为 T,在微小时间间隔 $[t, t+\mathrm{d}t]$ 内,发动机温度的改变量为 $\mathrm{d}T$. $\mathrm{d}T$ 产生于两方面的因素,一方面是发动机的运转引起的温度的升高,其大小为 $\alpha\mathrm{d}t$;另一方面是冷却系统使发动机产生的温度的下降.在这段时间内,虽然机温与气温的差也是变量,但当 $\mathrm{d}t$ 很小时,其变化很小,故可以用在时刻 t 的温差 $T-T_e$ 来近似代替.于是在这段时间内,冷却系统对发动机产生的温度的下降量为 $k(T-T_e)\mathrm{d}t$,从而得微分方程

$$\mathrm{d}T = (\alpha + kT_e - kT)\mathrm{d}t, \tag{9}$$

并有初值条件 $T\big|_{t=0} = T_e$.

由于考虑的是发动机的升温过程,故 $\dfrac{\mathrm{d}T}{\mathrm{d}t} > 0$,即需假定 $\alpha + kT_e - kT > 0$.

方程(9)分离变量后根据初值条件 $T\big|_{t=0} = T_e$,利用(8)式,即得解

$$\int_{T_e}^{T} \frac{\mathrm{d}T}{\alpha + kT_e - kT} = \int_0^t \mathrm{d}t,$$

积分得

$$\ln \frac{\alpha + kT_e - kT}{\alpha} = -kt,$$

或写成

$$T = T_e + \frac{\alpha}{k}(1 - \mathrm{e}^{-kt}). \tag{10}$$

这就是发动机温度与时间的关系.

牛顿冷却定律被广泛地应用于各类设备装置之中.一般发热设备的温度都遵循(10)式给出的规律,我们从(10)式可以看到随着时间的增加,设备的温度可能达到的最大值不超过 $T_e + \dfrac{\alpha}{k}$.因此按照实际情况设定最高环境温度限 T_e 的值后,只需合理设计冷却系统,就可使得 $T_e + \dfrac{\alpha}{k}$ 控制在设备的正常工作温度范

围之内.

　　发动机的温度变化曲线 $T = T(t)$ 如图 4-4所示.可看到曲线有一条水平渐近线 $T = T_e + \dfrac{\alpha}{k}$,表明温度 T 只能接近却不会超过 $T_e + \dfrac{\alpha}{k}$.

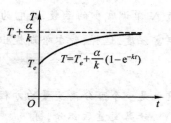

图 4-4

例 5　生物种群的繁殖问题

　　设某生物种群在时刻 t 的个体数量为 $N = N(t)$,选定某一时刻为 $t = 0$,在该时刻的个体数量为 $N = N_0$.试确定函数 $N(t)$.

　　解　先说明一点.由于生物的个体数量 $N(t)$ 只能取正整数,故严格说来,它并不随着时间的变化而连续变动.但如果个体数量是一个很大的数目(比如一个国家的人口总数),那么相对于最小增量单位 1(个)来说,可以近似地把 $N(t)$ 看作是连续变动的,从而可以用导数来表示它的变化率.

　　为了找出函数 $N(t)$,必须作一些假设.1798 年,英国经济学家马尔萨斯(Malthus)提出:一种群中个体数量的增长率与该时刻种群的个体数量成正比.由于增长率即为 $\dfrac{\mathrm{d}N}{\mathrm{d}t}$,故由此假设即得微分方程

$$\frac{\mathrm{d}N}{\mathrm{d}t} = rN, \tag{11}$$

其中比例系数 $r = B - D$,B,D 分别为该种群个体的平均生育率与死亡率.

　　(11) 也可写作

$$\frac{1}{N}\frac{\mathrm{d}N}{\mathrm{d}t} = r, \tag{12}$$

上式左端称为该种群的相对增长率(单位时间内增加的个体数量关于总量之比).

　　利用分离变量法,可求得方程(11)满足初值条件 $N\big|_{t=0} = N_0$ 的特解为

$$N(t) = N_0\mathrm{e}^{rt}. \tag{13}$$

　　由(13)式可见,个体数量 N 将随时间 t 按指数规律增加.经检验,在短时间内,这一变化规律与实际数据大致吻合.但当 $t \to +\infty$ 时,则有 $N(t) \to +\infty$,这与实际情况不相符合.(11)式称为生物繁殖的马尔萨斯模型.

　　1838 年,数学家费尔哈斯(Verhulst)对马尔萨斯模型进行了修正.他指出:马尔萨斯模型不符合现实情况的主要原因是它未能考虑"密度制约"因素.事实上,种群生活在一定的环境中,在资源给定的情况下,个体数目越多,每个个体所能获得的资源就越少,这将抑制种群的生育率,增加其死亡率.因而相对增长率 $\dfrac{1}{N}\dfrac{\mathrm{d}N}{\mathrm{d}t}$ 不应是一个常数 r,而应是 r 乘上一个"密度制约"因子.这个因子是一个

随 N 单调减少的函数,设它为 $1 - \dfrac{N}{k}$,其中 k 称为环境的容纳量,它反映资源的丰富程度.这样,费尔哈斯提出了如下的逻辑斯蒂(Logistic)模型:

$$\frac{\mathrm{d}N}{\mathrm{d}t} = rN\left(1 - \frac{N}{k}\right). \tag{14}$$

这也是一个可分离变量的方程.

分离变量后积分,得

$$\int r\,\mathrm{d}t = \int \frac{\mathrm{d}N}{N\left(1 - \dfrac{N}{k}\right)} = \int \frac{\mathrm{d}N}{N} + \frac{1}{k}\int \frac{\mathrm{d}N}{1 - \dfrac{N}{k}},$$

求出原函数后经整理即得方程(14)的通解:

$$N = \frac{k}{1 + C\mathrm{e}^{-rt}}.$$

代入初值条件 $N\Big|_{t=0} = N_0$,可求得特解

$$N = \frac{kN_0}{N_0 + (k - N_0)\mathrm{e}^{-rt}}. \tag{15}$$

从(15)式可见,当 $t \to +\infty$ 时,$N(t) \to k$.这表明随着时间的增加,种群的个体数量将最终稳定在数量 k,它就是环境对该种群的容纳量.

习题 4-2

1.求下列微分方程的通解:

(1) $y' = \mathrm{e}^{2x-y}$;

(2) $y' = x\sqrt{1 - y^2}$;

(3) $yy' = \mathrm{e}^x \sin x$;

(4) $(y + 1)^2 y' + x^3 = 0$;

(5) $(x^2 - 4x)y' + y = 0$;

(6) $y' \sin x = y\ln y$;

(7) $\cos x \sin y\,\mathrm{d}x + \sin x \cos y\,\mathrm{d}y = 0$;

(8) $\mathrm{e}^x y\,\mathrm{d}x + 2(\mathrm{e}^x - 1)\,\mathrm{d}y = 0$.

2.求下列初值问题的解:

(1) $y' = y\ln x, y|_{x=1} = 2$;

(2) $xy' + \mathrm{e}^y = 1, y|_{x=1} = -\ln 2$;

(3) $xy' - y\ln y = 0, y|_{x=1} = \mathrm{e}$;

(4) $\mathrm{e}^x \cos y\,\mathrm{d}x + (\mathrm{e}^x + 1)\sin y\,\mathrm{d}y = 0, \ y|_{x=0} = \dfrac{\pi}{4}$.

3.一曲线通过点 $(2,3)$,它在两坐标轴之间的任意切线段均被切点所平分,求这曲线的方程.

4.质量为 1 g 的质点受外力作用作直线运动,外力与时间成正比.在 $t = 10$ s 时,速率为 50 cm/s,外力为 4 g·cm/s².问从运动开始经过一分钟后的速率是多少?

5.镭的衰变与它的现存量 R 成正比,经过 1600 年以后,只余下原始量 R_0 的一半.试求镭的现存量 R 与时间的函数关系.

6.容器内有 100 L 的盐水,含 10 kg 的盐.现在以 3 L/min 的均匀速率往容器内注入净水

（假定净水与盐水立即调和），又以 2 L/min 的均匀速率从容器中抽出盐水，问 60 min 后容器内盐水中盐的含量是多少？

7. 常压下的液漏时间　有一盛满水的圆锥形漏斗，高为 10 cm，顶角为 60°，漏斗下面有一个面积为 0.5 cm² 的小孔，水从小孔流出（图 4 - 5），由水力学中的托里斥利[①]定律知道，水从孔口流出的流量（即通过孔口横截面的水的体积 V 对时间 t 的变化率）Q 可用公式：$Q = \dfrac{\mathrm{d}V}{\mathrm{d}t} = 0.62 S \sqrt{2gh}$ 计算，其中 0.62 为流量系数，S 为孔口横截面面积，g 为重力加速度。求水面高度变化的规律以及容器中的水全部流完所需要的时间。

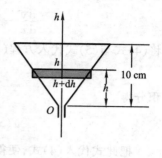

图 4 - 5

第三节　一阶线性微分方程

方程

$$\frac{\mathrm{d}y}{\mathrm{d}x} + P(x)y = Q(x) \tag{1}$$

称为一阶线性微分方程（first-order linear differential equation），因为它关于未知函数 y 及其导数是一次的。如果 $Q(x) \equiv 0$，那么称方程(1)是齐次的，否则，称方程(1)是非齐次的。

设方程(1)是非齐次线性微分方程。我们把方程右端的 $Q(x)$ 换成零，得到方程

$$\frac{\mathrm{d}y}{\mathrm{d}x} + P(x)y = 0, \tag{2}$$

就称它为非齐次线性微分方程(1)所对应的齐次线性微分方程。显然方程(2)是可分离变量的：

$$\frac{\mathrm{d}y}{y} = -P(x)\mathrm{d}x,$$

两端积分后得通解　　$\ln|y| = -\displaystyle\int P(x)\mathrm{d}x + \ln C_1,$

或　　$y = Ce^{-\int P(x)\mathrm{d}x} \quad (C = \pm C_1). \tag{3}$

现在我们使用常数变易法来推导非齐次线性微分方程(1)的通解公式。这种方法是把方程(2)的通解(3)中的任意常数 C 换成 x 的未知函数 $u(x)$，即

$$y = u(x)e^{-\int P(x)\mathrm{d}x}, \tag{4}$$

---

① 托里斥利(Torricelli)，1608—1647，意大利数学家、物理学家。

假定(4)式是非齐次线性微分方程(1)的解,那么其中的未知函数 $u(x)$ 应该是什么? 为此将(4)式对 x 求导,得

$$\frac{\mathrm{d}y}{\mathrm{d}x} = u'\mathrm{e}^{-\int P(x)\mathrm{d}x} - uP(x)\mathrm{e}^{-\int P(x)\mathrm{d}x}. \tag{5}$$

将(4)式与(5)式代入方程(1)并化简,得

$$u'(x) = Q(x)\mathrm{e}^{\int P(x)\mathrm{d}x},$$

积分得

$$u(x) = \int Q(x)\mathrm{e}^{\int P(x)\mathrm{d}x}\mathrm{d}x + C.$$

把此式代入(4)式,便得

一阶线性微分方程 $\dfrac{\mathrm{d}y}{\mathrm{d}x} + P(x)y = Q(x)$ 的通解公式为

$$y = \mathrm{e}^{-\int P(x)\mathrm{d}x}\left(\int Q(x)\mathrm{e}^{\int P(x)\mathrm{d}x}\mathrm{d}x + C\right). \tag{6}$$

注意,公式(6)中的不定积分 $\int P(x)\mathrm{d}x$ 与 $\int Q(x)\mathrm{e}^{\int P(x)\mathrm{d}x}\mathrm{d}x$ 都理解为被积函数的一个原函数.

如果将(6)式改写成两项之和

$$y = C\mathrm{e}^{-\int P(x)\mathrm{d}x} + \mathrm{e}^{-\int P(x)\mathrm{d}x}\int Q(x)\mathrm{e}^{\int P(x)\mathrm{d}x}\mathrm{d}x,$$

那么此式的第一项是对应的齐次线性微分方程(2)的通解,第二项是非齐次线性微分方程(1)的通解(6)中当 $C = 0$ 时得出的一个特解. 由此可知,**一阶非齐次线性微分方程的通解等于对应的齐次线性微分方程的通解与非齐次线性微分方程的一个特解之和**.

例 1　求方程 $\dfrac{\mathrm{d}y}{\mathrm{d}x} + \dfrac{2}{x}y = \dfrac{\sin 3x}{x^2}$ 的通解.

解　这是一个非齐次线性微分方程,这里

$$P(x) = \frac{2}{x}, \quad Q(x) = \frac{\sin 3x}{x^2}.$$

使用公式(6),得所给方程的通解

$$\begin{aligned}
y &= \mathrm{e}^{-\int \frac{2}{x}\mathrm{d}x}\left(\int \frac{\sin 3x}{x^2}\mathrm{e}^{\int \frac{2}{x}\mathrm{d}x}\mathrm{d}x + C\right) \\
&= \frac{1}{x^2}\left(\int \frac{\sin 3x}{x^2}x^2\mathrm{d}x + C\right) \\
&= \frac{1}{x^2}\left(C - \frac{1}{3}\cos 3x\right).
\end{aligned}$$

图 4-6 是所给方程的一些积分曲线.

例 2　求方程 $y\mathrm{d}x + (x - \ln y)\mathrm{d}y = 0$ 的通解.

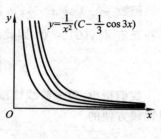

图 4-6

解　把 y 视为自变量，x 视为因变量，方程化为如下的线性方程：

$$\frac{\mathrm{d}x}{\mathrm{d}y} + \frac{1}{y}x = \frac{\ln y}{y},$$

这里　$P(y) = \frac{1}{y}, Q(y) = \frac{\ln y}{y}$，又从所给方程可知 $y > 0$.

使用公式(6)，得所给方程的通解

$$
\begin{aligned}
x &= \mathrm{e}^{-\int \frac{1}{y}\mathrm{d}y}\left(\int \frac{\ln y}{y}\mathrm{e}^{\int \frac{1}{y}\mathrm{d}y}\mathrm{d}y + C\right)\\
&= \mathrm{e}^{-\ln y}\left(\int \frac{\ln y}{y}\cdot \mathrm{e}^{\ln y}\mathrm{d}y + C\right)\\
&= \frac{1}{y}\left(\int \ln y\,\mathrm{d}y + C\right) = \frac{1}{y}(y\ln y - y + C)\\
&= \frac{C}{y} + \ln y - 1.
\end{aligned}
$$

例 3　设有联结点 $O(0,0)$ 和点 $A(1,1)$ 的一段向上凸的曲线弧 $\overset{\frown}{OA}$，对于 $\overset{\frown}{OA}$ 上的任一点 $P(x,y)$，曲线弧 $\overset{\frown}{OP}$ 与直线 $\overline{OP}$ 所围图形的面积为 x^2，求曲线弧 $\overset{\frown}{OA}$ 的方程.

解　设曲线弧 $\overset{\frown}{OA}$ 的方程为 $y = y(x) (0 \leqslant x \leqslant 1)$. 根据条件，有如下的等式

$$\int_0^x y\,\mathrm{d}x - \frac{xy}{2} = x^2 \quad (0 \leqslant x \leqslant 1).$$

等式两端对 x 求导，得微分方程

$$y - \frac{y + xy'}{2} = 2x,$$

即

$$y' - \frac{1}{x}y = -4,$$

且满足初值条件 $y\big|_{x=1} = 1$.

使用公式(6)，得

$$
\begin{aligned}
y &= \mathrm{e}^{\int \frac{1}{x}\mathrm{d}x}\left(\int -4\mathrm{e}^{-\int \frac{1}{x}\mathrm{d}x} + C\right)\\
&= x(-4\ln x + C) = Cx - 4x\ln x.
\end{aligned}
$$

代入初值条件 $y\big|_{x=1} = 1$，得 $C = 1$. 故得

$$y = x - 4x\ln x.$$

函数 $y(x) = x - 4x\ln x$ 当 $x = 0$ 时无意义,但当 $x \to 0^+$ 时, $y(x) \to 0$,故可补充定义 $y(0) = 0$. 因此曲线弧 $\overset{\frown}{OA}$ 的方程为

$$y = \begin{cases} x - 4x\ln x & \text{当 } 0 < x \leqslant 1, \\ 0 & \text{当 } x = 0. \end{cases}$$

我们指出,对一阶线性微分方程的初值问题,用变上限定积分公式来求解也是比较方便的.

> 初值问题 $$\begin{cases} \dfrac{\mathrm{d}y}{\mathrm{d}x} + P(x)y = Q(x), \\ y\,|_{x=x_0} = y_0 \end{cases}$$
>
> 的解为
>
> $$y = \mathrm{e}^{-\int_{x_0}^x P(x)\mathrm{d}x}\left(\int_{x_0}^x Q(x)\mathrm{e}^{\int_{x_0}^x P(x)\mathrm{d}x}\mathrm{d}x + y_0\right). \tag{7}$$

例 4　有一个电路如图 4-7 所示,其中电源电动势为 $E = E_m\sin \omega t$(E_m 和 ω 是常量),电阻 R 与电感 L 均为常量. 求电流 $i(t)$.

解　首先列出微分方程并确定初值条件:

由电学知道,当电流变化时,L 上有感应电动势 $-L\dfrac{\mathrm{d}i}{\mathrm{d}t}$. 由回路电压定律得出

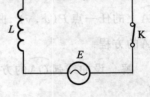

图 4-7

$$E - L\frac{\mathrm{d}i}{\mathrm{d}t} - iR = 0,$$

即

$$\frac{\mathrm{d}i}{\mathrm{d}t} + \frac{R}{L}i = \frac{E}{L},$$

代入 $E = E_m\sin \omega t$,就得未知函数 $i(t)$ 应满足的微分方程为

$$\frac{\mathrm{d}i}{\mathrm{d}t} + \frac{R}{L}i = \frac{E_m}{L}\sin \omega t.$$

此外,设开关 K 闭合的时刻为 $t = 0$,则 $i(t)$ 还应满足初值条件 $i|_{t=0} = 0$. 这是非齐次一阶线性微分方程的初值问题,使用公式(7),得

$$i(t) = \mathrm{e}^{-\int_0^t \frac{R}{L}\mathrm{d}t}\int_0^t \frac{E_m}{L}\sin \omega t \cdot \mathrm{e}^{\int_0^t \frac{R}{L}\mathrm{d}t}\mathrm{d}t = \frac{E_m}{L}\mathrm{e}^{-\frac{R}{L}t}\int_0^t \mathrm{e}^{\frac{R}{L}t}\sin \omega t\,\mathrm{d}t$$

$$= \frac{\omega L E_m}{R^2 + \omega^2 L^2}\mathrm{e}^{-\frac{R}{L}t} + \frac{E_m}{R^2 + \omega^2 L^2}(R\sin \omega t - \omega L\cos \omega t)$$

$$= \frac{\omega L E_{\mathrm{m}}}{R^2 + \omega^2 L^2} \mathrm{e}^{-\frac{R}{L}t} + \frac{E_{\mathrm{m}}}{\sqrt{R^2 + \omega^2 L^2}} \sin(\omega t - \varphi),$$

其中 $\varphi = \arctan \dfrac{\omega L}{R}$.

当 t 增大时，$i(t)$ 表达式中第一项(称为暂态电流)逐渐衰减而趋于零，第二项(称为稳态电流)是正弦函数，它的周期与电动势的周期相同，而相角落后 φ.

习题 4 - 3

1.求下列微分方程的通解：

(1) $y' + y = \mathrm{e}^{-x}$;

(2) $y' + 2xy = 4x$;

(3) $xy' = x - y$;

(4) $(x^2 + 1)y' + 2xy = 4x^2$;

(5) $xy' + y = x\mathrm{e}^x$;

(6) $y' + y \tan x = \cos x$;

(7) $xy' + (1 - x)y = \mathrm{e}^{2x}$;

(8) $(y^2 - 6x)y' + 2y = 0$;

(9) $(x^2 - 1)\mathrm{d}y + (2xy - \cos x)\mathrm{d}x = 0$;

(10) $y\mathrm{d}x + (xy + x - \mathrm{e}^y)\mathrm{d}y = 0$.

2.求下列微分方程满足初值条件的特解：

(1) $2xy' = y - x^3, y|_{x=1} = 0$;

(2) $xy' + y = \sin x, y|_{x=\pi} = 1$;

(3) $x^2 y' + (1 - 2x)y = x^2, y|_{x=1} = 0$;

(4) $y'\cos^2 x + y = \tan x, y|_{x=0} = 0$;

(5) $y' + y \cot x = 5\mathrm{e}^{\cos x}, y|_{x=\frac{\pi}{2}} = -4$;

(6) $y'x\ln x - y = 1 + \ln^2 x, y|_{x=e} = 1$.

3.求一曲线的方程，这曲线过原点，并且它在点 (x, y) 处的切线斜率等于 $2x + y$.

4.将质量为 m 的物体垂直上抛，假设初始速度为 v_0，空气阻力与速度成正比(比例系数为 k)，试求在物体上升过程中速度与时间的函数关系.

5.设有一个由电阻 $R = 10\ \Omega$、电感 $L = 2\ \mathrm{H}$ 和电源电压 $E = 20 \sin 5t\ \mathrm{V}$ 串联组成的电路.开关 K 合上后，电路中有电流通过.求电流 i 与时间 t 的函数关系.

6.在某一人群中推广新技术是通过其中已掌握新技术的人进行的.设该人群的总人数为 N，在 $t = 0$ 时刻已掌握新技术的人数为 x_0，在任意时刻 t 已掌握新技术的人数为 $x(t)$ (将 $x(t)$ 视为连续可微变量)，其变化率与已掌握新技术人数和未掌握新技术人数之积成正比，比例常数 $k > 0$，求 $x(t)$.

第四节　可用变量代换法求解的一阶微分方程

一、齐次型方程

如果一阶微分方程可以化为如下形式：

$$\frac{\mathrm{d}y}{\mathrm{d}x} = \varphi\left(\frac{y}{x}\right), \tag{1}$$

那么,我们称这类方程为齐次型方程(homogeneous equation).

在齐次型方程(1)中,引进新的未知函数 $u = \dfrac{y}{x}$,就可以把它化为可分离变

量的方程.因为,由 $u = \dfrac{y}{x}$,得 $y = ux$,于是有 $\dfrac{\mathrm{d}y}{\mathrm{d}x} = u + x\dfrac{\mathrm{d}u}{\mathrm{d}x}$,代入(1)式,便得到

$$u + x\frac{\mathrm{d}u}{\mathrm{d}x} = \varphi(u),$$

这是一个可分离变量的微分方程.分离变量后积分

$$\int \frac{\mathrm{d}u}{\varphi(u) - u} = \int \frac{\mathrm{d}x}{x},$$

记 $\Phi(u)$ 为 $\dfrac{1}{\varphi(u) - u}$ 的一个原函数,则得通解

$$\Phi(u) = \ln|x| + C,$$

再用 $\dfrac{y}{x}$ 代替解中的 u,便得到齐次型方程(1)的通解.

例 1　解方程 $\dfrac{\mathrm{d}y}{\mathrm{d}x} = \dfrac{xy - y^2}{x^2 - 2xy}$.

解　原方程可写成

$$\frac{\mathrm{d}y}{\mathrm{d}x} = \frac{\dfrac{y}{x} - \left(\dfrac{y}{x}\right)^2}{1 - 2\dfrac{y}{x}},$$

因此是齐次型方程.令 $\dfrac{y}{x} = u$,则 $y = ux$,$\dfrac{\mathrm{d}y}{\mathrm{d}x} = u + x\dfrac{\mathrm{d}u}{\mathrm{d}x}$,于是原方程变成

$$u + x\frac{\mathrm{d}u}{\mathrm{d}x} = \frac{u - u^2}{1 - 2u},$$

即

$$x\frac{\mathrm{d}u}{\mathrm{d}x} = \frac{u^2}{1 - 2u}.$$

分离变量,得

$$\left(\frac{1}{u^2} - \frac{2}{u}\right)\mathrm{d}u = \frac{\mathrm{d}x}{x}.$$

两端积分,得

$$-\frac{1}{u} - \ln u^2 = \ln|x| + C_1,$$

即

$$\ln(|x|u^2) + \frac{1}{u} = C \quad (C = -C_1).$$

以 $\dfrac{y}{x}$ 代上式中的 u,便得原方程的通解为

$$\ln \frac{y^2}{|x|} + \frac{x}{y} = C.$$

例 2 探照灯反射镜的设计 在 xOy 平面上有一曲线 L,曲线 L 绕 x 轴旋转一周,形成一旋转曲面. 假设由 O 点发出的光线经此旋转曲面形状的凹镜反射后都与 x 轴平行(探照灯内的凹镜就是这样的),求曲线 L 的方程.

解 如图 $4-8$,设 O 点发出的某条光线经 L 上一点 $M(x,y)$ $(y>0)$ 反射后是一条与 x 轴平行的直线 MS. 又设过点 M 的切线 AT 与 x 轴的倾角是 α. 由题意, $\angle SMT = \alpha$. 另一方面, $\angle OMA$ 是入射角的余角, $\angle SMT$ 是反射角的余角,于是由光学中的反射定律有 $\angle OMA = \angle SMT = \alpha$,从而 $AO = OM$,但

$$AO = AP - OP$$

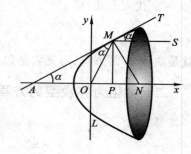

图 $4-8$

$$= PM\cot \alpha - OP = \frac{y}{y'} - x,$$

而 $OM = \sqrt{x^2 + y^2}$. 于是得微分方程

$$\frac{y}{y'} - x = \sqrt{x^2 + y^2},$$

即

$$\frac{\mathrm{d}x}{\mathrm{d}y} = \frac{x}{y} + \sqrt{\left(\frac{x}{y}\right)^2 + 1}.$$

这是齐次型方程. 为方便求解,视 y 为自变量, x 为未知函数,令 $\frac{x}{y} = v$,则 $x = yv$,有 $\frac{\mathrm{d}x}{\mathrm{d}y} = v + y\frac{\mathrm{d}v}{\mathrm{d}y}$,代入上式得

$$y\frac{\mathrm{d}v}{\mathrm{d}y} = \sqrt{v^2 + 1}.$$

从而

$$\frac{\mathrm{d}v}{\sqrt{v^2 + 1}} = \frac{\mathrm{d}y}{y}.$$

两端积分,得

$$\ln(v + \sqrt{v^2 + 1}) = \ln y - \ln C,$$

即

$$v + \sqrt{v^2 + 1} = \frac{y}{C}.$$

由上式可得

$$\left(\frac{y}{C} - v\right)^2 = v^2 + 1,$$

即

$$\frac{y^2}{C^2} - \frac{2yv}{C} = 1.$$

以 $yv = x$ 代入上式,得

$$y^2 = 2C\left(x + \frac{C}{2}\right).$$

这就是曲线 L 的方程,可见它是以 x 轴为对称轴,焦点在原点的抛物线.

*二、可化为齐次型的方程

方程

$$\frac{\mathrm{d}y}{\mathrm{d}x} = \frac{ax + by + c}{a_1 x + b_1 y + c_1}, \tag{2}$$

其中 $\dfrac{a_1}{a} \neq \dfrac{b_1}{b}$.

当 $c = c_1 = 0$ 时方程(2)是齐次型的,否则不是齐次型的.在非齐次型的情形下,可用如下的代换把它化为齐次型的.作代换

$$x = X + h, y = Y + k,$$

其中常数 h, k 这样取定:

因为 $\mathrm{d}x = \mathrm{d}X, \mathrm{d}y = \mathrm{d}Y$,所以方程(2)经代换后成为

$$\frac{\mathrm{d}Y}{\mathrm{d}X} = \frac{aX + bY + (ah + bk + c)}{a_1 X + b_1 Y + (a_1 h + b_1 k + c_1)}.$$

令

$$\begin{cases} ah + bk + c = 0, \\ a_1 h + b_1 k + c_1 = 0, \end{cases}$$

在 $\dfrac{a_1}{a} \neq \dfrac{b_1}{b}$ 的条件下,由上述方程组可定出 h 与 k. 这样方程(2)就化为齐次型方程

$$\frac{\mathrm{d}Y}{\mathrm{d}X} = \frac{aX + bY}{a_1 X + b_1 Y}.$$

求得该齐次型方程的通解后,在通解中以 $x - h$ 代 X, $y - k$ 代 Y,就得到方程(2)的通解.

例 3　求方程 $(2x + y - 4)\mathrm{d}x + (x + y - 1)\mathrm{d}y = 0$ 的通解.

解　所给方程属于(2)式的类型.在方程中作代换 $x = X + h, y = Y + k$,得

$$(2X + Y + 2h + k - 4)\mathrm{d}X + (X + Y + h + k - 1)\mathrm{d}Y = 0.$$

令

$$\begin{cases} 2h + k - 4 = 0, \\ h + k - 1 = 0, \end{cases}$$

解得 $h = 3, k = -2$. 即在代换 $x = X + 3, y = Y - 2$ 下原方程成为齐次型方程

$$(2X + Y)\mathrm{d}X + (X + Y)\mathrm{d}Y = 0,$$

或写成

$$\frac{\mathrm{d}Y}{\mathrm{d}X} = -\frac{2X + Y}{X + Y} = -\frac{2 + \dfrac{Y}{X}}{1 + \dfrac{Y}{X}}.$$

再令 $\dfrac{Y}{X} = u$, 则 $Y = uX, \dfrac{\mathrm{d}Y}{\mathrm{d}X} = u + X\dfrac{\mathrm{d}u}{\mathrm{d}X}$, 代入上面的方程, 整理并分离变量后成为

$$-\frac{u + 1}{u^2 + 2u + 2}\mathrm{d}u = \frac{\mathrm{d}X}{X}.$$

积分得

$$\ln C_1 - \frac{1}{2}\ln(u^2 + 2u + 2) = \ln|X|,$$

即

$$C_1^2 = X^2(u^2 + 2u + 2),$$

或

$$Y^2 + 2XY + 2X^2 = C_2 \quad (C_2 = C_1^2).$$

以 $X = x - 3, Y = y + 2$ 代入上式并化简, 就得原方程的通解

$$2x^2 + 2xy + y^2 - 8x - 2y = C \quad (C = C_2 - 10).$$

我们指出, 如果方程 (2) 中的系数适合 $\dfrac{a_1}{a} = \dfrac{b_1}{b}$ 时, 用上述代换无法求得 h 与 k. 在这种情况下, 若记 $\dfrac{a_1}{a} = \dfrac{b_1}{b} = \lambda$, 则方程 (2) 可写成

$$\frac{\mathrm{d}y}{\mathrm{d}x} = \frac{ax + by + c}{\lambda(ax + by) + c_1},$$

即

$$\frac{\mathrm{d}y}{\mathrm{d}x} = f(ax + by).$$

只要作代换 $u = ax + by$, 则 $\dfrac{\mathrm{d}u}{\mathrm{d}x} = a + b\dfrac{\mathrm{d}y}{\mathrm{d}x}$, 即 $\dfrac{\mathrm{d}y}{\mathrm{d}x} = \dfrac{1}{b}\left(\dfrac{\mathrm{d}u}{\mathrm{d}x} - a\right)$, 于是方程 $\dfrac{\mathrm{d}y}{\mathrm{d}x} = f(ax + by)$ 就成为

$$\frac{1}{b}\left(\frac{\mathrm{d}u}{\mathrm{d}x} - a\right) = f(u),$$

这是可分离变量的方程.

以上介绍的方法也适用于更一般的方程

$$\frac{\mathrm{d}y}{\mathrm{d}x} = f\left(\frac{ax + by + c}{a_1 x + b_1 y + c_1}\right)$$

的求解.

例 4   解方程 $y' = \cos(x + y)$.

解   令 $u = x + y$,则 $u' = 1 + y'$,即 $y' = u' - 1$,于是原方程成为

$$u' = \cos u + 1 = 2\cos^2 \frac{u}{2}.$$

分离变量后积分

$$\int \frac{\mathrm{d}u}{2\cos^2 \frac{u}{2}} = \int \mathrm{d}x,$$

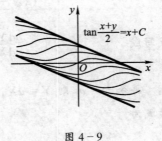

图 4-9

得

$$\tan \frac{u}{2} = x + C.$$

把 $u = x + y$ 代入上式,就得原方程的通解

$$\tan \frac{x + y}{2} = x + C.$$

图 4-9 给出了方程的一些积分曲线.

*三、伯努利方程

形如

$$\frac{\mathrm{d}y}{\mathrm{d}x} + P(x)y = Q(x)y^{\alpha} \quad (\alpha \neq 0, 1) \tag{3}$$

的方程称为伯努利[①]方程. 如果在方程(3)的两端除以 y^{α},就得

$$y^{-\alpha} \frac{\mathrm{d}y}{\mathrm{d}x} + P(x)y^{1-\alpha} = Q(x). \tag{3'}$$

作代换 $z = y^{1-\alpha}$,则 $\frac{\mathrm{d}z}{\mathrm{d}x} = (1 - \alpha)y^{-\alpha} \frac{\mathrm{d}y}{\mathrm{d}x}$,于是方程(3') 成为

$$\frac{\mathrm{d}z}{\mathrm{d}x} + (1 - \alpha)P(x)z = (1 - \alpha)Q(x),$$

这是一阶线性微分方程. 求出它的通解后,以 $y^{1-\alpha}$ 代 z,就得到原方程(3)的通解了.

例 5   求方程 $\frac{\mathrm{d}y}{\mathrm{d}x} - xy = -\mathrm{e}^{-x^2}y^3$ 的通解.

解   所给方程是伯努利方程,在它的两端除以 y^3,方程成为

$$y^{-3} \frac{\mathrm{d}y}{\mathrm{d}x} - xy^{-2} = -\mathrm{e}^{-x^2}.$$

令 $z = y^{-2}$,则 $\frac{\mathrm{d}z}{\mathrm{d}x} = -2y^{-3} \frac{\mathrm{d}y}{\mathrm{d}x}$,于是所给的方程便

---

①   伯努利(J. Bernoulli),1654—1705,瑞士数学家.

化为一阶线性微分方程

$$\frac{\mathrm{d}z}{\mathrm{d}x} + 2xz = 2\mathrm{e}^{-x^2}.$$

用一阶线性微分方程的通解公式,得

$$z = \mathrm{e}^{-\int 2x\mathrm{d}x}\left(\int 2\mathrm{e}^{-x^2}\mathrm{e}^{\int 2x\mathrm{d}x}\mathrm{d}x + C\right) = \mathrm{e}^{-x^2}(2x + C).$$

以 y^{-2} 代 z,即得到原方程的通解(图 $4-10$)

$$y^2 = \mathrm{e}^{x^2}(2x + C)^{-1}.$$

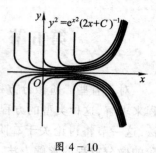

图 $4-10$

习题 4 - 4

1.求下列齐次型方程的通解:

(1) $xy' = y(\ln y - \ln x)$;

(2) $xy' + y = 2\sqrt{xy}$;

(3) $xy' = x\mathrm{e}^{y/x} + y$;

(4) $(x + y)y' = x - y$;

(5) $(x^2 + y^2)\mathrm{d}x - xy\mathrm{d}y = 0$;

(6) $\left(x + y\cos\dfrac{y}{x}\right)\mathrm{d}x - x\cos\dfrac{y}{x}\mathrm{d}y = 0$.

2.求下列初值问题的解:

(1) $(x^3 + y^3)\mathrm{d}x - 3xy^2\mathrm{d}y = 0, y\mid_{x=1} = 0$;

(2) $(y + \sqrt{x^2 + y^2})\mathrm{d}x - x\mathrm{d}y = 0, y\mid_{x=1} = 0$;

(3) $xyy' = x^2 + y^2, y\mid_{x=1} = 2$;

(4) $(x + 2y)y' = y - 2x, y\mid_{x=1} = 1$.

*3.化下列方程为齐次型方程,并求出通解:

(1) $(2y - x - 5)\mathrm{d}x - (2x - y + 4)\mathrm{d}y = 0$;

(2) $(2x - 5y + 3)\mathrm{d}x - (2x + 4y - 6)\mathrm{d}y = 0$;

(3) $(x + y)\mathrm{d}x + (3x + 3y - 4)\mathrm{d}y = 0$;

(4) $(y - x + 1)\mathrm{d}x - (y + x + 5)\mathrm{d}y = 0$.

*4.求下列伯努利方程的通解:

(1) $y' - 3xy = xy^2$;

(2) $x^2y' + xy = y^2$;

(3) $y' + y = y^2(\cos x - \sin x)$;

(4) $x^2y\mathrm{d}x - (x^3 + y^4)\mathrm{d}y = 0$;

(5) $3y' + y = (1 - 2x)y^4$;

(6) $xy' + y = y^2x^2\ln x$.

5. 设曲线 L 位于 xOy 平面的第一象限内,L 上任一点 M 处的切线与 y 轴相交,其交点记为 A,如果点 A 到点 O 的距离与点 A 到点 M 的距离始终相等,且 L 通过点 $\left(\dfrac{3}{2}, \dfrac{3}{2}\right)$,试求 L 的方程.

6.用适当的变换将下列方程化为可分离变量的方程,并求出通解:

(1) $y' = \dfrac{1}{x - y} + 1$;

(2) $(x + y)^2y' = 1$;

(3) $xy' + y = y\ln(xy)$;

(4) $xy' + x + \sin(x + y) = 0$.

第五节　可降阶的二阶微分方程

对于有些二阶微分方程,可以通过适当的变量代换,把它们化为一阶微分方程来求解,这种类型的方程就称为可降阶的方程,相应的求解方法也就称为降阶法.这一节将讨论关于二阶导数已解出的方程 $y'' = f(x, y, y')$ 中,三种容易降阶的微分方程的求解方法.

一、 $y'' = f(x)$ 型的微分方程

这类方程的特点是方程的右端仅含有自变量 x,只要把 y' 作为新的未知函数,那么方程就成为

$$(y')' = f(x),$$

两端积分,得

$$y' = \int f(x)\mathrm{d}x + C_1,$$

上式的两端再一次积分就得通解

$$y = \int\left(\int f(x)\mathrm{d}x\right)\mathrm{d}x + C_1 x + C_2.$$

这种逐次积分的方法,也可用于解同一类型的更高阶的微分方程

$$y^{(n)} = f(x).$$

例1　求微分方程 $y'' = \ln x$ 的通解.

解　对所给方程接连积分两次:

$$y' = \int \ln x\mathrm{d}x = x\ln x - x + C_1,$$

$$y = \int(x\ln x - x + C_1)\mathrm{d}x = \frac{1}{2}x^2\ln x - \frac{3}{4}x^2 + C_1 x + C_2.$$

这就求得了方程的通解.

二、 $y'' = f(x, y')$ 型的微分方程

这类方程的特点是右端不显含未知函数 y.如果我们设 $y' = p$,那么 $y'' = \dfrac{\mathrm{d}p}{\mathrm{d}x} = p'$,从而方程就化为

$$p' = f(x, p),$$

这是一个关于变量 x, p 的一阶微分方程.如果我们求出它的通解为

$$y' = p = \varphi(x, C_1),$$

那么,再通过积分,可得原方程的通解

$$y = \int \varphi(x, C_1) dx + C_2.$$

例 2　求初值问题 $\begin{cases} (1 + x^2) y'' = 2xy', \\ y|_{x=0} = 1, y'|_{x=0} = 3 \end{cases}$ 的解.

解　所给方程属 $y'' = f(x, y')$ 型.设 $y' = p$,代入方程并分离变量,得

$$\frac{dp}{p} = \frac{2x}{1 + x^2} dx.$$

由条件 $y'|_{x=0} = p|_{x=0} = 3$,上式两端作变上限的积分

$$\int_3^p \frac{dp}{p} = \int_0^x \frac{2x}{1 + x^2} dx,$$

得

$$\ln p - \ln 3 = \ln(1 + x^2),$$

或写成

$$p = 3(1 + x^2),$$

即

$$y' = 3(1 + x^2).$$

又由条件 $y|_{x=0} = 1$,上式两端作变上限的积分

$$\int_1^y dy = \int_0^x 3(1 + x^2) dx,$$

得

$$y - 1 = 3x + x^3.$$

于是得初值问题的解

$$y = x^3 + 3x + 1.$$

三、$y'' = f(y, y')$ 型的微分方程

这类方程的特点是右端不显含自变量 x.我们仍然设 $y' = p$,利用复合函数求导法则把 y'' 化为对 y 的导数,即

$$y'' = \frac{dp}{dx} = \frac{dp}{dy} \cdot \frac{dy}{dx} = p \frac{dp}{dy}.$$

从而方程就化为

$$p \frac{dp}{dy} = f(y, p).$$

这是一个关于变量 y、p 的一阶微分方程.如果我们求出它的通解为

$$y' = p = \varphi(y, C_1),$$

并写成

$$dy = \varphi(y, C_1) dx,$$

那么分离变量并两端积分,可得原方程的通解为

$$\int \frac{dy}{\varphi(y, C_1)} = x + C_2.$$

例 3 求方程 $yy'' - y'^2 = 0$ 的通解.

解 所给方程不显含自变量 x. 设 $y' = p$, 于是 $y'' = p \dfrac{\mathrm{d}p}{\mathrm{d}y}$, 代入所给方程, 得

$$yp\frac{\mathrm{d}p}{\mathrm{d}y} - p^2 = 0.$$

在 $y \neq 0, p \neq 0$ 时, 约去 p 并分离变量, 得

$$\frac{\mathrm{d}p}{p} = \frac{\mathrm{d}y}{y}.$$

两端积分, 得

$$\ln|p| = \ln|y| + C_1',$$

或写成

$$y' = p = C_1 y \quad (C_1 = \pm e^{C_1'}).$$

再分离变量并两端积分, 便得方程的通解

$$\ln|y| = C_1 x + C_2' \text{ 或 } y = C_2 e^{C_1 x} (C_2 = \pm e^{C_2'}).$$

从以上求解过程来看, 应该 $C_1 \neq 0, C_2 \neq 0$, 但是由于 $y \equiv$ 常数也是方程的解, 所以 C_1, C_2 事实上不受非零的限制.

四、可降阶二阶微分方程的应用举例

例 4 **交通事故的勘察** 在公路交通事故的现场, 常会发现事故车辆的车轮底下留有一段拖痕. 这是紧急刹车后制动片抱紧制动箍使车轮停止了转动, 由于惯性的作用, 车轮在地面上摩擦滑动而留下的. 如果在事故现场测得拖痕的长度为 10 m(图

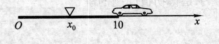

图 4–11

4–11), 那么事故调查人员是如何判定事故车辆在紧急刹车前的车速的?

解 调查人员首先测定出现场的路面与事故车辆之车轮的摩擦系数为 $\lambda = 1.02$(此系数由路面质地、车轮与地面接触面积等因素决定), 然后设拖痕所在的直线为 x 轴, 并令拖痕的起点为原点, 车辆的滑动位移为 x, 滑动速度为 v. 当 $t = 0$ 时, $x = 0, v = v_0$; 当 $t = t_1$ 时(t_1 是滑动停止的时刻), $x = 10, v = 0$.

在滑动过程中, 车辆受到与运动方向相反的摩擦力 f 的作用, 如果车辆的质量为 m, 则摩擦力 f 的大小为 $\lambda m g$. 根据牛顿第二定律, 有

$$m\frac{\mathrm{d}^2 x}{\mathrm{d}t^2} = -\lambda m g,$$

即

$$\frac{\mathrm{d}^2 x}{\mathrm{d}t^2} = -\lambda g.$$

积分得

$$\frac{\mathrm{d}x}{\mathrm{d}t} = -\lambda g t + C_1.$$

根据条件,当 $t=0$ 时 $v=\dfrac{\mathrm{d}x}{\mathrm{d}t}=v_0$,定出 $C_1=v_0$,即有

$$\frac{\mathrm{d}x}{\mathrm{d}t}=-\lambda gt+v_0, \tag{1}$$

再一次积分,得

$$x=-\frac{\lambda g}{2}t^2+v_0t+C_2.$$

根据条件,当 $t=0$ 时 $x=0$,定出 $C_2=0$,即有

$$x=-\frac{\lambda g}{2}t^2+v_0t. \tag{2}$$

最后根据条件 $t=t_1$ 时,$x=10$,$v=0$,由(1)式和(2)式,得

$$\begin{cases} -\lambda gt_1+v_0=0,\\[2mm] -\dfrac{\lambda g}{2}t_1^2+v_0t_1=10. \end{cases} \tag{3}$$

在此方程组中消去 t_1,得

$$v_0=\sqrt{2\lambda g\times10}.$$

代入 $\lambda=1.02$,$g\approx9.81\ \mathrm{m/s^2}$,计算得

$$v_0\approx14.15(\mathrm{m/s})\approx50.9(\mathrm{km/h}).$$

这是车辆开始滑动时的初速度,而实际上在车轮开始滑动之前车辆还有一个滚动减速的过程,因此车辆在刹车前的速度要远大于 $50.9\ \mathrm{km/h}$. 此外,如果根据勘察,确定了事故发生的临界点(即事故发生瞬时的确切位置)在距离拖痕起点 $x_1(\mathrm{m})$ 处,由方程(2)还可以计算出 t_1 的值,这就是驾驶员因突发事件而紧急制动的提前反应时间. 可见依据刹车拖痕的长短,调查人员可以判断驾驶员的行驶速度是否超出规定以及他对突发事件是否作出了及时的反应.

例5 悬链线及其张力分析 设有一均匀、柔软的绳索,两端固定,绳索仅受重力的作用而下垂.试分析该绳索在平衡状态时所呈曲线的方程及绳索在各点处的张力.

解 设绳索的最低点为 A. 取 y 轴通过点 A 铅直向上,并在绳索所在的平面内再取 x 轴,使 x 轴与 y 轴构成平面直角坐标系,并使 $|OA|$ 等于某定值(见图 4-12,该定值的大小将在下文中说明).

设绳索曲线的方程为 $y=y(x)$. 考察绳索上点 A 与另外任意一点 $M(x,y)$ 间的一段弧 $\overset{\frown}{AM}$ 的受力情况. 设这段弧的长度为 s,s 是 x 的函数:

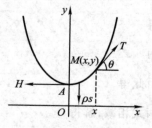

图 4-12

$s = s(x)$. 假定单位长绳索的重量为 ρ，则弧 $\overgroup{AM}$ 的重量为 ρs. 由于绳索是柔软的，因而在点 A 处的张力沿水平的切线方向，其大小设为 H；在点 M 处的张力沿该点处的切线方向，与水平线成 θ 角，其大小设为 T. 因为作用于弧段 $\overgroup{AM}$ 的外力相互平衡，把作用于弧 $\overgroup{AM}$ 上的力沿铅直及水平两方向分解，得

$$T\sin\theta = \rho s, \; T\cos\theta = H.$$

将此两式相除，得

$$\tan\theta = \frac{1}{a}s \quad \left(a = \frac{H}{\rho}\right).$$

因为 $\tan\theta = y'$，上式即

$$y' = \frac{1}{a}s = \frac{1}{a}\int_0^x \sqrt{1 + y'^2(x)}\,\mathrm{d}x.$$

上式是一类含有未知函数及其变上限积分的方程，也可叫做积分方程.

在方程两端关于 x 求导，得

$$y'' = \frac{1}{a}\sqrt{1 + y'^2}. \tag{4}$$

这是 $y = y(x)$ 应满足的微分方程.

取原点 O 到点 A 的距离为定值 a，即 $|OA| = a$，那么初值条件为

$$y\big|_{x=0} = a, \; y'\big|_{x=0} = 0.$$

现在求解方程(4). 方程(4)属 $y'' = f(x, y')$ 型，故设 $y' = p$，从而 $y'' = \dfrac{\mathrm{d}p}{\mathrm{d}x}$，一起代入方程(4)，并分离变量，得

$$\frac{\mathrm{d}p}{\sqrt{1 + p^2}} = \frac{\mathrm{d}x}{a}.$$

由条件 $y'\big|_{x=0} = p\big|_{x=0} = 0$，作变上限积分

$$\int_0^p \frac{\mathrm{d}p}{\sqrt{1 + p^2}} = \int_0^x \frac{\mathrm{d}x}{a},$$

得

$$\ln(p + \sqrt{1 + p^2}) = \frac{x}{a},$$

即

$$\sqrt{1 + p^2} + p = \mathrm{e}^{\frac{x}{a}}.$$

由此得

$$\sqrt{1 + p^2} - p = \frac{1}{\sqrt{1 + p^2} + p} = \mathrm{e}^{-\frac{x}{a}},$$

两式相减，解得

$$y' = p = \frac{1}{2}\left(\mathrm{e}^{\frac{x}{a}} - \mathrm{e}^{-\frac{x}{a}}\right) = \sinh\frac{x}{a}.$$

又由条件 $y\big|_{x=0} = a$，作变上限积分

$$\int_a^y \mathrm{d}y = \int_0^x \sinh \frac{x}{a}\mathrm{d}x,$$

得

$$y = a\cosh \frac{x}{a}. \tag{5}$$

即该绳索的形状可由曲线方程 $y = a\cosh \dfrac{x}{a}$ 来表达. 这曲线称为<u>悬链线</u>.

下面我们分析绳索(下称悬链线)在各点处的张力.

由

$$T\sin\theta = \rho s,\ T\cos\theta = H\ \text{及}\ H = a\rho$$

可得悬链线 $y = a\cos h\dfrac{x}{a}$ 上每一点 M 处张力 T 的大小为

$$T = \sqrt{(T\sin\theta)^2 + (T\cos\theta)^2} = \sqrt{(\rho s)^2 + (a\rho)^2} = \sqrt{s^2 + a^2}\,\rho,$$

其中单位线长的重量 ρ 是已知的, s 为弧 $\overset{\frown}{AM}$ 的长度. 因为

$$s = \int_0^x \sqrt{1 + y'^2}\mathrm{d}x = a\sinh\frac{x}{a},$$

故得

$$T = a\rho\cosh\frac{x}{a} = \rho y.$$

可见悬链线上每一点处的张力的大小等于该点的纵坐标与 ρ 的积.

例 6　目标的跟踪问题　设位于坐标原点的甲舰向位于 x 轴上点 $A(1,0)$ 处的乙舰发射制导导弹, 导弹头始终对准乙舰. 如果乙舰以最大的速度 v_0 (v_0 是常数)沿平行于 y 轴的直线行驶, 导弹的速度是 $5v_0$, 求导弹运行的曲线方程. 又问乙舰行驶多远时, 它将被导弹击中?

解　设导弹的轨迹曲线为 $y = y(x)$, 并设经过时间 t, 导弹位于点 $P(x,y)$, 乙舰位于点 $Q(1,v_0 t)$ (图 4–13). 由于导弹头始终对准乙舰, 故此时直线 PQ 就是导弹的轨迹曲线弧 OP 在点 P 处的切线, 即有

$$y' = \frac{v_0 t - y}{1 - x},$$

即

$$v_0 t = (1 - x)y' + y. \tag{6}$$

又根据题意, 弧 OP 的长度为 $|AQ|$ 的 5 倍, 即

$$\int_0^x \sqrt{1 + y'^2}\mathrm{d}x = 5v_0 t. \tag{7}$$

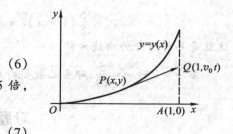

图 4–13

由(6)式与(7)式消去 $v_0 t$ 就得

$$(1 - x)y' + y = \frac{1}{5}\int_0^x \sqrt{1 + y'^2}\,\mathrm{d}x.$$

将上式两端对 x 求导并整理,就得

$$(1 - x)y'' = \frac{1}{5}\sqrt{1 + y'^2}. \tag{8}$$

这是不显含 y 的二阶微分方程,并有初值条件

$$y(0) = 0, \ y'(0) = 0.$$

方程(8)属于 $y'' = f(x, y')$ 型,故令 $y' = p$,方程(8)转化为

$$(1 - x)p' = \frac{1}{5}\sqrt{1 + p^2},$$

即

$$\frac{\mathrm{d}p}{\sqrt{1 + p^2}} = \frac{\mathrm{d}x}{5(1 - x)}.$$

根据初值条件 $p(0) = 0$,在上式两端作变上限积分

$$\int_0^p \frac{\mathrm{d}p}{\sqrt{1 + p^2}} = \int_0^x \frac{\mathrm{d}x}{5(1 - x)},$$

得

$$\ln\left(p + \sqrt{1 + p^2}\right) = -\frac{1}{5}\ln(1 - x),$$

即

$$y' + \sqrt{1 + y'^2} = (1 - x)^{-\frac{1}{5}}.$$

由此式取倒数并分母有理化,得

$$y' - \sqrt{1 + y'^2} = -(1 - x)^{\frac{1}{5}}.$$

以上两式相加,便得

$$y' = \frac{1}{2}\left[(1 - x)^{-\frac{1}{5}} - (1 - x)^{\frac{1}{5}}\right].$$

又根据初值条件 $y(0) = 0$,在上式两端作变上限积分,于是有

$$y = \int_0^y \mathrm{d}y = \int_0^x \frac{1}{2}\left[(1 - x)^{-\frac{1}{5}} - (1 - x)^{\frac{1}{5}}\right]\mathrm{d}x$$

$$= -\frac{5}{8}(1 - x)^{\frac{4}{5}} + \frac{5}{12}(1 - x)^{\frac{6}{5}} + \frac{5}{24}.$$

这就是导弹运行的曲线方程.

当 $x = 1$ 时 $y = \dfrac{5}{24}$,即当乙舰航行到点 $\left(1, \dfrac{5}{24}\right)$ 处时被导弹击中.

习题 4-5

1.求下列微分方程的通解:

(1) $y'' = x\mathrm{e}^x$;   (2) $(1 + x^2)y'' = 1$;

(3) $y'' + y' = x^2$; (4) $y'' = 1 + y'^2$;

(5) $x^2 y'' = y'^2 + 2xy'$; (6) $(1 - y)y'' + 2y'^2 = 0$;

(7) $y'' + \sqrt{1 - y'^2} = 0$; (8) $y'' + y'^2 = 2e^{-y}$.

2．求下列初值问题的解：

(1) $y'' - 2yy' = 0$，$y \mid_{x=0} = 1$，$y' \mid_{x=0} = 1$；

(2) $y^3 y'' + 1 = 0$，$y \mid_{x=1} = 1$，$y' \mid_{x=1} = 0$；

(3) $y'' - 2y'^2 = 0$，$y \mid_{x=0} = 0$，$y' \mid_{x=0} = -1$；

(4) $(1 + x^2)y'' = 2xy'$，$y \mid_{x=0} = 1$，$y' \mid_{x=0} = 3$；

(5) $y'' = 3\sqrt{y}$，$y \mid_{x=0} = 1$，$y' \mid_{x=0} = 2$；

(6) $yy'' = 2(y'^2 - y')$，$y \mid_{x=0} = 1$，$y' \mid_{x=0} = 2$.

3．试求 $y'' = x$ 的经过点 $(0, 1)$ 且在此点与直线 $y = \dfrac{x}{2} + 1$ 相切的积分曲线.

4．有一下凸曲线 L 位于 xOy 面的上半平面内，L 上任一点 M 处的法线与 x 轴相交，其交点记为 B. 如果点 M 处的曲率半径始终等于线段 MB 之长，并且 L 在点 $(1, 1)$ 处的切线与 y 轴垂直，试求 L 的方程.

5．**自由落体位移与时间的关系** 设有一质量为 m 的物体，在空中由静止开始下落，如果空气的阻力为 $R = c^2 v^2$（其中 c 为常数，v 为物体运动的速率），试求物体下落的距离 s 与时间 t 的函数关系.

6．设子弹以 200 m/s 的速度射入厚 0.1 m 的木板，受到的阻力大小与子弹的速度的平方成正比，如果子弹穿出木板时的速度为 80 m/s，求子弹穿过木板的时间.

第六节　线性微分方程解的结构

在实际问题中应用得较多的线性微分方程是二阶线性微分方程（second-order linear equation），它的一般形式是

$$\frac{\mathrm{d}^2 y}{\mathrm{d}x^2} + p(x)\,\frac{\mathrm{d}y}{\mathrm{d}x} + q(x)y = f(x). \tag{1}$$

其特点是左端每一项关于未知函数 y 及其导数 y'，y'' 都是一次的. 如果 (1) 式右端 $f(x) \equiv 0$，那么称 (1) 是齐次的（homogeneous），否则称 (1) 是非齐次（nonhomogeneous）的.

本节将讨论二阶线性微分方程的解的结构. 为方便讨论，先引入求导运算的另一种常用记号.

设 y 是 n 阶可导函数，记 $D^n y = \dfrac{\mathrm{d}^n y}{\mathrm{d}x^n}$，称运算记号 D^n 为 n 阶微分算子. 将算子 D^n "作用到"函数 $y(x)$ 上，就是对 $y(x)$ 求 n 阶导数. 显然，算子 D^n 满足如下的线性性质：对任意的 n 阶可导函数 $y_1(x)$、$y_2(x)$ 和常数 k，有

$$D^n(y_1 + y_2) = D^ny_1 + D^ny_2;$$

$$D^n(ky_1) = kD^ny_1.$$

因此算子 D^n 是一种线性算子.

一阶微分算子 D^1 通常记作 D,并约定零阶微分算子 D^0 即是所谓的恒等算子,记作 I,即有 $Iy = y$.以下进一步引进算子 L,其定义是 $L = D^2 + p(x)D + q(x)I$,并规定将 L 作用到函数 $y(x)$ 上的结果(记作 $L(y)$)为

$$L(y) = D^2y + p(x)Dy + q(x)Iy = \frac{\mathrm{d}^2y}{\mathrm{d}x^2} + p(x)\frac{\mathrm{d}y}{\mathrm{d}x} + q(x)y.$$

由于算子 D^2、D 和 I 均满足线性性质,因此容易验证 L 也满足线性性质,即对任意的二阶可导函数 $y_1(x)$、$y_2(x)$ 和常数 k,有

$$L(y_1 + y_2) = L(y_1) + L(y_2);$$

$$L(ky_1) = kL(y_1).$$

利用线性算子 L,二阶非齐次线性微分方程(1)可简记为

$$L(y) = f(x); \tag{1'}$$

而二阶齐次线性微分方程

$$\frac{\mathrm{d}^2y}{\mathrm{d}x^2} + p(x)\frac{\mathrm{d}y}{\mathrm{d}x} + q(x)y = 0 \tag{2}$$

可简记为

$$L(y) = 0. \tag{2'}$$

正由于方程(1)和(2)的左端均为线性算子作用于未知函数 y 上的结果 $L(y)$,满足线性性质,故称(1)和(2)为线性微分方程.

下面来讨论二阶线性微分方程解的结构.先讨论齐次方程(2)即(2')的情况.

如果函数 $y_1(x)$ 和 $y_2(x)$ 是(2')的两个解,那么由 L 的线性性质立即可知,

$$y = C_1y_1 + C_2y_2 \tag{3}$$

也是(2')的解,其中 C_1,C_2 是任意常数.解(3)从其形式上来看含有两个任意常数,但是,它不一定是方程(2')的通解.例如,设 y_1 是(2')的一个解,则 $y_2 = 2y_1$ 也是(2')的一个解.这时(3)式成为 $y = C_1y_1 + 2C_2y_1$,可以把它改写成 $y = Cy_1$,其中 $C = C_1 + 2C_2$.显然它不成为(2')的通解.那么,什么情形下(3)式才是方程(2')的通解呢?要解决这个问题,须引进一个概念,即所谓函数的线性相关与线性无关.

设 $y_1, y_2, \cdots, y_n$ 为定义在同一区间 I 内的 n 个函数.如果存在 n 个不全为零的常数 $k_1, k_2, \cdots, k_n$,使得当 $x \in I$ 时,有恒等式

$$k_1y_1 + k_2y_2 + \cdots + k_ny_n \equiv 0$$

成立,那么称这 n 个函数在区间 I 内线性相关(linearly dependent);否则称线性

无关(linearly independent).

例如,函数 $1,\cos^2 x,\sin^2 x$ 在$(-\infty,+\infty)$内是线性相关的,因为取 $k_1=1$, $k_2=k_3=-1$,就有恒等式

$$1-\cos^2 x-\sin^2 x=0.$$

又如函数 $1,x,x^2$ 在任何区间(a,b)内是线性无关的.事实上,如果 k_1,k_2,k_3 不全为零,那么在(a,b)内至多有两个 x 值能使

$$k_1+k_2 x+k_3 x^2$$

为零,而要使它恒等于零,除非 k_1,k_2,k_3 全为零.

对于两个函数的情形,由线性相关的定义可知,它们线性相关与否,只要看它们的比是否为常数:如果比为常数,那么它们线性相关;否则就线性无关.

有了线性无关的概念后,我们便有如下关于二阶齐次线性微分方程(2)的通解结构的定理.

定理 1 如果 y_1 与 y_2 是方程$(2')$的两个线性无关的特解,那么
$$y=C_1 y_1+C_2 y_2(C_1,C_2 是任意常数)$$
就是方程$(2')$的通解[①].

例如,容易验证 $y_1=\mathrm{e}^x$ 与 $y_2=\mathrm{e}^{-x}$是二阶齐次线性微分方程 $y''-y=0$ 的两个解,并且$\dfrac{y_2}{y_1}=\mathrm{e}^{-2x}$不为常数,即它们线性无关.所以

$$y=C_1\mathrm{e}^x+C_2\mathrm{e}^{-x}$$

是方程 $y''-y=0$ 的通解.

接着讨论二阶非齐次线性微分方程解的结构.

我们称方程$(2')$为非齐次线性微分方程$(1')$所对应的齐次线性微分方程.在第三节里我们已经看到,一阶非齐次线性微分方程的通解为两部分之和:一部分是对应的齐次线性微分方程的通解;另一部分是非齐次线性微分方程本身的一个特解.实际上,二阶以及更高阶的非齐次线性微分方程的通解也具有这样的结构.

定理 2 设 y^* 是二阶非齐次线性微分方程$(1')$的一个特解,$Y=C_1 y_1+C_2 y_2$ 是方程$(1')$所对应的齐次线性微分方程$(2')$的通解,那么
$$y=Y+y^* \tag{4}$$
是二阶非齐次线性微分方程$(1')$的通解.

我们容易验证(4)式是方程$(1')$的解,而(4)式中的 Y 这一项内包含有两个任意常数,从而(4)式也就包含有两个任意常数,故(4)式是方程$(1')$的通解.

例如,方程 $y''-y=x^2$ 是二阶非齐次线性微分方程.已知 $Y=C_1\mathrm{e}^x+C_2\mathrm{e}^{-x}$是

---

① 如果 C_1,C_2 是复数,则通解 $y=C_1 y_1+C_2 y_2$ 是复值函数,本教程中微分方程的通解一般指实值函数.

对应的齐次线性微分方程 $y'' - y = 0$ 的通解；又容易验证 $y^* = -x^2 - 2$ 是所给方程的一个特解，所以

$$y = C_1 e^x + C_2 e^{-x} - x^2 - 2$$

是方程 $y'' - y = x^2$ 的通解.

下面的定理 3 有时候将有助于求非齐次线性微分方程 $(1')$ 的通解.

定理 3　设非齐次线性微分方程 $(1')$ 的右端 $f(x)$ 是几个函数之和，即

$$L(y) = f_1(x) + f_2(x) + \cdots + f_n(x), \tag{5}$$

而 y_k^* 是方程

$$L(y) = f_k(x) \ (k = 1, 2, \cdots, n)$$

的特解，那么 $y_1^* + y_2^* + \cdots + y_n^*$ 是原方程 (5) 的特解.

利用 L 的线性性质立即能证得上述结论. 定理 3 通常称为非齐次线性微分方程的解的叠加原理.

我们指出，关于二阶线性微分方程通解结构的定理 2 可以推广到 n 阶线性微分方程的情形，即

如果 $y_1, y_2, \cdots, y_n$ 是非齐次线性微分方程

$$y^{(n)} + p_1(x) y^{(n-1)} + \cdots + p_{n-1}(x) y' + p_n(x) y = f(x) \tag{6}$$

所对应的齐次线性微分方程

$$y^{(n)} + p_1(x) y^{(n-1)} + \cdots + p_{n-1}(x) y' + p_n(x) y = 0 \tag{7}$$

的 n 个线性无关的解，而 y^* 是非齐次线性微分方程 (6) 的某个特解，那么

$$y = C_1 y_1 + C_2 y_2 + \cdots + C_n y_n + y^*$$

为非齐次线性微分方程 (6) 的通解，其中 $C_1, C_2, \cdots, C_n$ 是任意常数.

习题 4 – 6

1. 判断下列函数组是否线性无关？

(1) $x, x + 1$；

(2) $0, x, e^x$；

(3) e^x, e^{x+1}；

(4) e^x, e^{2x}；

(5) $x, \ln x$；

(6) $\sin x, \cos x$.

2. 验证下列函数都是所给微分方程的解，其中哪些是通解？

(1) $x^2 y'' - 2xy' + 2y = 0, y = x(C_1 + C_2 x)$；

(2) $y'' - 2y' + 2y = e^x, y = e^x(C_1 \cos x + C_2 \sin x + 1)$；

(3) $y'' + 4y = 0, y = C_1 \sin 2x + C_2 \sin x \cos x$；

(4) $xy'' + y' = 0, y = C_1 \ln x^{C_2}$；

(5) $y'' - 4xy' + (4x^2 - 2)y = 0, y = (C_1 + C_2 x)e^{x^2}$；

(6) $y'' - 9y = 9, y = C_1 e^{-3x} + C_2 e^{2-3x} - 1$.

3.若 y_1, y_2 是二阶非齐次线性微分方程(1)的两个不同的特解,证明:

(1) y_1, y_2 是线性无关的;

(2)对任意实数 λ, $y = \lambda y_1 + (1 - \lambda) y_2$ 是方程(1)的解.

4.若 y_1, y_2, y_3 是二阶非齐次线性微分方程(1)的线性无关的解,试用 y_1, y_2, y_3 表达方程(1)的通解.

第七节　二阶常系数线性微分方程

一、二阶常系数齐次线性微分方程

在第六节的方程(2)中,如果 $p(x)$ 与 $q(x)$ 都是常数,即方程(2)成为

$$y'' + py' + qy = 0, \tag{1}$$

其中 p、q 是常数,那么称(1)式为二阶常系数齐次线性微分方程.

由上一目的讨论可知,只要求出方程(1)的两个线性无关解 y_1 与 y_2,就可求出方程(1)的通解为 $y = C_1 y_1 + C_2 y_2$.那么如何求方程(1)的两个线性无关解 y_1 与 y_2 呢?下面我们介绍常系数齐次线性微分方程求解的欧拉[①]指数法.

容易看到,当 r 为常数时,指数函数 $y = e^{rx}$ 及其各阶导数都只相差一个常数因子.由于指数函数的这个特点,我们用 $y = e^{rx}$ 来尝试,看能否取到适当的常数 r,使 $y = e^{rx}$ 满足方程(1).

求 $y = e^{rx}$ 的导数[②],得到

$$y' = re^{rx}, \quad y'' = r^2 e^{rx}.$$

把 y、y' 与 y'' 代入方程(1),得到

$$(r^2 + pr + q)e^{rx} = 0.$$

由于 $e^{rx} \neq 0$,所以

$$r^2 + pr + q = 0. \tag{2}$$

这就说明,只要 r 是多项式方程(2)的根,那么函数 $y = e^{rx}$ 就是微分方程(1)的解.我们称方程(2)为微分方程(1)的特征方程.特征方程(2)是二次方程,它的两个根 $r_{1,2}$ 可由公式

---

① 欧拉(L. Euler),1707—1783,瑞士数学家、物理学家.

② 当 r 为复数 $a + ib$,而 x 为实变量时,导数公式 $\dfrac{\mathrm{d}}{\mathrm{d}x}e^{rx} = re^{rx}$ 仍然成立.事实上,对欧拉公式 $e^{(a+ib)x} = e^{ax}(\cos bx + i\sin bx)$ 两端求导,得

$$\frac{\mathrm{d}}{\mathrm{d}x}e^{(a+ib)x} = ae^{ax}(\cos bx + i\sin bx) + e^{ax}(-b\sin bx + ib\cos bx)$$

$$= (a + ib)e^{ax}(\cos bx + i\sin bx) = (a + ib)e^{(a+ib)x}.$$

$$r_{1,2} = \frac{-p \pm \sqrt{p^2 - 4q}}{2}$$

求出. 依据 $p^2 - 4q$ 的值,它们将有三种不同的情形,相应地微分方程(1)的通解也有三种不同的情形,现分别讨论如下:

(i) 特征方程有两个不同的实根 r_1 与 r_2,即 $p^2 - 4q > 0$ 时,有

$$r_1 = \frac{-p + \sqrt{p^2 - 4q}}{2} \quad \text{与} \quad r_2 = \frac{-p - \sqrt{p^2 - 4q}}{2}.$$

这时,方程(1)有两个特解 $y_1 = e^{r_1 x}$ 与 $y_2 = e^{r_2 x}$. 因为 $\frac{y_2}{y_1} = e^{(r_2 - r_1)x} \neq$ 常数,所以 y_1 与 y_2 线性无关,从而得到方程(1)的通解为

$$y = C_1 e^{r_1 x} + C_2 e^{r_2 x}.$$

(ii) 特征方程有两个相等的实根 $r_1 = r_2$,即 $p^2 - 4q = 0$ 时,有

$$r_1 = r_2 = -\frac{p}{2}.$$

这时,得到方程(1)的一个解

$$y_1 = e^{r_1 x}.$$

为了得出方程(1)的通解,还需要求出另一个解 y_2,并且要求 $\frac{y_2}{y_1} \neq$ 常数.

为此设 $\frac{y_2}{y_1} = u(x)$,即 $y_2 = u(x)e^{r_1 x}$,其中 $u(x)$ 为待定函数. 将 y_2 求导,得到

$$y_2' = e^{r_1 x}(u' + r_1 u), \quad y_2'' = e^{r_1 x}(u'' + 2r_1 u' + r_1^2 u).$$

把 y_2、y_2' 与 y_2'' 代入方程(1),得到

$$e^{r_1 x}[(u'' + 2r_1 u' + r_1^2 u) + p(u' + r_1 u) + qu] = 0,$$

即

$$u'' + (2r_1 + p)u' + (r_1^2 + pr_1 + q)u = 0.$$

因为 r_1 是特征方程(2)的二重根,故 $r_1^2 + pr_1 + q = 0$,并且 $2r_1 + p = 0$,于是得到

$$u'' = 0.$$

因为这里只要得到一个不为常数的解,故可取满足上式的函数 $u = x$,由此得到方程(1)的另一个与 y_1 线性无关的解

$$y_2 = xe^{r_1 x}.$$

从而得方程(1)的通解为

$$y = C_1 e^{r_1 x} + C_2 x e^{r_1 x} = (C_1 + C_2 x)e^{r_1 x}.$$

(iii) 特征方程有一对共轭复根:$r_1 = \alpha + i\beta, r_2 = \alpha - i\beta$ ($\beta \neq 0$),即 $p^2 - 4q$

<0 时,有

$$r_{1,2} = -\frac{p}{2} \pm \mathrm{i}\frac{\sqrt{4q - p^2}}{2}.$$

这时 $y_1 = \mathrm{e}^{(\alpha+\mathrm{i}\beta)x}$, $y_2 = \mathrm{e}^{(\alpha-\mathrm{i}\beta)x}$ 是微分方程(1)的两个解,但它们是复值函数形式,使用不便. 我们以这两个解为基础,从中得出实值函数形式的解. 为此,应用欧拉公式 $\mathrm{e}^{\mathrm{i}\theta} = \cos\theta + \mathrm{i}\sin\theta$ 把 y_1 与 y_2 改写成

$$y_1 = \mathrm{e}^{(\alpha+\mathrm{i}\beta)x} = \mathrm{e}^{\alpha x}(\cos\beta x + \mathrm{i}\sin\beta x),$$

$$y_2 = \mathrm{e}^{(\alpha-\mathrm{i}\beta)x} = \mathrm{e}^{\alpha x}(\cos\beta x - \mathrm{i}\sin\beta x).$$

于是得到

$$\tilde{y}_1 = \frac{1}{2}(y_1 + y_2) = \mathrm{e}^{\alpha x}\cos\beta x,$$

$$\tilde{y}_2 = \frac{1}{2\mathrm{i}}(y_1 - y_2) = \mathrm{e}^{\alpha x}\sin\beta x.$$

显然 $\tilde{y}_1, \tilde{y}_2$ 是方程(1)的解,它们不但是实值函数形式的,而且 $\dfrac{\tilde{y}_2}{\tilde{y}_1} = \tan\beta x \neq$ 常数,从而它们线性无关,由此得到方程(1)的通解为

$$y = \mathrm{e}^{\alpha x}(C_1\cos\beta x + C_2\sin\beta x).$$

综上所述,求二阶常系数齐次线性微分方程

$$y'' + py' + qy = 0$$

的通解的步骤可归纳如下:

(i) 写出微分方程(1)的特征方程

$$r^2 + pr + q = 0;$$

(ii) 求出特征方程的两个根 r_1 与 r_2;

(iii) 根据特征方程的两个根的不同情形,按照下列规则写出微分方程(1)的通解:

若特征方程有两个不等实根 r_1 与 r_2,则 $y = C_1\mathrm{e}^{r_1 x} + C_2\mathrm{e}^{r_2 x}$;

若特征方程有两个相等实根 $r_1 = r_2$,则 $y = (C_1 + C_2 x)\mathrm{e}^{r_1 x}$;

若特征方程有一对共轭复根 $r_{1,2} = \alpha \pm \mathrm{i}\beta$,则

$$y = \mathrm{e}^{\alpha x}(C_1\cos\beta x + C_2\sin\beta x).$$

例 1 求微分方程 $y'' - 2y' - 3y = 0$ 的通解.

解 微分方程的特征方程为

$$r^2 - 2r - 3 = 0,$$

其根 $r_1 = -1$，$r_2 = 3$ 为两个不相等的实根. 所以，方程的通解为

$$y = C_1 e^{-x} + C_2 e^{3x}.$$

例 2 求微分方程 $y'' - 4y' + 4y = 0$ 的通解.

解 微分方程的特征方程为

$$r^2 - 4r + 4 = 0,$$

其根 $r_1 = r_2 = 2$ 为两个相等的实根. 所以，方程的通解为

$$y = (C_1 + C_2 x) e^{2x}.$$

例 3 求微分方程 $y'' - 4y' + 13y = 0$ 的通解.

解 微分方程的特征方程为

$$r^2 - 4r + 13 = 0,$$

它有一对共轭复根 $r_{1,2} = 2 \pm 3i$. 所以，方程的通解为

$$y = e^{2x}(C_1 \cos 3x + C_2 \sin 3x).$$

二阶常系数齐次线性微分方程的上述解法可以推广到 n 阶常系数齐次线性微分方程. n 阶常系数齐次线性微分方程的一般形式是

$$y^{(n)} + p_1 y^{(n-1)} + p_2 y^{(n-2)} + \cdots + p_{n-1} y' + p_n y = 0, \tag{3}$$

其中 $p_1, p_2, \cdots, p_n$ 都是常数. 它的特征方程为

$$r^n + p_1 r^{n-1} + \cdots + p_{n-1} r + p_n = 0. \tag{4}$$

根据特征方程的根，可以写出其对应的微分方程的解如下：

特征方程的根		微分方程通解中的对应项
单根	实根 r	给出一项：$C e^{rx}$
	共轭复根 $r = \alpha \pm i\beta$	给出两项：$e^{\alpha x}(C_1 \cos \beta x + C_2 \sin \beta x)$
重根	k 重实根 r	给出 k 项：$e^{rx}(C_1 + C_2 x + \cdots + C_k x^{k-1})$
	k 重共轭复根 $r = \alpha \pm i\beta$	给出 $2k$ 项：$e^{\alpha x}[(C_1 + C_2 x + \cdots + C_k x^{k-1})\cos \beta x + (D_1 + D_2 x + \cdots + D_k x^{k-1})\sin \beta x]$

从代数学知道，如果把多项式方程的一个 k 重根看作 k 个根，则 n 次多项式方程在复数范围内恰有 n 个根，特征方程的每个根都对应着通解中的一项，并且每项各含一个任意常数. 这样就得到 n 阶常系数齐次线性微分方程的通解.

例 4 求微分方程 $y^{(4)} - 2y''' + 5y'' = 0$ 的通解.

解 微分方程的特征方程为

$$r^4 - 2r^3 + 5r^2 = 0,$$

其根为 $r_1 = r_2 = 0$，$r_{3,4} = 1 \pm 2i$. 所以方程的通解为

$$y = C_1 + C_2 x + \mathrm{e}^x (C_3 \cos 2x + C_4 \sin 2x).$$

二、二阶常系数非齐次线性微分方程

二阶常系数非齐次线性微分方程的一般形式是

$$y'' + py' + qy = f(x), \tag{5}$$

其中 p、q 是常数，$f(x)$ 不恒等于零。由定理 2 可知，求方程(5)的通解可归结为求对应的齐次线性微分方程

$$y'' + py' + qy = 0 \tag{6}$$

的通解与非齐次线性微分方程(5)本身的一个特解。由于二阶常系数齐次线性微分方程的通解的求法已经在上面得到解决，所以，现在只需要讨论求方程(5)的一个特解 y^* 的方法。

我们只介绍当方程(5)中的 $f(x)$ 取以下两种常见的函数形式时，求 y^* 的方法：

（I）$f(x) = P_m(x)\mathrm{e}^{\lambda x}$，其中 λ 是常数，$P_m(x)$ 是 x 的一个 m 次多项式；

（II）$f(x) = \mathrm{e}^{\lambda x}[P_l(x)\cos \omega x + P_n(x)\sin \omega x]$，其中 λ、ω 是常数，$P_l(x)$、$P_n(x)$ 分别是 x 的 l 次、n 次多项式。

我们下面介绍的方法的特点是不用积分就可以求出 y^* 来，实际上是先确定解的形式，再把形式解代入方程定出解中包含的待定系数的值，故这种方法称为待定系数法。

I. $f(x) = P_m(x)\mathrm{e}^{\lambda x}$

因为多项式与指数函数乘积的导数仍然是多项式与指数函数的乘积，所以，我们推测 $y^* = Q(x)\mathrm{e}^{\lambda x}$（其中 $Q(x)$ 是某个多项式）可能是方程(5)的特解。是否能够取到适当的多项式 $Q(x)$，使 $y^* = Q(x)\mathrm{e}^{\lambda x}$ 成为方程(5)的一个特解呢？为此，将

$$y^* = Q(x)\mathrm{e}^{\lambda x},$$
$$y^{*\prime} = \mathrm{e}^{\lambda x}[\lambda Q(x) + Q'(x)],$$
$$y^{*\prime\prime} = \mathrm{e}^{\lambda x}[\lambda^2 Q(x) + 2\lambda Q'(x) + Q''(x)]$$

代入方程(5)，并且消去 $\mathrm{e}^{\lambda x}$，得到

$$Q''(x) + (2\lambda + p)Q'(x) + (\lambda^2 + p\lambda + q)Q(x) = P_m(x). \tag{7}$$

（i）如果 λ 不是对应的齐次线性微分方程的特征方程 $r^2 + pr + q = 0$ 的根，即 $\lambda^2 + p\lambda + q \neq 0$，那么由(7)式看出 $Q(x)$ 必须是 m 次多项式。我们令

$$Q(x) = Q_m(x) = b_0 x^m + b_1 x^{m-1} + \cdots + b_{m-1}x + b_m,$$

代入(7)式,比较等式两端 x 的同次幂的系数,就可以确定 $b_0, b_1, \cdots, b_m$ 应取的值,从而得到所求的特解 $y^* = Q_m(x)\mathrm{e}^{\lambda x}$.

(ii) 如果 λ 是特征方程 $r^2 + pr + q = 0$ 的单根,即 $\lambda^2 + p\lambda + q = 0$,但 $2\lambda + p \neq 0$,那么由(7)式看出 $Q'(x)$ 必须是 m 次多项式.此时我们令

$$Q(x) = xQ_m(x) = x(b_0 x^m + b_1 x^{m-1} + \cdots + b_{m-1}x + b_m),$$

并且可以用同样的方法确定 $Q_m(x)$ 的系数 $b_0, b_1, \cdots, b_m$.

(iii) 如果 λ 是特征方程 $r^2 + pr + q = 0$ 的重根,即 $\lambda^2 + p\lambda + q = 0$,并且 $2\lambda + p = 0$,那么由(7)式看出 $Q''(x)$ 必须是 m 次多项式.此时我们令

$$Q(x) = x^2 Q_m(x) = x^2(b_0 x^m + b_1 x^{m-1} + \cdots + b_{m-1}x + b_m),$$

并且可用同样的方法确定 $Q_m(x)$ 的系数 $b_0, b_1, \cdots, b_m$.

综上所述,我们有以下的结论:

方程

$$y'' + py' + qy = P_m(x)\mathrm{e}^{\lambda x}$$

具有形如

$$y^* = x^k Q_m(x)\mathrm{e}^{\lambda x} \tag{8}$$

的特解,其中 $Q_m(x)$ 是与 $P_m(x)$ 同次(m 次)的多项式,而 k 按 λ 不是特征方程 $r^2 + pr + q = 0$ 的根,是特征方程的单根,或是特征方程的重根依次取为 $0, 1$ 或 2.

上述求法可以推广到 n 阶常系数非齐次线性微分方程,但要注意(8)式中的 k 是特征方程的根 λ 的重复次数(即若 λ 不是特征方程的根,k 取为 0;若 λ 是特征方程的 s 重根,k 取为 s).

例 5　求微分方程 $y'' - 2y' - 3y = 3x + 1$ 的一个特解.

解　这是二阶常系数非齐次线性微分方程,并且 $f(x)$ 是 $P_m(x)\mathrm{e}^{\lambda x}$ 型(其中 $P_m(x) = 3x + 1, \lambda = 0$).

方程所对应的齐次线性微分方程为

$$y'' - 2y' - 3y = 0,$$

它的特征方程为

$$r^2 - 2r - 3 = 0.$$

由于 $\lambda = 0$ 不是特征方程的根,所以应设特解为

$$y^* = b_0 x + b_1.$$

把它代入所给的方程,得

$$-3b_0 x - 2b_0 - 3b_1 = 3x + 1.$$

比较两端 x 同次幂的系数,解得 $b_0 = -1, b_1 = \dfrac{1}{3}$. 由此求得一个特解为

$$y^* = -x + \frac{1}{3}.$$

例 6　求微分方程 $y'' - 3y' + 2y = xe^{2x}$ 的通解.

解　所给方程是二阶常系数非齐次线性微分方程,并且 $f(x)$ 是 $P_m(x)e^{\lambda x}$ 型(其中 $P_m(x) = x, \lambda = 2$).

方程所对应的齐次线性微分方程为

$$y'' - 3y' + 2y = 0,$$

它的特征方程为

$$r^2 - 3r + 2 = 0,$$

其根为

$$r_1 = 1, \ r_2 = 2,$$

所以方程所对应的齐次线性微分方程的通解为

$$Y = C_1 e^x + C_2 e^{2x}.$$

由于 $\lambda = 2$ 是特征方程的单根,所以应设 y^* 为

$$y^* = x(b_0 x + b_1)e^{2x}.$$

把它代入所给的方程,得

$$2b_0 x + 2b_0 + b_1 = x.$$

比较两端 x 同次幂的系数,解得 $b_0 = \frac{1}{2}, b_1 = -1$.由此求得一个特解为

$$y^* = x\left(\frac{1}{2}x - 1\right)e^{2x},$$

从而所求的通解为

$$y = C_1 e^x + C_2 e^{2x} + \frac{1}{2}(x^2 - 2x)e^{2x}.$$

Ⅱ. $f(x) = e^{\lambda x}[P_l(x)\cos \omega x + P_n(x)\sin \omega x]$

应用欧拉公式,我们可以把三角函数表示为复指数函数的形式,从而有

$$
\begin{aligned}
f(x) &= e^{\lambda x}[P_l(x)\cos \omega x + P_n(x)\sin \omega x] \\
&= e^{\lambda x}\left[P_l(x)\frac{e^{i\omega x} + e^{-i\omega x}}{2} + P_n(x)\frac{e^{i\omega x} - e^{-i\omega x}}{2i}\right] \\
&= \left[\frac{P_l(x)}{2} + \frac{P_n(x)}{2i}\right]e^{(\lambda + i\omega)x} + \left[\frac{P_l(x)}{2} - \frac{P_n(x)}{2i}\right]e^{(\lambda - i\omega)x} \\
&= P(x)e^{(\lambda + i\omega)x} + \overline{P}(x)e^{(\lambda - i\omega)x},
\end{aligned}
$$

其中

$$P(x) = \frac{P_l(x)}{2} + \frac{P_n(x)}{2i} = \frac{P_l(x)}{2} - i\frac{P_n(x)}{2},$$

$$\overline{P}(x) = \frac{P_l(x)}{2} - \frac{P_n(x)}{2i} = \frac{P_l(x)}{2} + i\frac{P_n(x)}{2}$$

是互为共轭的 m 次复系数多项式(即它们对应项的系数是共轭复数),而

$$m = \max\{l, n\}.$$

应用情形 I 中的结果,对于 $f(x)$ 中的第一项 $P(x)e^{(\lambda + i\omega)x}$,可以求出一个 m 次复系数多项式 $Q_m(x)$,使得 $y_1^* = x^k Q_m(x)e^{(\lambda + i\omega)x}$ 是方程

$$y'' + py' + qy = P(x)e^{(\lambda + i\omega)x}$$

的特解,其中 k 按 $\lambda + i\omega$ 不是特征方程的根或是特征方程的单根而依次取为 0 或 1. 由于 $f(x)$ 的第二项 $\overline{P}(x)e^{(\lambda - i\omega)x}$ 与第一项 $P(x)e^{(\lambda + i\omega)x}$ 共轭,所以与 y_1^* 共轭的函数 $y_2^* = x^k \overline{Q}_m(x)e^{(\lambda - i\omega)x}$ 必然是方程

$$y'' + py' + qy = \overline{P}(x)e^{(\lambda - i\omega)x}$$

的特解,其中 $\overline{Q}_m(x)$ 表示与 $Q_m(x)$ 共轭的 m 次多项式. 于是,根据第六节定理 3,方程(5)在情形 II 下具有形如

$$y^* = x^k Q_m(x)e^{(\lambda + i\omega)x} + x^k \overline{Q}_m(x)e^{(\lambda - i\omega)x}$$

的特解. 上式可以写成

$$
\begin{aligned}
y^* &= x^k e^{\lambda x}[Q_m(x)e^{i\omega x} + \overline{Q}_m(x)e^{-i\omega x}] \\
&= x^k e^{\lambda x}[Q_m(x)(\cos \omega x + i\sin \omega x) + \overline{Q}_m(x)(\cos \omega x - i\sin \omega x)].
\end{aligned}
$$

由于括号内的两项相互共轭,相加后虚部为零,故可以写成实函数的形式

$$y^* = x^k e^{\lambda x}[R_m^{(1)}(x)\cos \omega x + R_m^{(2)}(x)\sin \omega x].$$

综上所述,我们有以下的结论:

方程
$$y'' + py' + qy = e^{\lambda x}[P_l(x)\cos \omega x + P_n(x)\sin \omega x]$$

具有形如

$$y^* = x^k e^{\lambda x}[R_m^{(1)}(x)\cos \omega x + R_m^{(2)}(x)\sin \omega x] \qquad (9)$$

的特解,其中 $R_m^{(1)}(x)$、$R_m^{(2)}(x)$ 是 m 次多项式,$m = \max\{l, n\}$,而 k 按 $\lambda + i\omega$(或 $\lambda - i\omega$)不是特征方程的根或是特征方程的单根分别取为 0 或 1.

上述求法可以推广到 n 阶常系数非齐次线性微分方程,但要注意(9)式中的 k 是特征方程的根 $\lambda + i\omega$(或 $\lambda - i\omega$)的重复次数.

例 7　求微分方程 $y'' + y = x\cos 2x$ 的一个特解.

解　所给方程是二阶常系数非齐次线性微分方程,并且 $f(x)$ 属

$$e^{\lambda x}[P_l(x)\cos \omega x + P_n(x)\sin \omega x]$$

型(其中 $\lambda = 0, \omega = 2, P_l(x) = x, P_n(x) = 0$).

与所给方程对应的齐次线性微分方程为

$$y'' + y = 0,$$

它的特征方程为

$$r^2 + 1 = 0.$$

由于 $\lambda + i\omega = 2i$ 不是特征方程的根,所以应设特解为

$$y^* = (ax + b)\cos 2x + (cx + d)\sin 2x.$$

把它代入所给的方程,得

$$(-3ax - 3b + 4c)\cos 2x - (3cx + 3d + 4a)\sin 2x = x\cos 2x,$$

比较两端同类项的系数,得

$$-3ax - 3b + 4c = x, \quad 3cx + 3d + 4a = 0,$$

从而解得 $a = -\dfrac{1}{3}, b = 0, c = 0, d = \dfrac{4}{9}$. 于是求得一个特解为

$$y^* = -\frac{1}{3}x\cos 2x + \frac{4}{9}\sin 2x.$$

三、二阶常系数线性微分方程的应用举例

例 8 自由振动问题 设有一个弹簧,它的上端固定,下端挂一个质量为 m 的物体. 当物体处于静止状态时,作用在物体上的重力与弹性力大小相等、方向相反. 这个位置就是物体的平衡位置. 如图 4-14,取 x 轴铅直向下,并取物体的平衡位置为坐标原点.

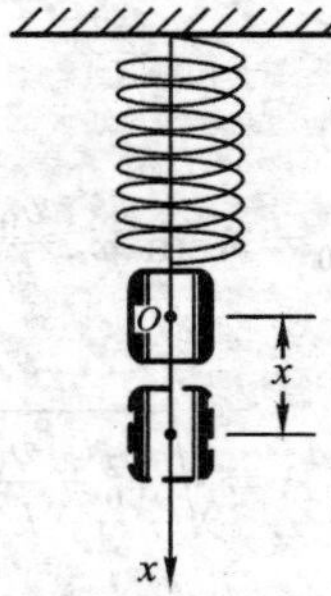

如果使物体有一个初始位移 x_0 与初始速度 v_0(x_0 与 v_0 不能全为零),那么物体便会离开平衡位置,并且在平衡位置附近作上下振动. 设时刻 t 物体的位置为 $x = x(t)$,要确定物体的振动规律,就要求出函数 $x = x(t)$. 为此我们来分析物体的受力情况,建立起函数 $x(t)$ 所满足的微分方程.

由力学知道,弹簧使物体回到平衡位置的弹性恢复力 f(它不包括在平衡位置时和重力 mg 相平衡的那一部分弹性力)与物体离开平衡位置的位移 x 成正比:

$$f = -cx,$$

图 4-14

其中 c 为弹簧的弹性系数($c > 0$),负号表示弹性恢复力的方向与物体位移的方向相反. 另外,物体在运动过程中还受到阻尼介质的阻力作用. 由实验知道,阻力 R 的方向总与运动方向(即速度方向)相反,当物体运动的速度不大时,阻力 R 的大小与速度的大小成正比. 设比例系数为 μ($\mu > 0$),则有

$$R = -\mu\frac{dx}{dt}.$$

根据上述关于物体受力情况的分析,由牛顿第二定律得

$$m \frac{\mathrm{d}^2 x}{\mathrm{d} t^2} = -cx - \mu \frac{\mathrm{d} x}{\mathrm{d} t},$$

移项,并记

$$2n = \frac{\mu}{m}, \quad k^2 = \frac{c}{m},$$

则上式变为

$$\frac{\mathrm{d}^2 x}{\mathrm{d} t^2} + 2n \frac{\mathrm{d} x}{\mathrm{d} t} + k^2 x = 0. \tag{10}$$

这就是在有阻尼的情况下,物体自由振动的微分方程.它是二阶常系数齐次线性微分方程.

下面,我们讨论两种情形下的自由振动.

(1) 无阻尼自由振动 假设物体只受弹性恢复力 f 的作用,那么由于不计阻力而有 $-\mu \frac{\mathrm{d} x}{\mathrm{d} t} = 0$,故方程(10)成为

$$\frac{\mathrm{d}^2 x}{\mathrm{d} t^2} + k^2 x = 0. \tag{11}$$

这个方程称为无阻尼自由振动的微分方程.容易求出方程的通解是

$$x(t) = C_1 \cos kt + C_2 \sin kt.$$

满足初值条件 $x|_{t=0} = x_0, x'|_{t=0} = v_0$ 的特解是

$$x(t) = x_0 \cos kt + \frac{v_0}{k} \sin kt.$$

令 $x_0 = A \sin \varphi, \frac{v_0}{k} = A \cos \varphi (0 \leqslant \varphi < 2\pi)$,则上式成为

$$x(t) = A \sin(kt + \varphi), \tag{12}$$

其中 $A = \sqrt{x_0^2 + \frac{v_0^2}{k^2}}$, $\tan \varphi = \frac{kx_0}{v_0}$.函数(12)所反映的运动就是简谐振动.这个振动的振幅为 A,初相为 φ,由初值条件所决定,而这个振动的周期为 $T = \frac{2\pi}{k}$,角频率为 k.由于 $k = \sqrt{\frac{c}{m}}$ 与初值条件无关,完全由振动系统(在本例中就是弹簧与物体所组成的系统)本身确定,因此,k 又称为系统的固有频率.固有频率是反映振动系统特性的一个重要参数.

(2) 有阻尼自由振动 有阻尼自由振动的方程(10)的特征方程为

$$r^2 + 2nr + k^2 = 0,$$

其根为

$$r_{1,2} = \frac{-2n \pm \sqrt{4n^2 - 4k^2}}{2} = -n \pm \sqrt{n^2 - k^2}.$$

以下按 $n < k, n > k$ 与 $n = k$ 三种不同情形进行讨论:

(i) 小阻尼情形：$n < k$.

特征方程的根 $r_1 = -n + i\sqrt{k^2 - n^2}$，$r_2 = -n - i\sqrt{k^2 - n^2}$ 是一对共轭复数，故方程(10)的通解为

$$x = e^{-nt}(C_1\cos\sqrt{k^2 - n^2}\,t + C_2\sin\sqrt{k^2 - n^2}\,t).$$

满足初值条件 $x\big|_{t=0} = x_0$，$x'\big|_{t=0} = v_0$ 的特解是

$$x = e^{-nt}\left[x_0\cos\sqrt{k^2 - n^2}\,t + \frac{v_0 + nx_0}{\sqrt{k^2 - n^2}}\sin\sqrt{k^2 - n^2}\,t\right].$$

记 $\omega = \sqrt{k^2 - n^2}$，令 $x_0 = A\sin\varphi$，$\dfrac{v_0 + nx_0}{\omega} = A\cos\varphi$（$0 \leqslant \varphi < 2\pi$），则上式成为

$$x = Ae^{-nt}\sin(\omega t + \varphi). \tag{13}$$

其中 $A = \sqrt{x_0^2 + \dfrac{(v_0 + nx_0)^2}{\omega^2}}$，$\tan\varphi = \dfrac{\omega x_0}{v_0 + nx_0}$. 从(13)式看出，在小阻尼的情形下，物体仍然作周期 $T = \dfrac{2\pi}{\omega}$ 的振动. 但与简谐振动不同的是，它的振幅 Ae^{-nt} 随时间 t 的增大而逐渐减小为零，即物体在振动过程中最终趋于平衡位置.

函数(13)的图形大致如图 4-15(a)所示(图中假定 $x_0 > 0$，$v_0 > 0$).

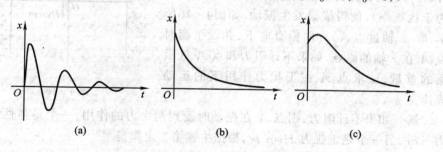

图 4-15

(ii) 大阻尼情形：$n > k$.

特征方程的根 $r_1 = -n + \sqrt{n^2 - k^2}$，$r_2 = -n - \sqrt{n^2 - k^2}$ 是两个不相等的实根，故方程(10)的通解为

$$x = C_1 e^{-(n - \sqrt{n^2 - k^2})t} + C_2 e^{-(n + \sqrt{n^2 - k^2})t}, \tag{14}$$

其中任意常数 C_1、C_2 可由初值条件来确定. 函数族(14)中的某一函数的图形大致如图 4-15(b)所示.

(iii) 临界阻尼情形：$n = k$.

特征方程的根 $r_1 = r_2 = -n$ 是两个相等的实根，故方程(12)的通解为

$$x = e^{-nt}(C_1 + C_2 t), \tag{15}$$

其中任意常数 C_1、C_2 可由初值条件来确定. 函数族(15)中的某一函数的图形大致如图 4-15(c)所示.

由函数(14)及(15)可以看到,在大阻尼和临界阻尼情形,物体已不在平衡位置上下振动,而是在离开初始位置后随时间 t 的增大而趋于平衡位置.

以上介绍的自由振动系统称为弹簧振子,它是一个理想模型. 在实际问题中的许多振动系统,如钟摆振动、管弦乐器的空气柱或琴弦的振动、交变电路中电流或电压的振荡及无线电波中电场和磁场的振动等,虽然它们的具体意义和结构与弹簧振子不同,但是基本规律都可以用二阶常系数齐次线性微分方程(10)来刻画.

如果物体在振动过程中还受到位移方向上的周期性的干扰力,这时物体产生的运动叫做强迫振动或干扰振动. 这种振动现象也是较普遍地存在着的,我们以如下的实际问题为例来说明物体在强迫振动下的运动规律.

例 9 强迫振动与共振问题 设一质量为 m 的电动振荡器安装在弹性梁 L 的点 A 处,振荡器开动时对横梁产生一个垂直方向的干扰力 $H\sin pt$(H,p 均为常数,H 称为干扰幅度,p 称为干扰频率),使得横梁发生振动. 如图 4-16 所示,取 x 轴过点 A,方向铅直向下,并设平衡时点 A 在 x 轴的原点. 如果不计阻力和点 A 处横梁的重量,试求点 A 在干扰力作用下的运动规律.

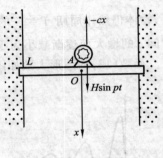

图 4-16

解 如果不计阻力,则点 A 在振动时受到两个力的作用,一个是弹性恢复力 $-cx$,另一个是干扰力 $H\sin pt$,根据牛顿第二定律得

$$m\frac{\mathrm{d}^2 x}{\mathrm{d}t^2} = -cx + H\sin pt,$$

记 $\dfrac{c}{m} = k^2, \dfrac{H}{m} = h$,上式化为

$$\frac{\mathrm{d}^2 x}{\mathrm{d}t^2} + k^2 x = h\sin pt, \tag{16}$$

并有初值条件:$x(0) = 0, x'(0) = 0$.

这是二阶常系数非齐次线性微分方程的初值问题.

已求过方程(16)对应的齐次线性微分方程 $\dfrac{\mathrm{d}^2 x}{\mathrm{d}t^2} + k^2 x = 0$ 的通解为

$$X = C_1\cos kt + C_2\sin kt,$$

其中 $k = \sqrt{\dfrac{c}{m}}$ 是弹性梁的固有频率. 根据固有频率 k 与干扰频率 p 的关系,我们分两种情况讨论方程(16)的特解.

(i) 如果 $p \neq k$,那么 $\pm i\omega = \pm ip$ 不是特征方程 $r^2 + k^2 = 0$ 的根,故可设

$$x^* = a\cos pt + b\sin pt.$$

代入方程(16),求得

$$a = 0, \quad b = \frac{h}{k^2 - p^2},$$

于是得特解

$$x^* = \frac{h}{k^2 - p^2}\sin pt.$$

从而当 $p \neq k$ 时,方程(16)的通解为

$$x = C_1\cos kt + C_2\sin kt + \frac{h}{k^2 - p^2}\sin pt.$$

由初值条件可定出 C_1 与 C_2,从而点 A 的运动规律为

$$x = -\frac{hp}{(k^2 - p^2)k}\sin kt + \frac{h}{k^2 - p^2}\sin pt. \tag{17}$$

上式表示,物体的运动由两部分合成.这两部分都是简谐振动.上式第一项表示自由振动,第二项所表示的振动称为强迫振动.强迫振动由干扰力引起,它的角频率就是干扰力的角频率 p.当干扰力的角频率 p 与振动系统的固有频率 k 相差很小时,它的振幅 $\left|\dfrac{h}{k^2 - p^2}\right|$ 可以很大.

(ii) 如果 $p = k$,那么 $\pm i\omega = \pm ip$ 是特征方程的根,故可设

$$x^* = t(a\cos kt + b\sin kt).$$

代入方程(16),求得

$$a = -\frac{h}{2k}, \quad b = 0.$$

于是得方程(16)的特解

$$x^* = -\frac{h}{2k}t\cos kt.$$

从而当 $p = k$ 时,方程(16)的通解为

$$x = C_1\cos kt + C_2\sin kt - \frac{h}{2k}t\cos kt.$$

由初值条件可定出 C_1 与 C_2,从而点 A 的运动规律为

$$x = \frac{h}{2k^2}\sin kt - \frac{h}{2k}t\cos kt. \tag{18}$$

上式右端第二项表明,强迫振动的振幅 $\dfrac{h}{2k}t$ 随时间 t 的增大而无限增大.这时就发生共振现象.共振会对弹性梁产生严重的破坏.据记载,1940 年美国的塔

科马海峡铁桥(位于华盛顿州),因风力的周期性作用,发生共振而至破坏.

由以上的结果可知,为了避免共振现象,应使干扰力的角频率 p 不要靠近振动系统的固有频率 k.反之,如果要利用共振现象,那么应使 $p=k$ 或使 p 与 k 尽量靠近.

长期以来共振原理已被广泛地应用于科研与生产实践中.如各种弦乐器的发声就是利用琴箱内空气的共振(即共鸣)来实现的.又如无线电技术中调制波的产生、发射与接收也都利用了电磁共振原理.然而在音响设备的音箱设计中却要尽量避免共振的发生.音响设备最终是通过音箱来还原音乐的,音箱主要由箱体和扬声器组成.如果箱体材料或扬声器发音材料的固有频率与被还原的音乐中某段频率很接近,就会产生共振,使得声音严重失真而破坏了音响的保真度.因此提高保真度的手段之一是精选箱体和扬声器的材料或在箱体内敷设吸音材料,使得固有频率偏离音乐频段或者减小声波对箱体的冲击.

以上讨论的是无阻尼强迫振动方程.但是无阻尼振动仅是一种理想情况,实际情况下的振动是难免有阻尼的.有阻尼强迫振动方程一般可表达为二阶常系数非齐次线性微分方程

$$\frac{\mathrm{d}^2 x}{\mathrm{d}t^2} + 2n\frac{\mathrm{d}x}{\mathrm{d}t} + k^2 x = h\sin pt,$$

其中 $h = \dfrac{H}{m}, 2n = \dfrac{\mu}{m}, k^2 = \dfrac{c}{m}$,$m$ 为物体的质量,μ 为阻力系数,c 为弹性系数,$H\sin pt$ 为干扰力.类似于例 8 的讨论,读者可以就小阻尼、大阻尼以及临界阻尼情况,分别求出物体在有阻尼强迫振动下的运动规律.

在结束本章以前,我们以上面讲过的振动问题的求解过程为例,简单介绍一下**数学建模**.

用微分方程讨论振动问题包括三个步骤:

第一步,**把所讨论的问题归结为一个数学问题,并以数学形式表达出来**(振动问题中的数学形式就是微分方程).为了做到这点,常需对实际问题作一些简化处理,略去一些次要因素的影响(比如假设阻尼大小与物体运动的速度成正比,甚至假设阻尼为零等).然后再根据已知的或设定的规律(在振动问题中根据的是物理定律)列出微分方程,这样就把振动问题抽象成了一个数学问题;

第二步,**利用数学方法求解微分方程,得出所求的函数**.这个函数在所作的简化假定下反映了物体的振动规律;

第三步,**对解得的函数进行分析检验,看解是否符合或在多大程度上符合实际情况**.如果与实际情况差异较大,还要对所作的假定进行修正,然后重复这三个步骤.

为了一定的目的,把实际问题抽象简化为一个数学问题,就称为**数学建模**,所

得到的数学问题就称为数学模型.上面的三个步骤大致包括了利用数学模型方法解决实际问题的过程.

　　建立数学模型有很多不同的数学方法,微分方程是其中的一种重要方法.现在,数学建模已经成为对各种客观现象进行定性分析与定量分析、寻找发展规律的重要数学方法,数学模型也已经成为各行各业中十分流行的词汇.如要了解这方面的知识,可阅读专门的数学建模书籍.

习题 4－7

1.求下列微分方程的通解:

(1) $y'' - 2y' = 0$;　　　　　　　　(2) $y'' - 3y' + 2y = 0$;

(3) $y'' + 4y = 0$;　　　　　　　　(4) $y'' - 4y' + 5y = 0$;

(5) $y'' - 6y' + 9y = 0$;　　　　　(6) $y'' + 2y' + ay = 0$;

(7) $y''' + 6y'' + 10y' = 0$;　　　(8) $y^{(4)} - 2y'' + y = 0$;

(9) $y^{(4)} + 2y'' + y = 0$;　　　(10) $y^{(4)} + 3y'' - 4y = 0$.

2.求下列初值问题的解:

(1) $y'' + y' - 2y = 0, y|_{x=0} = 0, y'|_{x=0} = 3$;

(2) $y'' + y' = 0, y|_{x=0} = 2, y'|_{x=0} = -1$;

(3) $y'' + 4y' + 4y = 0, y|_{x=0} = 0, y'|_{x=0} = 1$;

(4) $y'' - y' + y = 0, y|_{x=0} = 0, y'|_{x=0} = 2$;

(5) $y'' + 25y = 0, y|_{x=0} = 2, y'|_{x=0} = 5$;

(6) $y''' + 2y'' + y' = 0, y|_{x=0} = 2, y'|_{x=0} = 0, y''|_{x=0} = -1$.

3.求下列微分方程的通解:

(1) $y'' + 2y' - 3y = e^{-3x}$;　　　(2) $y'' - 5y' + 4y = x^2 - 2x + 1$;

(3) $y'' - 3y' = 2e^{2x}\sin x$;　　　(4) $y'' - 2y' + y = x(1 + 2e^x)$;

(5) $y'' + 4y = x\cos x$;　　　　　(6) $y'' - y = \sin^2 x$.

4.求下列初值问题的解:

(1) $y'' - 3y' + 2y = 1, y|_{x=0} = 2, y'|_{x=0} = 2$;

(2) $y'' + y + \sin 2x = 0, y|_{x=\pi} = 1, y'|_{x=\pi} = 1$;

(3) $y'' - y' = 2(1 - x), y|_{x=0} = 1, y'|_{x=0} = 1$;

(4) $y'' + y = e^x + \cos x, y|_{x=0} = 1, y'|_{x=0} = 1$;

(5) $y'' - y = 4xe^x, y|_{x=0} = 1, y'|_{x=0} = 1$;

(6) $y'' + 2y' + y = xe^x, y|_{x=0} = 0, y'|_{x=0} = 0$.

5.求微分方程 $y''' - y' = 0$ 的一条积分曲线,使此积分曲线在原点处有拐点,且以直线 $y = 2x$ 为切线.

6.一个单位质量的质点在数轴上运动,开始时质点在原点 O 处且速度为 v_0,在运动过程中,它受到一个力的作用,这个力的大小与质点到原点的距离成正比(比例系数 $k_1 > 0$)而方向与初速度一致. 又介质的阻力与速度成正比(比例系数 $k_2 > 0$). 求反映这质点的运动规律的函数.

7. 大炮以仰角 α、初速度 v_0 发射炮弹, 若不计空气阻力, 求弹道曲线.

8. 一链条悬挂在一钉子上, 启动时一端离开钉子 8 m, 另一端离开钉子 12 m, 分别在以下两种情况下求链条滑下来所需要的时间:

(1) 若不计钉子对链条所产生的摩擦力;

(2) 若摩擦力为 1 m 长的链条的重量.

*第八节　高阶变系数线性微分方程解法举例

一、解二阶变系数线性微分方程的常数变易法

本章第三节介绍了用常数变易法求一阶非齐次线性方程的解. 这种方法的思路是, 如果 $Cy_1(x)$ 是对应的齐次线性方程的解, 那么可将其中的任意常数换成待定函数 $u(x)$, 并将 $y = u(x)y_1(x)$ 代入非齐次方程, 把 $u(x)$ 确定下来, 从而求得所需的解. 这种方法也适用于解变系数的二阶线性微分方程或更高阶的线性微分方程.

设已知函数 $y_1(x)$ 是二阶变系数线性微分方程

$$y'' + p(x)y' + q(x)y = f(x) \tag{1}$$

所对应的齐次方程

$$y'' + p(x)y' + q(x)y = 0 \tag{2}$$

的一个不恒为零的解, 则令 $y(x) = y_1(x)u(x)$, 把

$$y = y_1 u, \quad y' = y_1' u + y_1 u', \quad y'' = y_1'' u + 2y_1' u' + y_1 u''$$

代入方程(1)并整理得

$$y_1 u'' + (2y_1' + py_1)u' + (y_1'' + py_1' + qy_1)u = f.$$

由于 $y_1'' + py_1' + qy_1 \equiv 0$, 故得

$$y_1 u'' + (2y_1' + py_1)u' = f.$$

令 $u' = v$, 则上式可化为

$$v' + \left(\frac{2y_1'}{y_1} + p \right)v = \frac{f}{y_1}.$$

按一阶线性方程的解法, 求得

$$v = C_1 \varphi(x) + \varphi^*(x),$$

积分得

$$u = C_1 \psi(x) + C_2 + \psi^*(x),$$

其中 $\psi(x)$、$\psi^*(x)$ 分别是 $\varphi(x)$ 和 $\varphi^*(x)$ 的一个原函数.

于是乘以 $y_1(x)$ 后便得方程(1)的通解

$$y = C_1\psi(x)y_1(x) + C_2y_1(x) + \psi^*(x)y_1(x).$$

显然,上述方法也适用于求齐次方程(2)的通解.

例1　求二阶线性微分方程 $y'' - 2y' + y = \dfrac{e^x}{x}$ 的通解.

解　由欧拉指数法易见,$y_1 = e^x$ 是齐次方程 $y'' - 2y' + y = 0$ 的非零解.令 $y = e^x u$,则 $y' = e^x(u' + u)$,$y'' = e^x(u'' + 2u' + u)$,代入非齐次方程

$$y'' - 2y' + y = \frac{e^x}{x},$$

得

$$e^x(u'' + 2u' + u) - 2e^x(u' + u) + e^x u = \frac{e^x}{x}.$$

消去 e^x,即得

$$u'' = \frac{1}{x}.$$

作两次积分,便得

$$u = C_1 + C_2 x + x\ln x.$$

于是所求通解为

$$y = C_1 e^x + C_2 x e^x + x e^x \ln x.$$

二、解欧拉方程的指数代换法

形如

$$x^n y^{(n)} + p_1 x^{n-1} y^{(n-1)} + \cdots + p_{n-1} xy' + p_n y = f(x) \tag{3}$$

的方程(其中 $p_1, p_2, \cdots, p_n$ 是常数)称为欧拉方程.

欧拉方程是特殊的变系数线性微分方程,通过变量代换,可以化为常系数线性微分方程,从而求得其解.在 $x > 0$ 的区间内,令

$$x = e^t \quad \text{或} \quad t = \ln x,$$

则

$$\frac{dy}{dx} = \frac{dy}{dt} \cdot \frac{dt}{dx} = \frac{dy}{dt} \cdot \frac{1}{x},$$

$$\frac{d^2 y}{dx^2} = \left(\frac{d^2 y}{dt^2} - \frac{dy}{dt}\right) \cdot \frac{1}{x^2},$$

$$\frac{d^3 y}{dx^3} = \left(\frac{d^3 y}{dt^3} - 3\frac{d^2 y}{dt^2} + 2\frac{dy}{dt}\right) \cdot \frac{1}{x^3}.$$

利用第六节介绍的微分算子 D^n,可将上面的结果写成

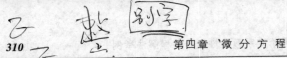
$$xy' = \frac{dy}{dt} = Dy,$$

$$x^2 y'' = \frac{d^2 y}{dt^2} - \frac{dy}{dt} = (D^2 - D)y = D(D-1)y,$$

$$x^3 y''' = \frac{d^3 y}{dt^3} - 3\frac{d^2 y}{dt^2} + 2\frac{dy}{dt} = (D^3 - 3D^2 + 2D)y$$

$$= D(D-1)(D-2)y,$$

一般地有

$$x^k y^{(k)} = D(D-1)(D-2)\cdots(D-k+1)y.$$

把以上各式代入欧拉方程(3),就得以 t 为自变量的常系数线性微分方程

$$[D(D-1)\cdots(D-n+1) + p_1 D(D-1)\cdots(D-n+2) + \cdots +$$

$$p_{n-1}D + p_n I]y = f(e^t).$$

求出该方程的通解 $y = y(t, C_1, C_2, \cdots C_n)$ 后,把 t 换成 $\ln x$,即得原方程的通解了.

若在 $x < 0$ 的区间内,则令 $x = -e^t$ 或 $t = \ln(-x)$,结果是类似的.

例 2 求欧拉方程 $x^3 y''' + x^2 y'' - 4xy' = 3x^2$ 的通解.

解 作变换 $x = e^t$ 或 $t = \ln x$,原方程化为

$$[D(D-1)(D-2) + D(D-1) - 4D]y = 3e^{2t},$$

即

$$(D^3 - 2D^2 - 3D)y = 3e^{2t}.$$

其对应的齐次方程的特征方程为

$$r^3 - 2r^2 - 3r = 0,$$

解得三个根:$r_1 = 0, r_2 = -1, r_3 = 3$.于是齐次方程的通解为

$$Y = C_1 + C_2 e^{-t} + C_3 e^{3t} = C_1 + \frac{C_2}{x} + C_3 x^3.$$

由于非齐次方程的自由项 $f = 3e^{2t}$,$\lambda = 2$ 不是特征方程的根,故特解的形式为

$$y^* = be^{2t} = bx^2,$$

代入原方程,求出 $b = -\frac{1}{2}$,即 $y^* = -\frac{x^2}{2}$.于是所给欧拉方程的通解为

$$y = C_1 + \frac{C_2}{x} + C_3 x^3 - \frac{x^2}{2}.$$

习题 4 − 8

1. 用常数变易法求下列线性微分方程的通解:

(1) $y'' + y = \sec x$,已知 $y_1(x) = \cos x$ 是方程 $y'' + y = 0$ 的一个解;

(2) $(2x-1)y''-(2x+1)y'+2y=0$,已知 $y_1(x)=e^x$ 是该方程的一个解;

(3) $x^2y''-2xy'+2y=2x^3$,已知 $y_1(x)=x$ 是方程 $x^2y''-2xy'+2y=0$ 的一个解;

(4) $xy''-(2x-1)y'+(x-1)y=0$,已知 $y_1(x)=e^x$ 是该方程的一个解.

2.求下列欧拉方程的通解:

(1) $x^2y''+3xy'+y=0$;

(2) $x^2y''-4xy'+6y=x$;

(3) $y''-\dfrac{y'}{x}+\dfrac{y}{x^2}=\dfrac{2}{x}$;

(4) $x^3y'''+3x^2y''-2xy'+2y=0$;

(5) $x^2y''+xy'-4y=x^3$;

(6) $x^2y''-xy'+4y=x\sin(\ln x)$.

总习题四

1.填空题.

(1) 微分方程的阶数是指_____;

(2) n 阶微分方程的初值条件的一般形式为_____;

(3) 函数 $y_1(x)$ 与 $y_2(x)$ 在区间 I 上线性无关的充要条件是_____;

(4) 函数 $y=e^{\lambda x}$ 是常系数线性微分方程 $y^{(n)}+p_1y^{(n-1)}+\cdots+p_ny=0$ 的解的充要条件是_____.

2.选择题.

(1) 若三阶常系数齐次线性微分方程有特解 $y_1=e^{-x},y_2=2xe^{-x}$ 及 $y_3=3e^x$,则该微分方程是(　　);

(A)$y'''-y''-y'+y=0$

(B)$y'''+y''-y'-y=0$

(C)$y'''-6y''+11y'-6y=0$

(D)$y'''-2y''-y'+2y=0$

(2) 设线性无关的函数 y_1,y_2 与 y_3 均为二阶非齐次线性方程的解,C_1 与 C_2 是任意常数,则该非齐次线性方程的通解是(　　);

(A)$C_1y_1+C_2y_2+y_3$

(B)$C_1y_1+C_2y_2-(C_1+C_2)y_3$

(C)$C_1y_1+C_2y_2+(1-C_1-C_2)y_3$

(D)$C_1y_1+C_2y_2-(1-C_1-C_2)y_3$

(3) 若函数 $y_1(x)$ 与 $y_2(x)$ 都是以下(A)、(B)、(C)、(D)给出的方程的解,设 C_1 与 C_2 是任意常数,则函数 $y=C_1y_1(x)+C_2y_2(x)$ 必是(　　)的解.

(A)$y''+y'+y^2=0$

(B)$y''+y'+2y=1$

(C)$xy''+y'+\dfrac{1}{x}y=0$

(D)$x+y+\displaystyle\int_0^x y(t)dt=1$

3.求下列微分方程的通解:

(1) $xy'+y-2y^3=0$;

(2) $xy'\ln x+y=x(1+\ln x)$;

(3) $y'+e^x(1-e^{-y})=0$;

(4) $yy''-y'^2-1=0$.

4.求下列初值问题的解:

(1) $y^3dx+2(x^2-xy^2)dy=0,y|_{x=1}=1$;

(2) $y''-a(y')^2=0,y|_{x=0}=0,y'|_{x=0}=-1$;

(3) $2y''-\sin 2y=0,y|_{x=0}=\dfrac{\pi}{2},y'|_{x=0}=1$;

(4) $y'' + 2y' + y = \cos x, y|_{x=0} = 0, y'|_{x=0} = \dfrac{3}{2}$.

5. 证明:方程 $\varphi'(y)\dfrac{\mathrm{d}y}{\mathrm{d}x} + p(x)\varphi(y) = Q(x)$ 在变量代换 $u = \varphi(y)$ 之下可化为线性微分方程,并求下列方程的通解:

(1) $\mathrm{e}^y\left(\dfrac{\mathrm{d}y}{\mathrm{d}x} + 1\right) = x$;　　　　　(2) $\dfrac{\mathrm{d}y}{\mathrm{d}x} + y\mathrm{e}^{-x} = y\ln y$.

6. 已知某曲线经过点 $(1,1)$,它的切线在纵轴上的截距等于切点的横坐标,求它的方程.

7. 设函数 $\varphi(x)$ 可导,且满足

$$\varphi(x)\cos x + 2\int_0^x \varphi(t)\sin t\,\mathrm{d}t = x + 1,$$

求 $\varphi(x)$.

8. 设函数 $\varphi(x)$ 连续,且满足

$$\varphi(x) = \mathrm{e}^x + \int_0^x t\varphi(t)\mathrm{d}t - x\int_0^x \varphi(t)\mathrm{d}t,$$

求 $\varphi(x)$.

9. 设 $f(x)$ 为正值连续函数,$f(0) = 1$,且对任一 $x > 0$,曲线 $y = f(x)$ 在区间 $[0, x]$ 上的一段弧长等于此弧段下曲边梯形的面积,求此曲线方程.

10. 证明:曲率恒为常数的曲线是圆或直线.

11. 设圆柱形浮筒的直径为 $0.5\,\mathrm{m}$,将它铅直放在水中,当稍向下压后突然放开,浮筒在水中上下振动的周期为 $2\,\mathrm{s}$,求浮筒的质量.

12. 将一根弹簧的上端固定,下端同时挂着三个质量都是 m 的重物,从而使得弹簧伸长了 $3a$. 其中一个重物突然脱离弹簧,使弹簧由静止状态开始振动,若不计弹簧的质量,求所挂重物相对于平衡位置的运动规律.

13. 设桥墩的水平截面是圆,桥墩上端面均匀分布的总压力为 $P(\mathrm{kN})$. 建造桥墩的材料的密度为 $\rho(\mathrm{kg/m^3})$,每个截面上容许的压强为 $k(\mathrm{kN/m^2})$(包括桥墩自重). 试求能使建筑材料最省的桥墩的形状,即求轴截面截线的方程 $y = f(x)$(图 $4-17$).

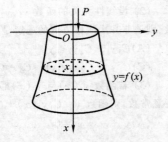

图 $4-17$

14. **细菌繁殖的控制**　细菌是通过分裂而繁殖的,细菌繁殖的速率与当时细菌的数量成正比(比例系数为 $k_1 > 0$). 在细菌培养基中加入毒素可将细菌杀死,毒素杀死细菌的速率与当时的细菌数量和毒素浓度之积成正比(比例系数为 $k_2 > 0$),人们通过控制毒素浓度的方法来控制细菌的数量.

现在假设在时刻 t 毒素的浓度为 $T(t)$,它以常速率 v 随时间而变化,且当 $t = 0$ 时,$T = T_0$,即 $T(t) = T_0 + vt$. 又设在时刻 t,细菌的数量为 $y(t)$,且当 $t = 0$ 时,$y = y_0$.

(1) 求出细菌数量随时间变化的规律;

(2) 当 $t \to +\infty$ 时,细菌的数量将发生什么变化?(按 $v > 0, v < 0, v = 0$ 三种情况讨论).

15. 已知某车间的容积为 $30 \times 30 \times 6\,\mathrm{m^3}$,车间内空气中 CO_2 的含量为 0.12%,现输入

CO_2 含量为 0.04% 的新鲜空气, 假定新鲜空气进入车间后立即与车间内原有空气均匀混合, 并且有等量混合空气从车间内排出, 问每分钟应输入多少这样的新鲜空气, 才能在 30 分钟后可使车间内 CO_2 的含量不超过 0.06%.

16. 求出下列微分方程的通解, 并用 Mathematica 作出下列微分方程的积分曲线:

(1) $\dfrac{\mathrm{d}y}{\mathrm{d}x} = e^{-y}\cos x$;

(2) $y' + 2xy = 1$.

17. 在本章第五节例 6 中如果乙舰从位于 $A(1,0)$ 点以倾角 $\dfrac{\pi}{3}$ 角度向上逃逸, 试列出导弹运行轨迹所满足的方程, 用计算机求出这条轨线方程, 并利用 Mathematica 在计算机上模拟导弹击中乙舰的过程.

$$\frac{|y''|}{(1+y'^2)^{\frac{3}{2}}} = C$$

$$|y''| = C \cdot (1+y'^2)^{\frac{3}{2}}$$

实　　验

实验1　数列极限与生长模型

内容提要

在生物学中,有一个刻画生物群体中的个体总量增长情况的著名方程——逻辑斯蒂(logistic)方程:

$$p_{n+1} = kp_n(1 - p_n), \tag{1}$$

其中 p_n 为某一生物群体的第 n 代的个体总量与该群体所能达到的最大个体总量之比,$0 \leqslant p_n \leqslant 1 (n = 0, 1, 2, \cdots)$,$k$ 为比例系数(参阅第四章第二节例5).

选定初值 p_0 和比例系数 k 的值后,由方程(1)就能生成一个数列

$$p_0, p_1, p_2, \cdots, p_n, \cdots.$$

生物学家为了预测群体总量的变化情况,就要研究这个数列.他们感兴趣的问题是:这个数列存在极限吗? 数列中的项会出现周期性的变化情况吗? 数列会不会呈现无法预测的紊乱情况?

本实验依赖 Mathematica 的计算和作图功能,来考察数到 p_n 的不同变化情况,从而让学生对用计算机模拟数列的变化趋势获得较为生动的感性认识,加深对数列极限的理解.

实验步骤

1. 令 $p_0 = 0.5$,k 取 1 和 3 之间的两个不同的值,观察数列的变化趋势,我们给出 $k = 1.5$ 和 2.5 的结果如下:

(1) $k = 1.5$ 时,我们键入

```
f[x_] := k * x * (1 - x)          (*定义递推函数*)
p[0] = 0.5;                        (*定义初始值,其中";"表示运行而不显示*)
p[t_] := f[p[t - 1]]              (*递推定义数列*)
k = 1.5;
data = Table[p[i], {i, 30}]       (*构成点集并储存在变量 data 中*)
ListPlot[data]                     (*作出点图*)
```

运行后输出如图 1.

{0.37500, 0.351562, 0.341949, 0.337530, 0.335405,
0.334363, 0.333847, 0.333590, 0.333461, 0.333397,
0.333365, 0.333349, 0.333341, 0.333337, 0.333335,
0.333334, 0.333334, 0.333334, 0.333333, 0.333333,
0.333333, 0.333333, 0.333333, 0.333333, 0.333333,
0.333333, 0.333333, 0.333333, 0.333333, 0.333333}

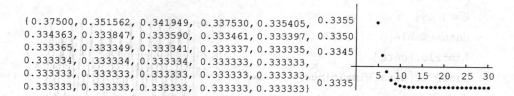

图 1

　　注：上述程序中每个语句后面所附的是对该语句的说明，在 Mathematica 中说明文字可放在"(* "和" *)"之间.

　　(2) $k = 2.5$ 时，由于已经在(1)中定义了初值和递推定义了数列，因此只需再键入

k = 2.5;
data = Table[p[i], {i, 30}];
ListPlot[data]

运行后输出如图 2.

　　这两个数列看起来都是收敛的，这表明：种群中的个体总量将趋于一个稳定值.

　　2. k 取 3 和 3.4 之间的值时，观察数列出现何种变化，以下给出 $p_0 = 0.5$，$k = 3.2$ 的情况，我们键入

k = 3.2;
data = Table[p[i], {i, 30}];
ListPlot[data]

运行后输出见图 3.

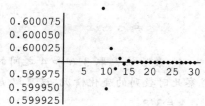

图 2

　　为了将数列的变化情况显示得更清楚，可把上面的点用折线连接起来，为此只要在"ListPlot"中加选项"PlotJoined - >True"，即只要键入

ListPlot [data, PlotJoined - > True]

运行后如图 4. 可见这时数列不收敛，出现类似周期性的波动，但数列的项所取的值

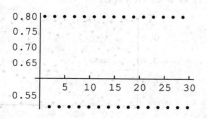

图 3

比较集中.

3. k 取 3.4 和 3.5 之间的值,即键入

k = 3.45;

data = Table[p[i],{i,30}];

ListPlot[data]

ListPlot[data,PlotJoined - >True]

运行后如图 5(a)(b).

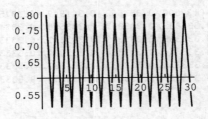

可见,这时数列仍出现类似周期性波
动的情况,但数列的项的取值比情况 2
分散.

图 4

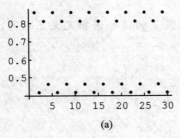

(a)

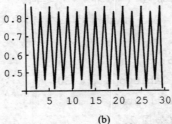

(b)

图 5

4. 最后让 k 取 3.6 和 4 之间的值,计算 100 次并画出数据点图和折线图,
观察此时数列的变化情况,这里取 $k = 3.8$,即键入

k = 3.8;

data = Table[p[i],{i,100}];

ListPlot[data]

ListPlot[data,PlotJoined - >True]

运行后如图 6(a)(b).

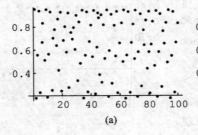

(a)

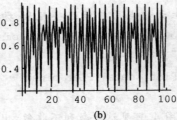

(b)

图 6

可见这时数列中项的取值变得很紊乱. 这里特别指出, 现在若给 p_0 值一个微小的变动, 比如增减 0.001, 那么数列后面的项将会出现很大的变动, 这种现象在数学上被称为"混沌". 对混沌现象是很难预测其走向的.

当 $k = 3.8$ 时, 若给 p_0 以 0.001 的增加量, 即键入

k = 3.8; p[0] = 0.5 + 0.001;

data = Table[p[i], {i, 100}];

ListPlot[data, PlotJoined - > True]

其输出结果如图7.

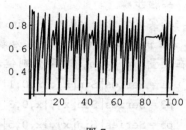

图7

将图7与图6比较, 可见两者有明显差别, 特别是在 $n = 80$ 到 $n = 90$ 这一段内, 两者之间的差别非常大. 出现这种差别的部分原因是由于计算过程中舍入误差的不断积累而造成. 因此在不同的精度下进行计算, 所得出的图形会有所不同. 但不论怎样, 我们通过比较本实验中的 7 张图可以发现, 随着 k 的值的增加, 数列中的项所取到的值变得更加分散, 并出现了混沌现象.

若给 p_0 以 0.001 的减少量, 结果将如何, 请读者自己完成.

实验习题

在区间 $(1, 3)$ 和 $(3, 4)$ 内取 k 的其他值, 在 $(0, 1)$ 内取 p_0 的其他值, 重复上面的实验步骤.

实验 2   泰勒公式与函数逼近

内容提要

本实验对于函数及它的各阶泰勒公式和泰勒多项式进行演示,使大家对用泰勒多项式逼近函数有一个直观的了解.

实验步骤

本实验讨论 $x=0$ 处 $y=\sin x$ 的泰勒公式,即麦克劳林公式.首先由于 $y=\sin x$ 在 $x=0$ 处的偶数阶导数为零,因此我们展开到 1 阶、3 阶、5 阶,并分别储存在变量 p_1、p_3、p_5 中,即分别键入

```
p1 = Series[Sin[x],{x,0,1}]
p3 = Series[Sin[x],{x,0,3}]
p5 = Series[Sin[x],{x,0,5}]
```

后运行,可以看到输出的结果带有一个佩亚诺余项,正由于这个余项使我们无法显示这些展开式的图形,例如当键入

```
Plot[p5,{x, - Pi,Pi}]
```

后运行即显示一串红色的警告信息,表示无法作图,为此可利用"Normal"命令去掉余项得到麦克劳林多项式,再用作图命令作出它的图形(如图 8),即键入

```
p5
Normal[p5]
Plot[Evaluate[Normal[p5]],{x, - Pi,Pi}]
```

有了上面的准备,现在我们可在同一坐标系内显示 $y=\sin x$ 及它的各阶麦克劳林多项式.为加快运行,我们用"Table"命令把 $y=\sin x$ 的直到 19 阶的麦克劳林多项式构成一个函数集,然后用"PrependTo"(或者"AppendTo")命令把 $y=\sin x$ 本身加入这个函数集,并在 $[-\pi,\pi]$ 内显示它们的图形(如图 9),即键入

```
t = Table[Normal[Series[Sin[x],{x,0,i}]],{i,1,19,2}];
PrependTo[t,Sin[x]];
Plot[Evaluate[t],{x, - Pi,Pi}]
```

为了观察各阶麦克劳林多项式的变化情况,我们还可分别作出 $y=\sin x$ 的直到 19 阶的各阶麦克劳林多项式(如图 10),即键入

```
Do[Plot[Evaluate[{Sin[x],Normal[Series[Sin[x],{x,0,i}]]}],{x, - Pi,
Pi},
```

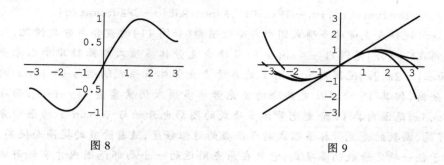

| 图 8 | 图 9 |

PlotRange − >{−1.5,1.5},PlotStyle − >{RGBColor[0,0,0],
RGBColor[1,0,0]}],{i,1,19,2}]

并运行. 其中"RGBColor"表示颜色, 格式为"RGBColor − >[a,b,c]", a、b、c 取值范围为 [0,1] 分别表示红色、绿色、蓝色的含量, 上述循环中每次作出 $\sin x$(黑色曲线)和它的 i 阶麦克劳林多项式(红色曲线)的图形($i = 1,3,\cdots,19$). 图 10 显示的是前 6 个图形(后面的图形已与第 6 个几乎无差异), 为使图形演示更加生动, 我们还可用鼠标选定这些图形后进行动画演示(即选定这些图形后再同时按"Ctrl"和"Y"键).

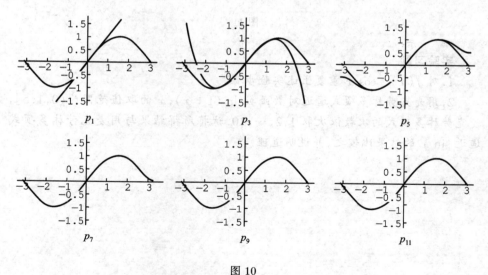

图 10

最后我们再扩大显示的区间范围, 以观察在偏离原点时麦克劳林多项式对函数的逼近情况, 为此键入

Plot[Evaluate[t],{x, − Pi,Pi},AspectRatio − >Automatic]
Plot[Evaluate[t],{x, − 2Pi,2Pi},AspectRatio − >Automatic]

Plot[Evaluate[t],{x,-3Pi,3Pi},AspectRatio->Automatic]

　　通过观察麦克劳林多项式图形与函数图形(如图11)的重合与分离情况.可以看到在$[-\pi,\pi]$范围内 $y=\sin x$ 的 9 阶麦克劳林多项式与函数几乎已无差别,而在$[-2\pi,2\pi]$范围内 $y=\sin x$ 的各阶麦克劳林多项式陆续与 $y=\sin x$ 的图形分离,但其 15 阶以及更高阶的麦克劳林多项式仍紧靠着 $y=\sin x$,而在$[-3\pi,3\pi]$范围内其 19 阶麦克劳林多项式的图形也开始与 $y=\sin x$ 的图形分离.可见,函数的麦克劳林多项式对于函数的近似程度,随着阶数的提高而提高.但对于任一确定阶数的多项式,它只在原点附近的一个局部范围内才有较好的精确度.

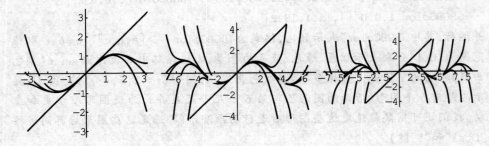

图 11

实验习题

　　1. 对 $f(x)=\cos x$ 重复上述实验步骤.

　　2. 用麦克劳林多项式逼近对数函数 $\ln(1+x)$,x 的取值范围为$(0,1.5]$,麦克劳林多项式的次数依次取 $1,2,\cdots,10$.试将所得结果与用麦克劳林多项式逼近 $\sin x$ 的结果比较之,并说明道理.

实验 3　方程近似解的求法

内容提要

在科学研究和工程技术问题中,常会遇到求解高次代数方程或其他类型的方程的问题.由于求这类方程的精确解很困难,因此需要求方程的近似解.本实验结合 Mathematica 软件介绍求方程解近似值的两种方法.

实验步骤

我们把求方程解的近似值的原理与实验步骤结合在一起介绍.求方程解的近似值的首要步骤是确定根的大致范围,就是确定区间 $[a,b]$,使得方程 $f(x)=0$ 在这个区间内的根是惟一的,这时 $[a,b]$ 称为根的隔离区间.通常可用 Mathematica 作出图形来确定方程根的隔离区间.以下假设根的隔离区间 $[a,b]$ 已被确定.

一、二分法

设 $f(x)$ 在 $[a,b]$ 上连续且 $f(a)\cdot f(b)<0$,首先取 $[a,b]$ 的中点 $x_1=\dfrac{a+b}{2}$,计算 $f(x_1)$.

(i) 如果 $f(x_1)=0$,则 $x_1=\xi$ 即为所求;

(ii) 如果 $f(x_1)\neq 0$ 且与 $f(b)$ 异号,即 $f(x_1)\cdot f(b)<0$,则取 $a_1=x_1,b_1=b$;

(iii) 如果 $f(x_1)\neq 0$ 且与 $f(a)$ 异号,即 $f(x_1)\cdot f(a)<0$,则取 $a_1=a,b_1=x_1$.

然后再以 $[a_1,b_1]$ 为隔离区间,取 $x_2=\dfrac{a_1+b_1}{2}$,若 $f(x_2)=0$,则 $x_2=\xi$ 即为所求;若当 $f(x_2)\neq 0$ 时,则重复上述(ii)、(iii)的做法,以 x_2 为隔离区间 $[a_2,b_2]$ 的一个端点,继续下去,如此过程重复 n 次,可得隔离区间 $[a_n,b_n]$,$b_n-a_n=\dfrac{1}{2^n}(b-a)$.若以 a_n 或 b_n 或它们的中点 $\dfrac{a_n+b_n}{2}$ 作为根 ξ 的近似值,则其误差小于 $\dfrac{1}{2^n}(b-a)$.

现在把以上计算的程序及操作介绍如下:

首先定义函数 $f(x)$,初始的隔离区间左右端点分别为 a_0(在程序中用 a0 表示)、b_0(在程序中用 b0 表示),误差为 δ(在程序中用 delta 表示),最大循环

次数为 k_0（在程序中用 k0 表示），用"Do"命令进行循环，用"If"命令进行条件判断，用"Break"命令进行中断，运行中间的区间端点为 a、b，运行的次数为 k，程序中计算 $x = \dfrac{a+b}{2}$ 并用"Print"命令在屏幕上显示. 如果 $f(x) = 0$，则循环停止；否则，若 $f(x)f(b) < 0$ 时取 x、b 为下一次计算的区间左右端点（故赋值为 a = x），若 $f(x)f(a) < 0$ 时取 a、x 为下一次计算的区间左右端点（故赋值为 b = x），如果满足 $|b-a| < \delta$ 则循环停止. 如果循环次数已到达预定次数而还没有达到预定的误差要求则显示"失败". 为保证判断语句的有效性，我们在程序中都加了"N"命令（即将计算结果显示为实型数据）. 下面通过具体例子来说明实现的程序.

例 1　为了在海岛 I 与某城市 C 之间敷设一条地下光缆（见习题 2-10 的第 11 题及图 2-42），每千米光缆的铺设成本在水下部分是 c_1，在地下部分是 c_2，为使得铺设该光缆的总成本最低，光缆的转折点 P（海岸线上一点）应该取在何处？（误差 $< 10^{-3}$ km）

解　设岛 I 到 x 轴（海岸线）距离为 h_1，城市 C 到 x 轴为 h_2，且 C 到 y 轴的距离为 l，转折点 P 的横坐标是 x，则总成本为

$$c(x) = c_1(x^2 + h_1^2)^{\frac{1}{2}} + c_2[(l-x)^2 + h_2^2]^{\frac{1}{2}} \quad (0 \leqslant x \leqslant l),$$

为求 $c(x)$ 的最小值，需求它的驻点，现

$$c'(x) = \frac{c_1 x}{(x^2 + h_1^2)^{1/2}} - \frac{c_2(l-x)}{[(l-x)^2 + h_2^2]^{1/2}},$$

由 $c''(x) = \dfrac{c_1 h_1^2}{(x^2 + h_1^2)^{3/2}} + \dfrac{c_2 h_2^2}{[(l-x)^2 + h_2^2]^{3/2}} > 0$ 知，$c'(x)$ 是单调增加函数，又由于 $c'(0)c'(l) < 0$，故 $c'(x)$ 的零点惟一，且为 $c(x)$ 在 $[0,l]$ 上最小值点.

如果实际测得 $l = 30$ km，$h_1 = 15$ km，$h_2 = 10$ km，$c_1 = 3\,000$ 万元/km，$c_2 = 1\,500$ 万元/km，将这些数据代入 $c'(x)$ 中，并令 $c'(x) = 0$，问题就转化为求下列方程的根：

$$2x[(30-x)^2 + 10^2]^{\frac{1}{2}} - (30-x)(x^2 + 15^2)^{\frac{1}{2}} = 0 \quad (0 \leqslant x \leqslant 30).$$

令 $f(x) = 2x[(30-x)^2 + 100]^{\frac{1}{2}} - (30-x)(x^2 + 225)^{\frac{1}{2}}$，因 $f(0) < 0$，$f(30) > 0$，故以 $[0,30]$ 作为初始的隔离区间（该区间可通过作图确定），精度要求为 $\delta = 10^{-3}$，由此得到相应的程序为

```
f[x_]: = 2x * Sqrt[(30. - x)^2 + 100.] - (30. - x)Sqrt[x^2 + 225.]
a0 = 0.;b0 = 30.;delta = 10^(-3);k0 = 100;
a = a0;b = b0;
Do[x = (a + b)/2;Print[x];
```

$$If[f[x] = = 0, Break[], If[N[f[x] * f[b]] < 0, a = x, b = x]];$$

$$If [N[Abs[b-a]] < delta, Break[],$$

$$If[k = = k0, Print[失败]]], \{k, k0\}]$$

运行后得 $x \approx 7.691$. 若需要高精度运算, 程序中的 "Print[x]" 可改为 "Print[x,n]"(其中 n 表示显示位数, 用具体正整数代入), 以增加显示位数.

二、牛顿迭代法

如果 $f(x)$ 在 $[a,b]$ 上有二阶导数, $f(a) \cdot f(b) < 0$, 且 $f'(x)$ 与 $f''(x)$ 在 $[a,b]$ 上分别保持定号, 这时, 方程 $f(x) = 0$ 在 (a,b) 内有惟一实根 ξ.

如果函数 $f(x)$ 在隔离区间 $[a,b]$ 内满足如上条件, 则可以采用牛顿迭代法(也称切线迭代法)求方程 $f(x) = 0$ 的近似解, 切线迭代法的原理是用曲线弧一端点处的切线代替曲线弧, 从而以切线与 x 轴的交点的横坐标作为方程实根的近似值. 如图 12 中 $f(a) > 0$, $f(b) < 0$, $f''(x) > 0$, $f(a)$ 与 $f''(x)$ 同号, 在曲线弧端点 $(a, f(a))$ 处

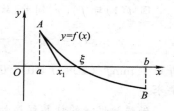

图 12

作切线, 则切线与 x 轴交点 $x_1 \in (a,b)$, x_1 比 a 更接近精确解 ξ(若在点 $(b, f(b))$ 作切线, 因 $f(b)$ 与 $f''(x)$ 异号, 则切线与 x 轴交点 x_1 将比 b 更偏离精确解 ξ), 这时, 切线方程是 $y - f(a) = f'(a)(x-a)$, 令 $y = 0$, 就解得

$$x_1 = a - \frac{f(a)}{f'(a)},$$

若 x_1 的精确度不足, 再在点 $(x_1, f(x_1))$ 作切线, 可得方程解的近似值

$$x_2 = x_1 - \frac{f(x_1)}{f'(x_1)},$$

如此继续, n 次后得解的近似值

$$x_n = x_{n-1} - \frac{f(x_{n-1})}{f'(x_{n-1})}. \tag{1}$$

这样的方法叫牛顿迭代法,(1)式叫迭代公式, 其中 $x_0 = a$. 迭代所得的所有 $x_n(n = 1, 2, 3, \cdots)$ 均在精确根 ξ 的一侧且是单调数列, x_n 随着 n 增大而趋于精确解 ξ.

迭代初始值 x_0 取隔离区间的一个端点, 该端点的函数值必须与 $f''(x)$ 同号. 迭代精度的估计: 因为 $f(x_n) = f(x_n) - f(\xi) = f'(\eta_n)(x_n - \xi)$, η_n 介于 x_n 与 ξ 之间, 故 $|x_n - \xi| = \frac{|f(x_n)|}{|f'(\eta_n)|}$, $\eta_n \in (a,b)$, 取 $m = \min\{|f'(a)|, |f'(b)|\}$, 由于 $f'(x)$ 是单调且定号, 必有 $|f'(\eta_n)| \geqslant m$, 于是有

$$|x_n - \xi| \leqslant \frac{|f(x_n)|}{m},$$

因此,对给定的精度误差 ε,当 $|f(x_n)| < m\varepsilon$ 时,近似根 x_n 与精确根 ξ 的误差 $|x_n - \xi| < \varepsilon$.

例 2　用牛顿迭代法求方程 $x^3 + 1.1x^2 + 0.9x - 1.4 = 0$ 实根的近似值,使误差不超过 $\varepsilon = 10^{-4}$.

解　设 $f(x) = x^3 + 1.1x^2 + 0.9x - 1.4$,因 $f(0) < 0$,$f(1) > 0$,且有 $f'(x) = 3x^2 + 2.2x + 0.9 > 0$,$x \in (-\infty, +\infty)$（因为判别式 $b^2 - 4ac < 0$）,及 $f''(x) = 6x + 2.2 > 0$,$x \in [0,1]$,故以 $[0,1]$ 为隔离区间.

因 $f(1)$ 与 $f''(x)$ 同号,故以 $x_0 = 1$ 为迭代初始值,由公式(1)

$$x_n = x_{n-1} - \frac{f(x_{n-1})}{f'(x_{n-1})} \quad (n = 1, 2, \cdots, x_0 = 1),$$

并由于 $\min f'(x) = f'(0) = 0.9$,故当 $|f(x_n)| < 0.9 \times 10^{-4}$ 时,所求 x_n 可满足要求.

牛顿迭代法的计算程序如下(程序基本与前面的类似,主要不同点是迭代格式和误差判断):

```
f[x_]: = x^3 + 1.1x^2 + 0.9x - 1.4
a0 = 0;b0 = 1;delta = 10^( - 4);k0 = 10;
m = Min[Abs[f´[a0]],Abs[f´[b0]]];
If[N[f[a0] * f″[a0]]>0,a = a0,a = b0];
Do[x = a - f[a]/f´[a];Print[x];
    If[N[Abs[f[x]]]<N[m * delta],Break[],
        If[k<k0,a = x,Print[失败]]],{k,k0}]
```

这里首先定义了函数 $f(x) = x^3 + 1.1x^2 + 0.9x - 1.4$,取初始隔离区间为 $[0,1]$,即 $a_0 = 0$,$b_0 = 1$,误差估计为 $\delta = 10^{-4}$(以 delta 表示),设定循环次数为 $k_0 = 10$(以 k0 表示).记 $|f'(a_0)|$ 与 $|f'(b_0)|$ 的最小值为 m,取迭代初始值为 a,当 $f(a_0) \cdot f''(a_0) > 0$ 时 a 取 a_0,否则 a 取 b_0,接着循环计算 $x = a - \dfrac{f(a)}{f'(a)}$ 并显示 x,当 $|f(x)| < m\delta$ 时结束循环,否则当循环次数 k 小于预定的循环次数 k_0 时,$a = x$;而当循环次数到达预定循环次数但误差未到达预定要求时显示"失败".

在以上程序下计算只需三步即得结果为 $0.670\,7$.

实验习题

1. 有一艘宽度为 5 m 的驳船欲驶过某河渠的直角弯道,经测量知河渠的宽度如图 13 所示. 试问: 要驶过该直角弯道, 驳船的长度不能超过多少 m (精确到 0.01 m)? (提示: 设船长为 l, 并如图 13 所示, 以 θ 为参变量, 写出 l 的表达式并求 l 的最小值, 即求 $l'(\theta)$ 的零点. 参考答案: 21.04 m)

2. 如图 14 所示, 太阳位于原点, 地球位于点 $(1, 0)$ (这里地球中心与太阳的距离为 1 个天文单位 (AU), 1 AU $\approx 1.496 \times 10^8$ km). 在地球绕着太阳公转的平面上有 5 个定点 (如图 14 中的 L_1、L_2、L_3、L_4、L_5), 由于地球与太阳引力的共同作用, 在这些点处卫星相对地球将是静止的. 如果太阳的质量为 m_1, 地球的质量为 m_2, 记 $r = \dfrac{m_2}{m_1 + m_2}$, 则可证明 L_1 的横坐标 x 是 5 次方程

$$p(x) = x^5 - (2 + r)x^4 + (1 + 2r)x^3 - (1 - r)x^2 + 2(1 - r)x + r - 1$$
$$= 0$$

的惟一实根, 而 L_2 的横坐标是方程

$$p(x) - 2rx^2 = 0$$

的根. 现在 $r = 3.040\,42 \times 10^{-6}$, 试求出 L_1、L_2 的横坐标.
(参考答案: L_1 距太阳 0.989 99 AU; L_2 距太阳 1.010 08 AU)

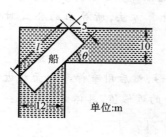

图 13

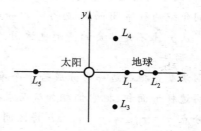

图 14

3. 如图 15, 固定在 A、B 两点间的长为 5 km 的铁轨, 若由于某种原因而加长了 1 m, 结果使得铁轨向上突出而成了一段圆弧. 试用切线法计算向上突出的最大距离 h (提示: 先计算 θ 的值), 并进一步计算不同伸长量下的结果, 然后加以比较. (参考答案: 43.302 6 m)

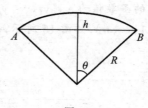

图 15

实验 4　定积分的近似计算

内容提要

在实际问题中遇到的定积分,被积函数往往不能用算式给出,而只能通过图形或表格给出;或者虽然可以用一个算式给出,但是要算出它的原函数却很困难,甚至原函数可能是非初等函数,因而产生"积不出来"的情况.这时就不能用牛顿－莱布尼茨公式来计算定积分,而需要考虑定积分的近似计算.

所谓定积分的近似计算,就是找到一个适当的计算公式,利用被积函数在积分区间上若干点处的函数值,来计算定积分的近似值,并且作出误差的估计.

我们知道,定积分 $\int_a^b f(x)\mathrm{d}x$（设 $f(x)\geqslant 0$）不论在实际问题中的意义是什么,在数值上都等于曲线 $y=f(x)$,直线 $x=a$,$x=b$ 与 x 轴所围成的曲边梯形的面积.因此,不管 $f(x)$ 以什么形式给出,只要近似地算出相应的曲边梯形的面积,就得到了所给定积分的近似值.这是定积分近似计算方法的基本思想.

我们介绍两种常用而简便的定积分的近似计算方法,所导出的公式对于 $f(x)$ 在 $[a,b]$ 上不是非负的情形也适用.

1. 梯形法

梯形法就是把曲边梯形分成若干个窄曲边梯形,然后用窄梯形的面积近似代替窄曲边梯形面积,把它们相加从而求得定积分的近似值.具体方法如下:

用分点 $a=x_0,x_1,\cdots,x_n=b$ 将区间 $[a,b]$ 分为 n 个长度相等的小区间,每个小区间的长度为 $\Delta x=\dfrac{b-a}{n}$.设函数 $y=f(x)$ 对应于各分点的函数值为 $y_0,y_1,\cdots,y_n$,即 $y_i=f(x_i)$（$i=0,1,\cdots,n$）.如图 16 所示,每一个窄梯形的面积为

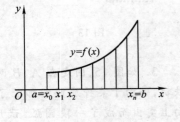

图 16

$$\frac{y_{i-1}+y_i}{2}\cdot\Delta x=\frac{y_{i-1}+y_i}{2}\cdot\frac{b-a}{n}\ (i=1,2,\cdots,n),$$

从而有

$$\int_a^b f(x)\mathrm{d}x\approx\frac{1}{2}(y_0+y_1)\Delta x+\frac{1}{2}(y_1+y_2)\Delta x+\cdots+\frac{1}{2}(y_{n-1}+y_n)\Delta x$$

$$=\frac{b-a}{n}\left[\frac{1}{2}(y_0+y_n)+y_1+y_2+\cdots+y_{n-1}\right]. \tag{1}$$

公式(1)称为<u>梯形法公式</u>.

梯形法有如下的误差估计公式(证略):

$$\left| \int_a^b f(x)\mathrm{d}x - \frac{b-a}{n}\left[\frac{1}{2}(y_0 + y_n) + y_1 + y_2 + \cdots + y_{n-1} \right] \right| \leqslant \frac{(b-a)^3}{12 n^2} M_2,$$

其中 M_2 是 $|f''(x)|$ 在 $[a,b]$ 上的最大值.

2. 抛物线法

梯形法是通过用许多直线段分别近似代替原来的各曲线段,即逐段地用线性函数近似代替被积函数.为了提高精确度,可以考虑在局部范围内用二次函数 $y = px^2 + qx + r$ 来近似代替被积函数,即用对称轴平行于 y 轴的抛物线上的一段弧来近似代替原来的曲线弧,从而算出定积分的近似值.这种方法称为抛物线法,也称为辛普森(Simpson)法.具体方法如下:

用分点 $a = x_0, x_1, x_2, \cdots, x_n = b$,将区间 $[a,b]$ 分为 n(偶数)个长度相等的小区间,各分点对应的函数值为 $y_0, y_1, y_2, \cdots, y_n$.曲线 $y = f(x)$ 也相应地被分为 n 个小弧段,设曲线上的分点为 $M_0, M_1, M_2, \cdots M_n$(图17).

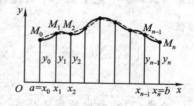

图 17

我们知道,过三点可以确定一条抛物线 $y = px^2 + qx + r$.于是在每两个相邻的小区间上经过曲线上的三个相应的分点作一条抛物线,这样可以得到一个曲边梯形,把这些曲边梯形的面积相加,就可以得到所求定积分的一个近似值.由于两个相邻区间决定一条抛物线,所以用这种方法时,必须将区间 $[a,b]$ 分成偶数个小区间.

下面我们先来计算 $[-h,h]$ 上以过点 $M_0'(-h, y_0)$, $M_1'(0, y_1)$, $M_2'(h, y_2)$ 的抛物线 $y = px^2 + qx + r$ 为曲边的曲边梯形的面积.

首先,抛物线方程中的 p, q, r 可由下列方程组确定:

$$y_0 = ph^2 - qh + r, \quad y_1 = r, \quad y_2 = ph^2 + qh + r,$$

由此得到

$$2ph^2 = y_0 - 2y_1 + y_2.$$

于是所求面积为

$$A = \int_{-h}^h (px^2 + qx + r)\mathrm{d}x = \left[\frac{1}{3}px^3 + \frac{1}{2}qx^2 + rx \right]_{-h}^h$$

$$= \frac{2}{3}ph^3 + 2rh = \frac{1}{3}h(2ph^2 + 6r) = \frac{1}{3}h(y_0 - 2y_1 + y_2 + 6y_1)$$

$$= \frac{1}{3}h(y_0 + 4y_1 + y_2).$$

这个曲边梯形的面积仅与 M'_0, M'_1, M'_2 的纵坐标 y_0, y_1, y_2 及底边所在区间的长度 $2h$ 有关.

由上述结果可知,过 M_0, M_1, M_2 三点;过 M_2, M_3, M_4 三点;…;过 M_{n-2}, M_{n-1}, M_n 三点的抛物线所对应的曲边梯形的面积依次为:

$$A_1 = \frac{1}{3}h(y_0 + 4y_1 + y_2),$$

$$A_2 = \frac{1}{3}h(y_2 + 4y_3 + y_4),$$

$$\cdots\cdots\cdots\cdots$$

$$A_{\frac{n}{2}} = \frac{1}{3}h(y_{n-2} + 4y_{n-1} + y_n),$$

其中 $h = \dfrac{b-a}{n}$,把上面 $\dfrac{n}{2}$ 个曲边梯形的面积加起来,就得定积分 $\displaystyle\int_a^b f(x)\mathrm{d}x$ 的近似值:

$$\int_a^b f(x)\mathrm{d}x \approx \frac{b-a}{3n}[(y_0 + y_n) + 2(y_2 + y_4 + \cdots + y_{n-2}) +$$
$$4(y_1 + y_3 + \cdots + y_{n-1})]. \tag{2}$$

公式(2)称为抛物线法公式,也称为辛普森公式.用这个公式求定积分的近似值,可以证明其最大误差不超过 $\dfrac{(b-a)^5}{180n^4}M_4$,其中 M_4 是 $|f^{(4)}(x)|$ 在 $[a,b]$ 上的最大值.

下面我们结合 Mathematica 举例说明计算方法.

实验步骤

例 1 用梯形法计算 $\displaystyle\int_0^1 \mathrm{e}^{-x^2}\mathrm{d}x$ (误差不超过 10^{-4}).

解 $f''(x) = (\mathrm{e}^{-x^2})'' = (4x^2 - 2)\mathrm{e}^{-x^2}$,易得到 $|f''(x)|$ 在 $[0,1]$ 上的最大值为 $M_2 = 2$.现在首先定义函数,左右端点分别为 $a = 0, b = 1$,设 $\delta = 0.0001$,最大循环次数 $n_0 = 100$,即键入

f[x_] := E^(-x^2)
a = 0;b = 1;m2 = 2;delta = 0.0001;n0 = 100;

再定义 n 等分时的梯形法公式为 n 的函数 $s(n)$,即键入

s[n_] := (b-a)/n * ((f[a]+f[b])/2 + Sum[f[a+i*(b-a)/n],
        {i,1,n-1}])

运行后我们采用"Do"命令 n 从 1 开始进行循环,直到满足要求或到达预定的最大循环次数时停止,每次循环要求输出格式为 n_s(n),并进行判断:

(1) 如果 $\dfrac{(b-a)^3}{12n^2}M_2<\delta$，则循环停止；

(2) 如果循环次数 $n=n_0$ 时，输出字符"失败".

即键入

```
Do[Print[n,_,s[n]];If[N[(b-a)^3*m2/12/n^2]<delta,
    Break[],If[n==n0,Print[失败]]],{n,n0}]
```

运行后可知当 $n=41$ 时满足要求，结果为

$$0.746\ 788.$$

例 2　用抛物线法计算 $\displaystyle\int_0^1 e^{-x^2}dx$（误差不超过 10^{-4}）.

解　$f^{(4)}(x)=(e^{-x^2})^{(4)}=4(4x^4-12x^2+3)e^{-x^2}$，易得到 $|f^{(4)}(x)|$ 在 $[0,1]$ 上的最大值为 $M_4=12$. 现在首先定义函数，左右端点分别为 $a=0,b=1$，设 $\delta=0.000\ 1$，最大循环次数 $n_0=100$，即键入

```
f[x_]:=E^(-x^2)
a=0;b=1;m4=12;delta=0.0001;n0=100;
```

再定义 $2n$ 等分时的抛物线公式为 n 的函数 $p(n)$，即键入

```
p[n_]:=(b-a)/n/6*(f[a]+f[b]+2Sum[f[a+i*(b-a)/n/2],
        {i,2,2n-2,2}]+4Sum[f[a+i*(b-a)/n/2],
        {i,1,2n-1,2}])
```

运行后我们采用"Do"命令 n 从 1 开始进行循环，直到满足要求或到达预定的最大循环次数时停止，每次循环要求输出格式为 n_p(n)，并进行判断：

(1) 如果 $\dfrac{(b-a)^5}{180n^4}M_4<\delta$，则循环停止；

(2) 如果循环次数 $n=n_0$ 时，输出字符"失败".

即键入

```
Do[Print[n,_,p[n]];If[N[(b-a)^5*m4/180/(2n)^4]<delta,
    Break[],If[n==n0,Print[失败]]],{n,n0}]
```

运行后可知当 $n=6$ 时满足要求，结果为

$$0.746\ 825.$$

比较我们这里介绍的两种方法，第二种方法明显要比第一种方法收敛得快.

例 3　如图 18 为一闲置地块，该地块横向有 150 m（其中最右边的窄条不计），所标数据为等间距测量所得（单位：m）. 现计划把该地块改建为绿地公园，如果清理和平整 1 m² 土地需耗费 1 元，而 1 m² 的土地的绿化费用平均为 11 元，请问预算 110 万元是否足够？

解　要回答所给问题，关键是求得该块土地的面积.

假设平面图形 D 由曲线 $y=f(x)$、$y=g(x)$（$x\in$ $[a,b]$）围成（如图 19），记 $x_i=a+\dfrac{b-a}{n}i$（$i=0,1,2,\cdots,n$），由梯形法，所求面积为

$$A\approx\frac{b-a}{n}\left[\frac{f(x_0)+f(x_n)}{2}+f(x_1)+f(x_2)+\cdots+f(x_{n-1})\right]-\frac{b-a}{n}\left[\frac{g(x_0)+g(x_n)}{2}+g(x_1)+g(x_2)+\cdots+g(x_{n-1})\right],$$

记 $d_i=f(x_i)-g(x_i)$（$i=0,1,2,\cdots,n$），则

$$A\approx\frac{b-a}{n}\left[\frac{d_0+d_n}{2}+d_1+d_2+\cdots+d_{n-1}\right].$$

现在，$a=0$，$b=150$，$n=8$，而该地块的测量数据即为 d_i（$i=0,1,2,\cdots,n$）。由此，首先输入数据

　　d = {0,360,540,510,495,540,644,675,420};

　　a = 0;b = 150;n = 8;

再利用上述公式，计算该块土地的面积近似值（其中 d[[i]] 表示上述数组 d 的第 i 个元素的值）

　　s = (b - a)/n * ((d[[1]] + d[[n + 1]])/2 + Sum[d[[i]],{i,2,n}])

最后，判定总费用是否在预算范围内

　　N[s * 12]<1.1 * 10^ 6

输出结果为"True"，即预算是足够的（如果超出预算 110 万的话，将输出"False"）.

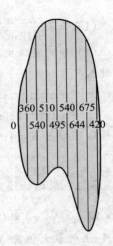

图 18

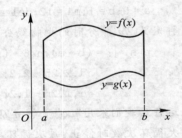

图 19

　　最后我们指出，现在很多数学软件都包含有现成的数值积分的命令（比如 Mathematica 中的 NIntegrate 命令），使用起来非常方便.例如要计算积分 $\int_0^1 e^{-x^2}dx$，只要键入

　　NIntegrate[Exp[- x ^ 2],{x,0,1}]

运行后即得结果:0.746 824.但是作为一个大学生，不应满足于只了解现成的命令，更要知道隐藏在命令后面的原理.因此掌握本实验介绍的数值积分的原理、公式及编程方法还是十分必要的.

实验习题

分别用梯形法、抛物线法计算积分 $\int_1^2 e^{\frac{1}{x}}dx$（精确到 0.001）.

附　　录

附录一　数学软件 Mathematica 简介

Mathematica 是一种应用广泛的数学软件包,其主要功能有:

一、突出的符号运算功能:在微积分中它能求函数的极限、导数、积分,进行幂级数展开,求解微分方程,在线性代数中可进行向量、矩阵的各种计算,包括矩阵的线性运算、矩阵的乘积、求特征多项式和特征值等,且都能进行精确运算;

二、精确的数值计算功能:可以做任意位数的整数或分子、分母为任意大整数的有理数的精确计算以及任意位精度的数值(实、复数)的计算;

三、快捷的数学作图功能:可进行二维平面图形与全方位的三维立体图形的描绘;

四、简单的命令操作功能:上述功能只需要简单的命令即可实现,免去了复杂的编程,非常便于教师和学生使用.

1. Mathematica 的启动、运行及一些注意的地方

Mathematica 作为标准的 Windows 程序,其启动方式与 Windows 下其他程序的启动方式是一样的,在 Windows 95 以上版本可依次用鼠标左键单击'开始'－'程序'－'Mathematica'－'Mathematica 2.2'.其中程序组名(Mathematica)、程序名(Mathematica 2.2)随着版本号的不同而有所不同.

进入 Mathematica 后可直接输入函数或命令,也可用鼠标单击"File"菜单中"Open/Import",在随后出现的对话框内选取文件,即打开选定的 Mathematica 文件.

要注意 **Mathematica 中的执行命令不是用通常的"Enter"键,而是同时按下"Shift"键与"Enter"键**,也可用鼠标点取"Action"菜单中的相应命令.

在 Mathematica 中寻求帮助的方式,除了点击菜单中的帮助以外还有多种:

1) 如果只知道命令的首写字母,可在输入该首写字母后同时按"Ctrl"键和"K"键,则所有以该字母为首的命令都列出来,只要用鼠标双击命令名就输入了该命令;

2) 如果知道命令名,要了解其用法时只需输入? 后空格,再输入该命令名

运行即可；

3）如果要了解命令的详细选项以及默认值，只需输入??后空格，再输入该命令名运行即可．

Mathematica **运算中使用的标点符号必须是英文的**，不能用中文标点符号，";"表示运算但不显示结果，"（）"与通常用法一致——即表示运算的先后次序．

2．**数值计算与赋值**

Mathematica 中和、差、积、商、乘方运算分别用相应的键" + "、" − "、" ∗ "或空格、" / "、"^"来表示，而其输出式子则与习惯写法一致．

在 Mathematica 中数值分整型数、有理型数、实型数与复型数，其中整型数可以是任意长度的，有理型数为两个整数之商，实型数是带有小数点形式，复型数中 $\sqrt{-1}$ 用"I"表示（注意是大写）．

例如，若键入"（3 + 5 − 6）∗ 9/10"后运行即可得到此算式结果 $\frac{9}{5}$，这时显示的"（3 + 5 − 6）∗ 9/10"前自动加上 In[nnn]: =（其中 nnn 表示输入命令的序号），在输出前也自动加上 Out[nnn]: =（其中 nnn 表示输出结果的序号），输出的结果是一个有理型数，可以把它化为实型数而得到它的近似值，这只要在执行完前面的命令后键入"N[%]"，其中大写"N"即为 Mathematica 的"近似计算"的命令，必须大写（注意，Mathematica **的命令或内部函数的首写字母都必须大写，而所有命令或函数的自变量都必须在方括号内**）．" % "表示前一次输出的结果，我们也可用连打若干个" % "的办法表示前若干次输出的结果．比如命令"N[% % %]"表示对前 3 次输出结果进行近似计算．又如计算 3 的 100 次幂，只要键入"3^100"后运行即可．输出结果是一个很大的自然数，可以在执行完前面的命令后键入"N[%]"，即可得到它的科学记数法的形式5．153 78 10^{47}．当然也可通过直接键入"N[3^ 100]"或"3^ 100// N"并运行而得到相同结果．再如进行求根运算，若键入"Sqrt[5]"并执行，即可得到 $\sqrt{5}$，由于 Mathematica 具有符号运算功能，所以此时它进行精确运算，输出仍为"Sqrt[5]"或"$\sqrt{5}$"（版本不同显示稍有差异），要得到其近似值，可执行命令"N[%]"．

在 Mathematica 中常用的数学常数 π、e 分别用"Pi"、"E"表示，∞ 用"Infinity"表示．如果要计算 π 精确到 100 位的近似值，可以键入"N[Pi,100]"后执行即可；上述说明也适用于复数运算，例如计算 $(1 + 3i)^{10}$，只要键入"（1 + 3I）^ 10"后执行即可．

对变量赋值用" = "，格式为**变量 = 值**．有时在运算中需再用前面已赋值过的变量，这时必须清除该变量原来的值，可用"Clear"命令，格式为"Clear[变量]"，若括号[]内有多个变量，则这些变量用逗号隔开．如果要清除前面运行过的全部内容，可用"Quit"，格式为"Quit[]"．

3．内部函数

Methematica 中有很多内部函数,现将这些函数的命令格式列表如下:

（1）三角函数

正弦函数 $\sin x$	余弦函数 $\cos x$	正切函数 $\tan x$	余切函数 $\cot x$	正割函数 $\sec x$	余割函数 $\csc x$
Sin[x]	Cos[x]	Tan[x]	Cot[x]	Sec[x]	Csc[x]

（2）反三角函数

反正弦 $\arcsin x$	反余弦 $\arccos x$	反正切 $\arctan x$	反余切 $\text{arccot } x$	反正割 $\text{arcsec } x$	反余割 $\text{arccsc } x$
ArcSin[x]	ArcCos[x]	ArcTan[x]	ArcCot[x]	ArcSec[x]	ArcCsc[x]

（3）双曲函数与反双曲函数

双曲正弦 $\sinh x$	双曲余弦 $\cosh x$	双曲正切 $\tanh x$	反双曲正弦 $\text{arsinh } x$	反双曲余弦 $\text{arcosh } x$	反双曲正切 $\text{artanh } x$
Sinh[x]	Cosh[x]	Tanh[x]	ArcSinh[x]	ArcCosh[x]	ArcTanh[x]

（4）指数函数与对数函数

指数函数 e^x	指数函数 a^x	对数函数 $\ln x$	对数函数 $\log_a x$
Exp[x]或 E^x	a^x	Log[x]	Log[a,x]

（5）其他一些常用函数

平方根函数 $\sqrt{x}$	绝对值函数 $|x|$	最大值 $\max\{a,b,c\}$	最小值 $\min\{a,b,c\}$
Sqrt[x]或 x^(1/2)	Abs[x]	Max[a,b,c]	Min[a,b,c]

4．自定义函数

在实际应用中常需要自己定义一些函数,下面用实例来说明定义的方法:

（1）算术表达式型函数的定义

例如若要定义 $f(x) = x^3(\sin x + 1) + x^2$,只需键入下列命令后运行

$$f[x\_]:= x\char`^3 * (Sin[x] + 1) + x\char`^2$$

（2）分段函数的定义

用 Which 或 If 命令,例如定义函数

$$f(x) = \begin{cases} x^2 + x + 4 & \text{当 } x \leqslant -1; \\ x^2 & \text{当 } -1 < x \leqslant 1; \\ 0 & \text{当 } x > 1, \end{cases}$$

则可键入下列命令后并运行

　　　　f[x_]:=Which[x<=-1,x^2+x+4,x<=1,x^2,x>1,0]

或

　　f[x_]:=If[x<=-1,x^2+x+4,If[x<=1,x^2,0]]

　　注意定义函数时要用"：＝"，函数的自变量后面有一下划线"_"（在调用函数时将不再需要），命令"Which"或"If"的内容写在方括号内.

　　5. 集合的构成

　　用"Table"命令，格式为"Table[f[n],{n,n0,n1,n2}]"，花括号里表示 n 从 n_0 开始以 n_2 为步长计算 $f(n)$ 一直到 n_1，其中省去 n_2 表示步长为 1，再省去 n_0 表示从 1 开始.

　　有时候，一个表达式不具备可计算性，这时候可用"Evaluate"命令把它转化为可运算，格式为"Evaluate[表达式]"．比如用"Table"命令构成的函数集常常不具备可计算性，这时就可利用 Evaluate 命令把它转化为可运算，其命令格式为 Evaluate[Table[…]].

　　6. 绘制图形

　　(1) 点图的绘制使用"ListPlot"命令，用法如下：

　　　　　　　　　　ListPlot[数集]

其中"数集"可利用前面的"Table"命令构成．如果要把相邻点用直线连接起来可加选项"PlotJoined ->True"．这时命令形式为 ListPlot[数集，PlotJoined->True]，注意选项与前面用"，"隔开，若有多个选项，则彼此用"，"隔开，下面其他命令的有关选项的书写格式都是如此.

　　(2) 绘制一元显函数图形使用"Plot"命令，用法如下：

　　　　Plot[函数表达式，{自变量名，自变量最小值，自变量最大值}]

作图命令"Plot"可带很多选项，现将常用选项列表如下：

选　项	作　用	示　例
PlotRange	规定图形显示的纵坐标范围	Plot[x^4,{x,-5,5}, PlotRange->{0,10}]
	同时规定图形显示的横纵坐标范围	Plot[x^4,{x,-5,5}, PlotRange->{{0,5},{0,10}}]
	显示在自变量范围内的全部图形	Plot[x^4,{x,-5,5}, PlotRange->All]

续表

选 项	作 用	示 例
PlotPoints	规定采样点数(默认为 25)	Plot [x ^ 4, {x, − 5, 5}, PlotPoints − >50]
AxesLabel	指定坐标轴的名称	Plot [x ^ 4, {x, − 5, 5}, AxesLabel − >{"x","y"}]
GridLines	在每个记号处画线	Plot [x ^ 4, {x, − 5, 5}, GridLines − >Automatic]
	在指定点处画横竖直线	Plot [x ^ 4, {x, − 5, 5}, GridLines − >{{− 1,2,4},{100, 200,400}}]
AspectRatio	指定图形显示的高与宽的比例	Plot [x ^ 4, {x, − 5, 5}, AspectRatio − >1]
	根据图形实际尺寸确定高宽比	Plot [x ^ 4, {x, − 5, 5}, AspectRatio − >Automatic]

（3）绘制参数方程所确定的曲线图形使用"ParametricPlot"命令,基本用法为:

ParametricPlot[{横轴变量函数,纵轴变量函数},{参数,参数最小值,参数最大值}]
其选项基本与"Plot"的相同.

（4）绘制显函数的立体图形使用"Plot3D"命令,基本用法为

Plot3D[函数,{自变量 1,自变量 1 最小值,自变量 1 最大值},

{自变量 2,自变量 2 最小值,自变量 2 最大值}]

作图命令"Plot3D"也可带很多选项,现对常用选项列表介绍如下:

选 项	作 用	示 例
PlotRange	规定图形显示的纵坐标范围	Plot3D[$x^2 + y^2$,{x, − 2,2}, {y, − 2,2},PlotRange − >{0,5}]
	同时规定图形显示的三个坐标范围	Plot3D[$x^2 + y^2$,{x, − 2,2},{y, − 2,2},PlotRange − >{{0,2},{0, 2},{0,5}}]
	显示在自变量范围内的全部图形	Plot3D[$x^2 + y^2$,{x, − 2,2},{y, − 2,2},PlotRange − >All]
PlotPoints	规定采样点数(默认为 15)	Plot3D[$x^2 + y^2$,{x, − 2,2},{y, − 2,2},PlotPoints − >30]

续表

选　项	作　用	示　例
AxesLabel	指定坐标轴的名称	Plot3D[x^2+y^2,{x,-2,2},{y,-2,2},AxesLabel->{"x","y","z"}]
ViewPoint	规定观察点	Plot3D[x^2+y^2,{x,-2,2},{y,-2,2},ViewPoint->{1.3,-2.5,1.8}]

(5) 绘制参数方程所确定的曲面图形使用"ParametricPlot3D"命令.

由于在用曲面的显式方程作图时,Mathematica 要求在自变量范围内(矩形区域)每一点处都计算其函数值,而这些值的计算在曲面边界处常会引起困难,因此画出的曲面图形常常不理想,这时可选取合适的参数方程来作图,其作图命令为"ParametricPlot3D",基本用法为

ParametricPlot3D[{横轴变量函数,纵轴变量函数,竖轴变量函数},
{参数1,参数1最小值,参数1最大值},{参数2,参数2最小值,参数2最大值}]
其选项基本与"Plot3D"的相同.

(6) 绘制二元函数的等值线图形使用"ContourPlot"命令,基本用法为
ContourPlot[二元函数,{自变量1,自变量1最小值,自变量1最大值},
{自变量2,自变量2最小值,自变量2最大值}]
作图命令"ContourPlot"也可带很多选项,现对常用选项列表介绍如下:

选　项	作　用	示　例
PlotRange	规定图形显示的因变量范围	ContourPlot[Sin[x*y],{x,-5,5},{y,-5,5},PlotRange->{0,1}]
PlotPoints	规定采样点数(默认为 15)	ContourPlot[Sin[x*y],{x,-5,5},{y,-5,5},PlotPoints->30]
ContourShading	是否有阴影(默认为 True 有阴影)	ContourPlot[Sin[x*y],{x,-5,5},{y,-5,5},ContourShading->False]
Contours	等值线数	ContourPlot[Sin[x*y],{x,-5,5},{y,-5,5},Contours->5]

"ContourPlot"命令也可用来进行隐函数作图,这时只要让因变量的最小值=因变量的最大值=0 就可以了.

(7) 图形的储存、重画与重叠

　　储存　可将所作图形储存在一个变量内,例如将 $[-\pi,\pi]$ 上的 $\sin x$ 的图形储存在变量 t 内,只需键入

$$t = Plot[Sin[x], \{x, -Pi, Pi\}]$$

　　重画与重叠　可用命令"Show",在同一个坐标内画出已储存的图形 t1、t2、t3,可用格式

$$Show[t1, t2, t3]$$

7. 有关微积分运算

运算名称	运算格式	示　例	
		欲计算的数学式子	Mathematica 程序
极限运算	Limit[函数,自变量 ->值]	$\lim\limits_{x \to 2} f(x)$	Limit[f[x], x->2]
求导运算	D[函数,自变量]或者 f´[x]	$(\sin x)'$	D[Sin[x], x]
二阶导数	D[函数,{自变量, 2}]或 f″[x]	$\dfrac{d^2}{dx^2}(x^4 + 2x^2 + x + 3)$	D[x^4 + 2x^2 + x + 3, {x,2}]
高阶导数	D[函数,{自变量,求导阶数}]	$f^{(5)}(x)$	D[f[x], {x,5}]
多元函数全导数	Dt[函数,自变量]	$\dfrac{df(x,y(x))}{dx}$	Dt[f[x,y], x]
偏导运算	D[函数,自变量]	$\dfrac{\partial f(x,y)}{\partial x}$	D[f[x,y], x]
(全)微分运算	Dt[函数]	$d(x\cos y + y\sin x)$	Dt[x * Cos[y] + y * Sin[x]]
不定积分	Integrate[函数,积分变量]	$\int f(x)\, dx$	Integrate[f[x], x]
定积分	Integrate[函数,{积分变量,积分下限,积分上限}]	$\int_a^b f(x)\, dx$	Integrate[f[x], {x,a,b}]
重积分	Integrate[函数,{变量 2,变量 2 下限,变量 2 上限},{变量 1,变量 1 下限,变量 1 上限}]	$\int_c^d dy \int_a^b f(x,y)\, dx$	Integrate[f[x,y], {y,c,d}, {x,a,b}]

续表

运算名称	运算格式	示　例	
		欲计算的数学式子	Mathematica 程序
方程或 方程组求解	Solve[方程,变量]	求解 $x^2 + 3x + 2 = 0$	Solve[x^2 + 3x + 2 == 0, x]
	Solve[{方程1,方程2},{变量1,变量2}]		
含参数的 方程求解	Reduce[方程,变量]	与 Solve 命令格式相同,结果同时给出参数的条件和相应的解	
微分方程求解	DSolve[方程,未知函数,自变量]	求解 $y'' + 3y' + 2y = e^x$	DSolve[y''[x] + 3y'[x] + 2y[x] == E^x, y[x], x]
和运算	Sum[表达式,{n,n0,n1,n2}]	$\sum\limits_{n=1}^{\infty} \dfrac{1}{n^2}$	Sum[1/n^2, {n,1, Infinity,1}]或者 Sum[1/n^2, {n,1, Infinity}]或者 Sum[1/n^2, {n, Infinity}]
幂级数展开	Series[函数,{变量,展开点,展开阶数}]	$\sin x$ 在点 $x=0$ 处的 5 阶幂级数展开式	Series[Sin[x], {x,0,5}]
泰勒多项式	Normal[Series[函数,{变量,展开点,展开阶数}]]	$\sin x$ 在点 $x=0$ 处的 5 阶泰勒多项式	Normal[Series [Sin[x], {x,0,5}]]

注意:(1)二阶导数中的″是两个字符′组成,而不是英文双引号″;(2)"n,n0,n1,n2"的使用格式与"Table"命令中的相同;(3)表示方程的等号在 Mathematica 中必须为"=="。

8. 数值运算

运算名称	格　式
数值积分	NIntegrate[函数,{积分变量,积分下限,积分上限}]
数值求和	NSum[表达式,{n,n0,n1,n2}]
数值求解	NSolve[方程,变量]
	FindRoot[方程,{变量,起始值}]
微分方程数值解	NDSolve[常微分定解方程,因变量,{自变量,自变量最小值,自变量最大值}]

注意:(1)这里的"n,n0,n1,n2"使用格式与"Table"命令中的相同;(2)"NSolve"命令基本上只适用于多项式方程;(3)"NDSolve"命令中的"自变量最小值,自变量最大值"是指求解范围;(4)微分方程数值解的作图时可使用"Evaluate"命令把它转化为可运算的.

9. 循环、判断与中断

循环可用"Do"命令,格式为

$$\text{Do}[\text{运算},\{n,n0,n1,n2\}]$$

这里的"n,n0,n1,n2"使用格式与"Table"中的相同.如果有多个运算,则用";"隔开.在循环中要显示运算结果可用"Print"命令,格式为

$$\text{Print}[\text{变量}]$$

其中多个变量可用","隔开.

在循环中经常要进行判断,在满足条件的时候停止循环即中断,判断可用"If"命令,格式为"If[条件,运算 1,运算 2]"即在"条件"满足时执行"运算 1",否则执行"运算 2".

中断并退出循环可用"Break",格式为

$$\text{Break}[\,]$$

这里介绍的命令的具体用法可参见本书中的有关实验.

附录二　几种常用的曲线

（1）三次抛物线

$$y = ax^3.$$

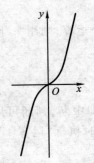

（2）半立方抛物线

$$y^2 = ax^3.$$

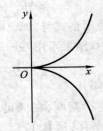

（3）概率曲线

$$y = e^{-x^2}.$$

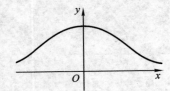

（4）箕舌线

$$y = \frac{8a^3}{x^2 + 4a^2}.$$

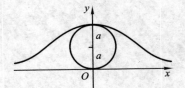

（5）蔓叶线

$$y^2(2a - x) = x^3.$$

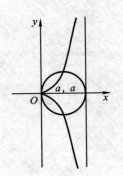

（6）笛卡儿叶形线

$$x = \frac{3at}{1 + t^3}, \quad y = \frac{3at^2}{1 + t^3}.$$

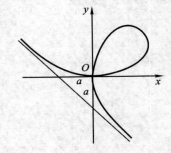

（7）星形线（内摆线的一种）

$$x^{\frac{2}{3}} + y^{\frac{2}{3}} = a^{\frac{2}{3}}, \begin{cases} x = a\cos^3\theta, \\ y = a\sin^3\theta. \end{cases}$$

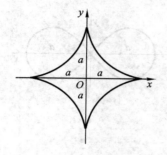

（8）摆线

$$\begin{cases} x = a(\theta - \sin\theta), \\ y = a(1 - \cos\theta). \end{cases}$$

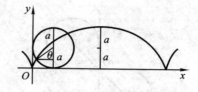

（9）心形线（外摆线的一种）

$$x^2 + y^2 + ax = a\sqrt{x^2 + y^2},$$
$$\rho = a(1 - \cos\varphi).$$

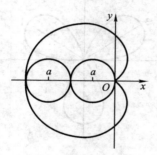

（10）阿基米德螺线

$$\rho = a\varphi.$$

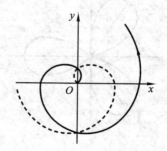

（11）对数螺线

$$\rho = e^{a\varphi}.$$

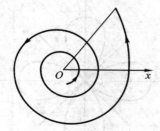

（12）双曲螺线

$$\rho\varphi = a.$$

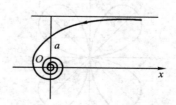

（13）伯努利双纽线
$$(x^2 + y^2)^2 = 2a^2 xy,$$
$$\rho^2 = a^2 \sin 2\varphi.$$

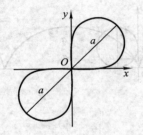

（14）伯努利双纽线
$$(x^2 + y^2)^2 = a^2(x^2 - y^2),$$
$$\rho^2 = a^2 \cos 2\varphi.$$

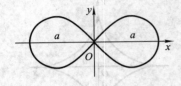

（15）三叶玫瑰线
$$\rho = a \cos 3\varphi.$$

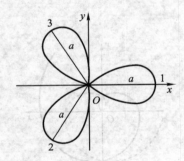

（16）三叶玫瑰线
$$\rho = a \sin 3\varphi.$$

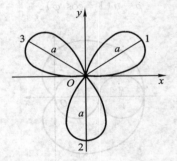

（17）四叶玫瑰线
$$\rho = a \sin 2\varphi.$$

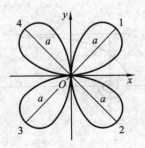

（18）四叶玫瑰线
$$\rho = a \cos 2\varphi.$$

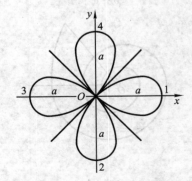

习题答案与提示

预备知识

1. $A \cup B = \{x \mid -1 \leqslant x < 2\}$；$A \cap B = \{x \mid 0 < x \leqslant 1\}$；

$A \setminus B = \{x \mid -1 \leqslant x \leqslant 0\}$；$B \setminus A = \{x \mid 1 < x < 2\}$.

2. (1) $T(m) = \begin{cases} 2m - 1 & \text{当 } m = 1, 2, \cdots, \\ 2|m| & \text{当 } m = 0, -1, -2, \cdots; \end{cases}$

(2) $T(x) = 2x + 1, x \in (1, 2)$.

3. (1) $(-\infty, -2) \cup (-2, +\infty)$；　　(2) $(-\infty, -3] \cup [3, +\infty)$；

(3) $(-1, 1) \cup (1, +\infty)$；　　　　(4) $(-\infty, -1) \cup [0, +\infty)$.

4. (1) 否；　(2) 否；　　(3) 是；　(4) 否.

5. (1) 非奇非偶；　(2) 偶；　　(3) 非奇非偶；　(4) 偶.

9. (1) $y = -\sqrt{1 - x^2}, 0 \leqslant x \leqslant 1$；

(2) $y = \begin{cases} \sqrt[3]{x} & \text{当 } -\infty < x < 1, \\ 1 + \log_2 x & \text{当 } 1 \leqslant x < +\infty. \end{cases}$

11. $y = f_1(x)$ 与 $y = f(x)$ 关于 x 轴对称；

$y = f_2(x)$ 与 $y = f(x)$ 关于 y 轴对称；

$y = f_3(x)$ 与 $y = f(x)$ 关于原点中心对称.

13. $f[g(x)] = \begin{cases} 1 & \text{当 } x < 0, \\ 0 & \text{当 } x = 0, \\ -1 & \text{当 } x > 0; \end{cases}$ $g[f(x)] = \begin{cases} \text{e} & \text{当 } |x| < 1, \\ 1 & \text{当 } |x| = 1, \\ \dfrac{1}{\text{e}} & \text{当 } |x| > 1. \end{cases}$

14. (1) $f(x + 2) = x^2 + 6x + 11$；　　(2) $f(\cos x) = 2\sin^2 x$.

第一章

习题 1 - 2

1. (1) 0；　(2) 0；　　　(3) 不存在；　(4) 不存在；

(5) 1；　(6) 不存在；　(7) 1；　　　　(8) 不存在.

习题 1 - 3

1. (1) 0；　(2) 不存在；　(3) $\dfrac{\pi}{2}$；　(4) 不存在.

4. $f(0^+) = f(0^-) = 1$； $\varphi(0^+) = 1$， $\varphi(0^-) = -1$.

习题 1-4

2. (1) 提示：利用不等式 $\left| \dfrac{1}{x} + 2 \right| \geqslant \left| \dfrac{1}{x} \right| - 2$.

5. 提示：设 $x_k = \dfrac{1}{2k\pi + \dfrac{\pi}{2}}$，$x'_k = \dfrac{1}{2k\pi}(k=1,2,\cdots)$，分别考虑 $f(x_k)$ 和 $f(x'_k)$ 的变化趋势.

6. (1) $\dfrac{1}{2}$；   (2) 0；   (3) 0；   (4) $\dfrac{1}{2}$；   (5) 0；   (6) $2x$；

(7) $\cos a$；   (8) 0；   (9) $\dfrac{1}{2}$；   (10) $\dfrac{3}{2}$；   (11) 1；   (12) 1.

7. 提示：当 $a > 0$ 时，$\left| \dfrac{1-a}{1+a} \right| < 1$；当 $a < 0$ 时，$\left| \dfrac{1+a}{1-a} \right| < 1$.

习题 1-5

1. (1) 3；   (2) $\dfrac{1}{2}$；   (3) $\dfrac{\alpha}{\beta}$；   (4) 1；

(5) 2；   (6) x；   (7) 1；   (8) 1.

2. (1) $\dfrac{1}{e}$；   (2) e^2；   (3) e^2；   (4) e^3.

4. (1) 2；   (2) 1.

习题 1-6

1. (1) 3 阶；   (2) 1 阶；   (3) 1 阶；   (4) 2 阶.

2. (1) $\dfrac{3}{2}$；   (2) $\begin{cases} 0 & \text{当 } n > m, \\ 1 & \text{当 } n = m, \\ \infty & \text{当 } n < m; \end{cases}$ (3) 同(2)；   (4) -1；

(5) $\dfrac{\pi^2}{2}$；   (6) 2；   (7) $\dfrac{1}{2}$；   (8) 2.

3. (1) (2) (4) (5) (3).

习题 1-7

1. (1) $x = -1$ 是跳跃间断点；   (2) $x = 1$ 是跳跃间断点.

2. (1) $x = 1$ 是可去间断点，$x = -2$ 是无穷间断点；   (2) $x = 1$ 是跳跃间断点；

(3) $x = 0$ 是振荡间断点；

(4) $x = 0$ 是可去间断点，$x = k\pi + \dfrac{\pi}{2}$ 是无穷间断点 $(k \in \mathbf{Z})$.

3. (1) $f(x) = \begin{cases} 1 & \text{当}\ |x| \leqslant 1, \\ x^2 & \text{当}\ |x| > 1. \end{cases}$　无间断点；

(2) $f(x) = \begin{cases} x & \text{当}\ |x| < 1, \\ 0 & \text{当}\ |x| = 1,　x = \pm 1\ \text{是跳跃间断点.} \\ -x & \text{当}\ |x| > 1. \end{cases}$

4. (1) $\sqrt{2}$;　　(2) 0;　　(3) 1;　　(4) $\dfrac{\sqrt{2}}{2}$;

(5) $\dfrac{1}{2}$;　　(6) $\cos a$;　　(7) 1;　　(8) $-\dfrac{1}{2}$.

5. $a = 1$.

习题 1-8

2. 提示：在 $[x_1, x_n]$ 上用介值定理.

3. 提示：对 $f(x) = x - (a + b \sin x)$ 在 $[0, a+b]$ 上用零点定理.

6. (2) 提示：对 $F(x) = f(x) - x$ 在 $[0,1]$ 上用零点定理.

总习题一

1. (1) 必要而非充分；(2) 充分而非必要；(3) 必要而非充分；

(4) 必要而非充分；(5) 充分必要；　　(6) 充分而非必要.

2. (1) 真；　(2) 假.

3. (1) 正确结果为 1；　(2) 正确结果为 1.

4. (1) C；　(2) A.

5. (1) $\dfrac{1}{2}$;　(2) 0,提示：先利用和差化积公式；

(3) $\dfrac{1}{e^2}$;　(4) 1. 提示：令 $t = x \ln x$,或者利用分子 $= e^{x \ln x} - 1 \sim x \ln x (x \to 1)$.

6. (1) $a = 1, b = -1$；　(2) 2003.

7. 提示：$x_n = \dfrac{1}{2} \cdot \dfrac{3}{4} \cdot \cdots \cdot \dfrac{2n-1}{2n} < \dfrac{2}{3} \cdot \dfrac{4}{5} \cdot \cdots \cdot \dfrac{2n}{2n+1} = \dfrac{1}{x_n} \cdot \dfrac{1}{2n+1}$,

又　$x_n = \dfrac{3}{2} \cdot \dfrac{5}{4} \cdot \cdots \cdot \dfrac{2n-1}{2n-2} \cdot \dfrac{1}{2n} > \dfrac{4}{3} \cdot \dfrac{6}{5} \cdot \cdots \cdot \dfrac{2n}{2n-1} \cdot \dfrac{1}{2n} = \dfrac{1}{x_n} \cdot \dfrac{1}{4n}$.

9. (1) $a = \dfrac{\sqrt{2}}{2}, b = -1$;(2) $a = 1, b = 2$.

10. $x = 0$ 是第一类(跳跃)间断点,$x = 1$ 是第二类间断点.

12. 在底边 BC 上,与点 C 的距离等于 BC 长度的 $\dfrac{1}{3}$.

14. (2) $y = 2x + 1$.

第二章

习题 2-1

1. $\dfrac{\mathrm{d}T}{\mathrm{d}t}$.

2. $m'(x_0)$.

3. (1) 4 m/s;   (2) 5 m/s.

4. (1) $-f'(x_0)$;   (2) $f'(0)$;   (3) $2f'(x_0)$.

5. 1.

6. (1) $\dfrac{3}{2}\sqrt{x}$;   (2) $-\dfrac{1}{3\cdot\sqrt[3]{x^4}}$;   (3) $\dfrac{16}{5}x^2\cdot\sqrt[5]{x}$;   (4) $2\mathrm{e}^{2x}$.

8. $k_1 = y'\Big|_{x=\frac{2}{3}\pi} = -\dfrac{1}{2}$; $k_2 = y'\Big|_{x=\pi} = -1$.

9. 切线方程为 $\dfrac{\sqrt{3}}{2}x + y - \dfrac{1}{6}(3+\sqrt{3}\pi) = 0$;

   法线方程为 $\dfrac{2\sqrt{3}}{3}x - y + \dfrac{1}{18}(9 - 4\sqrt{3}\pi) = 0$.

10. $(2,4)$.

11. 4π.

12. $f'_+(0) = 0, f'_-(0) = -1, f'(0)$ 不存在.

13. $f'(x) = \begin{cases} \cos x & \text{当 } x < 0, \\ 1 & \text{当 } x \geqslant 0. \end{cases}$

14. (1) 连续并且可导;   (2) 连续但不可导;

    (3) $b=2$ 时连续,$b=2$ 且 $a=1$ 时可导;   (4) $n\geqslant 1$ 时连续,$n\geqslant 2$ 时可导.

习题 2-2

2. (1) $8x^3 + \dfrac{6}{x^3}$;   (2) $2\mathrm{e}^{2x} + 2^x\ln 2$;

   (3) $\dfrac{1}{x}\left(1 + \dfrac{2}{\ln 10}\right)$;   (4) $3\sec x\tan x - \csc^2 x$;

   (5) $\sin x(1 + \sec^2 x)$;   (6) $x^2(1 + 3\ln x)$;

   (7) $\mathrm{e}^x(\sin x + \cos x)$;   (8) $(x-1)(4x^2 + x + 1)$;

   (9) $\dfrac{x\cos x - \sin x}{x^2}$;   (10) $\dfrac{1 - \ln x}{x^2}$;

   (11) $-\dfrac{1 + \ln x}{(x\ln x)^2}$;   (12) $\dfrac{x-1}{(x+1)^3}\mathrm{e}^x$;

   (13) $x\mathrm{e}^x[(2+x)\cos x - x\sin x]$;

   (14) $\dfrac{1}{1 - x^2}$.

3. (1) $y'\Big|_{x=\frac{\pi}{6}}=\dfrac{\sqrt{3}+1}{2},\ y'\Big|_{x=\frac{\pi}{4}}=\sqrt{2}$;

(2) $\dfrac{\sqrt{2}}{8}(2+\pi)$; 　(3) $f'(0)=\dfrac{3}{25},f'(2)=\dfrac{17}{15}$.

4. $\left(-\dfrac{b}{2a},\ -\dfrac{b^2-4ac}{4a}\right)$.

5. 切线方程为 $2x-y-2=0$ 及 $2x-y+2=0$.

6. (1) $18x(3x^2+1)^2$; 　　　　　　(2) $(1-2x)\mathrm{e}^{-x^2+x+1}$;

(3) $4\cos(4x+5)$; 　　　　　　(4) $-2x\sin(x^2)$;

(5) $\dfrac{4x}{2x^2+1}$; 　　　　　　(6) $-\dfrac{x}{\sqrt{a^2-x^2}}$;

(7) $\dfrac{1}{2x^2+2x+1}$; 　　　　　(8) $\dfrac{1}{\sqrt{2\mathrm{e}^{-x}-1}}$;

(9) $-\dfrac{3(\arccos x)^2}{\sqrt{1-x^2}}$; 　　　(10) $\tanh x$;

(11) $\dfrac{2x}{(x^2+1)\ln a}$; 　　　　(12) $\dfrac{x}{\sqrt{(1-x^2)^3}}$;

(13) $-\mathrm{e}^{-ax}(a\cos bx+b\sin bx)$; 　(14) $-\dfrac{1}{|x|\cdot\sqrt{x^2-1}}$;

(15) $\dfrac{1}{\sqrt{a^2+x^2}}$; 　　　　(16) $\sec x$;

(17) $\dfrac{2\ln x}{x\sqrt{1+2\ln^2 x}}$; 　　　(18) $\dfrac{1}{x\ln x\ln\ln x}$;

(19) $\dfrac{1}{4\sqrt{x}\cosh\sqrt{x}}$; 　　　(20) $-\dfrac{1}{(1+x)\sqrt{2x(1-x)}}$;

(21) $\dfrac{1}{2\sqrt{x(1-x)}}\mathrm{e}^{\arcsin\sqrt{x}}$; 　(22) $n\sin^{n-1}x\cos(n+1)x$;

(23) $\dfrac{-2\cos 2x}{|\cos 2x|(1+\sin 2x)}$; 　(24) $\dfrac{1}{1+3\cos^2\dfrac{x}{2}}$.

7. $\dfrac{3}{4}$.

8. $a=\mathrm{e}^{\frac{1}{\mathrm{e}}}$,切点为 (e,e).

9. (1) $2xf'(x^2)$; 　　(2) $\dfrac{f'(x)}{1+f^2(x)}$.

习题 2-3

1. (1) $-\dfrac{\mathrm{e}^y}{1+x\mathrm{e}^y}$; 　　　(2) $\dfrac{\mathrm{e}^{x+y}-y}{x-\mathrm{e}^{x+y}}$;

(3) $\dfrac{y(x\ln y-y)}{x(y\ln x-x)}$; 　　(4) $\dfrac{\sin y}{1-x\cos y}$.

2. 切线方程为 $y=\sqrt[3]{4}$;法线方程为 $x=\sqrt[3]{2}$.

3. (1) $\dfrac{3t^2+1}{2t}$;　　(2) $\dfrac{\cos\theta-\theta\sin\theta}{1-\sin\theta-\theta\cos\theta}$.

4. (1) 切线方程为 $x+y=\mathrm{e}^{\frac{\pi}{2}}$,法线方程为 $x-y=\mathrm{e}^{\frac{\pi}{2}}$;

(2) 切线方程为 $x+y-\dfrac{\sqrt{2}}{2}=0$,法线方程为 $x-y=0$.

5. (1) $\left(\dfrac{x}{1+x}\right)^x\left(\dfrac{1}{1+x}+\ln\dfrac{x}{1+x}\right)$;

(2) $\dfrac{\sqrt[3]{x-1}}{\sqrt{x}}\left[\dfrac{1}{3(x-1)}-\dfrac{1}{2x}\right]$;

(3) $\dfrac{x\sqrt{x+1}}{(x+2)^2}\left[\dfrac{1}{x}+\dfrac{1}{2(x+1)}-\dfrac{2}{x+2}\right]$;

(4) $\sqrt{x\ln x\sqrt{1-\sin x}}\left[\dfrac{1}{2x}+\dfrac{1}{2x\ln x}-\dfrac{\cos x}{4(1-\sin x)}\right]$.

6. 144π m²/s.

7. 0.64 cm/min.

8. 0.14 rad/min.

9. 80 km/h.

习题 2-4

1. (1) $6+4\mathrm{e}^{2x}-\dfrac{1}{x^2}$;　　　　　　(2) $-2\sin x-x\cos x$;

(3) $\dfrac{1}{\sqrt{(1+x^2)^3}}$;　　　　　　(4) $\dfrac{6x(2x^3-1)}{(x^3+1)^3}$;

(5) $2+2\ln(1+x^2)+\dfrac{4x^2}{1+x^2}$;　　(6) $\dfrac{\mathrm{e}^x(x^2-2x+2)}{x^3}$.

2. (1) $\mathrm{e}^{-x}f'(\mathrm{e}^{-x})+\mathrm{e}^{-2x}f''(\mathrm{e}^{-x})$; (2) $\dfrac{f''(x)f(x)-[f'(x)]^2}{f^2(x)}$.

3. (1) $\dfrac{\mathrm{e}^{2y}(3-y)}{(2-y)^3}$;　　　　　　(2) $-2\csc^2(x+y)\cot^3(x+y)$;

(3) $-\dfrac{y(1+\ln y)^2+1}{x^2y(1+\ln y)^3}$;　　(4) $\dfrac{2(x^2+y^2)}{(x-y)^3}$.

4. (1) $\dfrac{(6t+5)(1+t)}{t}$;　　　　(2) $\dfrac{1}{f''(t)}$.

5. (1) $-4\mathrm{e}^x\cos x$;　　　　(2) $2^{50}\left(50x\cos 2x-x^2\sin 2x+\dfrac{1\,225}{2}\sin 2x\right)$.

6. (1) $n!$;　　　　　　　　(2) $2^{n-1}\sin\left[2x+\dfrac{(n-1)\pi}{2}\right]$;

(3) $2\dfrac{(-1)^{n+1}n!}{(x+1)^{n+1}}$;　　(4) $(-1)^{n-1}(n-1)!\left[\dfrac{1}{(x+1)^n}-\dfrac{1}{(x-1)^n}\right]$.

习题 2-5

1. $\Delta x=0.1$ 时,$\Delta y=1.161$,$\mathrm{d}y=1.1$;

$\Delta x = 0.01$ 时，$\Delta y = 0.110\ 6, \mathrm{d} y = 0.11$.

2. (1) $\left(2x + \dfrac{1}{2\sqrt{x}}\right)\mathrm{d}x$；　　　　　(2) $\dfrac{-x}{\sqrt{(x^2+1)^3}}\mathrm{d}x$；

(3) $x\sin x\,\mathrm{d}x$；　　　　　　　　(4) $-2\tan(1-x)\sec^2(1-x)\mathrm{d}x$.

3. (1) $\dfrac{\pi}{3} - \dfrac{2\sqrt{3}}{3}\left(x - \dfrac{1}{2}\right)$；　　　(2) $\dfrac{\pi}{4} + \dfrac{1}{4}(x-2)$；

(3) $\ln^2 2 + 2\ln 2(x-1)$；　　　(4) $\cos 3 + (\sin 3 - \cos 3)x$.

4. (1) $2x + C$；　　　　　　　　(2) $\dfrac{3}{2}x^2 + C$；

(3) $\sin x + C$；　　　　　　　(4) $-\dfrac{1}{\omega}\cos\omega x + C$；

(5) $\ln(1+x) + C$；　　　　　(6) $-\dfrac{1}{2}\mathrm{e}^{-2x} + C$；

(7) $2\sqrt{x} + C$；　　　　　　(8) $\dfrac{1}{3}\tan 3x + C$.

5. $0.033\ 55$ g.

6. $\dfrac{2}{3}\%$.

7. $\delta_a \approx 0.000\ 56$ rad $\approx 1'55''$.

提示：先写出中心角 α 与弦长 l 的函数关系式.

习题 2 - 6

2. 恰有三个实根，分别位于区间 $(1,2)(2,3)$ 及 $(3,4)$ 内.

6. 提示：作辅助函数 $F(x) = xf(x)$.

10. 提示：利用柯西中值定理.

习题 2 - 7

1. $P(x) = 1 + (x-1) + 13(x-1)^2 + 20(x-1)^3 + 15(x-1)^4 + 6(x-1)^5 + (x-1)^6$；

$P(x) = 3 - 3(x+1) + 13(x+1)^2 - 20(x+1)^3 + 15(x+1)^4 - 6(x+1)^5 + (x+1)^6$.

2. (1) $\dfrac{1}{x} = -1 - (x+1) - (x+1)^2 - (x+1)^3 + o[(x+1)^3]$；

(2) $\sqrt{x} = 2 + \dfrac{1}{4}(x-4) - \dfrac{1}{64}(x-4)^2 + \dfrac{1}{512}(x-4)^3 + o[(x-4)^3]$；

(3) $\tan x = x + \dfrac{1}{3}x^3 + o(x^3)$；

(4) $\mathrm{e}^{\sin x} = 1 + x + \dfrac{1}{2}x^2 + o(x^3)$.

3. (1) $\dfrac{1}{x-1} = -1 - x - x^2 - \cdots - x^n - \dfrac{1}{(1-\theta x)^{n+2}}x^{n+1}$　$(0 < \theta < 1)$；

(2) $x\mathrm{e}^x = x + x^2 + \dfrac{x^3}{2!} + \cdots + \dfrac{x^n}{(n-1)!} + \dfrac{1}{(n+1)!}(n+1+\theta x)\mathrm{e}^{\theta x}x^{n+1}$　$(0 < \theta < 1)$.

4. (1) $\sqrt[3]{30} \approx 3.107\ 24, |R_3| < 1.88 \times 10^{-5}$；

(2) $\ln 1.2 \approx 0.182\ 7, |R_3| < 4 \times 10^{-4}$.

5. $\sqrt{e} \approx 1.645$.

6. (1) $\dfrac{7}{360}$;　　(2) $\dfrac{1}{3}$.

习题 2-8

1. (1) 1;　　　(2) 1;　　　(3) 1;　　　(4) $\cos a$;

(5) -2;　　(6) $\dfrac{m}{n}$;　　(7) 3;　　　(8) 1;

(9) 0;　　　(10) $\dfrac{1}{2}$;　　(11) $\dfrac{1}{2}$;　　(12) $+\infty$;

(13) 1;　　　(14) $e^{-\frac{1}{6}}$.

5. 连续.

习题 2-9

1. (1) 单调减少;　　　(2) 单调增加.

2. (1) 在 $(-\infty, 1]$ 及 $[2, +\infty)$ 上单调增加, 在 $[1,2]$ 上单调减少;

(2) 在 $[-1,1]$ 上单调增加, 在 $(-\infty,1]$ 及 $[1,+\infty)$ 上单调减少;

(3) 在 $(-\infty,0]$ 及 $[2,+\infty)$ 上单调增加, 在 $[0,1)$ 及 $(1,2]$ 上单调减少;

(4) 在 $[0,n]$ 上单调增加, 在 $[n,+\infty)$ 上单调减少.

5. (1) 1 个零点;

(2) $a > \dfrac{1}{e}$ 时没有零点, $a = \dfrac{1}{e}$ 时只有一个零点, $0 < a < \dfrac{1}{e}$ 时有两个零点.

6. (1) 上凸区间 $(-\infty,0)$, 下凸区间 $(0,+\infty)$;

(2) 上凸区间 $\left(-\dfrac{\sqrt{2}}{2}, \dfrac{\sqrt{2}}{2}\right)$, 下凸区间 $\left(-\infty, -\dfrac{\sqrt{2}}{2}\right)$ 及 $\left(\dfrac{\sqrt{2}}{2}, +\infty\right)$;

(3) 上凸区间 $\left(2k\pi - \dfrac{7\pi}{6}, 2k\pi + \dfrac{\pi}{6}\right)$, 下凸区间 $\left(2k\pi + \dfrac{\pi}{6}, 2k\pi + \dfrac{5}{6}\right)$ $(k \in \mathbf{Z})$;

(4) 上凸区间 $(-\infty,-1)$ 及 $(1,+\infty)$, 下凸区间 $(-1,1)$.

7. $a = -\dfrac{3}{2}, b = \dfrac{9}{2}$.

8. $k = \pm\dfrac{\sqrt{2}}{8}$.

习题 2-10

1. (1) 极大值 $y(-1) = 17$, 极小值 $y(3) = -47$;

(2) 极小值 $y(0) = 0$;

(3) 极小值 $y(e^{-2}) = -2e^{-1}$;

(4) 极大值 $y(-1) = -2$, 极小值 $y(1) = 2$;

(5) 极大值 $y\left(\dfrac{3}{4}\right)=\dfrac{5}{4}$;

(6) 极大值 $y(0)=4$, 极小值 $y(-2)=\dfrac{8}{3}$;

(7) 极大值 $y\left(2k\pi+\dfrac{\pi}{4}\right)=\dfrac{\sqrt{2}}{2}\mathrm{e}^{2k\pi+\frac{\pi}{4}}$, 极小值 $y\left[(2k+1)\pi+\dfrac{\pi}{4}\right]=-\dfrac{\sqrt{2}}{2}\mathrm{e}^{(2k+1)\pi+\frac{\pi}{4}}$, $(k\in\mathbf{Z})$;

(8) 极小值 $y\left(-\dfrac{1}{2}\ln 2\right)=2\sqrt{2}$.

2. $a=2$, $f\left(\dfrac{\pi}{3}\right)=\sqrt{3}$ 为极大值.

3. (1) 最大值 $y(3)=11$, 最小值 $y(2)=-14$;

(2) 最大值 $y(1)=-29$, 最小值 $y(3)=-61$;

(3) 最大值 $y\left(\dfrac{3}{4}\right)=1.25$, 最小值 $y(-5)=-5+\sqrt{6}$;

(4) 最大值 $y(0)=0$, 最小值 $y(-1)=-2$.

4. (1) $x=-3$ 时函数有最小值 27;

(2) 没有最大、最小值;

(3) $x=1$ 时函数有最大值 $\dfrac{1}{2}$.

5. 最小值为 $\left[\left(\dfrac{n}{m}\right)^{\frac{m}{m+n}}+\left(\dfrac{m}{n}\right)^{\frac{n}{m+n}}\right]a^{\frac{mn}{m+n}}$.

6. $a\geqslant 2$ 时最近距离为 $2\sqrt{a-1}$, $a<2$ 时最近距离为 $|a|$.

7. $r=\sqrt[3]{\dfrac{V}{2\pi}}$, $h=2\cdot\sqrt[3]{\dfrac{V}{2\pi}}$; $d:h=1:1$.

8. $h=4r$, 最小体积为 $\dfrac{8\pi r^3}{3}$.

9. $2\sqrt{15}$ m.

10. $R:h=1:2$.

12. 距离烟尘量较小的烟囱 6.67 km.

13. 57 km/h, 总费用为 164.4 元.

14. $\sqrt{\dfrac{a}{b}}$.

习题 2-11

1. (1) $K=2$, $R=\dfrac{1}{2}$;　　(2) $K=2$, $R=\dfrac{1}{2}$;　　(3) $K=\dfrac{a}{y_0^2}$, $R=\dfrac{y_0^2}{a}$;

(4) $K=\dfrac{\sqrt{2}}{4}$, $R=2\sqrt{2}$;　　(5) $K=\dfrac{2+\pi^2}{a(1+\pi^2)^{\frac{3}{2}}}$, $R=\dfrac{a(1+\pi^2)^{\frac{3}{2}}}{2+\pi^2}$.

2. 在点 $\left(\dfrac{\sqrt{2}}{2},-\dfrac{\ln 2}{2}\right)$ 处曲率半径有最小值 $\dfrac{3\sqrt{3}}{2}$.

3. 约 45 400 N.

总习题二

1. (1) 必要而非充分；　　(2) 充分必要；

(3) 充分必要；　　(4) 必要而非充分；

(5) 充分而非必要；　　(6) 充分而非必要.

2. 位置函数曲线是 c，速度函数曲线是 b，加速度函数曲线是 a.

3. (1) c；　　(2) d；　　(3) a；　　(4) b.

4. D.

5. B.

6. $f'_-(0)=1, f'_+(0)=0, f'(0)$ 不存在.

7. (1) $\dfrac{1}{1+x^2}$；　　(2) $\sin x \ln \tan x$；　　(3) e^{-2}；　　(4) $-\dfrac{1+t^2}{t^3}$.

8. 可取 $f(x)=x\mathrm{e}^{-x}$.

11. (1) $-\dfrac{\mathrm{e}}{2}$；　　(2) $\dfrac{1}{2}$；

(3) $\mathrm{e}^{-\frac{2}{\pi}}$；　　(4) $a_1 a_2 \cdots a_n$.

13. $x=x_0$ 不是极值点，$(x_0, f(x_0))$ 是拐点.

14. $\sqrt[3]{3}$.

15. 提示：对 $\displaystyle\lim_{x \to x_0} \dfrac{f(x)}{(x-x_0)^n}$ 接连使用 $n-1$ 次洛必达法则.

*16. 每台价格降低 125 元.

第三章

习题 3-1

1. (1) $\dfrac{1}{2}\sin^2 x$ 和 $-\dfrac{1}{4}\cos 2x$ 均为 $\sin x \cos x$ 的原函数；

(2) $\ln x, \ln 2x$ 和 $\ln x + C$ 均为 $\dfrac{1}{x}$ $(x>0)$ 的原函数.

2. (1) $\dfrac{5}{3}x^3 + C$；　　(2) $\dfrac{2}{5}x^{\frac{5}{2}} + C$；

(3) $-\dfrac{2}{\sqrt{x}} + C$；　　(4) $\dfrac{m}{m+n}x^{\frac{m+n}{m}} + C$；

(5) $\dfrac{1}{4}x^4 + \dfrac{3}{2}x^2 + 4x + C$；　　(6) $\dfrac{1}{2}x^2 + 9x + 27\ln|x| - \dfrac{27}{x} + C$；

(7) $\dfrac{1}{3}x^3 + \arctan x + C$；　　(8) $\sqrt{\dfrac{2h}{g}} + C$；

(9) $\dfrac{2}{5}x^{\frac{5}{2}} + x + C$；　　(10) $\mathrm{e}^x - 2\sqrt{x} + C$；

(11) $\dfrac{a^x e^x}{1+\ln a}+C$;　　　　　　(12) $2x-\dfrac{5\cdot 2^x}{3^x(\ln 2-\ln 3)}+C$;

(13) $\tan x-\sec x+C$;　　　　　(14) $\dfrac{x-\sin x}{2}+C$;

(15) $\dfrac{1}{2}\tan x+C$;　　　　　　(16) $\sin x-\cos x+C$;

(17) $-\cot x-\tan x+C$;　　　　(18) $\dfrac{x+\tan x}{2}+C$;

(19) $-\dfrac{1}{x}-\arctan x+C$;　　　(20) $x^3-x+\arctan x+C$.

习题 3 – 2

1. (1) $\dfrac{1}{a}$;　　(2) 2;　　(3) $\dfrac{1}{2k}$;　　(4) $\dfrac{1}{12}$;　　(5) $\dfrac{1}{a}$;

(6) $\dfrac{2}{3}$;　　(7) $-\dfrac{1}{b}$; (8) $\dfrac{1}{3}$;　　(9) -1;　　(10) -1.

2. (1) $\dfrac{1}{3}e^{3t}+C$;　　　　　　(2) $\dfrac{1}{22}(2x+5)^{11}+C$;

(3) $-\dfrac{1}{3}\ln|1-3x|+C$;　　　(4) $\dfrac{1}{24}(2x^2-5)^6+C$;

(5) $-2\cos\sqrt{t}+C$;　　　　　(6) $-\ln\left|\cos\sqrt{1+x^2}\right|+C$;

(7) $\ln|\tan x|+C$;　　　　　(8) $\ln|\ln\ln x|+C$;

(9) $-\dfrac{1}{4}e^{-2x^2}+C$;　　　　　(10) $-\dfrac{1}{3}\sqrt{2-3x^2}+C$;

(11) $\dfrac{1}{3\cos^3 x}+C$;　　　　　(12) $\dfrac{3}{2}(\sin x-\cos x)^{\frac{2}{3}}+C$;

(13) $\dfrac{1}{2}\arcsin\dfrac{2x}{3}+\dfrac{1}{4}\sqrt{9-4x^2}+C$;　(14) $\dfrac{1}{2}\arctan(\sin^2 x)+C$;

(15) $\sin x-\dfrac{1}{3}\sin^3 x+C$;　　　(16) $-\dfrac{1}{10}\cos 5x-\dfrac{1}{2}\cos x+C$;

(17) $\dfrac{1}{2}\sin x-\dfrac{1}{10}\sin 5x+C$;　　(18) $\dfrac{1}{2}\sin x-\dfrac{1}{10}\sin 5x+C$;

(19) $\dfrac{1}{5}\sec^5 x-\dfrac{1}{3}\sec^3 x+C$;　　(20) $\dfrac{1}{11}\tan^{11}x+C$;

(21) $(\arctan\sqrt{x})^2+C$;　　　　(22) $\dfrac{a^2}{2}\left(\arcsin\dfrac{x}{a}-\dfrac{x}{a^2}\sqrt{a^2-x^2}\right)+C$;

(23) $\sqrt{x^2-9}-3\arccos\dfrac{3}{|x|}+C$;　　(24) $\arccos\dfrac{1}{|x|}+C$;

(25) $\dfrac{x}{\sqrt{1+x^2}}+C$;　　　　　(26) $\dfrac{1}{2}\arcsin x+\dfrac{1}{2}\ln|x+\sqrt{1-x^2}|+C$.

习题 3 – 3

1. $x\ln x-x+C$.

2. $x\arcsin x + \sqrt{1-x^2} + C$.

3. $-e^{-x}(x+1) + C$.

4. $-e^{-x}(x^2+5) + C$.

5. $-\dfrac{2}{17}e^{-2x}\left(\cos\dfrac{x}{2} + 4\sin\dfrac{x}{2}\right) + C$.

6. $\dfrac{1}{2}(x^2-1)\ln(x-1) - \dfrac{1}{4}x^2 - \dfrac{1}{2}x + C$.

7. $\dfrac{1}{3}x^3\ln x - \dfrac{1}{9}x^3 + C$.

8. $\dfrac{1}{2}(x^2+5x+6)\sin 2x + \dfrac{1}{4}(2x+5)\cos 2x - \dfrac{1}{4}\sin 2x + C$.

9. $\left(\dfrac{1}{3}x^3+3x\right)\arctan x - \dfrac{1}{6}x^2 - \dfrac{4}{3}\ln(1+x^2) + C$.

10. $-\dfrac{1}{2}x^2 + x\tan x + \ln|\cos x| + C$.

11. $-\dfrac{1}{4}x\cos 2x + \dfrac{1}{8}\sin 2x + C$.

12. $-\dfrac{1}{x}(\ln^2 x + 2\ln x + 2) + C$.

13. $3e^{\sqrt[3]{x}}(\sqrt[3]{x^2} - 2\sqrt[3]{x} + 2) + C$.

14. $\dfrac{x}{2}\left[\sin(\ln x) - \cos(\ln x)\right] + C$.

15. $-\dfrac{e^{-x}}{2}\left(1 + \dfrac{2}{5}\sin 2x - \dfrac{1}{5}\cos 2x\right) + C$.

16. $x\ln(x + \sqrt{1+x^2}) - \sqrt{1+x^2} + C$.

17. $e^x\ln x + C$.

18. $x(\arcsin x)^2 + 2\sqrt{1-x^2}\arcsin x - 2x + C$.

习题 3－4

1. $\dfrac{1}{3}x^3 - \dfrac{3}{2}x^2 + 9x - 27\ln|x+3| + C$.

2. $\ln|x-2| + \ln|x+5| + C$.

3. $\ln\left|\dfrac{x^2-1}{x}\right| + C$.

4. $\ln|x| - \dfrac{1}{2}\ln(x^2+1) + C$.

5. $-\dfrac{1}{2}\ln\dfrac{x^2+1}{x^2+x+1} + \dfrac{\sqrt{3}}{3}\arctan\dfrac{2x+1}{\sqrt{3}} + C$.

6. $\dfrac{3}{2}\sqrt[3]{(1+x)^2} - 3\sqrt[3]{1+x} + 3\ln|1 + \sqrt[3]{1+x}| + C$.

7. $2\sqrt{x} - 4\sqrt[4]{x} + 4\ln(\sqrt[4]{x}+1) + C$.

8. $\ln\left|\dfrac{\sqrt{1-x} - \sqrt{1+x}}{\sqrt{1-x} + \sqrt{1+x}}\right| + 2\arctan\sqrt{\dfrac{1-x}{1+x}} + C$ 或 $\ln\dfrac{1 - \sqrt{1-x^2}}{|x|} - \arcsin x + C$.

9. $\dfrac{1}{\sqrt{2}}\arctan\dfrac{\tan\dfrac{x}{2}}{\sqrt{2}}+C$.

10. $\ln\left|1+\tan\dfrac{x}{2}\right|+C$.

习题 3 − 5

1. $\dfrac{1}{3}(b^3-a^3)+b-a$.

2. (1) $\dfrac{3}{2}$;　　　(2) $\dfrac{5}{2}$;　　　(3) $\dfrac{1}{4}\pi a^2$;　　　(4) 0.

3. $s=\displaystyle\int_1^3(3t+5)\mathrm{d}t=22(\mathrm{m})$.

5. (1) $\displaystyle\int_0^{\frac{\pi}{4}}\sin^2 x\mathrm{d}x$ 较大;　　(2) $\displaystyle\int_1^{\mathrm{e}}\ln x\mathrm{d}x$ 较大;　　(3) $\displaystyle\int_{\mathrm{e}}^{2\mathrm{e}}\ln^2 x\mathrm{d}x$ 较大;　　(4) $\displaystyle\int_0^1 x\mathrm{d}x$ 较大.

习题 3 − 6

1. (1) $\cos(x^2+1)$;　　　(2) $-\sqrt{1+x^4}$;

　　(3) $2x\ln(1+x^2)$;　　　(4) $-\sin x\mathrm{e}^{\cos^2 x}-\cos x\mathrm{e}^{\sin^2 x}$;

　　(5) $\dfrac{\sin\sqrt{t}}{2\sqrt{t}(1-\cos t)}$;　　　(6) $\dfrac{-y\cos(xy)}{\mathrm{e}^y+x\cos(xy)}$.

2. (1) $\dfrac{17}{6}$;　　　(2) $\dfrac{20}{3}$;　　　(3) $1-\dfrac{\pi}{4}$;　　　(4) $\dfrac{5}{2}$;

　　(5) 4;　　　(6) $\dfrac{\pi}{6}$;　　　(7) $1+\dfrac{\pi}{4}$;　　　(8) $\dfrac{266}{3}$.

3. (1) 1;　　　(2) 12;　　　(3) $\dfrac{1}{3}$;　　　(4) e.

4. $\varPhi(x)=\begin{cases}0 & \text{当 } x<0,\\[1mm]\dfrac{1}{2}x^2 & \text{当 } 0\leqslant x\leqslant 1,\\[1mm]1-\dfrac{1}{2}(x-2)^2 & \text{当 } 1<x\leqslant 2,\\[1mm]1 & \text{当 } x>2.\end{cases}$

习题 3 − 7

1. (1) 0;　　　(2) $\dfrac{7}{72}$;　　　(3) $\dfrac{1}{3}$;　　　(4) π;

　　(5) $\dfrac{\pi}{12}$;　　　(6) $2\ln 2-1$;　　　(7) $\dfrac{\pi}{2}$;　　　(8) π;

　　(9) $1-\dfrac{\pi}{4}$;　　　(10) $\dfrac{\sqrt{3}}{12}$;　　　(11) $\dfrac{\pi}{16}$;　　　(12) $\dfrac{1}{6}$;

(13) $\dfrac{1}{2}(1-\mathrm{e}^{-1})$;　　　(14) $2(\sqrt{2}-1)$;　　　(15) $\dfrac{4}{3}$;　　　　(16) $2\sqrt{2}$.

2. (1) $\mathrm{e}-2$;　　　　　　　(2) $\ln 2-\dfrac{3}{8}$;

(3) $\dfrac{\pi}{4}-\dfrac{1}{2}$;　　　　　(4) $-\dfrac{\pi}{2}$;

(5) $\dfrac{1}{5}(\mathrm{e}^{\pi}-2)$;　　　　(6) $\left(\dfrac{1}{4}-\dfrac{\sqrt{3}}{9}\right)\pi+\dfrac{1}{2}\ln\dfrac{3}{2}$;

(7) $\dfrac{1}{2}(\mathrm{e}\sin 1-\mathrm{e}\cos 1+1)$; (8) $2(1-\mathrm{e}^{-1})$.

3. (1) 0;　　　　　(2) $\dfrac{9}{4}\pi$;　　　　(3) $\dfrac{\pi^3}{324}$;　　　　(4) 0.

4. $1+\ln(1+\mathrm{e}^{-1})$.

5. 1.

7. $2n$.

8. $I_m=\begin{cases}\dfrac{m-1}{m}\cdot\dfrac{m-3}{m-2}\cdot\cdots\cdot\dfrac{1}{2}\cdot\dfrac{\pi^2}{2} & \text{当 } m \text{ 为偶数},\\[3mm] \dfrac{m-1}{m}\cdot\dfrac{m-3}{m-2}\cdot\cdots\cdot\dfrac{2}{3}\cdot\pi & \text{当 } m \text{ 为大于 1 的奇数}.\end{cases}$　　　$I_1=\pi$.

习题 3-8

1. (1) $\dfrac{\sqrt{3}}{3}\pi-\dfrac{3}{4},\dfrac{2\sqrt{3}}{3}\pi+\dfrac{3}{4}$;　　(2) $\dfrac{3}{2}-\ln 2$;　　(3) $b-a$;

(4) $\dfrac{1}{6}$;　　　　　　　(5) $\dfrac{9}{2}$;　　　　　(6) $\dfrac{1}{\ln 2}-\dfrac{1}{2}$.

2. (1) $\dfrac{4\sqrt{2}}{3}$;　　　　　　(2) $\dfrac{16}{3}$.

3. (1) $\dfrac{1}{4}\pi a^2$;　　　　　　(2) a^2.

4. (1) $\dfrac{3}{8}\pi a^2$;　　　　　　(2) $3\pi a^2$.

5. (1) $7\pi-\dfrac{9\sqrt{3}}{2}$;　　　　　(2) $\dfrac{\pi}{6}+\dfrac{1-\sqrt{3}}{2}$.

6. $a=\dfrac{4}{3},b=\dfrac{5}{12}$.

7. (1) 2π;　　　(2) $160\pi^2$;　　　(3) $7\pi^2 a^3$;　　　(4) $V_x=\dfrac{\pi^2}{2},V_y=\pi(\pi-2)$.

8. $\dfrac{4\sqrt{3}}{3}ab^2$.

9. $2\pi^2$.

10. (1) $1+\dfrac{1}{2}\ln\dfrac{3}{2}$;　　(2) $\dfrac{13\sqrt{13}-8}{27}$;　　(3) 6;　　(4) $\dfrac{\sqrt{5}}{2}(\mathrm{e}^{4\pi}-1)$.

11. $\left(\left(\dfrac{2}{3}\pi-\dfrac{\sqrt{3}}{2}\right)a,\dfrac{3}{2}a\right)$.

习题 3 - 9

1. $0.135(\text{J})$.

2. $2(\text{J})$.

3. $800\,\pi\ln 2(\text{J})$.

4. $\dfrac{27}{7}kc^{\frac{2}{3}}a^{\frac{7}{3}}$($k$ 为比例常数).

5. $\sqrt{2}-1(\text{cm})$.

6. $\dfrac{801}{4}\pi g(\text{kJ})$.(水的密度为 $1\,000\ \text{kg/m}^3$)

7. $17.3(\text{kN}),3.675(\text{kN})$.(水的密度为 $1\,000\ \text{kg/m}^3$,重力加速度取作 $9.8\ \text{m/s}^2$)

8. $\dfrac{1}{2}\rho abg(2h+b\sin\alpha)$.

9. (1) 取 y 轴通过细直棒,$F_x=-\dfrac{Gm\mu l}{a\ \sqrt{a^2+l^2}}$,$F_y=Gm\mu\left(\dfrac{1}{a}-\dfrac{1}{\sqrt{a^2+l^2}}\right)$,其中 G 为

引力系数;(2) $\dfrac{Gm\mu l}{a(a+l)}$.

习题 3 - 10

1. $\dfrac{\pi a}{4}$.

2. $12(\text{m/s})$.

3. (1) $\dfrac{5}{\pi}\left(1+\dfrac{\sqrt{2}}{2}\right)(\text{A})$;   (2) $\dfrac{5}{\pi}(1+\cos 100\pi t_0)(\text{A})$.

4. $\dfrac{I_{\text{m}}}{2}$.

5. $\dfrac{125}{6}$.

习题 3 - 11

1. (1) $\dfrac{1}{2}$;   (2) 发散;   (3) $\dfrac{1}{a^2}$;   (4) $\dfrac{a}{a^2+b^2}$;   (5) $\dfrac{2\sqrt{3}}{9}\pi$;

    (6) π;   (7) 发散;   (8) $\dfrac{8}{3}$;   (9) 发散;

    (10) $\dfrac{\pi}{2}$. $\left(\text{提示:令}\ t=\sqrt{\dfrac{x}{1-x}},\text{再用分部积分法可得}\right.$

$$\int\dfrac{\mathrm{d}t}{(1+t^2)^2}=\dfrac{t}{2(1+t^2)}+\dfrac{1}{2}\int\dfrac{\mathrm{d}t}{1+t^2}\Bigg)$$

2. $n!$.

3. $\dfrac{1}{c}$.

4. (1) $\dfrac{1}{s}$ $(s>0)$;　　(2) $\dfrac{1}{s-1}$ $(s>1)$;　　(3) $\dfrac{1}{s^2}$ $(s>0)$.

*5. (1) $\dfrac{1}{n}\Gamma\left(\dfrac{1}{n}\right), n>0$; (2) $\Gamma(p+1), p>-1$; (3) $\dfrac{1}{n}\Gamma\left(\dfrac{m+1}{n}\right), m>-1$.

总习题三

1. (1) 充分而非必要;　(2) 必要而非充分;　(3) 充分而非必要;　(4) 充分必要.

3. A.

4. C.

5. $\cos x\ \sqrt{1+\sin^4 x}$.

6. (1) $\dfrac{2}{3}(2\sqrt{2}-1)$;　　(2) $\dfrac{1}{p+1}$.

7. 4.

8. 提示:对等式右端的积分利用分部积分公式.

12. 在 $\xi=\sqrt{e}$ 处取最小值 $e-2\sqrt{e}+1$.

13. $a=\dfrac{2}{3}, b=\dfrac{3}{4}$.

14. 提示:对任一实数 t,关于 t 的二次多项式.

$$t^2\int_a^b f^2(x)\mathrm{d}x + 2t\int_a^b f(x)g(x)\mathrm{d}x + \int_a^b g^2(x)\mathrm{d}x = \int_a^b [tf(x)+g(x)]^2\mathrm{d}x \geqslant 0 \quad (a<b).$$

15. $f_x = f_y = \dfrac{3Ga^2}{5}$. ($G$ 为引力系数)

提示:$\mathrm{d}f_x = G\dfrac{\mu\mathrm{d}l}{r^2}\dfrac{x}{r}$,将 $\mu=r^3, x=a\cos^3 t, \mathrm{d}l=3a\sin t\cos t\mathrm{d}t$ 代入,即得被积表达式.

16. (1) 1.35 倍;　　(2) 1 667 ρ(J).

17. (1) $V=8(\arcsin y + y\ \sqrt{1-y^2})+4\pi(\mathrm{m}^3)$;　　(2) 0.01 m/min;

　　(3) 8 000 gπ(J).

18. $40\pi\ln\dfrac{6}{5}\approx 22.91$(万人).

20. M 点的坐标为(19.91, 8.41).

21. $\theta(x)$ 的最大值点为 2.52(m),最大值为 0.85(rad),对应第 4 排. $\theta(x)$ 在 $[0,18.2]$ 上的平均值为 0.63(rad).

第四章

习题 4-1

1. (ii)是(1)的解;(i)是(2)的解;(iii)是(3)的解.

2. (1) $C_1=1, C_2=3$;　　　　(2) $C_1=0, C_2=1$.

3. (1) $y=\mathrm{e}^{-x}$ 及 $y=\mathrm{e}^{-2x}$;　　　　(2) $y=\dfrac{1}{x}$ 及 $y=\dfrac{1}{x^4}$.

4. (1) $y' = x^2$;　　　　　　　　　(2) $yy' + 2x = 0$;

(3) $x^2(1 + y'^2) = 4, y|_{x=2} = 0$;　(4) $2xy' - y = 0, y|_{x=3} = 1$.

习题 4 − 2

1. (1) $y = \ln \dfrac{e^{2x} + C}{2}$;　　　　(2) $y = \sin\left(\dfrac{x^2}{2} + C\right)$;

(3) $y^2 = e^x(\sin x - \cos x) + C$;　(4) $3x^4 + 4(y + 1)^3 = C$;

(5) $(x - 4)y^4 = Cx$;　　　　　(6) $y = e^{C\tan \frac{x}{2}}$;

(7) $\sin x \sin y = C$;　　　　　(8) $(e^x - 1)y^2 = C$.

2. (1) $y = 2e^{x(\ln x - 1) + 1}$;　　　(2) $y = \ln \dfrac{x}{1 + x}$;

(3) $y = e^x$;　　　　　　　　(4) $(1 + e^x)\sec y = 2\sqrt{2}$.

3. $xy = 6$.

4. 7.5 m/s.

5. $R = R_0 e^{-0.000\,433t}$ (年).

6. 3.9 kg.

7. $t = \dfrac{40\pi}{93\sqrt{2g}}(10^{\frac{5}{2}} - h^{\frac{5}{2}})$, 水全部流完约需 9.65 s.

习题 4 − 3

1. (1) $y = e^{-x}(x + C)$;　　　　　(2) $y = 2 + Ce^{-x^2}$;

(3) $y = \dfrac{x}{2} + \dfrac{C}{x}$;　　　　　(4) $y = \dfrac{4x^3 + C}{3(x^2 + 1)}$;

(5) $y = \dfrac{1}{x}[(x - 1)e^x + C]$;　(6) $y = (x + C)\cos x$;

(7) $y = \dfrac{1}{x}e^x(e^x + C)$;　　　(8) $x = \dfrac{1}{2}y^2 + Cy^3$;

(9) $y = \dfrac{\sin x + C}{x^2 - 1}$;　　　　(10) $x = \dfrac{1}{2y}(e^y + Ce^{-y})$.

2. (1) $y = \dfrac{\sqrt{x} - x^3}{5}$;　　　　(2) $y = \dfrac{\pi - 1 - \cos x}{x}$;

(3) $y = x^2(1 - e^{\frac{1}{x} - 1})$;　　(4) $y = e^{-\tan x} + \tan x - 1$;

(5) $y \sin x + 5e^{\cos x} = 1$;　　(6) $y = \ln^2 x + \ln x - 1$.

3. $y = 2(e^x - x - 1)$.

4. $v = \dfrac{mg}{k}(e^{-\frac{k}{m}t} - 1) + v_0 e^{-\frac{k}{m}t}$.

5. $i = e^{-5t} + \sqrt{2}\sin\left(5t - \dfrac{\pi}{4}\right)$ (A).

6. $x(t) = \dfrac{Nx_0 e^{Nkt}}{N - x_0 + x_0 e^{Nkt}}$.

习题 4 - 4

1. (1) $y = x e^{Cx+1}$;

(2) $x - \sqrt{xy} = C$;

(3) $\ln x + e^{-\frac{y}{x}} = C$;

(4) $y^2 - x^2 + 2xy = C$;

(5) $y^2 = x^2 \ln (Cx^2)$;

(6) $\sin \frac{y}{x} = \ln (Cx)$.

2. (1) $x^3 - 2y^3 = x$;

(2) $y = \frac{1}{2} (x^2 - 1)$;

(3) $y^2 = 2x^2 (\ln x + 2)$;

(4) $\arctan \frac{y}{x} + \ln (x^2 + y^2) = \frac{\pi}{4} + \ln 2$.

****3.** (1) $y - x - 3 = C(x + y - 1)^3$;

(2) $(4y - x - 3)(y + 2x - 3)^2 = C$;

(3) $x + 3y + 2\ln (2 - x - y) = C$;

(4) $\ln [(y + 3)^2 + (x + 2)^2] + 2\arctan \dfrac{y + 3}{x + 2} = C$.

****4.** (1) $\left(1 + \dfrac{3}{y}\right) e^{\frac{3}{2} x^2} = C$;

(2) $y = \dfrac{2x}{1 + Cx^2}$;

(3) $\dfrac{1}{y} = -\sin x + C e^x$;

(4) $x^3 = C y^3 + 3 y^4$;

(5) $(C e^x - 2x - 1) y^3 = 1$;

(6) $\dfrac{1}{y} = Cx + x^2 (1 - \ln x)$.

5. $y = \sqrt{3x - x^2}$.

6. (1) $(x - y)^2 = -2x + C$;

(2) $x + y = \tan (y + C)$;

(3) $y = \dfrac{1}{x} e^{Cx}$;

(4) $\cot \dfrac{x + y}{2} = Cx$.

习题 4 - 5

1. (1) $y = e^x (x - 2) + C_1 x + C_2$;

(2) $y = x \arctan x - \dfrac{1}{2} \ln (1 + x^2) + C_1 x + C_2$;

(3) $y = \dfrac{1}{3} x^3 - x^2 + 2x + C_1 + C_2 e^{-x}$;

(4) $y = -\ln \cos (x + C_1) + C_2$;

(5) $y = -\dfrac{1}{2} x^2 - C_1 x - C_1^2 \ln (C_1 - x) + C_2$;

(6) $y = 1 - \dfrac{1}{C_1 x + C_2}$;

(7) $y = \sin (x + C_1) + C_2$;

(8) $e^y = x^2 + C_1 x + C_2$.

2. (1) $y = \dfrac{1}{1 - x}$;

(2) $y = \sqrt{2x - x^2}$;

(3) $y = -\dfrac{1}{2} \ln (2x + 1)$;

(4) $y = x^3 + 3x + 1$;

(5) $y = \left(\dfrac{x}{2} + 1 \right)^4$;　　　　　　　(6) $y = \tan \left(x + \dfrac{\pi}{4} \right)$.

3. $y = \dfrac{1}{6} x^3 + \dfrac{1}{2} x + 1$.

4. $y = \cosh (x - 1)$.

5. $s = \dfrac{1}{k^2} \ln \cosh(\mu k^2 t)$, 其中 $k^2 = \dfrac{c^2}{m}, \mu^2 = \dfrac{g}{k^2}$.

6. $\dfrac{3}{4\,000(\ln 5 - \ln 2)} \approx 0.000\,818\,5$ (s).

习题 4 − 6

1. (1) 是;　　(2) 不是;　　(3) 不是;　　(4) 是;　　(5) 是;　　(6) 是.

2. (1) 是;　　(2) 是;　　(3) 不是;　　(4) 不是;　　(5) 是;　　(6) 不是.

4. 提示:验证 $y_1 - y_2$ 与 $y_1 - y_3$ 是二阶非齐次线性微分方程(1)所对应的齐次线性微分方程的解,并且它们线性无关,再由定理 2 得方程(1)的通解为

$$y = C_1(y_1 - y_2) + C_2(y_1 - y_3) + y_1.$$

习题 4 − 7

1. (1) $y = C_1 + C_2 e^{2x}$;　　　　　　(2) $y = C_1 e^x + C_2 e^{2x}$;

(3) $y = C_1 \cos 2x + C_2 \sin 2x$;　　(4) $y = e^{2x}(C_1 \cos x + C_2 \sin x)$;

(5) $y = (C_1 + C_2 x) e^{3x}$;

(6) $y = \begin{cases} C_1 e^{(-1 + \sqrt{1-a})x} + C_2 e^{(-1 - \sqrt{1-a})x} & \text{当 } a < 1, \\ (C_1 + C_2 x) e^{-x} & \text{当 } a = 1, \\ e^{-x}(C_1 \cos \sqrt{a-1}\, x + C_2 \sin \sqrt{a-1}\, x) & \text{当 } a > 1. \end{cases}$

(7) $y = C_1 + e^{-3x}(C_2 \cos x + C_3 \sin x)$;

(8) $y = (C_1 + C_2 x) e^x + (C_3 + C_4 x) e^{-x}$;

(9) $y = (C_1 + C_2 x) \cos x + (C_3 + C_4 x) \sin x$;

(10) $y = C_1 e^x + C_2 e^{-x} + C_3 \cos 2x + C_4 \sin 2x$.

2. (1) $y = e^x - e^{-2x}$;　　　　　　(2) $y = 1 + e^{-x}$;

(3) $y = x e^{-2x}$;　　　　　　　　(4) $y = \dfrac{4\sqrt{3}}{3} e^{\frac{x}{2}} \sin \dfrac{\sqrt{3}}{2} x$;

(5) $y = 2 \cos 5x + \sin 5x$;　　　(6) $y = 1 + (1 + x) e^{-x}$.

3. (1) $y = C_1 e^x + C_2 e^{-3x} - \dfrac{1}{4} x e^{-3x}$;

(2) $y = C_1 e^x + C_2 e^{4x} + \dfrac{1}{4} x^2 + \dfrac{1}{8} x + \dfrac{9}{32}$;

(3) $y = C_1 + C_2 e^{3x} - \dfrac{1}{5} e^{2x}(3 \sin x + \cos x)$;

(4) $y = \left(C_1 + C_2 x + \dfrac{1}{3} x^3 \right) e^x + x + 2$;

(5) $y = C_1 \cos 2x + C_2 \sin 2x + \dfrac{1}{3} x \cos x + \dfrac{2}{9} \sin x$;

(6) $y = C_1 e^x + C_2 e^{-x} - \dfrac{1}{2} + \dfrac{1}{10} \cos 2x \left(提示: \sin^2 x = \dfrac{1 - \cos 2x}{2} \right)$.

4. (1) $y = e^x + \dfrac{1}{2} (e^{2x} + 1)$; (2) $y = \dfrac{1}{3} \sin 2x - \dfrac{1}{3} \sin x - \cos x$;

(3) $y = e^x + x^2$;

(4) $y = \dfrac{1}{2} (\cos x + \sin x + x \sin x + e^x)$;

(5) $y = e^x (x^2 - x + 1) - e^{-x}$; (6) $y = (x - \sin x) e^{-x}$.

5. $y = e^x - e^{-x}$.

6. $x = \dfrac{v_0}{\sqrt{k_2^2 + 4k_1}} \left(1 - e^{-\sqrt{k_2^2 + 4k_1}\, t} \right) e^{\frac{1}{2} \left(-k_2 + \sqrt{k_2^2 + 4k_1} \right) t}$.

7. 取炮口为原点,炮弹前进的水平方向为 x 轴,铅直向上为 y 轴,弹道曲线为

$$\begin{cases} x = (v_0 \cos \alpha) t, \\ y = (v_0 \sin \alpha) t - \dfrac{1}{2} g t^2. \end{cases}$$

8. (1) $t = \sqrt{\dfrac{10}{g}} \ln (5 + 2\sqrt{6}) \approx 2.315\ 7\ (s)$;

(2) $t = \sqrt{\dfrac{10}{g}} \ln \dfrac{19 + 4\sqrt{22}}{3} \approx 2.558\ 4\ (s)$.

*习题 4−8

1. (1) $y = C_1 \cos x + C_2 \sin x + x \sin x + \cos x \ln \cos x$;

(2) $y = C_1 e^x + C_2 (2x + 1)$;

(3) $y = C_1 x + C_2 x^2 + x^3$;

(4) $y = C_1 e^x + C_2 e^x \ln x$.

2. (1) $y = (C_1 + C_2 \ln x) \dfrac{1}{x}$;

(2) $y = C_1 x^2 + C_2 x^3 + \dfrac{x}{2}$;

(3) $y = C_1 x + C_2 x \ln x + x \ln^2 x$;

(4) $y = C_1 x + C_2 x \ln x + \dfrac{C_3}{x^2}$;

(5) $y = C_1 x^2 + C_2 x^{-2} + \dfrac{1}{5} x^3$;

(6) $y = x [C_1 \cos (\sqrt{3} \ln x) + C_2 \sin (\sqrt{3} \ln x)] + \dfrac{1}{2} x \sin (\ln x)$.

总习题四

1. (1) 微分方程中出现的未知函数的导数的最高阶数;

(2) $y(x_0) = y_0, y'(x_0) = y_1, \cdots, y^{(n-1)}(x_0) = y_{n-1}$，其中 $y_k\ (k = 0,1,\cdots,n-1)$ 是已知实数；

(3) $\dfrac{y_1(x)}{y_2(x)} \not\equiv$ 常数；

(4) λ 是方程 $r^n + p_1 r^{n-1} + \cdots + p_n = 0$ 的根.

2. (1) B；　　(2) C；　　(3) C.

3. (1) $\dfrac{1}{y^2} = 2 + Cx^2$；　　　　(2) $y = x + \dfrac{C}{\ln x}$；

(3) $y = \ln(1 + Ce^{-e^x})$；　　(4) $y = \dfrac{1}{C_1}\cosh(C_1 x + C_2)$.

4. (1) $x(1 + 2\ln y) - y^2 = 0$；　(2) $y = -\dfrac{1}{a}\ln(ax + 1)$；

(3) $y = 2\arctan e^x$；　　(4) $y = xe^{-x} + \dfrac{1}{2}\sin x$.

5. (1) $e^y = Ce^{-x} + x - 1$；　　(2) $\ln y = Ce^x + \dfrac{1}{2}e^{-x}$.

6. $y = x(1 - \ln x)$.

7. $\varphi(x) = \cos x + \sin x$.

8. $\varphi(x) = \dfrac{1}{2}(\cos x + \sin x + e^x)$.

9. $f(x) = \cosh x\quad(x > 0)$.

11. 195 kg.

12. $x(t) = a\cos\left(\sqrt{\dfrac{g}{2a}}\,t\right)$.

13. $f(x) = \sqrt{\dfrac{P}{k\pi}}\,e^{\frac{\rho g}{2k}x}$.

14. (1) $y = y_0 e^{-\frac{1}{2}k_2 v t^2 + (k_1 - k_2 T_0)t}$.

(2) $v > 0$ 时，$y \to 0\ (t \to +\infty)$；

$v < 0$ 时，$y \to +\infty\ (t \to +\infty)$；

$v = 0$ 时，若 $k_1 > k_2 T_0$，则 $y \to +\infty\ (t \to +\infty)$；

若 $k_1 = k_2 T_0$，则 $y \equiv y_0$；

若 $k_1 < k_1 T_0$，则 $y \to 0\ (t \to +\infty)$

15. 约 250 m³/min.

17. 将 x 轴绕 $A(1,0)$ 点顺时针方向旋转 $\dfrac{\pi}{6}$ 作为新的 X 轴，过原点 $O(0,0)$ 作垂直于 X 轴的直线作为新 Y 轴（正向指向上方），在 XOY 坐标系内的追踪曲线方程为

$$Y = \dfrac{1}{2} + \dfrac{35}{24\sqrt{3}} + \dfrac{5}{24\sqrt{3}}\left[2(1-X)^{\frac{6}{5}} - 9(1-X)^{\frac{4}{5}}\right].$$

然后用计算机模拟此追踪曲线.

记 号 说 明

本书使用了一些集合记号和逻辑符号,还对函数在某集合上具有某种性质采用了一些简化记号,现集中说明如下:

一、集合记号

本书以大写字母 **N**、**Z**、**Q**、**R** 和 **C** 分别表示非负整数集、整数集、有理数集、实数集和复数集. 有时我们在表示数集的字母的右上角添加上标"∗""+""−"等,分别表示该数集的几个特定子集,以实数集 **R** 为例,

R∗ 表示排除了零的实数集;

R+ 表示正实数集;

R− 表示负实数集,

其他数集情况相似,可以类推.

本书中以 $U(a,\delta)$ 表示以 a 为中心,δ 为半径的邻域,并以 $\mathring{U}(a,\delta)$ 表示以 a 为中心,δ 为半径的去心邻域.

二、逻辑符号

∀ 表示"对任意的","对所有的";

∃ 表示"存在","有";

⇒ 表示"可推得","蕴涵";

⇔ 表示"可相互推得","等价于".

三、表示函数性质的简化记号

本书以 $B(I)$ 表示区间 I 上的全体有界函数之集;

$C(I)$ 表示区间 I 上的全体连续函数之集;

$D(I)$ 表示区间 I 上的全体可导函数之集;

$D''(I)$ 表示区间 I 上的全体 n 阶可导函数之集,

于是,记号 $f \in B(I)$、$f \in C(I)$、$f \in D(I)$ 和 $f \in D''(I)$ 分别表示函数 f 在区间 I 上有界、在区间 I 上连续、在区间 I 上可导和在区间 I 上 n 阶可导.

上面记号中的区间 I 可分别代之以各种具体的区间,从而使记号具有各种相应的含义. 例如

$f \in B[a,b]$ 表示 f 在闭区间 $[a,b]$ 上有界;

$f \in C(a,b)$ 表示 f 在开区间 (a,b) 内连续;

$f \in D(U(a,\delta))$ 表示 f 在 a 的 δ 邻域内可导.

又例如可用 $f \in C[a,b] \bigcap D(a,b)$ 表示 f 在闭区间 $[a,b]$ 上连续且在开区间 (a,b) 内可导.

郑 重 声 明

高等教育出版社依法对本书享有专有出版权。任何未经许可的复制、销售行为均违反《中华人民共和国著作权法》,其行为人将承担相应的民事责任和行政责任,构成犯罪的,将被依法追究刑事责任。为了维护市场秩序,保护读者的合法权益,避免读者误用盗版书造成不良后果,我社将配合行政执法部门和司法机关对违法犯罪的单位和个人给予严厉打击。社会各界人士如发现上述侵权行为,希望及时举报,本社将奖励举报有功人员。

反盗版举报电话: (010)58581897/58581896/58581879

传　　真: (010)82086060

E - mail: dd@hep.com.cn

通信地址: 北京市西城区德外大街 4 号
　　　　　　高等教育出版社打击盗版办公室

邮　　编: 100120

购书请拨打电话: (010)58581118

策划编辑　　王　强
责任编辑　　蒋　青
封面设计　　张　楠
责任绘图　　黄建英
版式设计　　马敬茹
责任校对　　殷　然
责任印制